全国高职高专土建立体化系列规划教材

建筑装饰工程预算(第2版)

主　编　范菊雨　杨淑华
副主编　刘剑英　刘　浩
参　编　杨　鹏　向　华
　　　　胡　维

北京大学出版社
PEKING UNIVERSITY PRESS

内容简介

本书是根据装饰预算工作任务所需知识由浅入深掌握的客观规律性来编写的。全书共分为9章，主要包括建筑装饰工程预算绪论、建设工程定额、建筑装饰工程定额、装饰工程施工图预算的编制、定额模式下的装饰工程计量计价、建筑装饰工程计费、清单模式下的装饰工程计量计价、装饰工程招标投标及投标报价、装饰工程竣工结算和决算。本书根据真题实做的学习方法，每一个计算规则都对应一项实例进行讲解，使知识能迅速转化为技能，为学生和教师提供了很好的教学平台。

本书突破已有相关教材的知识框架，注重工作过程由浅入深地引入，采用全新的体例编写，并遵循相关国家计量规范和计价规范，内容和案例丰富，知识通俗易懂，并配套有相关习题供学生练习。

本书不仅可以作为建筑装饰专业和工程造价专业的核心课程的教材和指导书，而且可以作为相关专业的成人教育教材，以及相关专业的岗前培训教材。

图书在版编目(CIP)数据

建筑装饰工程预算/范菊雨，杨淑华主编．—2版．—北京：北京大学出版社，2015．7
（全国高职高专土建立体化系列规划教材）
ISBN 978－7－301－25801－9

Ⅰ．①建…　Ⅱ．①范…②杨…　Ⅲ．①建筑装饰—建筑预算定额—高等职业教育—教材
Ⅳ．①TU723．3

中国版本图书馆CIP数据核字（2015）第095971号

书　　名	建筑装饰工程预算（第2版）
著作责任者	范菊雨　杨淑华　主编
责任编辑	王红樱
标准书号	ISBN 978－7－301－25801－9
出版发行	北京大学出版社
地　　址	北京市海淀区成府路205号　100871
网　　址	http://www.pup.cn　新浪微博：@北京大学出版社
电子信箱	pup_6@163.com
电　　话	邮购部62752015　发行部62750672　编辑部62750667
印 刷 者	北京鑫海金澳胶印有限公司印制
经 销 者	新华书店
	787毫米×1092毫米　16开本　22印张　515千字
	2012年5月第1版
	2015年7月第2版　2020年7月第3次印刷（总第5次印刷）
定　　价	44.00元

第 2 版前言

本书自 2012 年出版以来，经有关院校教学使用，获得良好效果反馈。高等职业教育肩负着培养面向生产、建设、服务和管理一线需要的高级技能型人才的使命，在加快推进社会主义现代化建设的过程中，具有不可替代的作用。为了更好地开展教学，适应高职学生学习的要求，我们对本书进行了修订。

本次修订主要做了以下工作：

(1) 结合高职学生适岗情况，简化理论，突出实践案例，通过列举，强化实训、工作过程导向。

(2) 从学生好用、实用、够用的角度出发，重新梳理章节的有关内容，以适应新的计价规范的要求。

(3) 进一步突出了定额计价体系下的计量和计价，以及 2013 版最新的清单计价体系的实践技能。

(4) 将建标[2013]44 号文的内容融入学习情境中，有利于预算实践技能的衔接。

(5) 修订了新的建筑面积的计量规范。

(6) 对全书的版式进行了全新的编排，突出教学要点、职业能力、实例分析，优化了能力训练项目。

经修订，本书具有以下特点：

(1) 编写体例采用螺旋递进的方式。在教学内容安排上，从学生好用、实用、够用的角度出发，内容增加采用螺旋式递进的原则，与图例结合，突出案例，适合高职院校学生所用。

(2) 注重知识拓展应用可行。强调锻炼学生的实践能力及运用相关定额和规范解决问题的能力。在编写过程中有机融入最新的实例及案例，培养学生的职业能力和职业素养。

(3) 突出对职业能力的培养。本书以实现装饰工程中不同分部分项的计量计价为主线，注重对学生从装饰施工图识图列项到装饰材料选用，以及报价能力各项不同能力的培养。

(4) 注重知识体系的实用有效。本书以预算员在装饰预算过程中的工作流程为切入点，把每一个能力点分解到每一个章节的知识点中，并且通过试问方式把学习目标引入，使学生能主动学习。本书内容包括建筑装饰工程预算的宏观概念；建筑装饰工程预算在整个建设项目中的层次；建设工程定额的分类、组成和应用；装饰预算定额消耗量及定额基价的组成；定额计量计价；清单计量计价；装饰工程费用记取；报价技巧及结算和决算的应用等。使学生能够系统地掌握知识，并实现技能的转化，做到“学以致用，学而能用”。

本书第 2 版由湖北城市建设职业技术学院范菊雨和杨淑华担任主编。参加本书编写的人员分工如下：范菊雨编写第 1 章、第 2 章、第 3 章和第 5 章，杨鹏编写第 4 章、第 8 章，杨淑华编写第 6 章、第 7 章，刘剑英、胡维、刘浩、向华共同编写第 9 章。同时，许多湖北省装饰企业的同行也对本书提出了宝贵意见，在此一并表示感谢！并对使用本书、关注本书及提出修改意见的同行表示深深的感谢！

本书在编写过程中，参考和借鉴了许多相关的文献资料，在此谨向原作者表示感谢！对于本书存在的不足，敬请读者批评指正。

编　者

2015年4月

第 1 版前言

随着现行装饰行业的不断发展，各高职院校的很多专业都在市场调研的基础上，对专业人才培养方案进行不断修订。基于此，为了适应新的人才培养需要，迫在眉睫地需要编制最新的教材来适应建筑装饰和造价专业学生“装饰预算”专业核心课程的实施，以弥补原有教材在学生学习效率和预算能力与最新的要求之间存在很大差距，以及实践环节得不到有效实施的缺陷。

本书通过不断调研，并结合建筑装饰和工程造价两个专业的人才培养方案，旨在提高学生知识和技能的融会贯通。本书结合最新的报价模式来使学生掌握最实际的应用能力，并且加大了项目和真题的引入，使学生的实践能力及报价的应用能力有所提升，以满足装饰预算素质拓展的需求。

本书根据最新实施的《建设工程工程量清单计价规范》(GB 50500—2008)、最新的装饰工艺以及新标准、新规范，结合各地区最新的定额及地区单位估价表的相关内容进行编写，体现了我国装饰工程计量和计价的最新动态，并遵循高等职业教育的特点及发展趋势，在理论知识够用和必需的基础上，突出实践能力的培养，使学生在掌握计价知识的前提下，能够操作案例，运用报价的技巧进行装饰的结算和决算。

本书以预算员在装饰预算过程中的工作流程为切入点，把每一个能力点分解到每一个知识点，分章节进行知识和能力的学习，并且通过试问式的方法，把学习目标引出。本书内容包括建筑装饰预算的宏观概念，建筑装饰预算在整个建设项目中的层次；建设工程定额的分类、组成和应用；装饰预算定额的组成、消耗量定额及定额计价的组成；预算编制的方法；定额计价模式下的计量和计价；清单计价模式下的计量和计价；费用的记取；招投标和装饰预算投标的技巧；结算和决算的应用等。使学生能够系统地掌握知识、运用知识，并使之转化为能力。

本书由湖北城市建设职业技术学院范菊雨担任主编，湖北城市建设职业技术学院杨淑华、刘剑英担任副主编，全书由范菊雨负责统稿。本书具体章节编写分工为：范菊雨编写第 1 章、第 2 章、第 3 章和第 5 章，其中第 3 章、第 5 章部分内容由杨鹏、向华、胡维共同参与编写；刘剑英编写第 4 章和第 8 章；杨淑华编写第 6 章和第 7 章；刘浩编写第 9 章；同时许多湖北省装饰企业的同行也参与了本书的编写工作，他们为本书的编写提供了大量的工程实例，并对本书进行了审读，提出了很多宝贵意见。

本书在编写过程中，参考和引用了国内外大量文献资料，在此谨向原书作者表示衷心感谢！由于编者水平有限，本书难免存在不足和疏漏之处，敬请各位读者批评指正。

编　者

2012 年 1 月

CONTENTS

目录

第1章

建筑装饰工程预算绪论

教学目标

1. 通过对本章的学习，了解建筑装饰工程预算的概念，了解建设项目的组成。

2. 熟悉基本建设程序的流程，工程造价的分类。

3. 掌握各种计价方式之间的相互关系，建筑装饰工程预算学习的方法。

能力要求

1. 能够根据建设项目的程序，判断装饰工程项目在不同阶段计价的不同。

2. 能够描述两种计价模式的工作流程。

3. 能够判断工程造价文件所处的阶段。

4. 能够制订适合自己的装饰工程预算的学习计划。

章节导读

建筑装饰工程预算，是指在装饰工程项目建设过程中，根据不同的设计阶段及设计文件的具体内容和国家或地区规定的定额指标，以及各类取费标准，预先计算和确定的每项新建、扩建、改建项目中的装饰工程所需全部投资额的活动。

近年来，建筑装饰项目的施工工艺、装饰材料在飞速地发展，因而作为一名从事装饰预算的造价人员，如何运用所学的基本知识和技能，熟练地进行装饰报价，是我们应该在理论和实践学习中不断进行思考的。

1.1 建筑装饰工程概述

引　　言

在现实的生活和工作当中，我们经常会看到置身于我们四周的建筑物，有很多都进行了装修，光洁如镜的石材楼地面、色彩艳丽的墙面装饰、层层错落的天棚吊顶等，这些项目都是经过建筑装饰施工而形成的，那么到底什么是装饰装修，装饰装修的内容有哪些，我们学习的装饰预算的内容又由哪些组成呢？

1.1.1 建筑装饰工程预算的概念

1. 建筑装饰装修

建筑装饰装修的含义在我们学习建筑装饰构造中已有详细的解释。它是指为了保护建筑物的主体结构，完善建筑物的物理性能、使用功能和美化建筑物，采用建筑装饰材料和相应的饰物对建筑物的内外表面及空间进行各种处理的一系列工程建设的活动，它包含建筑装修、建筑装饰、建筑装潢等。通常情况下，我们把装饰装修工程也简称为装饰工程。

2. 建筑装饰装修的作用

1）具有装饰性的作用

建筑装饰装修能够丰富建筑设计的效果和体现建筑艺术的表现力，美化建筑物。

2）保护建筑主体的作用

建筑装饰装修可使建筑物主体不受外界风雨和有害物质的侵害。

3）保证建筑物的使用功能

该作用是指为满足某些建筑物在灯光、卫生、保温、隔声等方面的要求而进行的各种布置，以便改善便生活条件和居住条件。

4）强化建筑物的空间序列

对公共娱乐空间、商场、写字楼等建筑物的内部进行合理布局和分隔，以满足使用过程中的各种需求。

5）强化建筑物的意境和气氛

在基本的建筑主体的环境下，对室内外的不同界面进行二次创造，从而达到满足精神层次的需求。

总而言之，在我们所熟悉的公共及居住空间中都有建筑装饰装修的过程，它提升了我们的物质生活水平。在精神上，由于通过装饰材料及不同色彩、质感等元素的运用，使得人们在心理上得到了愉悦。

因此，作为建筑装饰装修企业，在进行装饰装修的过程中，除了要进行合理的施工外，还要在成本上进行控制，合理地控制报价，作出适宜的报价，使企业既能获取一定的经济利益，又能通过装饰装修为我们的生活提供更好的服务。

3. 装饰工程预算

装饰装修工程预算，也被称为建筑装饰工程预算，是指在装饰工程项目建设过程中，根据不同的设计阶段及设计文件的具体内容和国家或地区规定的定额指标，以及各类取费标准，预先计算和确定每项新建、扩建、改建项目中的装饰工程所需全部投资额的活动。

特别提示

由于在进行建筑装饰预算的工作流程中，我们除了会遇到本专业的知识内容外，还可能会遇到与此相关的其他相关专业的知识，因此我们需要学习一些与此相关的宏观概念和知识点，以便更好地掌握装饰预算的学习方法。

1.1.2 建设项目的概念、分类和组成

1. 建设项目的概念

工程建设项目实质上是固定资产的投资，主要包括房屋建筑、桥梁、隧道、公路、铁路港口、码头、机场等土木工程。通常通过具体的建设工程项目来实现固定资产的投资活动。

工程项目建设是由不同工程建设项目进行施工来完成的，包括建筑工程、设备及工器具购置、安装工程和其他建设工程。

(1) 建筑工程。它是指各种建筑物的新建、改建和恢复工程。例如，厂房、住宅、学校、医院、道路、桥梁、码头等建筑物和构筑物的建设。

(2) 设备及工器具的购置。例如，生产、动力、起重、运输、实验、医疗等设备及工器具的购置。

(3) 安装工程。例如，设备的装配和安装。

(4) 其他建设工程。它是指与上述工程建设工作有关的与此相联系的工作。例如，勘察设计、监理、土地购置、管理人员培训、生产准备等工作。

2. 建设项目的分类

建设项目由于分类的依据不同，其类别也不同。

1) 按建设性质不同分类

按建设性质不同分类，可划分为基本建设项目和更新改造项目两大类。

(1) 基本建设项目：是指投资建设用于以扩大生产能力，或增加工程效益为目的的新建、改建、扩建、恢复的工程项目。

（2）更新改造项目：是指建设资金用于对企业、事业单位原有设施进行技术改造或固定资产更新的工程项目。

2）按投资作用分类

按投资作用分类，可划分为生产性建设项目和非生产性建设项目两大类。

（1）生产性建设项目：是指直接用于物质生产，或直接为物质生产服务的建设项目。例如，工业建设、农业建设、基础设施建设等。

（2）非生产性建设项目：是指用于满足人民物质和文化、福利需要的建设项目和非物质生产部门的建设项目。例如，办公用房、居住用房、公共建筑等。

3）按项目规模的分类

工程基本建设项目划分为大、中、小型三类；更新改造项目划分为限额以上和限额以下两类。

3. 建设项目的组成

基本建设过程中，建筑安装过程造价的计算比较复杂。为了准确计算建筑产品价格和进行建设工程的有效管理，必须将建设项目按照其组成内容的不同进行科学的分解，从大到小，把一个建设项目划分为单项工程、单位工程、分部工程和分项工程。因此建设项目也被分为 4 个层次。

1）建设项目

建设项目是指按照同一个总体设计，在两个或两个以上工地上进行建造的单项工程之和。作为一个建设项目，一般应有独立的设计任务书，行政上有独立组织建设的管理单位，经济上是进行独立经济核算的法人组织，如一个工厂、一所医院、一所学校等。建设项目的价格，一般是由编制设计总概算或修正概算来确定的。

2）单项工程

单项工程是指具有独立的施工条件和设计文件，建成后能够独立发挥生产能力及发挥效益的工程项目，如办公楼、教学楼、食堂、宿舍楼等。它是建设项目的组成部分，其工程产品价格是由编制单项工程综合概预算确定的。

3）单位工程

单位工程是具有独立的设计图样与施工条件，但建成后不能单独形成生产能力及发挥效益的工程。它是单项工程的组成部分。例如，一栋住宅楼中的土建工程、装饰装修工程、给排水工程、电器照明工程、设备安装工程等，如果完成其中一项单位工程，是不能发挥使用效益的。单位工程是编制设计总概算、单项工程综合概预算的基本依据。单位工程价格一般可通过编制施工图预算确定。

4）分部工程

分部工程是单位工程的组成部分。它是按照建筑物的结构部位或主要的工种划分的工程分项，例如，装饰装修工程中的楼地面工程、墙柱面工程、门窗工程等。分部工程费用组成单位工程价格，它也是按分部工程发包时确定承发包合同价格的基本依据。

5）分项工程

分项工程是分部工程的细分，是构成分部工程的基本项目，又称工程子目或子目，它是通过较为简单的施工过程就可以生产出来并可用适当计量单位进行计算的建筑工程或安装工程。一般是按照选用的施工方法，所使用的材料、结构构件规格等不同因素划分施工分项。例如，楼地面工程中一般分为垫层、防潮层、找平层、结合层、面层等分项工程。

综上所述，一个建设项目由一个或若干个单项工程组成，一个单项工程由若干个单位工程组成，一个单位工程又由若干个分部工程组成，一个分部工程又可划分为若干个分项工程。如图 1.1 所示为建设项目分解示意图，从图中可看出建设项目、单项工程、单位工程、分部工程和分项工程之间的内在联系与区别。

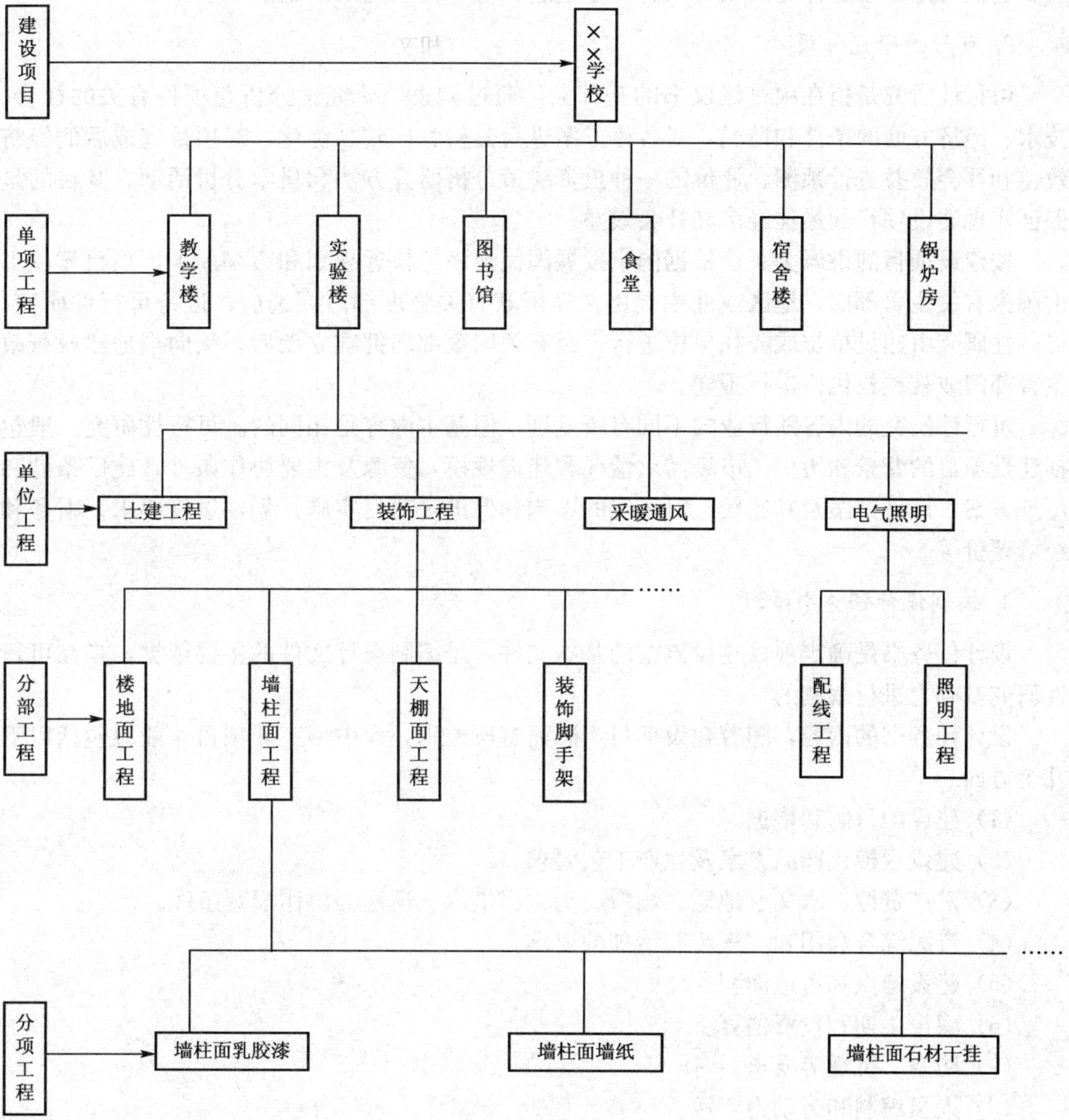

图 1.1 建设项目分解示意图

1.1.3 建设项目的基本建设程序

基本建设程序是指工程项目从策划、评估、决策、设计、施工到竣工验收、投入生产或交付使用的整个建设过程中，各个工作必须遵循的先后顺序。基本建设程序是工程建设过程客观规律的反映，是建设工程项目科学决策和顺序进行的重要保证。

1. 项目建议书阶段

项目建议书是投资者向国家提出建设某一项目的建议性文件，它使拟建项目得到初步设想。其主要内容包括建设项目提出的必要性和依据，产品的方案、拟建规模和建设地点的初步设想，资源情况、建设条件、投资估算和资金筹措设想，经济效果和社会效应等。项目建议书是国家选择建设项目和有计划地进行可行性研究的依据。

2. 可行性研究阶段

可行性研究是指在项目建议书的基础上，通过调查、研究、分析与项目有关的社会、技术、经济方面的条件和情况，对各种方案进行分析、比较、优化，对项目完成后的经济效益和社会效益进行预测、评价的一种投资决策分析研究方法和科学分析活动，其目的是保证实现建设项目的最佳经济和社会效益。

按建设项目的隶属关系，根据国家发展国民经济的长远规划和市场需求，项目建议书由国家有关主管部门、地区或业主提出，经国家有关管理部门评选后，进行可行性研究。可行性研究由建设单位或委托单位进行，经有关国家部门批准立项后，须向当地建设行政主管部门或其授权机构进行报建。

可行性研究的内容随行业的不同有所差别，但基本内容是相同的。可行性研究一般包括建设项目的背景和历史，市场需求情况和建设规模，资源及主要协作条件，建厂条件和厂址方案，设计方案及其比较，对环境的影响和保护，项目实施计划，进度要求，财务和经济评价等。

3. 编制设计任务书阶段

设计任务书是确定项目建设方案的基本文件，是编制设计文件的主要依据，是在可行性研究基础上进行编制的。

设计任务书的内容，随着建设项目不同而有所差别。大中型工业项目一般应包括以下几个方面。

(1) 建设的目的和依据。

(2) 建设规模、产品方案及生产工艺要求。

(3) 矿产资源、水文、地质、燃料、动力、供水、运输等协作配套条件。

(4) 资源综合利用和“三废”治理的要求。

(5) 建设地点和占地面积。

(6) 建设工期和投资估算。

(7) 防空、抗震等要求。

(8) 人员编制和劳动力资源。

(9) 经济效益和技术水平。

非大中型工业建设项目设计任务书的内容，各地区可根据上述基本要求，结合各类建设项目的特点，加以补充和删改。

4. 项目选址

建设地点应根据区域规划和设计任务书的要求选择。建设地点选择是落实确定建设项目具体坐落位置的重要工作，是建设项目设计的前提。

建设地点的选择主要考虑下面几个因素。

（1）原料、燃料、水源、劳动力等技术经济条件。

（2）地形、工程地质、水文地质、气候等自然条件。

（3）交通、动力、矿产等外部建厂条件。

（4）职工生活条件，“三废”治理等。

5. 设计文件的编制

建设项目设计任务书和选址报告批准后，建设单位应委托设计单位，按设计任务书的要求，编制设计文件。设计文件是组织工程施工的主要依据。对于一般的大中型项目，应增加技术设计阶段，即进行三阶段设计。

初步设计的目的是确定建设项目在确定地点和规定期限内进行建设的可能性和合理性，从技术上和经济上对建设项目作出全面规划和合理安排，作出基本技术决定和确定总的建设费用，以便取得最好的经济效益。

技术设计是为了研究和决定初步设计所采用的工艺过程、建筑与结构形式等方面的主要技术问题，补充完善初步设计。

施工图设计是在批准的初步设计基础上制定的，比初步设计具体、准确，其成果包括进行建筑安装工程、管道工程、钢筋混凝土工程和金属结构工程，以及房屋构造、构筑物等施工所采用的图样，是现场施工的依据。

6. 施工准备

根据批准的总预算和建设工期，合理安排建设项目的分年度实施计划。年度计划安排的建设内容，要和能取得的投资、材料、设备和劳动力相适应。配套项目要同时安排，相互衔接。当建设项目列入年度计划后，就可以进行施工准备工作。施工准备的内容很多，包括办理征地拆迁，主要材料及设备的订货，建设场地的“三通一平”等。

7. 项目实施阶段

组织施工是根据列入年度计划确定的建设任务，按照施工图样的要求进行的。

在建设项目施工之前，建设单位应按照有关规定办理开工手续，取得当地建设行政主管部门颁发的施工许可证，通过施工招标选择施工单位，进行招投标报价，签订施工合同，之后方可进行施工。

8. 生产准备

建设项目投资的最终目的就是要形成新的生产能力。为保证项目建成后能及时投产使用，建设单位要根据建设项目的生产技术特点，组织专门的生产班子，抓好生产准备工作。

生产准备工作的主要内容有：招收和培训生产人员；组织生产人员参加设备安装、调试和工作验收；落实生产所需原材料、燃料、水、电等来源；组织工具、器具的订货等。

9. 竣工验收，交付使用

建设工程按设计文件规定的内容和标准全部完成，符合要求，应及时组织办理竣工验收。

竣工验收前，施工单位应组织自检，整理技术资料，在正式验收时作为技术档案移交建设单位保存。建设单位应向主管部门提出，并组织勘察、设计、施工等单位进行验收。

竣工验收是考核建设成果、检验设计和施工质量的关键步骤，是由投资成果转入生产或使用的标志。竣工验收合格后，建设工程才能交付使用。

从竣工验收交付使用起，还有一个保修期，在这个时候内，承包单位要对工程中出现的质量缺陷承担保修和赔偿责任。

10. 项目后评价阶段

项目交付使用后，建设方应对整个建设项目的投资和生产的投入进行评估和结算，作为同期的建设项目的资金报告进行归档，以备后期同类项目的投资作为参考性造价文件使用。

建设项目的基本建设程序如图 1.2 所示。

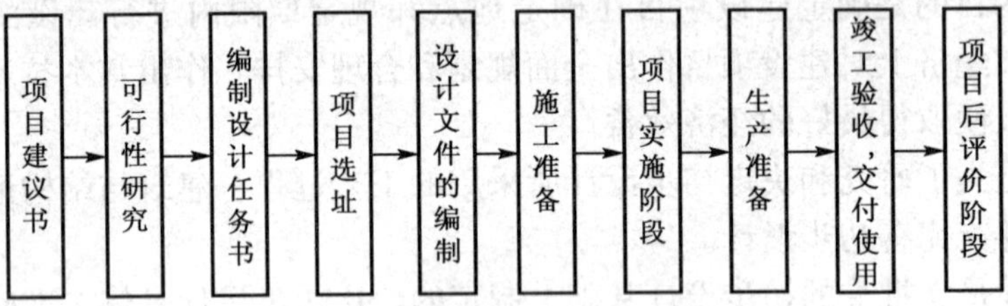

图 1.2 建设项目的基本建设程序

特别提示

建设项目的建设程序是指建设工程必须遵循的客观规律，根据建设项目的复杂程度和既定特点，可能有的程序会在实际运用中简化或没有具体的体现，但其实施的过程是不能颠倒的。

1.2 装饰工程造价文件

引 言

在了解相关的建设项目的程序和项目的组成后，我们所要学习的预算到底有哪些文本形式？这些文本形式的总的概念又被称为什么？在装饰计价过程中又有哪些形式会在实际过程中加以应用？我们需要进一步掌握其专业的术语。

1.2.1 工程造价的含义

1. 工程造价的概念

工程造价通常指工程的建造价格，在市场经济条件下，广泛的存在工程造价两种不同的含义。

第一种含义：工程造价是指建设一项工程预期开支或实际开支的全部固定资产投资费用。显然，这一含义是从投资者——业主的角度来定义的。投资者选定一个投资项目，为了获得预期的效益，就要通过对项目进行可行性研究作投资决策，然后进行勘察设计招标、工程施工招标、设备采购招标，工程施工管理直至竣工验收等一系列投资管理活动。在整个投资活动过程中所支付的全部费用形成固定资产和无形资产，所有这些开支就构成了工程造价。从这个意义上说，工程造价就是完成一个工程建设项目所需费用的总和。

第二种含义：工程造价是指工程价格，即为建成一项工程，预计或在实际土地市场、设备市场、技术劳务市场和承包市场等交易活动中所形成的建造安装工程的价格和建设工程总价格。显然，工程造价的第二种含义是以商品经济和市场经济为前提的。它以工程这种特定的商品形式作为交易对象，通过招标或其他交易方式，在进行多次预估的基础上，最终由市场形成价格。在这里，工程范围和内涵可以是涵盖范围很大的一个建设项目，也可以是一个单项工程，或者是整个建设过程中的某个阶段，如土地开发过程、建筑安装工程、装饰安装工程等，或者是其中的某个组成部分。

2. 工程造价的计价特点

工程的特点，决定了工程造价有如下的计价特点。

1）单件性计价

建设的每个项目都有特定的用途和目的，有不同的结构形式、造型及装饰要求，建设施工时可采用不同的工艺设备、建筑材料和施工方案，因此每个建设项目一般只能单独设计、单独建造，只能是单件计价，产品的个别差异决定了每项工程都必须单独计算造价。

2）多次性计价

项目建设周期长、规模大、造价高，因此按建设程序要分阶段进行建设实施，相应地也要在不同阶段计价，以保证工程造价计算的准确性和控制的有效性。多次性计价是个逐步深化、细化和接近实际工程造价的过程。

3）分部组合计价

工程造价的计算式分部组合而成的。这一特征和建设项目的组合性有关。一个建设项目是一个综合体。这个综合体可以分解为许多内容。其造价计算过程和计算顺序是：分部分项工程造价→单位工程造价→单项工程造价→建设项目总造价。建设项目的组合性决定了工程造价计价过程是一个逐步组合的过程。

1.2.2 工程造价文件的分类

前面我们已经学习了建设项目的建设程序，在不同的建设程序中会出现不同的计价文件来反映这一阶段建设项目的资金投入状况，并实施控制，因此我们需要系统地了解这些造价文件的种类和作用。工程计价、估价或编制工程概预算，均属于工程造价的范畴，从广泛意义上讲是指通过编制各类价格文件对拟建工程造价进行的预先测算和确定的过程。建设工程分阶段进行，由初步构想到设计图样再到工程建设产品，逐步落实，以建设工程为主体、为对象的工程造价，也逐步地深化、细化直至实现实际造价。所以，工程造价是一个由一系列不同用途、不同层次的各类价格所组成的建设工程造价体系，包括建设项目投资估算、设计概算、施工图预算、合同价、工程结算价格、竣工决算价格等。

1. 投资估算

投资估算是指在项目建议书和可行性研究阶段及编制设计任务书阶段，由可行性研究主管部门或建设单位对建设项目投资数额进行估计的经济文件。

2. 设计概算

设计概算是在工程初步设计或扩大初步设计阶段，根据初步设计或扩大初步设计图纸及技术文件、预算定额及有关取费标准等而编制的概算造价经济文件。工程各项费用的总和称为设计总概算(各单项工程设计概算、其他工程设计概算、预备费概算)。设计概算一般由设计单位编制。

3. 施工图预算

施工图预算是在工程施工图设计完成后、工程开工前，由施工单位根据施工图图纸、施工方案、工程预算定额及有关取费标准而编制的工程造价的经济性文件。

其预算造价较概算造价更为详尽和准确，它是编制招标价格和进行工程结算的重要依据。

4. 施工预算

施工预算是在施工阶段，根据施工图纸、施工方案、施工定额而编制的，用以体现施工中所需消耗的人工、材料、机械台班的数量标准，施工预算一般是由施工单位编制。

5. 竣工结算

竣工结算是指一个单项工程、单位工程、分部工程、分项工程在竣工验收阶段，由施工单位根据合同、设计变更、技术核定单、现场签证、隐蔽工程记录、预算定额、材料价格、有关取费标准等竣工资料编制，经建设单位或委托的监理单位签认，作为结算工程造价依据的经济文件。

6. 竣工决算

竣工决算是指建设项目在竣工验收合格后，由业主或委托方根据各局部工程竣工结算和其他工程费用等实际开支的情况，进行计算和编制的综合反映该建设项目从筹建到竣工投产或交付使用全过程，各项资金使用情况和建设成果的总结性经济文件。

综上所述，工程建设造价文件在不同的阶段相互之间有不同的形式和内容，如图 1.3 所示。

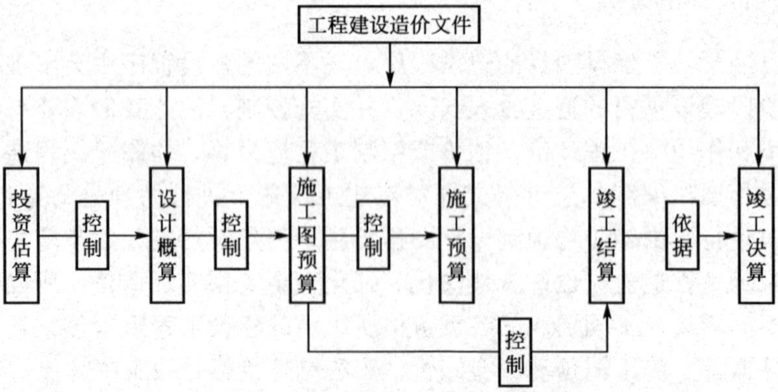

图 1.3 工程造价文件的表现形式

在图 1.3 中我们可以看到不同时期的造价文件都对应控制着下一实施程序的造价。一环扣一环，使得我们的项目投资有序地投入，在此执行过程中我们通常所说的“三算”是指：设计概算、施工图预算、竣工结算。前者是后者的计价依据和控制范围。

1.2.3 建筑装饰工程预算在装饰工程中的应用

由于装饰产品具有建设地点的固定性、施工的流动性、产品的单件性、施工周期长、涉及面广等特点，以及建设地点不同，各地人工、材料、机械单价的不同及规费收取标准的不同，各个企业管理水平不同等因素，决定了建筑产品必须有其特殊的计价方法。

目前，我国建筑装饰工程计价的模式有两种，即定额计价模式和工程量清单计价模式。虽然工程造价计价的方法有多种，各不相同，但其计价的基本过程和原理都是相同的。从工程费用计算角度分析，工程造价计价的顺序如图 1.4 所示。

图 1.4 工程造价计价的顺序

影响工程造价的主要因素是两个，即单位价格和实物工程数量，可以用下列计算式表达：

$$工程造价=\sum(工程量\times单位价格)$$

在装饰工程项目中，装饰预算的表达形式主要通过两种计价模式来展开运用。

1. 定额计价模式(工料单价法)

定额计价方式是我国传统的计价方式，在招投标时，不论作为招标标底，还是投标报价，其招标人和投标人都需要按国家规定的统一工程量计算规则计算工程量，然后按建设行政主管部门颁发的预算定额计算人工费、材料费、机械费，再按有关费用标准计取其他费用，然后汇总到工程造价。其整个计价过程中的计价依据是固定的，即法定的“定额”。定额是计划经济时代的产物，在特定的历史条件下，起到了确定和衡量工程造价标准的作用，规范了建筑市场，使专业人士在确定工程计价时有所依据，有所凭借。但定额指令性过强，反映在具体表现形式上，就是施工手段消耗部分统得过死，把企业的技术装备、施工手段、管理水平等本属于竞争内容的活跃因素固定化了，不利于竞争机制的发挥。目前定额计价模式主要采用统一的消耗量和市场的动态价格来取定，以实物法的形式进行费用记取。

2. 工程量清单计价模式(综合单价法)

工程量清单计价方式是为了适应目前工程招投标竞争中由市场形成工程造价的需要而出现的。《建设工程工程量清单计价规范》(GB 50500—2013)，以及《房屋建筑与装饰工程工程量清单计算规范》(GB 50854—2013)对工程量清单计量及计价活动给出了相关的法律规定，通过多年的计价调整，使得清单计量计价更为科学，并得到广泛应用。

在工程量清单计价方式中，招标人需要按照国家统一规定的工程量计算规则计算工程数量，由投标人按照企业自身实力，根据招标人提供的工程量，自主报价。由于工程数量由招标人提供，增大了招标市场的透明度，为投标企业提供了一个公平、合理的基础和环境，真正体现了建设工程交易的公平、公正。“工程价格由投标人自主报价”表示定额不在作为计价的唯一依据，政府不再作任何参与，而是企业根据自身技术专长、材料采购渠道和管理水平等，制定适合企业自己的报价来参与市场竞争。

1.3 建筑装饰工程预算的学习方法

引 言

在掌握了以上与预算相关的宏观概念和知识后，我们如何进行预算的学习和应用？在学习过程中我们具体的学习内容和任务有哪些？怎样学习能起到事半功倍的效果呢？

1.3.1 建筑装饰工程预算的研究对象

物质资料的生产是人类赖以生存和发展的基础，而物质生产活动都需要消耗一定量的活劳动和物化劳动，这是社会的一般规律。建筑装饰工程建设是一项重要的物质生产活动，其中也必然要消耗一定量的活劳动和物化劳动。而反映这种建筑装饰产品的实物形态在建造工程中投入与产出之间的数量关系以及建筑装饰产品在价值规律下的价格构成因素，是本课程的研究对象。

1. 研究对象

对象一：建筑装饰预算定额。

建筑装饰预算定额，研究的是建筑装饰产品在建造过程中必须消耗的人工、材料、机械台班与建筑装饰产品之间的数量关系。

建筑企业是社会物质资料生产的重要部门之一，同其他产品生产一样，建筑装饰产品的生产，同样要遵循活劳动和物化劳动消耗的一般规律，即生产建筑装饰产品时，必然要消耗一定数量的人工、材料和机械台班。那么，完成合格的单位建筑装饰产品究竟应该消耗多少人工、材料和机械台班呢？这首先取决于社会生产力发展水平，同时也要考虑组织因素对生产消耗的影响。也就是说在一定的生产力水平下，完成合格建筑装饰产品与消耗(投入)之间，存在一定的数量关系。

如何客观、全面地研究这两者之间的关系，找出它们的构成因素和规律性，并采用科学的方法，合理确定完成单位建筑装饰产品所需活劳动与物化劳动的消耗标准并用定量的形式表现出来，就需要研究建筑装饰预算定额。

在建筑装饰产品生产过程中，企业如何正确地执行和运用建筑装饰预算定额这一标准消耗额度，有效地控制和减少各种消耗，降低工程成本，以取得最好的经济效益，是研究建筑装饰预算定额所需要解决的主要问题。

对象二：建筑装饰预算——即建筑产品的计划价格，它是以定额消耗量为基准，用货币这种指标形式，来确定完成一定计量单位质量合格的建筑产品所需的费用。

建筑产品的计划价格就是建筑产品价值的货币表现。研究建筑产品的价格组成因素和计算方法就是预算的主要内容。

建筑产品是商品，与其他商品一样，它具有使用价值和价值两种因素。

建筑产品的使用价值，主要表现它的功能、质量和能满足用户需要等方面，这是商品自然属性的体现。

建筑产品的价值包括物化劳动消耗、活劳动消耗和新创造的价值三部分，即不变资本(材料和机械的耗费)、可变资本(人工工资)和剩余价值(利润)。

2. 本课程的主要任务

本课程的主要任务，就是学好预算的 3 个关键点。

(1) 正确地应用定额。

(2) 合理地确定工程造价。

(3) 熟练地计算工程量。

1.3.2 建筑装饰工程预算与相关课程的关系

装饰工程预算与计量类课程是工程造价、建筑装饰专业开设的一门系统性、专业性、实践性、政策性较强的专业课。它与“建筑制图”“建筑构造”“装饰构造”“建筑装饰施工”等课程具有密切的联系，通过介绍工程量清单计价规范、预算定额和工程造价的确定等知识，正确选取材料、施工工艺，使学生掌握工程造价编制方法。因此也需要熟悉“建筑装饰材料”“装饰施工技术”等专业课程。

本课程教学内容设计时重点在于介绍定额的应用、工程造价的计算和工程量计算的规则，需要我们能够对工程建设各阶段工程造价的确定和控制有一定的驾驭能力。

1.3.3 建筑装饰工程预算的学习方法

1. 融会贯通其他相关装饰专业课程

要学习如何准确地进行报价，除了准确地计算工程量外，还要能够合理地列出装饰的项目，理解项目的特征，因此，还要温习“装饰构造”“装饰材料”等相关课程。

2. 理论与实际相结合

在进行实际的计价过程中，理论的计价过程和工程量计算规则通常与各个地区实际的计价方法和规则会有细小的区别，因此要学会用比较的方式，不同的报价运用方法来弱化局部的实际出入。

3. 多进行总结

装饰预算不同于建筑装饰的其他专业课，其报价合理性的技巧学习大于准确性的技能学习，因此，在每学习一项知识点和技能后，要能够静下心来分析和总结自己的学习方法是否适合掌握此技巧。如何有效地提高自己的学习效率是至关重要的，报价技巧的多样性，需要我们灵活理解如何换算和调整的方法。

小知识

我国造价工程师执业资格制度的建立

原人事部、原建设部颁布的人发[1996]77 号文《造价工程师执行资格制度暂行规定》是建立这项制度的标志。

造价工程师的执业资格，是履行工程造价管理岗位职责与业务的准入资格。

该制度规定，凡从事工程建设活动的建设、设计、施工、工程造价咨询、工程造价管理等单位和部门，必须在计价、评估、审查（核）、控制及管理等岗位配备有造价工程师执业资格的专业技术人员。

知识链接

现行的“建筑装饰”行业企业模式分为家装和工装两大类；许多计价规范、计价模式及计算规则等理论都只是在工装企业运用，除此之外，装饰管理人员的岗位设置也不尽相同。例如，建筑装饰设计师资格的认证(现在仅仅是装饰协会的认证资格，而没得到国家行政的认可，不具备法律效力)；目前家装与工装造价文件的格式还不能统一，特别是家装工程，由于地区性的差异和各个装饰公司的具体情况不一样，出现家装的造价文件格式自成一体，各不相同，没有代表性。在竞争激烈的市场中造成报价的混乱，不利于提高公司间的管理水平。我们所要学习的是按国家统一要求的造价文件格式进行编制的装饰造价文件，具有普遍性和规范性。

本章小结

本章对装饰预算的含义、建设工程项目、装饰工程造价文件作了较详细的阐述，包括装饰预算的作用和基本要求，以及建设项目的组成等。

建筑装饰工程计价，是指在执行工程建设程序过程中，根据不同的设计阶段、设计文件的具体内容和国家或地区规定的定额指标及各种取费标准，预先计算和确定每项新建、扩建、改建和重建过程中的装饰工程所需全部投资额。

基本建设就是形成固定资产的经济活动过程，是实现社会主义扩大再生产的重要手段。

建设项目从大到小可划分为单项工程、单位工程、分部工程和分项工程。

基本建设程序是指一项建设工程从设想提出到决策，经过设计、施工、验收直至投产或交付使用的整个过程中，必须遵循先后顺序。

工程造价可分为建设项目投资估算、设计概算、施工图预算、工程结算、竣工决算。

工程造价计价具有单件性计价、多次性计价、分部组合计价等特点。

建筑装饰工程计价的方法为装饰工程定额计价法和工程量清单计价法。

建筑装饰预算的学习方法和研究对象。

习题

一、填空题

1. 基本建设的实质是________的经济活动。

2. 工程造价文件的分类：________、________。

3. 从大到小，把一个建设项目可划分为________、单位工程、________和分项工程。

4. 大型工程项目的设计文件是分阶段进行的，一般分为两个阶段，即________和________。

5. 我国的基本建设程序可划分为项目建议书阶段、________、________和________。

6. 工程造价的计价种类有建设项目投资估算________、________、施工预算、________和竣工预算价格。

7. ________是对应项目建议书阶段和可行性研究阶段的价格。

8. 施工图预算是在________阶段计算出的。

9. ________是整个建设工程的最终实际价格。

二、选择题

1. 对于比较复杂和缺少设计经验的项目应增加(　　)。

A. 技术设计阶段　　B. 施工图设计阶段

C. 初步设计阶段　　D. 勘察设计

2. (　　)是具有独立的设计图样和施工条件，但建成后不能单独形成生产能力与发挥效益的工程。

A. 建设项目　　B. 单项工程　　C. 单位工程　　D. 分项工程

3. 工程造价的特点有(　　)。

A. 单价性计价　　B. 多次性计价

C. 分部组合计价　　D. 固定性

4. 由业主负责组织和编制的造价文件有(　　)。

A. 施工图预算　　B. 竣工结算　　C. 竣工决算　　D. 设计概算

三、思考题

1. 简述生成一份预算报价书的过程。

2. 装饰预算会与哪些其他课程产生联系？举例说明。

四、实践训练题

自己走访身边的装饰工地，拟写一份该装饰项目的施工程序，并写出此项目出现了哪些造价文件？各有哪些特点？

第2章

建设工程定额

教学目标

1. 通过对本章的学习，了解建筑工程定额的概念，了解定额的分类。
2. 熟悉基础定额的组成及企业定额的概念。
3. 掌握各种定额之间的相互关系，以及企业定额的编制原则。

能力要求

1. 能够理解定额产生的原因，定额的分类为什么会不同。
2. 能够描述基础定额中各消耗量定额的内容。
3. 能够运用定额的相关知识来确立装饰预算的依据。

章节导读

随着所学知识的深入，我们知道，要对一项装饰工程进行合理的报价，各装饰公司和地区在进行报价时，必须有一个共同的参照指标，也就是要有一个规定的“度”作为依据。例如，我们在进行地面花岗石的报价时，地面花岗石的用量平均到底有多少的损耗，我们不能随意去测算，而必须站在一个公平合理的平台来竞争，以保证报价的合理性，而这样一个合理的耗量是有规定的，并且是通过许多专家多年的测定，在一定的时间必须要严格遵守的。因此，我们必须要学习这样的知识点，为下一步报价做准备。

我们把这样的“度”称为定额，以下我们将详细介绍。

2.1 工程定额概念与分类

引言

工程定额的概念是什么，它在现行的工程领域有哪些不同的分类，作为一名预算人员，定额在我们的计价过程中有哪些作用？

2.1.1 工程定额的概念

我们知道，由于生产力的差异性，在不同的行业、不同的部门、不同的地区完成合格建筑产品所需要的资源是不等的，参照的标准也是不一样的，因此，在计算建筑装饰工程的费用时必须参照一定的标准或规范，而参照的这个标准或规范就是定额；另外，因为定额有不同层次的分类，这就需要我们从不同角度去认识工程建设定额的分类并深刻理解其内涵。

1. 定额的概念

所谓“定”，就是规定；“额”，就是额度或限度。从广义上理解，定额就是规定的额度或限度，即标准或尺度。

在社会化生产中，为了完成一定的合格产品，就必须消耗一定数量的人工、材料、机械设备及资金。由于生产水平及生产关系的不同，在社会生产发展的各个阶段，生产这一合格产品所需消耗资源的数量也就不同，但是在一定的生产条件下，必须有一个合理的数额。这个数额标准是指在一定时期内，根据当年的生产水平及产品的质量要求，绝大多数人可以达到的一个合理的消费标准，这个标准就是定额。综上所述，我们可以给定额下一个较为准确的定义：定额是指在合理劳动组织和合理地使用材料和机械的条件下，完成单位合格产品所必需消耗的资源数量标准。

2. 定额的特性

1）法令性和指导性

定额由国家各级部门制定、颁布并供所属企业单位使用，在执行范围内任何单位与企业不得随意更改其内容与标准。如需修改、调整和补充，必须经主管部门批准，下达有关相应文件。定额统一了资源的标准，国家可据此对工程设计标准和企业经营水平进行统一的考核和有效监督，所以定额具有一定的法令性。

为了体现我国社会主义市场经济的特点，定额在一定范围内具有一定程度的指导性质，定额的法令性保证了在基本建设过程中，能实行统一的建筑安装过程造价和统一的核算标准，有利于国家和有关部门对基本建设的经济效益和管理水平进行统一的考核和有效的监督。

2）科学性

定额的制定来源于实践，又服务于实践。它是在客观规律基础上，遵循科学的原理并充分利用现代管理科学的理论、方法和实践研究手段制定出来的。定额的科学性主要表现在以下几方面。

(1) 表现在用科学的态度制定定额。制定定额时要充分考虑施工生产技术和管理方法条件，在分析各种影响工程施工生产消耗因素的基础上，力求定额水平制定合理，使其符合客观实际。

(2) 表现在定额的内容、范围、体系和水平，既要适应社会生产力发展水平的需要，又要尊重工程建设中的施工生产消费价值等客观经济规律。

(3) 表现在制定定额的基本原理是同现代科学管理技术紧密结合的。它是充分利用了现代管理科学的理论、方法和手段，通过严密的测定、统计和分析整理而制定的。

(4) 表现在定额的制定、执行、控制、调整等管理环节，是遵循一定的科学程序开展的，彼此之间构成了一个有机的整体。制定为执行和控制提供科学依据，而执行和控制为实现定额的既定目标提供组织保证，为定额的制定和调整提供各种反馈信息。

3）群众性

定额的群众性表现在定额的拟定和执行都有着广泛的群众基础，主要表现在以下几方面。

(1) 定额水平的高低主要取决于建筑安装工人所创造的生产力水平高低。反映在定额中的劳动消耗的数量标准，是建筑企业职工的劳动智慧的结晶。

(2) 定额的编制是在建筑企业职工的直接参与下进行的。编制定额时，需要工人参加定额的技术测定、经验交流，使定额编制能够从实际出发，反映群众的要求和愿望，便于工人群众掌握。

(3) 定额的执行要依靠广大职工。定额的执行，归根到底要依靠职工的实践活动，否则再好的定额也不过是一纸空文。

(4) 定额是能够为群众所信任和拥护的。定额反映了广大职工的愿望，把群众的长远利益和当前的利益正确地结合起来，把广大职工的工作效率、工作质量和国家、企业、生产者的物质利益结合起来。所以，定额是能够为群众所信任和拥护的。

4）相对稳定性和时效性

定额中所规定的各种资源消耗量的多少，是由一定时期的社会生产力所确定的。随着科学技术水平和管理水平的不断提高，社会生产力的水平也不然提高，有一个由量变到质变的过程，因此定额的执行也有一个相对的实践过程。当生产条件变化，技术水平不断提高，原有的定额已不能适应生产需要时，授权部门才会根据新的情况对定额进行补充和修改。所以，定额既不是固定不变的，也不是朝夕更改的，但对企业定额的局部修改或补充是会常常出现的。

3. 工程建设定额的概念

工程建设定额，是指在一定的技术条件下，完成单位合格建筑产品所必须消耗的人工、材料、机械台班及资金的数量标准。它反映了一定社会生产力水平条件下的产品生产和生产消费之间的数量关系，与一定时间的工人操作水平，机械化程度，新材料、新技术的应用，企业生产经营管理水平等有关，随着生产力的发展而变化，但在一定时期内相对稳定。

以下为水泥砂浆楼地面找平层工程(20mm)的定额子目 A13－20(摘自 2013 版的《湖北省建设工程消耗量定额及统一基价表》，以 100m^{2}作为计算单位)。

定额基价		1343.39 元
人工费		635.36 元
材料费		670.49 元
机械费		37.54 元
……		……
其中人工消耗量：	普工	2.57 工日
	技工	5.23 工日
	高级技工	无
其中材料消耗量：	素水泥浆	0.10m^3
	水泥砂浆 1∶3	2.02 m^3
	水	0.60 m^3
其中机械消耗量：	灰浆搅拌机 200L	0.34 台班

上述预算定额中，除了工程基本构造要素规定了人工、材料、机械的消耗量及一定时期的定额基价价格的数据外，还规定了工作内容、质量和安全要求等。这些基础数据为装饰工程后续准确的报价提供了依据。

2.1.2 定额的分类

在建设活动中所使用的定额种类较多，我国已形成了一套自己的工程建设定额管理体系。建筑装饰工程定额，是工程建设定额体系的重要组成部分。就建筑装饰工程定额而言，不同的分类方法有不同的名称，一般按生产要素、用途性质、专业与编制、执行范围等进行分类。

1. 按定额反映的生产要素分类

按生产要素可分为劳动消耗定额、材料消耗定额与机械消耗定额。

生产要素包括劳动者、劳动手段和劳动对象三部分，所以与其相对应的定额是劳动消耗定额、材料消耗定额与机械消耗定额。按生产要素进行分类是最基本的分类方法，它直接反映出生产某种单位合格产品所必须具备的基本因素。劳动消耗定额、材料消耗定额与机械消耗定额是施工定额、预算定额、概算定额等多种定额的最基本的组成部分。

(1) 劳动消耗定额：又称人工定额。它规定了在正常施工条件下，某工种的某一等级工人为生产单位合格产品所必须消耗的劳动时间；或在一定的劳动时间中，其所生产合格产品的数量。

（2）材料消耗定额：是指在节约和合理使用材料的条件下，生产单位合格产品所必须消耗的一定品种规格的原材料、燃料、半成品或构件的数量。

（3）机械消耗定额：又称机械台班定额，简称机械定额。它是指在正常的施工条件下，利用某机械生产单位合格产品所必须消耗的机械工作时间；或在单位时间内，机械完成合格产品的数量。

2. 按用途性质分类

按用途性质可以分为施工定额、预算定额、概算定额和概算指标。

（1）施工定额：是直接用于基层施工管理的定额。它一般由劳动定额、机械台班定额与材料定额三部分组成。根据施工定额，可以计算不同工程项目的人工、材料和机械台班需用量。

（2）预算定额：是确定一定计量单位的分项工程或结构工程的人工、材料(包括成品、半成品)和施工机械台班消耗量及费用的标准。

（3）概算定额：是预算定额的扩大与合并，它是确定一定计量单位扩大分项工程的人工、材料和施工机械台班的消耗量及费用的标准。概算定额是介于预算定额与概算指标之间的定额。

（4）概算指标：是以整个构筑物为对象，或以一定数量面积(或长度)为计量单位，而规定人工、机械与材料的消耗量及费用的标准。

（5）估算指标：是以单独的一个单项工程或者完整的工程项目为对象，而规定的单项工程三要素及费用的综合标准。

各种定额间的关系比较见表2－1。

表2－1　各种定额间的关系比较

定额分类	施工定额	预算定额	概算定额	概算指标	估算指标
对象	工序	分项工程	扩大的分项工程	整个建构筑物	独立的单项工程或完整的工程项目
用途	编制施工预算	编制施工图预算	编制扩大初步设计概算	编制初步设计概算	编制投资估算
项目划分	最细	细	较粗	粗	很粗
定额水平	平均先进	平均	平均	平均	平均
定额性质	生产性定额	计价性定额			

3. 按专业分类

按照工程项目的专业类别，工程建设定额可以分为：建筑工程定额、安装工程定额、公路工程定额、铁路工程定额、水利工程定额、市政工程定额等多种专业定额类别。

4. 按编制单位和执行范围分类

（1）全国统一定额：是根据全国各专业工程的生产技术与组织管理的一般情况而编制的定额，在全国范围内执行。如1995年2月颁发的《全国统一建筑工程基础定额(土建工程)》(GJD-101—1995)、2001年12月颁发的《全国统一建筑装饰装修工程消耗量定额》(GYD—901—2002)。全国统一定额是编制地区消耗量定额、企业消耗量定额及地区估价表的依据，是编制工程概算定额(指标)、投资估算指标的依据。

(2) 专业部门(行业)定额：是充分考虑到由于各专业主管部门的生产技术特点不同而引起的施工生产和组织管理上的不同，参照统一的定额水平编制的。专业部门定额通常只在本部门和专业性质相同的范围内执行，如铁路建设工程定额、水利工程定额、冶金工程定额等。

(3) 地区定额：是参照全国统一定额或根据国家有关统一规定，考虑本地区特点而制定的，在本地区使用。

(4) 企业定额：是指由建筑安装企业考虑本企业生产技术和组织管理等具体情况(即生产力水平和管理水平)，参照统一、部门或地方定额水平制定的，只在本企业内部使用的定额。

工程建设定额体系如图2.1所示。

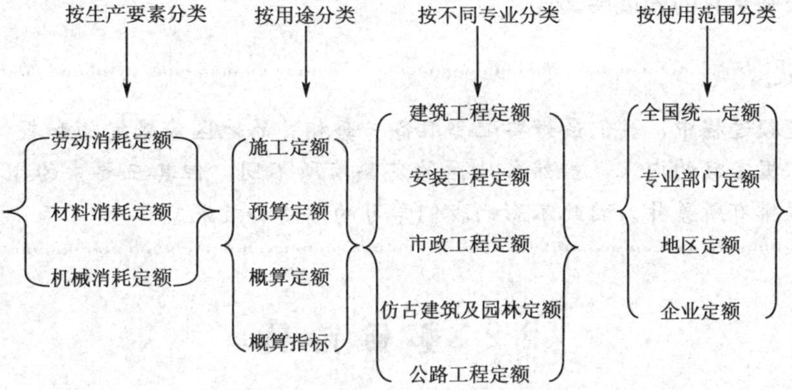

图2.1 工程建设定额体系

2.1.3 工程定额的作用

工程定额作为工程造价管理的重要参考之一，有如下一些作用。

1. 工程定额是招投标活动中编制招标控制价、进行投标报价的依据

建筑工程定额是工程招投标活动中确定工程造价的重要依据。目前我国的两种计价模式并存，在定额计价模式下，定额是确定标的和投标报价的依据，在清单计价模式下，定额又是确定工程招标控制价和投标报价的依据。

2. 工程定额是施工企业编制工程进度计划，作为组织与管理施工的重要依据

为了更好地组织和管理建筑装饰装修施工生产，必须编制施工进度计划。在编制进度计划中，我们必须测定各分部分项的用工量、材料的消耗量等，而这些需要我们直接或间接地以定额为计算人、材、机的依据。

3. 工程定额是建筑企业和工程项目部实行经济责任制的重要依据

建筑工程项目承包责任制是实现工程建设工程管理体制改革的突破口。施工企业必须要对外承揽工程以实现企业的经济效益，因此在此过程中，我们要编制投标报价书，也即

我们通常所说的商务标。在工程的实施中，我们要进行成本控制、纠偏成本、办理结算等工作，而这些都要用到定额才能完成这些事务。

4. 工程定额是提高劳动生产率的重要手段

施工企业要提高劳动生产率，应贯彻执行各类定额，只有在与定额进行对比的过程中，我们才能知道企业的劳动生产率是一个什么样的标准，当发现劳动生产率低于定额水平时，企业必须在新技术、新工艺、新材料等方面进行不断的提高，在改善组织关系、优化劳动力等方面进行弥补。

5. 工程定额是施工企业进行总结先进生产方法的手段

工程定额是在一定条件下通过对施工生产过程的观测、分析而综合制定的，从而比较科学地反映出生产技术和劳动组织的先进合理程度。因此，可以利用消耗量定额的评定方法，对同一工程产品在同一施工条件下的不同生产方式的过程进行观测、分析和总结，从而找到比较先进的生产方法；或者对某种条件下形成的某种生产方法，通过对过程消耗量状态的比较来确定它的先进性。

特别提示

在学习定额过程中，我们最好要配套准备一套相关的地区基础定额和教材一起来辅助我们更好地掌握定额的内容，虽然各地区的定额有所不同，但其三要素的组成是不变的，只是表格的编排有所差异。因此不影响我们学习的方法和效果。

2.2 基础定额

引言

根据上一节的知识我们了解到，工程建设定额按生产要素可以分为劳动消耗定额、材料消耗定额与机械台班消耗定额这三个基础定额，在已经理解定额的概念基础之上，我们再来学习基础定额(施工定额)的内容。

2.2.1 劳动消耗定额

劳动消耗定额简称劳动定额，也称人工定额，是指在正常的生产条件下，完成单位合格工程建设产品所需消耗的劳动力的数量标准。

1. 劳动定额的表现形式

劳动定额按其表现形式的不同，分为时间定额和产量定额。

1）时间定额

时间定额也称工时定额，是指某种专业的工人或个人，在合理的劳动组织和合理的施工技术条件下，完成单位合格产品所必须消耗的工作时间。它包括准备时间与结束时间、基本生产时间、辅助生产时间、不可避免的中断时间及人工必需的休息时间。其中准备时间与结束时间、基本生产时间、辅助生产时间又统称为有效工作时间。

时间定额的计量单位为“工日/m³”“工日/m²”“工日/m”“工日/t”“工日/块”。

$$单位产品时间定额(工日)=\frac{1}{每工日产量}$$

或

$$单位产品时间定额(工日)=\frac{小组成员工日数之和}{小组台班数量}$$

2）产量定额

产量定额是指某种专业的工人班组或个人，在合理的劳动组织和合理的施工劳动条件下，单位时间内完成合格产品的数量。

产量定额的计量单位为：“m³/工日”“m²/工日”“m/工日”“t/工日”“块/工日”等，产量定额根据时间定额计算。用公式表示如下：

$$单位产品时间定额(工日)=\frac{1}{单位产品时间定额}$$

或

$$单位产品时间定额(工日)=\frac{小组成员工日数总和}{单位产品时间定额}$$

2. 时间定额与产量定额之间的关系

时间定额与产量定额之间互为倒数关系，即

$$时间定额=\frac{1}{产量定额} \quad 或 \quad 时间定额\times产量定额=1$$

《全国统一建筑安装工程劳动定额》中砖墙砌体项目示例见表2-2。

墙砖工作内容包括：砌砖墙面艺术形式，平碹及安装平碹模板，梁板头砌砖，梁板下塞砖，楼梯间砌砖，留楼梯踏步斜槽，留孔洞，砌各种凹进处，山墙泛水墙，安放木砖、预埋件，安装60kg以内的预制混凝土过梁、隔板、垫块及调整立好后的门窗框等。

表2-2 每1m³砌体的劳动定额 单位：工日/m³

序号	项目		双面清水			单面清水				
			1砖	1.5砖	2砖 2砖以上	0.5砖	0.75砖	1砖	1.5砖	2砖 2砖以上
一	综合	塔吊①	1.27	1.20	1.12	1.52	1.48	1.23	1.14	1.07
二		机吊	1.48	1.41	1.33	1.73	1.69	1.44	1.35	1.28
三	砌砖		0.726	0.653	0.568	1.00	0.956	0.684	0.593	0.52
四	运输	塔吊	0.44	0.44	0.44	0.434	0.437	0.44	0.44	0.44
五		机吊	0.652	0.652	0.652	0.642	0.645	0.552	0.652	0.652
六	调制砂浆		0.101	0.106	0.107	0.085	0.089	0.101	0.106	0.107
	编号		4	5	6	7	8	9	10	11

说明：①“塔吊”此处为动词，表示用塔式起重机运输。

表中数字为时间定额(工日)。例如：砌筑双面清水1砖墙，使用塔吊运输的综合时间定额为1.27工日，即每砌筑1m³的双面清水1砖墙，综合需1.27工日的工作时间。

3. 时间定额与产量定额的特点

时间定额以“工日/m^3”“工日/m^2”“工日/m”“工日/t”“工日/块”等单位表示，不同的工作内容有相同的时间单位，定额完成量可以相加，故时间定额适用于劳动计划的编制和统计完成的任务情况。

【例 2.1】 现有 120m^3一砖基础工程，完成 1m^3需要 0.89 工日，每天有 22 名工人施工，需要多少天完成?

【解】 完成 120m^3一砖基础工程所需总工日数=120×0.89=106.8(工日)

每天有 22 名工人施工，故小组每天的工日数为 22，则

所需施工天数=106.8÷22=5(天)

产量定额以“m^3/工日”“m^2/工日”“m/工日”“t/工日”“块/工日”等单位表示，数量直观、具体，容易为工人所理解，因此产品定额适用于向工人班组下达生产任务。

【例 2.2】 某抹灰班组有 13 名工人，抹某住宅楼混砂墙面，施工 25 天完成任务，已知产量定额为 10.2m^2/工日。试计算抹灰班应完成的抹灰面积。

【解】 13 名工人施工 25 天的总工日数=13×25=325(工日)

抹灰面积=10.2×325=3315(m^2)

4. 劳动定额的测定

劳动定额的测定一般有 4 种方法，即技术测定法、比较类推法、统计分析法、经验估计法。

1) 技术测定法

技术测定法又称计时观察法，是指在合理的生产施工技术、操作工艺、合理的劳动组织和正常的施工条件下，对施工过程中的具体活动进行观察测量，分析计算制定定额的方法。技术测定法有较高的准确性和科学性，是制定新定额和典型定额的主要方法。技术测定通常采用的方法有测时法、写实记录法、工作日记写实法及简易测定法等。其中，测时法和写实记录法使用较为普遍。

2) 比较类推法

比较类推法又称典型定额法，是以某种同类型或相似类型的产品或工序的定额水平或实际消耗的工时标准为依据，经过比较分析，类推出另一种工序产品定额水平的方法。这种方法工作量小，定额制定速度快。但用来对比的两种建筑产品必须是相似或同类型的，否则定额水平是不准确的。

3) 统计分析法

统计分析法是把过去施工中积累的同类工程或生产同类建筑产品的工作消耗原始记录和统计资料，结合当前生产技术组织条件等变化因素，进行分析研究、整理和修正，从而制定定额的方法。其优点是方法简单，有一定的精确度。但过去的统计资料不可避免地包含某些不合理因素，定额水平也会受到不同程度的影响。

4) 经验估计法

经验估计法是根据定额专业测定人员、工程技术人员和老工人在过去从事施工生产、施工管理的经验，并参照图样、施工规范等有关技术资料，经过座谈讨论、分析研究和综合计算而制定的定额。其优点在于定额制定简单、及时、工作量小、易于掌握。但由于无

科学技术测定资料，精确度差，有相当的主观性、偶然性，定额水平不易控制。

2.2.2 材料消耗定额

材料消耗定额是指在正常的施工条件下，合理的使用材料时，生产单位质量合格建筑产品所必须消耗的一定规格的建筑材料、燃料、半成品、构件和水电等动力资源的数量标准。

1. 材料消耗定额的内容

1）主要材料消耗定额

主要材料消耗定额可分为两部分：一部分是直接用于安装工程的材料，称为材料净用量；另一部分是操作过程中不可避免的施工废料和材料施工操作损耗，称为材料损耗量。

材料消耗量、材料净用量和材料损耗量之间的关系为：

$$材料消耗量=材料净用量+材料损耗量$$

$$材料损耗率=\frac{材料损耗量}{材料消耗量}\times 100\%$$

$$材料消耗量=\frac{材料净用量}{1-材料损耗率}\times 100\%$$

在实际工程中，为了简化计算过程，材料损耗率用材料损耗量与材料净用量的比值计算，通常称为施工损耗率，其计算公式为：

$$材料损耗率=\frac{材料损耗量}{材料净用量}\times 100\%$$

$$材料消耗量=材料净用量+材料损耗量=材料净用量\times(1+材料损耗率)$$

2）周转性材料消耗定额

周转性材料是指在施工过程中多次使用、周转的工具性材料，如各种模板、脚手架、活动支架、挡土板等。定额中，周转材料消耗量指标应当用一次性使用量和摊销量两个指标表示。一次使用量是指周转材料再不重复使用的使用量，供施工企业组织施工用；摊销量是指周转性材料退出使用，应分摊到每一定计量单位的机构构件的周转材料消耗量，供施工企业成本核算或预算用。

2. 材料消耗定额的测定

材料消耗定额的测定，就是确定单位产品的材料净用量和材料损耗量(率)。材料消耗定额的测定可以分为直接性消耗材料消耗定额测定、周转性材料消耗定额测定。

1）直接性消耗材料消耗定额的测定

直接构成工程实体的材料称作直接性消耗材料，其材料定额的测定方法包括观测法、实验法、统计法和计算法。

(1) 观测法。观测法是在施工现场合理使用材料的条件下，观察测定完成单位合格产品的材料消耗量，通过分析整理，最后得出各施工过程单位产品的材料消耗定额。

运用观测法时，首先要选择观察对象。观察对象应符合下列要求：建筑物具有代表性，施工符合技术规范要求，材料品种和质量符合设计要求，被测定的工人在节约材料和保证产品质量方面有较好成绩，选用标准的衡量工具和运输工具。

(2) 实验法。实验法又称实验室实验法，是指在材料实验室内进行试验和测定有关消耗量的数据。例如：通过试验研究水泥砂浆的材料强度和各组成材料消耗的比例关系。但实验法不能取得在施工现场的实际情况下各种客观因素对材料消耗量的影响的资料。

(3) 统计法。统计法又称统计分析法，是以现场长期积累的分部分项工程拨付材料数量、完成产品数量、完成工作后的材料剩余数量等的统计资料为基础，经过分析计算，得出单位产品的材料消耗量。

(4) 计算法。计算法又称理论计算法，是根据施工图样和建筑结构特性，用理论推导的公式计算材料消耗的一种方法。计算只能算出单位产品的材料净用量，而材料损耗量仍要在现场通过实测取得，或者通过损耗率算得。此法适用于计算块状、面状、条状和体积配合比砂浆等材料。

每 $1m^3$ 砌体标准砖净用量理论计算公式为：

$$标准砖净用量(块)=\frac{砌体厚度砖数\times 2}{砌体厚度\times(砖长+灰缝厚)\times(砖厚+灰缝厚)}$$

式中　砖长、砖厚——一般标准尺寸长 × 宽 × 厚 = $0.24m \times 0.115m \times 0.053m = 0.0014628m^3$

砌体厚度——0.5 砖墙 0.115m，1 砖墙 0.24m，1.5 砖墙 0.365m；

砌体厚度砖数——0.5 砖厚为 0.5，1 砖厚为 1，1.5 砖厚为 1.5；

灰缝砖——0.01m。

每 $1m^3$ 砖砌砂浆净用量理论计算公式为：

$$砂浆净用量(m^3)=1-净用砖的体积$$

2）周转性材料消耗定额的测定

除了构成产品实体的直接性消耗材料外，在建筑工程定额中还有另一类周转性材料。它在施工过程中不是一次性消耗的材料，而是可多次周转使用，经过修理、补充而逐渐消耗尽的材料，如模板、脚手架等。

制定周转性材料的消耗定额，应当按照多次使用、分次摊销的方法计算。为了便于备料，有时还要列出一次使用量。因此，周转性材料消耗定额应该用一次使用量和摊销量两个指标来表示。

一次使用量是指为完成单位合格产品每次生产时所需的材料数量。它根据施工图样和各分部分项工程施工工艺和施工方法计算。

摊销量是指使用一次应分摊在单位产品中的消耗量。它根据一次使用量、周转次数、补损率等因素来确定。

周转次数是指从第一次使用起可以重复使用的次数，周转次数的确定要经过现场调查、观测及统计分析，取平均先进水平。

周转回收量是指周转材料在周转使用后除去损耗部分的剩余数量。

补损率是指在使用一次后，由于损坏而需补充的数量，用一次使用量的损耗百分数表示，其数值应由下一次使用前需补充数量多少而定。

(1) 现浇构件周转性材料各类用量的计算如下：

$$周转使用量=\frac{一次使用量+一次使用量\times(周转次数-1)\times损耗率}{周转次数}$$

$$=一次使用量\times\left[\frac{1+(周转次数-1)\times损耗率}{周转次数}\right]$$

$$周转使用系数(k_1)=\left[\frac{1+(周转次数-1)\times损耗率}{周转次数}\right]$$

$$周转使用量=一次使用量\times k_1$$

$$周转回收量=\frac{一次使用量-(一次使用量\times损耗率)}{周转次数}$$

$$=一次使用量\times\left[\frac{1-损耗率}{周转次数}\right]$$

$$周转材料摊销量=周转使用量-周转回收量$$

$$=一次使用量\times\left[k_1-\frac{(1-损耗率)\times回收折价率}{周转次数\times(1+间接费率)}\right]$$

$$摊销量系数(k_2)=\left[k_1-\frac{(1-损耗率)\times回收折价率}{周转次数\times(1+间接费率)}\right]$$

$$周转材料摊销量=一次使用量\times k_2$$

（2）预制构件模板用量计算如下：

$$预制构件模板摊销量=\frac{一次使用量}{周转材料}$$

2.2.3 机械台班消耗定额

机械台班消耗定额，简称机械台班定额、机械定额，是指在正常施工条件下，合理的劳动组织和合理使用机械条件下，完成单位合格产品所必需的一定产品、规格的施工机械台班的数量标准。

一台班机械工作 8h 为一个台班。

机械台班定额有两种表现形式，即机械时间定额和机械产量定额。机械时间定额与机械产量定额在数值上互为倒数。

1. 机械时间定额

机械时间定额是指在正常的收购条件下，某种机械生产合格单位产品所必需消耗的台班数量。可按下式计算：

$$机械台班时间定额=\frac{1}{机械台班产量定额}$$

2. 机械产量定额

机械产量定额是指某种机械在合理的施工组织和正常施工的条件下，单位时间内完成合格产品的数量。可按下式计算：

$$机械台班产量定额=\frac{1}{机械台班时间定额}$$

机械台班定额的表现形式与劳动定额的表现形式基本一样，只是一个指机械，一个指人工；一个以“台班”为计量单位，一个以“工日”为计量单位。

【例 2.3】 一台 61 塔式起重机吊装某种混凝土构件，配合机械作业的小组成员为：司机 1 人，起重和安装工人 7 人，电焊工人 2 人。已知机械台班产量为 40 块，试求吊装每一构件的机械时间定额和人工时间定额。

【解】 机械台班时间定额$=\dfrac{1}{\text{机械台班产量定额}}=1/40=0.025$(台班/块)

人工时间定额$=\dfrac{\text{小组成员工日数总和}}{\text{机械台班产量定额}}=(1+7+2)/40=0.25$(工日/块)

或 人工时间定额=小组成员工日数总和×机械台班时间定额

$=(1+7+2)\times 0.025=0.25$(工日/块)

特别提示

在学习了基础定额的三要素后，我们对定额中的人工、材料、机械的消耗水平有了一个初步的了解，但是在现实的项目竞争意识形态下，每个企业对人、材、机的消耗水平的要求会有所不同，管理先进和技术管理水平一般的企业对他们自身的消耗标准是不一样的，因此我们需要了解一下企业在施工过程中的定额是一个怎样的标准。

2.3 企业定额

引 言

随着建设市场的发展，工程招标活动的进一步规范和深入，尤其是工程量清单计价方式的施行，使企业定额的作用越来越明显。这就要求每个施工企业及时调整思路，制定适合本企业发展的定额，不断提高企业竞争力，促进装饰报价的合理性发展。

2.3.1 企业定额的概念

所谓企业定额，是指建筑安装企业根据本企业的技术水平和管理水平，编制的完成单位合格产品所必需的人工、材料和施工机械台班的消耗量，以及其他生产经营要素消耗的数量标准。

企业定额反映企业的施工生产与生产消费之间的数量关系，是施工企业生产力水平的体现，每个企业均应拥有反映自己企业能力的企业定额。企业的技术和管理水平不同，企业定额的定额水平也就不同。因此，企业定额是施工企业进行施工管理和投标报价的基础和依据，从一定意义上讲，企业定额是企业的商业秘密，是企业参与市场竞争的核心竞争能力的具体表现。

目前大部分施工企业是以国家或行业制定的预算定额作为进行施工管理、工料分科和计算施工成本的依据。随着市场化改革的不断深入和发展，施工企业可以预算定额和基础定额为参照，逐步建立起反映企业自身施工管理水平和技术装备程度的企业定额。

1. 企业定额的特点

企业定额必须具备以下特点。

(1) 其各项平均消耗要比社会平均水平低，体现其先进性。

(2) 可以体现本企业在某些方面的技术优势。

(3) 可以体现本企业局部或全面管理方面的优势。

(4) 所有匹配的单价都是动态的，具有市场性。

(5) 与施工方案能全面接轨。

2. 企业定额的作用

企业定额是建筑安装企业内部管理的定额，也可称为施工定额。企业定额是建筑装饰企业管理工作的基础，也是工程建设定额体系中的基础内容。

企业定额在企业管理工作中的作用主要表现在以下几个方面。

1) 企业定额是企业计划管理的依据

企业定额在企业计划管理方面的作用，表现在它既是施工组织设计的依据，也是企业编制施工计划的依据。

施工组织设计是指导拟建工程进行施工准备和施工生产的技术经济文件，其基本任务是根据招标投标文件及合同协议的规定，确定出经济合理的施工方案，在人力和物力、时间和空间、技术和组织上对拟建工程作出最佳的安排。施工作业计划是根据企业的施工计划、拟建工程的施工组织设计和现场实际情况编制的。这些计划的编制必须依据企业定额。施工组织设计包括三部分内容：资源需用量、使用这些资源的最佳时间安排和平面规划。施工中实物工作量和资源需要量的计划均要以企业定额的分项和计量单位为依据。施工作业计划是施工单位计划管理的中心环节，编制时也要用企业定额进行劳动力、施工机械和运输力量的平衡，材料、构件等分期需要量和供应时间的计算，实物工程量的计算和安排施工形象进度。

2) 企业定额是组织和指挥施工生产的有效工具

企业组织和指挥施工班组进行施工，是按照作业计划通过下达施工任务单和限额领料单来实现的。施工任务单，既是下达施工任务的技术文件，也是班组经济核算的原始凭证。它列出了应完成的施工任务，也记录着班组实际完成任务的情况，并且与班组工人的工资核算密切相关。施工任务单上的工程计算单位、产量定额和计价单位，均需取自企业定额中的劳动定额，工资结算也要根据劳动定额的完成情况计算。

限额领料单是施工队随任务单同时签发的领证材料的凭证。这一凭证是根据施工任务和企业定额中的材料定额填写的。其中领料的数量是班组为完成规定的工程任务消耗材料的最高限额。这一限额也是评价班组完成任务情况的一项重要指标。

3) 企业定额是计算工人劳动报酬的根据

企业定额是衡量工人劳动数量和质量，提供成果评价和效益评价的标准。所以，企业定额应是计算工人工资的基础依据，这样才能做到完成定额好，工资报酬多，达不到定额，工资报酬就会减少，真正体现了多劳多得的分配原则。这对于打破企业内部分配方面的大锅饭是很有现实意义的。

4) 企业定额是激励工人的条件

激励在实现企业管理目标中占有重要位置，所谓激励，就是采取某些措施激发和鼓励员工在工作中的积极性和创造性。行为科学研究表明，如果职工受到充分的激励，其能力可发挥 80% ～ 90%，如果缺少激励，仅仅能够发挥出 20% ～30%的能力，但激励只有在满足人们某种需要的情形下才能被发挥。

5）企业定额有利于推广先进技术

企业定额水平中包含着某些已成熟的先进的施工技术和经验，工人要达到和超过定额，就必须掌握和运用这些先进技术，如果工人想要大幅度超过定额，他就必须进行创造性的劳动。因此，企业定额可以在以下三方面促进工人使用先进技术：第一，在自己的工作中，注意改进工具和改进技术操作方法，注意原材料的节约，避免原材料和能源的浪费；第二，企业定额中往往明确要求采用某些较先进的施工工具和施工方法，所以贯彻企业定额也意味着推广先进技术；第三，企业为了推广企业定额，往往组织技术培训，以帮助工人达到和超过定额。技术培训和技术表演等方式也都可以大大普及先进技术和先进操作方法。

6）企业定额是编制施工预算，加强企业成本管理的基础

施工预算是施工单位用以确定单位工程人工、机械、材料等需要量的计划文件。施工预算以企业定额为编制基础，既要反映设计图样的要求，也要考虑在现有条件下可能采取的节约人工、材料和降低成本的各项具体措施。这就能够有效地控制施工中的人力、物力消耗、节约成本开支。

施工中人工、机械和材料的费用，是构成工程成本中直接费用的主要内容，对间接费用的开支也有着很大影响。严格执行企业定额不仅可以起到控制成本、降低费用开支的作用，同时也为企业加强班组核算和增加盈利创造了良好的条件。

7）企业定额是施工企业进行工程投标、编制工程投标报价的基础和主要依据

企业定额反映本企业施工生产的技术水平和管理水平，在确定工程投标报价时，首先要依据企业定额计算出施工企业拟完成投标工程需要发生的计划成本。在掌握工程成本的基础上，再根据所处的环境和条件，确定在该工程上拟获得的利润、预算的工程风险费用和其他应考虑的因素，从而确定投标报价。因此，企业定额是企业编制计算投标报价的基础。

企业定额在建筑安装企业管理的各个环节都是不可缺少的，企业定额管理是企业的基础性工作，具有不容忽视的作用。

企业定额在工程建设定额体系中的基础作用，是由企业定额作为生产定额的基本性质决定的，企业定额和生产结合最紧密，它直接反映生产水平和管理水平，而其他各类定额则是在较高的层次上、较大的跨度上反映社会生产力水平。

企业定额作为工程建设定额体系中的基础，主要表现在企业定额水平是确定、预算定额和指标消耗水平的基础。

以企业定额水平作为预算定额水平的计算基础，可以免除测定定额的大量繁杂工作，缩短工作周期，使预算定额与实际的生产和经营管理水平相适应，并能保证施工中的人力、物力消耗得到合理的补偿。

2.3.2 企业定额的编制原则

企业定额能否在施工管理中促进企业生产力的提高，主要取决于定额本身的编制质量。衡量定额质量的主要标志有两个：一是定额水平；二是定额的内容和形式。因此，在编制企业定额的过程中应该贯彻以下原则。

1. 平均先进水平原则

定额水平是指规定消耗在单位建筑安装产品上的劳动力、材料、机械台班数量的多

少。单位产品的劳动消耗量与生产力水平成反比。

企业定额的水平应是平均先进水平，因为具有平均先进水平的定额能促进企业生产力水平的提高。

所谓平均先进水平，是指在正常的施工条件下多数班组或生产者经过努力才能达到的水平。一般来说，该水平应低于先进水平而高于平均水平。

在编制企业定额中贯彻平均先进水平原则，可以从以下几个方面来考虑。

(1) 确定定额水平时，要考虑已经成熟并得到推广使用的先进经验。对于那些尚不成熟或尚未推广的先进技术，暂不作为确定水平的依据。

(2) 对于编制定额的原始资料，要加以整理分析，剔除个别的、偶然的不合理数据。

(3) 要选择正常的施工条件和合理的操作方法，作为确定定额的依据。

(4) 要从实际出发，全面考虑影响定额水平的有利因素和不利因素。

(5) 要注意企业定额项目之间水平的综合平衡，避免有“肥”有“瘦”，造成定额执行中的困难。

定额的水平具有一定的时间性。某一时间是平均先进水平，但在执行的过程中，经过工人努力后，大多数人都超过了定额。那么，这时的定额水平就不具有平均先进水平了。所以，要在适当的时候重新修订定额，以保持定额的平均先进水平。

2. 简明适用原则

简明适用就企业定额的内容和形式而言，要方便于定额的贯彻和执行。制定企业定额的目的就在于适用于企业内部管理，具有可操作性。

定额的简明性和适用性，是既有联系又有区别的两个方面，编制企业定额时应全面加以贯彻。当两者发生矛盾时，定额的简明性应服从适应性的要求。

贯彻定额的简明性和适应性原则，关键是做到定额项目设置完全，项目划分粗细适当，还应正确选择产品材料的计量单位，适当利用系数，并辅以必要的说明和附注。总之，贯彻简明适用性原则，要努力使企业定额项目达到齐全、粗细恰当、步距合理的效果。

3. 以专家为主编制定额的原则

编制企业定额，要以专家为主，这是实践经验的总结。企业定额的编制要求有一支经验丰富、技术与管理知识全面、有一定政策水平的稳定的专家队伍，同时也要注意必须走群众路线，尤其是在现场测试和组织新定额试点时，这一点非常重要。

4. 独立自主的原则

企业独立自主地制定定额，主要是自主确定定额水平，自主划分定额项目，自主地根据需要增加新的定额项目。但是，企业定额毕竟是一定时期企业生产力水平的反映，它不可能也不应该割断历史，因此它也是对原有国家、部门和地区性施工定额的继承和发展。

5. 时效性原则

企业定额是一定时期内技术发展和管理水平的反映，所以在一段时期内表现出稳定的状态。这种稳定性又是相对的，它还有显著的时效性。如果当企业定额不再适应市场竞争和成本监控的需要时，就应该重新编制和修订，否则就会挫伤群众的积极性，甚至产生负效应。

6. 保密原则

企业定额的指标体系及标准要严格保密。建筑市场强手林立，竞争激烈。企业现行的定额水平，工程项目在投标中如被竞争对手获取，会使本企业陷入十分被动的境地，给企业带来不可估量的损失。所以，企业要有自我保护意识和相应的加密措施。

2.3.3 企业定额的编制方法

编制企业定额最关键的工作是确定人工、材料和机械台班的消耗量，在此基础上才能准确地计算分项单价或综合单价。

人工消耗定额的确定，首先是根据企业环境，拟定正常的施工作业条件，分别计算测定基本用工和其他用工的工日数，进而拟定施工作业的定额时间。

材料消耗量是通过企业历史数据的统计分析、理论计算、实践试验、实地考察等方法计算确定的，包括周转材料的净用量和损耗率，进而拟定材料消耗的定额指标。

机械台班消耗量的确定，同样需要按照企业的环境，拟定机械工作的正常施工条件，确定机械工作效率和利用系数，据此拟定施工机械作业的定额台班与机械作业相关的工作小组的定额时间。

知识链接

在学习基础定额和企业定额的过程中，我们可以在课后了解一下定额的形成和发展的历史。

定额的发展经历了几个重要的阶段，定额产生的萌芽阶段，是在人类社会的发展初期，在这个时期由于分散和单独的生产状态，人类不需要定额，而是凭个人的经验来指挥和监督生产要素的消耗。

19世纪末期20世纪初，随着科学管理理论的产生和发展，定额与定额管理才由自觉的管理状态走向了科学制定与科学管理的阶段。美国工程师泰勒(1856—1915年)进行了企业管理的研究，在此思路下，经过不断的科学实验和细密的制定，制定出了最初的工时定额以此来衡量工人工作的好坏及先进水平。

20世纪70年代出现了系统管理理论，把管理科学和行为科学有机地结合起来，使得定额的制定和应用走入了一个新的阶段。我国的定额管理的施行和发展就是在70年代后期参考欧洲和美、日等国家的先进的定额管理体系，结合国情而编制的。

随着工程计价改革的推行和市场竞争的加剧，我国的定额模式也发生着变化，由最初的量价合一到现在的量价分离，以及企业的自主定额的推行，我国的定额将越来越科学有序地发展。

本章小结

所谓“定”，就是规定；“额”，就是额度或限度。从广义上理解，定额就是规定的额度或限度，即标准或尺度。定额具有法令性和指导性、科学性、群众性、相对稳定性和时效性等特性。

建筑装饰工程定额，是指在一定的施工技术与建筑艺术综合创作条件下，为完成该项工程质量合格的产品，消耗在单位基本构造要素上的人工、机械和材料的数量标准与费用额度。这里所说的基本构造要素，就是通常所说的分项装饰工程或结构构件。

工程定额一般按生产要素、用途、性质与编制范围进行分类。

按生产要素可以分为劳动定额、材料定额与机械台班消耗定额。

按用途性质可以分为施工定额、预算定额、概算定额、概算指标。

按编制单位和执行范围分类，分为全国统一定额、专业部门定额、地区定额、企业定额。

基础定额包括劳动定额、材料消耗定额、机械台班定额，它是编制建筑安装工程其他定额的基础。

劳动定额和机械台班定额按其表现形式的不同，分为时间定额和产量定额。材料消耗定额是指在正常的施工条件和合理使用材料条件下，生产单位质量合格的建筑产品所必须消耗的一定规格的建筑材料、燃料、半成品、构件和水电等动力资源的数量标准。

所谓企业定额，是指建筑安装企业根据本企业的技术水平和管理水平，编制完成单位合格产品所必需的人工、材料和施工机械台班的消耗量，以及其他生产经营要素消耗的数量标准。企业定额是建筑安装企业内部管理的定额，也可称为施工定额。

企业定额反映企业的施工生产与生产消费之间的数量关系，是施工企业生产力水平的体现，每个企业均应拥有反映自己企业能力的企业定额。企业的技术和管理水平不同，企业定额的定额水平也就不同。因此，企业定额是施工企业进行施工管理和投标报价的基础和依据，从一定意义上讲，企业定额是企业的商业秘密，是企业参与市场竞争的核心竞争能力的具体表现。

习题

一、填空题

1. 定额就是规定的额度或限度，即________。

2. 定额是指在________的条件下，完成________的数量标准。

3. 建筑工程定额按生产要素可分为________、________和________。

4. 劳动定额又称________。它规定了在正常施工条件下，某工种的某一等级工人为生产单位合格产品所必须消耗的________；或在一定的时间中，________。

5. 机械消耗定额又称________，简称________，是指在单位时间内，机械完成合格产品的数量。

6. 劳动定额按其表现形式的不同，分为________和________。

7. 时间定额与产量定额之间互为________。

8. 材料消耗定额的测定可以分为________和________。

9. 企业定额的水平应是________。

10. 平均先进水平是指低于________，而高于________。

11. 定额的简明性和适用性，是既有联系，又有区别，当两者发生矛盾时，定额的________应服从________的要求。

二、选择题

1. 定额具有的性质有(　　)。

A. 群众性　　B. 定额的法令性和指导性

C. 科学性　　D. 定额的相对稳定性和实效性

2. 建筑装饰定额按编制单位和执行范围分为(　　)。

A. 全国统一定额　　B. 地区定额

C. 市政定额　　D. 企业定额

3. 建筑工程定额按用途性质可以分为(　　)。

A. 预算定额　　B. 概算定额

C. 市政定额　　D. 投资估算指标

4. 劳动定额的测定方法有(　　)。

A. 技术测定法　　B. 经验估算法

C. 理论法　　D. 劳动分析法

5. 企业定额的编制原则有(　　)。

A. 平均先进原则　　B. 保密原则

C. 时效性原则　　D. 独立自主的原则

E. 以专家为主的编制定额的原则　　F. 简明适用原则

三、思考题

1. 按照用途分类的定额，其适用的范围和它们之间的关系是什么？

2. 现行的补充定额属于哪类定额？

四、实践训练题

自己查阅相关资料和上网搜寻我国定额的发展经历和特点。走访身边的企业，考察它们的定额水平如何。

第3章

建筑装饰工程定额

教学目标

1. 通过对本章的学习，了解建筑装饰工程消耗量定额的作用。

2. 熟悉装饰工程定额消耗量指标的确定，定额基价指标的确定。

3. 掌握装饰工程消耗量定额的应用，地区单位估价表的应用。

能力要求

1. 能够合理运用装饰工程消耗量定额。

2. 能够识读地区单位估价表，理解其组成。

3. 能够应用地区单位估价表计算装饰工程分部分项的人工费、材料费、施工机械使用费，为后续进行装饰单位工程报价做铺垫。

章节导读

在第2章中，我们学习了相关定额的分类和组成，定额由于分类的不同，所运用的领域也会发生不同，在这里，我们有针对性地选取我们所需要学习的装饰装修工程消耗量定额中的相关知识：定额消耗量指标、定额基价指标及装饰工程定额在一定地区的具体表现(地区单位估价表)来具体学习，并加以运用。

我们知道，对一个装饰分项工程进行准确而合理的报价，不仅要知道发生在分项工程中所要消耗的人工、材料、机械的合理消耗量，而且还要知道其人工费、材料费、机械费的组成内容及影响因素，这样才能为合理而准确的报价做铺垫，前者就是定额消耗量指标，后者就是定额基价指标。因此，作为装饰预算人员，我们要掌握其知识，运用其技巧。

3.1 概　　述

引　言

我们学习装饰装修工程定额，目的是能够合理地进行装饰报价，那么装饰工程定额是如何编制的，其作用又有哪些？编制要遵循哪些原则？本节将主要讲解这些内容。

3.1.1 装饰工程消耗量定额的概念及表格形式

1. 装饰工程消耗量定额的概念

装饰工程消耗量定额是指在正常的施工条件和装饰技术的综合运用下，为了完成一定计量单位的质量合格产品所需消耗的装饰装修工程基本构造要素上的人工、材料和机械的数量标准。

建筑装饰产品品种多样，在一定的生产周期下，生产中要消耗大量的人力、财力和物力，因此要正确确定建筑装饰工程的造价，首先要确定其生产要素的用量，目前大多数建筑装饰企业都是根据装饰消耗量定额来确定各种资源的消耗量。

建筑装饰工程消耗量定额同时也是编制施工图预算、确定工程造价的主要依据，是编制装饰装修工程概算定额、估算指标的基础，是编制企业定额、投标报价的参考。

2. 装饰工程消耗量定额的表格形式

装饰工程消耗量定额是完成规定计量单位的分项工程计价的消耗量标准，是在正常的施工条件下多数施工企业具备的机械装备标准、合理的施工工艺、劳动组织及工期条件下的社会平均消耗水平。

为适应招投标竞争和市场价格的动态调整，建筑装饰工程消耗量定额实行工程实体消耗和施工措施消耗的分离，以及消耗量与劳务、材料、施工机械台班价格的分离，以逐步实现工程个别成本报价，通过市场竞争形成工程造价的动态调整。

例如，《全国统一建筑装饰装修工程消耗量定额》(GYD—901—2002)楼地面工程中天然石材的铺贴分部分项工程的定额子目的表头说明和表格形式见表3-1。

表 3-1 大理石楼地面部分定额子目内容

工作内容：清理基层、试排弹线、锯板修边、铺贴饰面、清理镜面。 单位：m^2

定额编号				1-001	1-002	1-003	1-004
项目				大理石楼地面			
				周长 3200mm 以内		周长 3200mm 以外	
				单色	多色	单色	多色
名称		单位	代码	数量			
人工	综合人工	工日	000001	0.02490	0.2600	0.2590	0.2680
材料	白水泥	kg	AA0050	0.1031	0.1031	0.1031	0.1031
	大理石板 500mm×500mm(综合)	m^2	AG0202	1.0200	1.0200	1.0200	1.0200
	大理石板 1000mm×1000mm(综合)	m^2	AG0205	—	—	1.0200	1.0200
	大理石板拼花成品	m^2	AG3381	—	—	—	—
	石料切割锯片	片	AN5900	0.0035	0.0035	0.0035	0.0035
	棉纱头	kg	AQ1180	0.0100	0.0100	0.0100	0.0100
	水	m^3	AV0280	0.0260	0.0260	0.0260	0.0260
	锯木屑	m^3	AV0470	0.0060	0.0060	0.0060	0.0060
	水泥砂浆 1∶3	m^3	AX0684	0.0303	0.0303	0.0303	0.0303
	素水泥砂浆	m^3	AX0720	0.0010	0.0010	0.0010	0.0010
机械	灰浆搅拌机(200L)	台班	TM0200	0.0052	0.0052	0.0052	0.0052
	石料切割机	台班	TM0610	0.01680	0.0168	0.0168	0.0168

在表 3-1 中，我们可以查出不同工艺下的大理石地面铺贴中所需要的人工的平均消耗量，不同材料的消耗量和机械台班的消耗量。

一般来说，消耗量定额项目表都包括以下内容。

1）表头

项目表格的上部为表头，一般包括分项的内容描述，主要作用是说明该节的工作内容。

2）消耗量指标栏

(1) 表的右上方为分部分项名称栏，其内容包括分项名称、定额编号、具体做法要求等，右上角为分项的计量单位。现行的《全国统一建筑装饰装修工程消耗量定额》中，其分部分项的标注形式为“数符型”编号法；横线前面的数字表示的是分部(章)的顺序号，横线后面的数字表示分项或子目的顺序号。

(2) 表的左下方为工料机名称栏，包括工料机的名称和代号、规格及质量要求。

(3) 表的右下方为分部分项的工料机的消耗量指标栏，表明了所要消耗的数量指标。

(4) 表的底部为附注栏，它是该分项消耗量的定额补充，但不是所有的分项都有附注栏。

3.1.2 装饰工程消耗量定额的作用

装饰工程消耗量定额有如下作用。

（1）建筑装饰工程消耗量定额是完成规定计量单位分项工程的人工、材料、施工机械台班的消耗量标准，是施工企业编制施工组织设计、制订施工作业计划的依据。

（2）建筑工程消耗量定额是全国建筑装饰工程预算工程量计算规则、项目划分、计量单位的依据。

（3）建筑装饰工程消耗量定额是编制地区消耗量定额、企业消耗量定额及地区估价表的依据，是编制建筑装饰工程概算定额(指标)、投资估算指标的依据。

（4）建筑装饰工程消耗量定额是编制建筑装饰工程单位估价表、招标工程标底、施工图预算，以及确定工程造价的依据。

（5）建筑装饰工程消耗量定额是编制企业定额和投标报价的参考。

3.1.3 装饰工程消耗量定额的编制依据

编制建筑装饰工程消耗量定额，主要依据下列文件和资料。

（1）国家有关现行产品标准、设计规范、施工及验收规范。

（2）国家现行技术操作规程、质量评定标准和安全操作规程。

（3）标准图集、通用图集及有关省、自治区、直辖市的标准图集和做法。

（4）有代表性的工程设计、施工资料和其他资料。

（5）有关科学实验资料、技术测定资料和可靠的统计资料等。

特别提示

装饰工程消耗量定额在编制过程中主要依据的是国家和某地区的相关文件和资料，具有普遍性和代表性。

3.1.4 装饰工程消耗量定额的编制原则

1. 社会平均水平原则

社会平均水平是指编制消耗量定额时应遵循价值规律的要求，即按生产该产品的社会必要劳动量来确定其人工、材料、机械台班消耗量。这就是说，在正常的施工条件下，以平均的劳动强度、平均的技术熟练程度、平均的技术装备条件，完成单位合格建筑产品所需的劳动消耗量来确定消耗量定额的水平。这种以社会必要劳动量来确定定额水平的原则，就称为平均水平原则。

2. 简明实用原则

简明实用原则是指项目划分合理、齐全，步距大小适当，便于使用。简明适用原则主要体现在以下几个方面。

（1）满足各方的需要。例如，满足编制施工图预算、编制投标报价、工程成本核算、编制各种计划等的需要，不但要注意项目齐全，而且还要注意补充新结构、新工艺项目。

（2）确定消耗量定额的编制时，要考虑简化工程量的计算。例如，大理石楼地面定额的计量单位采用“m^2”要比用“块”更简便。

(3) 消耗量定额中的各种说明要简明扼要，通俗易懂。

3. 坚持“以专为主，专群结合”的原则

定额的编制具有很强的技术性、法规性和实践性，不但要有专门的机构和专业的人员把握方针政策，经常性地积累资料，还要专群结合，及时了解定额在执行过程中的情况和存在的问题，以便及时将新工艺、新技术、新材料反映到定额中。

特别提示

我们在上一章学到的企业定额的编制原则为平均先进水平，而这里我们所学习的装饰消耗量定额的编制原则为社会平均水平，前者代表了企业在施工过程中的竞争地位，后者则是衡量某地区在一定时期内的社会平均生产力水平，是预算定额的依据。

3.2 装饰工程定额消耗量指标的确定

引 言

一份装饰报价的组成，含有装饰工程消耗量的知识点，那么装饰工程消耗量中各项指标是如何确定的呢，其组成又有哪些呢？

再次观察表3-1，可以发现建筑装饰工程消耗量定额要从“人工”“材料”和“机械”三方面，来确定完成单位建筑产品的人力、物力等消耗。那么建筑装饰工程消耗量指标指的是什么？该如何确定这些消耗量指标呢？

3.2.1 人工消耗量指标的确定

所谓建筑装饰工程消耗量指标是指完成定额规定计量单位的分项工程所需的人工、材料和机械台班的消耗数量，具体包括人工消耗量指标、材料消耗量指标和机械台班消耗量指标。这些指标是计算和确定定额各项目人工费、材料费和机械费的基本依据。

1. 人工消耗量指标的组成

建筑装饰工程消耗量定额中的人工消耗量指标是指完成一定计量单位分项工程所有用工的数量，包括基本用工和其他用工两部分。

1) 基本用工

基本用工是指完成单位合格产品所必须消耗的各种技术工种用工。例如，装饰抹灰分项中的抹灰工、调制砂浆工等用工均属于基本用工。基本用工以技术工种相应劳动定额的工时定额计算，按不同工种列出定额工日。

2) 其他用工

其他用工是指辅助基本用工完成生产任务所需消耗的人工，是劳动定额内没有包括而在建筑装饰工程消耗量定额内又必须考虑的工时消耗，包括辅助用工、超运距用工和人工幅度差。

(1) 辅助用工，是指建筑装饰工程消耗量定额中基本工以外的材料加工等所用的工时消耗，如抹灰工程中筛砂、淋灰膏等用工量。

(2) 超运距用工，是指建筑装饰工程消耗量定额中规定的材料、半成品的运输距离超过劳动定额或施工定额所规定的运输距离而需增加的工时消耗。

(3) 人工幅度差，是指劳动定额中没有包括而在消耗量定额中又必须考虑的工时消耗。

在正常施工条件下，不可避免的且无法计量的各种零星工序的工时消耗量。其具体内容包括：工序交叉、搭接停歇的时间消耗；机械临时维修、小修、移动不可避免的时间损失；工程质量检验影响产生的时间消耗；施工用水电管线移动影响产生的时间消耗；工程完工、工作面转移造成的时间损失；施工中不可避免的少量用工等。

2. 人工消耗量指标的计算

1) 基本用工

以技术工种相应劳动定额的工时定额计算，按不同工种列出定额工日。基本用工消耗量计算公式可表示为：

$$基本用工消耗量=\sum(综合取定工程量\times时间定额)$$

2) 其他用工

(1) 辅助用工消耗量计算公式可表示为：

$$辅助用工消耗量=\sum(材料加工数量\times相应时间定额)$$

(2) 超运距用工消耗量计算公式可表示为：

$$超运距用工消耗量=\sum(超运距运输材料数量\times相应时间定额)$$

(3) 人工幅度差计算公式可表示为：

$$人工幅度差=(基本用工+辅助用工+超运距用工)\times人工幅度差系数$$

式中　人工幅度差系数——一般建筑装饰工程为10%，设备安装工程为12%。

综上所述，建筑装饰工程消耗量定额各分项工程的人工消耗量指标等于该分项工程的基本用工量与其他用工量之和，即：

某分项工程人工消耗量指标=相应分项工程基本用工量+相应分项工程其他用工量

其中，其他用工量=辅助用工量+超运距用工量+人工幅度差用工量

【例3.1】 在预算定额人工消耗量计算时，已知完成单位合格产品的基本用工为22工日，超运距用工为4工日，辅助用工2工日，人工幅度差系数为12%，则预算定额的人工消耗量为(　　)工日。

A. 3.36　　B. 25.36　　C. 28　　D. 31.36

【解】 D

计算过程为：(22+4+2)×(12%+1)=31.36(工日)

特别提示

在实际装饰工程项目中，我们把实际的人工等级分为普工、技工、高级技工。这样的称呼和我们上面所学习的基本用工、其他用工是不同的。前者是区分工价的等级，后者是一项装饰工艺中为完成施工过程花费的主要用工量和其他用工量。

3.2.2 材料消耗量指标的确定

装饰工程不同于土建、安装工程，由于装饰材料的不断发展，材料的品种多样。在装饰工程中有如下种类。

1. 材料的种类

材料的种类按照不同的标准有多种分类方法，这里按照用途将其分为以下4种。

(1) 主要材料：指直接构成工程实体的材料，包括成品及半成品材料，如水泥、钢筋、面砖等。

(2) 辅助材料：指构成工程实体除主要材料以外的其他材料，如垫木、钉子、铅丝等。

(3) 周转性材料：指不构成工程实体且多次周转使用的摊销性材料，如脚手架、模板等。

(4) 其他材料：指用量较少，难以计量的零星用料，如棉纱、编号用的油漆等。

2. 材料消耗量指标的计算

消耗量定额中的材料消耗量指标由材料净用量和材料损耗量组成。材料净用量是指实际耗用在工程实体上的材料用量；材料损耗量是指材料在施工现场所发生的运输损耗、施工操作损耗以及有关施工现场材料堆放损耗的总和。其关系式如下：

材料损耗率=(材料损耗量/材料净用量)×100%

材料损耗量=材料净用量×材料损耗率

材料消耗量指标=材料净用量+材料损耗量

或　　材料消耗量指标=材料净用量×(1+材料损耗率)

对于周转性材料消耗量指标的确定，由于周转性材料在施工中不是一次消耗完，而是随着使用次数的增多逐步消耗的，所以它的消耗量指标在定额中用摊销量表示。如模板的耗用量是根据取定图样计算出所需模板材料使用量之后，再按照多次周转使用而逐步分摊到每次使用的消耗之中，即模板摊销量。

3. 材料的消耗量指标计算示例

【例3.2】 地面贴陶瓷地砖200mm×200mm，水泥砂浆1∶3打底，素水泥浆做结合层，地砖(周长800mm以内)的材料损耗率为2%，试确定每平方米地面陶瓷地砖的消耗量指标(设定净用量为1m^2)。

【解】 材料消耗量指标=材料净用量+材料损耗量

=材料净用量×(1+材料损耗率)

=1×(1+2%)

=1.02(m^2)

经计算，每平方米地面陶瓷地砖的消耗量指标是1.02m^2。

【例3.3】 某彩色地面砖规格为200mm×200mm×5mm，灰缝为1mm，结合层为20厚1∶2水泥砂浆，试计算100m^2地面中面砖和砂浆的消耗量(面砖和砂浆损耗率均为1.5%)。

【解】 面砖的净用量：100/(0.2+0.001)×(0.2+0.001)=2475(块)

面砖的消耗量：2475/(1－1.5%)＝2512(块)

灰缝砂浆的净用量：(100－2475×0.2×0.2)×0.005＝0.005(m^3)

结合层砂浆的净用量：100×0.02＝2(m^3)

砂浆的消耗量：(0.005＋2)/(1－1.5%)＝2.035(m^3)

3.2.3 机械台班消耗量指标的确定

消耗量定额中的机械台班消耗量指标，是指完成规定计量单位的合格产品所需的施工机械台班的计量标准，是以台班为单位计算的，每台班为8个工作小时。

定额的机械化水平以多数施工企业已采用和推广的先进方法为标准。

机械台班消耗量指标以统一劳动定额中机械施工项目的台班产量为基础进行计算，考虑在合理施工组织条件下机械的停歇时间、机械幅度差等因素。

机械幅度差是指全国统一劳动定额规定范围内没有包括而实际中又必须增加的机械台班量。机械幅度差通常包括以下几项内容。

(1) 正常施工组织条件下不可避免的机械空转时间及合理停滞时间。

(2) 临时水电线路移动检修而发生的运转中断时间。

(3) 气候变化或机械本身故障影响工时利用的时间。

(4) 施工中机械转移及配套机械相互影响损失的时间。

(5) 检查工程质量影响机械操作的时间。

(6) 工程开工质量影响机械操作的时间。

(7) 不同品牌机械的功效差。

(8) 配合机械施工的工人，在工人幅度差范围以内的工作间歇影响的机械操作时间。

$$\text{机械台班消耗量指标}=\frac{\text{分项工程定额子目计量单位}}{\text{劳动定额规定的机械台班产量}}\times(1+\text{机械幅度差})$$

在计算机械台班消耗量指标时，机械幅度差通常以系数表示。大型机械的机械幅度差系数为：石(土)方机械1.25，吊装机械1.3，打桩机械1.33；其他专用机械，如打夯、钢筋加木工、木工、水磨石等机械，机械幅度差系数为1.1。

垂直运输的塔式起重机、卷扬机以及混凝土搅拌机、砂浆搅拌机等，是按工人小组配备使用的，应以小组产量计算机械台班产量，不另增加机械幅度差。

特别提示

需要指出，实际工程现场运距超过预算定额取定运距时，可另行计算在现场二次搬运费中，这属于措施费的范畴，我们将在后续的费用组成中讲到。

此处的超运距用工只能涵盖定额中规定的有效运距。

3.3 装饰工程消耗量定额的应用

引　言

学习了装饰工程消耗量定额指标的内容，我们最主要的目的是学会如何运用。在实际的装饰工程中，分项工程消耗量不可能和定额中的每个分项内容所包含的量一模一样，这就需要我们在熟练掌握基础知识后，知道如何进行定额的应用以正确选取消耗量。

在定额的应用过程中，通常会遇到以下几种情况：定额的直接套用、换算和补充。本节以《全国统一建筑装饰装修工程消耗量定额》(GYD—901—2002)为例，阐述建筑装饰工程消耗量定额的应用方法。

3.3.1 直接使用

当分项工程设计要求的工作内容、技术特征、施工方法、材料规格等与拟套的定额分项工程规定的工作内容、技术特征、施工方法、材料规格完全相符时，则可直接套用定额。

【例 3.4】 某酒店大厅地面面积为300m²，施工图设计要求用1∶3水泥砂浆铺贴大理石板(500mm×500mm，多色)，试计算该分项工程消耗的人工、材料、施工机械台班数量。

【解】 (1) 根据题意查找相应的定额项目，确定定额编号、项目名称、计量单位，知可直接套用定额项目的人工、材料、施工机械台班消耗量。

根据定额1—002，查得定额消耗量(对应“大理石楼地面周长3200mm以内，多色”的情况见表3-1)。

(2) 根据定额1—002确定的消耗量及工程量，计算该分项工程消耗的人工、材料、施工机械台班数量，计算见表3-2。

人工消耗数量=工程量×消耗量定额的人工消耗量

材料消耗数量=工程量×消耗量定额的材料消耗量

机械台班消耗数量=工程量×消耗量定额的机械台班消耗量

表3-2 300mm大理石楼地面(500mm×500mm，多色)消耗量计算表

工料机名称	单位	工程量①	定额消耗量②	消耗数量③=①×②
综合工日	工日	300m²	0.2600工日/m²	0.2600×300=78
白水泥	kg		0.1030kg/m²	0.1030×300=30.9
大理石板	m²		1.0200m²/m²	1.0200×300=306
石料切割锯片	片		0.0035片/m²	0.0035×300=1.05
棉纱头	kg		0.0100kg/m²	0.0100×300=3
水	m³		0.0260m³/m²	0.0260×300=7.8
锯木屑	m³		0.0060m³/m²	0.0060×300=1.8
1∶3水泥砂浆	m³		0.0303m³/m²	0.0303×300=9.09
素水泥浆	m³		0.0010m³/m²	0.0010×300=0.3
200L灰浆搅拌机	台班		0.0052台班/m²	0.0052×300=1.56
石料切割机	台班		0.0168台班/m²	0.0168×300=5.04

3.3.2 换算

当建筑装饰施工图的设计要求与消耗量定额的工程内容、材料规格、施工方法等条件不一致时，则不能直接套用消耗量定额，而要根据消耗量定额文字说明部分的有关规定进行换算后再套用定额。消耗量定额的换算主要有砂浆换算、块料用量换算、系数换算和其他换算几种类型。

1. 砂浆换算

《全国统一建筑装饰装修工程消耗量定额》(GYD—901—2002)中有如下规定。

(1) 定额注明的砂浆种类、配合比、饰面材料及型号规格与设计不同时，可按设计规定调整，但人工、机械消耗量不变。

(2) 抹灰砂浆厚度，如设计与定额不同时，除定额有注明厚度的项目可以换算外，其他一律不做调整。

1) 砂浆换算原因

当设计要求的抹灰砂浆配合比或抹灰厚度与定额的配合比或抹灰厚度不同时，就要进行抹灰砂浆换算。

2) 砂浆换算形式

(1) 第一种形式：当抹灰厚度不变，只有配合比变化时，人工、机械台班用量不变，只调整砂浆中原材料的用量。

(2) 第二种形式：当抹灰厚度发生变化且定额允许换算时，砂浆用量发生变化，人工、材料、机械台班均要调整。

3) 换算公式

(1) 第一种形式：人工、机械台班、其他材料不变。

换入砂浆用量＝换出砂浆用量

换入砂浆原材料用量＝换入砂浆配合比用量×换出的定额砂浆用量

(2) 第二种形式：人工、材料、机械台班用量均要调整。

K＝换入砂浆总厚度/定额砂浆总厚度

换算后人工用量＝K×定额工日数

换算后机械台班用量＝K×定额台班数

换算后砂浆用量＝(换入砂浆厚度/定额砂浆总厚度)×定额砂浆用量

换入砂浆原材料用量＝换入砂浆配合比用量×换算后砂浆用量

【例3.5】 已知水刷石消耗量定额及水泥白石子砂浆配合比，分别见表3-3和表3-4，试确定1∶3水泥砂浆打底，1∶2水泥白石子浆混凝土墙面水刷石的定额消耗量。

【解】 根据已知条件，本例符合第一种换算条件。

查表3-3知，换算定额编号：2—005。

由2—005知，人工、机械台班、其他材料不变，只调整水泥白石子浆的用量。

1∶2水泥白石子浆用量＝水泥白石子浆1∶1.5用量＝0.0116m^3/m^2

查表3-4知1∶2水泥白石子浆配合比，换算后1∶2水泥白石子浆原材料用量计算如下：

表 3-3 水刷石定额子目内容

工作内容：1. 清理、修补、润湿墙面、堵墙眼、调运砂浆、清扫落地灰。

2. 分层抹灰、刷浆、找平、起线拍平、压实、刷面(包括门窗侧壁抹灰)。

单位：m^2

定额编号				2-005	2-006	2-007	2-008
项目				水刷白石子			
				砖、混凝土墙面 12mm+10mm	毛石墙面 20mm+10mm	柱面	零星项目
名称		单位	代码	数量			
人工	综合人工	工日	000001	0.3669	0.3818	0.4899	0.9051
材料	水	m^3	AV0280	0.0283	0.03	0.0283	0.0283
	水泥砂浆 1∶3	m^3	AX0684	0.0139	0.0232	0.0133	0.0283
	水泥白石子浆 1∶1.5	m^3	AX0770	0.0116	0.0116	0.0112	0.0112
	107 胶素水泥浆	m^3	AX0841	0.001	0.001	0.001	0.001
机械	灰浆搅拌机 200L	台班	TM0200	0.0042	0.0058	0.0041	0.0041

表 3-4 水泥白石子浆配合比 单位：m^3

材料项目	单位	水泥白石子浆				
		1∶1.25	1∶1.5	1∶2	1∶2.5	1∶3
水泥 32.5	t	1.099	0.915	0.686	0.550	0.458
白石子(中八厘)	kg	1072.000	1189.000	1376.000	1459.000	1459.000
水	m^3	0.300	0.300	0.300	0.300	0.300

32.5MPa 水泥：$(686\times0.0116)\text{kg/m}^2=7.96\ \text{kg/m}^2$

白石子：$(1376\times0.0116)\text{kg/m}^2=15.96\ \text{kg/m}^2$

水：$(0.3\times0.0116)\text{m}^3/\text{m}^2=0.003\ \text{m}^3/\text{m}^2$

【例 3.6】 1∶3 水泥砂浆底 15mm 厚，1∶2 水泥白石子浆 12mm 厚混凝土墙面水刷石，水泥砂浆配合比见表 3-5。如果定额允许换算，试确定水泥砂浆底和水泥白石子浆混凝土墙面水刷石的定额消耗量。

表 3-5 抹灰水泥砂浆配合比 单位：m^3

材料项目	单位	水泥砂浆				
		1∶1	1∶1.5	1∶2	1∶2.5	1∶3
水泥 32.5	t	0.758	0.627	0.550	0.485	0.404
中砂、粗砂	m^3	0.640	0.793	0.930	1.020	1.020
水	m^3	0.300	0.300	0.300	0.300	0.300

【解】 分析题意符合第二种换算条件。

换算编号：2—005，见表3-3。

$$K=\text{换入砂浆总厚度}/\text{定额砂浆总厚度}=(15+12)/(12+10)=1.227$$

$$\text{换算后人工用量}=1.227\times0.3669\ \text{工日}/\text{m}^2$$

$$\text{换算后台班用量}=1.227\times0.0042\ \text{台班}/\text{m}^2$$

由表3-5查得1∶3水泥砂浆配合比，换算后1∶3水泥砂浆原材料用量计算如下：

32.5MPa水泥：$[404\times0.0139\times(15/12)]\text{kg}/\text{m}^2=7.02\ \text{kg}/\text{m}^2$

中粗砂：$[1.020\times0.0139\times(15/12)]\text{m}^3/\text{m}^2=0.018\ \text{m}^3/\text{m}^2$

水：$[0.3\times0.0139\times(15/12)]\text{m}^3/\text{m}^2=0.005\ \text{m}^3/\text{m}^2$

由表3-4查得1∶2水泥白石子浆配合比，换算后1∶2水泥白石子浆原材料用量计算如下：

32.5MPa水泥：$[686\times0.0116\times(12/10)]\text{kg}/\text{m}^2=9.55\ \text{kg}/\text{m}^2$

白石子：$[1376\times0.0116\times(12/10)]\text{m}^3/\text{m}^2=19.15\ \text{m}^3/\text{m}^2$

水：$[0.3\times0.0116\times(12/10)]\text{m}^3/\text{m}^2=0.004\ \text{m}^3/\text{m}^2$

2. 块料用量换算

当设计图样规定的块料规格品种与定额给定的块料规格品种不同时，就要进行块料用量换算。每平方米面砖消耗量$=\dfrac{1}{(\text{块料长}+\text{灰缝宽})}\times(\text{块料宽}+\text{灰缝宽})\times(1+\text{损耗率})$。

【例3.7】 某工程设计要求，外墙面水泥砂浆贴100mm×100mm无釉面砖，灰缝5mm，面砖损耗率3.5%，试计算每平方米外墙贴面砖的消耗量(面砖定额见表3-6)。

表3-6 面砖部分定额子目内容

工作内容：1. 清理修补基层表面、打底抹灰、砂浆找平。

2. 选料、抹结合层砂浆、贴面砖、擦缝、清洁表面。 单位：m^2

定额编号				2-124	2-125	2-126
项目				95mm×95mm面砖(水泥砂浆粘贴)		
				面砖灰缝宽度/mm		
				5	10以内	20以内
名称		单位	代码	数量		
人工	综合人工	工日	000001	0.6165	0.6151	0.6124
材料	墙面砖95mm×95mm	m^2	AH0679	0.9260	0.8729	0.7646
	石料切割锯片	片	AN5900	0.0075	0.0075	0.0075
	棉纱头	kg	AQ1180	0.0100	0.0100	0.0100
	水	m^3	AV0280	0.0073	0.0073	0.0073
	水泥砂浆1∶1	m^3	AX0680	0.0015	0.0022	0.0041
	水泥砂浆1∶2	m^3	AX0682	0.0051	0.0051	0.0051
	水泥砂浆1∶3	m^3	AX0684	0.0168	0.0168	0.0168

续表

定额编号				2-124	2-125	2-126
项目				95mm×95mm 面砖(水泥砂浆粘贴)		
				面砖灰缝宽度/mm		
				5	10 以内	20 以内
机械	灰浆搅拌机 200L	台班	TM0200	0.0038	0.0040	0.0024
	石料切割机	台班	TM0640	0.0116	0.0116	0.0116

【解】 查定额知，可根据定额 2—124(表 3-6)换算：

每平方米的 100mm×100mm 面砖总消耗量

$=[1/(0.1+0.005)\times1/(0.1+0.005)\times(1+3.5\%)]$块/$m^2$

$=[1/0.011025\times1.035]$块/m^2

$=93.87$ 块/m^2

折合面积$=(93.87\times0.1\times0.1)m^2/m^2=0.9387m^2/m^2$

其他材料不变，均同原定额，即同 2-124。

3. 系数换算

系数换算是指按各地定额规定，使用某些定额时，定额的人工、材料、机械台班乘以一定的系数来确定新的消耗标准。在装饰楼地面、墙柱面、天棚面及门窗工程和油漆类工程中尤为多见。各种举例如下。

(1) 楼梯找平层的数量标准按照水平投影面积乘以系数 1.365，台阶找平层乘以系数 1.48。

(2) 楼梯踢脚线按相应定额乘以系数 1.15。

(3) 圆弧形、锯齿形等不规则墙面抹灰、镶贴块料按相应项目人工乘以系数 1.15，材料乘以系数 1.05。

(4) 轻钢龙骨、铝合金龙骨定额中为双层结构，如为单层结构时，人工乘以系数 0.85。

(5) 定额中的单层木门刷油是按双面刷油考虑的，如采用单面刷油，其定额含量乘以 0.49 系数计算。

【例 3.8】 装配式 T 形铝合金顶棚龙骨(单层、不上人)，面层规格 450mm×450mm，平面，试计算其定额(铝合金龙骨定额见表 3-7)。

【解】 定额规定轻钢龙骨、铝合金龙骨定额中为双层结构，如为单层结构时，人工乘以系数 0.85，根据定额 3—041(表 3-7)换算。

换算后：人工$=0.15$ 工日/$m^2\times0.85=0.1275$ 工日/m^2

材料、机械用量不变。

4. 其他换算

其他换算是指不属于上述几种换算情况的换算。

表3-7 铝合金龙骨部分定额子目内容

工作内容：1. 定位、弹线、射钉、膨胀螺栓及吊筋安装。
2. 选料、下料组装。
3. 安装龙骨及吊配附件、临时固定支撑。
4. 预留空洞、安封边龙骨。
5. 调整、校正。

单位：m^2

定额编号				3-039	3-040	3-041	3-041
项目				装配式T形铝合金天棚龙骨(不上人型)			
				面层规格			
				300mm×300mm		450mm×450mm	
				平面	跌级	平面	跌级
名称		单位	代码	数量			
人工	综合人工	工日	000001	0.1700	0.1800	0.1500	0.1700
材料	吊筋	kg	AF0370	0.2370	0.2950	0.3160	0.3560
	铝合金龙骨不上人型(平面)300mm×300mm	m^2	AF1110	1.0150	—	—	—
	铝合金龙骨不上人型(跌级)300mm×300mm	m^2	AF1111	—	1.0150	—	—
	铝合金龙骨不上人型(平面)450mm×450mm	m^2	AF1120	—	—	1.0150	—
	铝合金龙骨不上人型(跌级)450mm×450mm	m^2	AF1121	—	—	—	1.0150
	膨胀螺栓	套	AM0671	1.300	1.300	1.300	1.300
	高强螺栓	kg	AM3601	0.0107	0.0098	0.0150	0.0096
	螺母	个	AM7672	3.0400	3.3200	3.0400	3.3200
	射钉	个	AN0545	1.5200	1.4800	1.5200	1.4800
	垫圈	个	AN1664	1.5200	1.6600	1.5200	1.6600
	合金钢钻头	个	AN3223	0.0065	0.0065	0.0065	0.0065
	铁件	kg	AN5390	—	0.0541	—	0.0541
	预埋铁件	kg	AN5391	0.0004	0.0004	0.0004	0.0004
	锯材	m^3	CB0070	—	0.0004	—	0.0004
	角钢	kg	DA1201	—	1.2200	—	1.2200
机械	电锤520W	台班	TM0370	0.0163	0.0163	0.0163	0.0163

(1) 隔墙(间隔)、隔断(护壁)、幕墙等定额中龙骨间距、规格如与设计不同时，定额用量允许调整。

(2) 铝合金地弹门制作型材(框料)按101.6mm×44.5mm、厚1.5mm方管制成，如实际采用的型材断面及厚度与定额取定规格不符者，可按图示尺寸乘以线密度加6%的施工损耗计算型材重量。

【例 3.9】 某工程隔墙采用 60mm×30mm×1.5mm 的铝合金龙骨，单向，间距 450mm，试计算铝合金龙骨的定额用量(铝合金龙骨定额见表 3-8)。

表 3-8 铝合金龙骨部分定额子目内容

工作内容：定位、弹线、安装龙骨。 单位：m^2

定额编号				2-182	2-183	2-184
项目				轻钢龙骨	铝合金龙骨	型钢龙骨
				中距/mm		
				竖 603 横 1500	单向 500	单向 1500
名称		单位	代码	数量		
人工	综合人工	工日	000001	0.0874	0.1009	0.1173
材料	石膏粉	kg	AC0760			
	轻钢龙骨 75mm×40mm×0.63mm	m	AF0380	1.0638		
	轻钢龙骨 75mm×50mm×0.63mm	m	AF0390	1.9946		
	铝合金龙骨 60mm×30mm×1.5mm	m	AF0400		2.4822	
	石膏龙骨 75mm×50mm	m	AF0660			
	膨胀螺栓 M16	套	AM6020	2.2676	5.9523	2.7211
	铆钉	个	AN0453	9.4000		
	铁钉(圆钉)	kg	AN0580			
	合金钢钻头	个	AN3223	0.0622	0.1276	0.0622
	电焊条	kg	AN3223			0.0016
	槽钢	kg	A0211	—	—	—
	角钢	kg	DA0311	—	—	4.2644
	乙炔气	m^3	DA1201	—	—	0.0016
	氧气	m^3	JB0010	—	—	0.0048
	791 黏结剂	kg	JB0050	—	—	—
	792 黏结剂	kg	JB0740	—	—	—
机械	电锤 520W	台班	TM0370	0.0311	0.0638	0.0311
	交流电焊机 30kVA	台班	TM0400	—	—	0.0140
	电动切割机	台班	TM0670	0.0200	0.0300	0.0175

【解】 选用定额 2—183(表 3-8)，通过分析发现铝合金龙骨的断面不变，只需调整由于间距变化的定额用量，采用比例法可以计算出需用量。

换算后铝合金龙骨用量$=2.4822\times500/450m/m^2=2.758m/m^2$

3.3.3 补充运用

当分项工程的设计内容与定额项目规定的条件完全不相同时，或者由于设计采用新结构、新材料、新工艺，在消耗量定额中没有同类项目时，可编制补充定额。

编制补充定额通常有两种方法。

(1) 按照本章介绍的编制方法计算项目的人工、材料和机械台班消耗量标准。

(2) 补充项目的人工、机械台班消耗量，以同类型工序、同类型产品定额水平消耗量标准为依据，套用相应的定额项目；材料按施工图进行计算或实际测定。

补充项目的定额编号一般为“章号—补×”“×”为序号。

特别提示

以上我们主要学习的是定额中消耗量的运用方法，而定额中除了消耗量指标外，还有定额基价指标，当消耗量和基价指标同时运用时，我们称之为定额的综合运用，这在后面的第3.5节将重点学习。

3.4 定额基价指标的确定

引　言

在学会了消耗量的应用后，我们能够正确地确定定额中的消耗量指标，但是在进行报价时，建筑装饰工程造价的高低与否，不仅取决于建筑装饰工程人工、材料和机械台班消耗量的大小，同时还取决于各地区建筑装饰行业人工单价、材料单价和机械台班单价，因此我们还需要对各消耗量进行价格的取定：每单位数量的价格到底取多少，其价格的组成有哪些？其动态的调整遵循什么样的规律？如何正确取定人工单价、材料单价和机械台班单价的内容，从而正确确定人工费、材料费和机械台班费，是正确计算建筑装饰工程造价的基础。

在这里，我们按照建标[2013]44号文中费用组成的相关内容来学习。

特别提示

建标[2013]44号文是中华人民共和国住房和城乡建设部、财政部关于印发《建筑安装工程费用项目组成》的一份通知文件，简称为44号文。

《建筑安装工程费用项目组成》自2013年7月1日起施行，原建设部、财政部《关于印发〈建筑安装工程费用项目组成〉的通知》(建标[2003]206号)同时废止。

3.4.1 人工费的确定

人工费是根据施工中的人工工日耗用量和人工单价确定的。人工工日耗用量一般可按消耗量定额规定计算；前面的知识点我们已经具体学习过，在这里我们不另行展开讲解。

1. 人工单价的概念

人工单价是指一个建筑安装生产工人一个工作日在预算中应计入的全部人工费用，它基本上反映了建筑生产工人的工资水平和一个工人在一个工作日可以得到的报酬。

其概念是指按工资总额构成规定，支付给从事建筑安装工程施工的生产工人和附属生产单位工人的各项费用。

按照我国的劳动法规定，一个工作日的工作时间为 8h，一名工人一天工作的时间为 8h，简称“一工日”。

按照国家相关规定，生产工人岗位工资标准设 8 个岗位，技能工资分初级工、中级工、高级工、技师和高级技师五类工资标准共 26 档。建筑业全年每月平均工作天数为：(年日历天数 365 天－星期日 104 天－法定节日 11 天)÷12 月＝20.83 天。

2. 人工单价的组成以及确定的依据和方法

按照现行规定，生产工人的人工工日单价组成见表 3－9。

表 3－9 人工工日单价的组成

人工工日单价	计时工资和计件工资	是指按计时工资标准和工作时间或对已做工作按计件单价支付给个人的劳动报酬
	奖金	是指对超额劳动和增收节支支付给个人的劳动报酬。如节约奖、劳动竞赛奖等
	津贴、补贴	是指为了补偿职工特殊或额外的劳动消耗和因其他特殊原因支付给个人的津贴，以及为了保证职工工资水平不受物价影响支付给个人的物价补贴。如流动施工津贴、特殊地区施工津贴、高温(寒)作业临时津贴、高空津贴等
	加班加点工资	是指按规定支付的在法定节假日工作的加班工资和在法定日工作时间外延时工作的加点工资
	特殊情况下支付的工资	是指根据国家法律、法规和政策规定，因病、工伤、产假、计划生育假、婚丧假、事假、探亲假、定期休假、停工学习、执行国家或社会义务等原因按计时工资标准或计时工资标准的一定比例支付的工资

其具体包括如下内容。

(1) 计时工资或计件工资：是指按计时工资标准和工作时间或对已做工作按计件单价支付给个人的劳动报酬。

(2) 奖金：是指对超额劳动和增收节支支付给个人的劳动报酬，如节约奖、劳动竞赛奖等。

(3) 津贴补贴：是指为了补偿职工特殊或额外的劳动消耗和因其他特殊原因支付给个人的津贴，以及为了保证职工工资水平不受物价影响支付给个人的物价补贴，如流动施工津贴、特殊地区施工津贴、高温(寒)作业临时津贴、高空津贴等。

（4）加班加点工资：是指按规定支付的在法定节假日工作的加班工资和在法定日工作时间外延时工作的加点工资。

（5）特殊情况下支付的工资：是指根据国家法律、法规和政策规定，因病、工伤、产假、计划生育假、婚丧假、事假、探亲假、定期休假、停工学习、执行国家或社会义务等原因按计时工资标准或计时工资标准的一定比例支付的工资。

3. 影响人工单价的因素

影响建筑生产工人人工单价的因素很多，归纳起来有以下几方面。

1）社会平均工资水平

建筑生产工人人工单价必然和社会平均工资水平趋于相同。社会平均工资水平取决于经济发展水平，由于我国改革开放以来经济增长迅速，社会平均工资也有大幅度增长，因此人工单价也有大幅度提高。

2）生活消费指数

生活消费指数的提高会导致人工单价的提高，以减少生活水平的下降或维持原来的生活水平。生活消费指数的变动，主要取决于生活消费品价格的变动。

3）人工单价的组成变化

4）劳动力市场供需变化

劳动力市场如果需求大于供给人工单价就会提高，反之，如果供给大于需求，市场竞争激励，人工单价就会下降。

5）政府推行的法律、法规、政策

这些因素也会影响人工单价的变动。

4. 消耗量定额人工费的计算

消耗量定额基价中的人工费按如下公式计算：

$$\text{消耗量定额基价人工费} = \sum(\text{消耗量定额工日数} \times \text{人工单价})/100\text{m}^3$$

【例 3.10】 铺贴大理石楼地面 500mm×500mm，在某地区预算定额中，完成这一分项工程 100m^2需要消耗人工 33 工日，其中普工 20 工日，技工 13 工日，该地区普工人工工日单价为 60 元/工日，技工人工工日单价为 92 元/工日，试确定该定额基价人工费。

【解】 基价人工费＝(20 工日×60 元/工日＋13 工日×92 元/工日)/100m^2＝2396 元/100m^2

特别提示

在不同的地区由于人工费的取定不一样，因此在计算时需要先查阅该地区的人工工价的相关规定，除此之外，在确定人工工日单价过程中，还要确定不同的人工等级的工价，很多地区已经不再是综合工日，而细分成了普工、技工、高级技工等。

在特定的装饰工程项目中，我们还需要考虑工期的长短、工程的复杂程度、季节性交替对农民工用工的影响以及劳动力市场的供求关系的变化对人工单价的影响，因此还需学会价格的动态调整。

3.4.2 材料费的确定

在建筑装饰工程项目中，材料费约占总造价的60%～70%，是装饰工程总造价的重要组成部分，因此合理确定材料价格，正确计算材料费，有利于合理确定和有效控制装饰工程造价。

1. 材料单价(材料预算价格)的概念和组成

材料的预算价格是指材料(包括构件、成品及半成品等)从其货源地(或交货地点)到达施工工地仓库或者工地指定堆放场地后的出库价格。我们通常把每单位的材料预算价格称为材料单价，如图3.1所示。

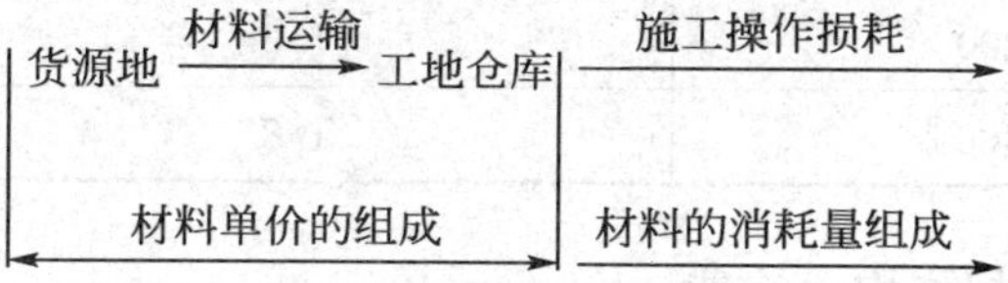

图3.1 材料单价的构成

其包含的内容有施工过程中耗费的原材料、辅助材料、构配件、零件、半成品或成品、工程设备的费用。

材料单价一般由以下费用构成。

(1) 材料原价(或供应价格)：即材料的进价，是指材料的出厂价格或销售部门制定的批发价及进口材料抵岸价，一般包括供销部门手续费和包装费在内。

(2) 材料运杂费：是指材料来源地(或交货地)运至工地仓库(或存放地点)所发生的全部费用，主要包括车(船)运输费、调车费(驳船费)、装卸费及附加工作费等。

(3) 运输损耗费：是指材料在装卸、运输过程中发生的不可避免的合理损耗。

(4) 采购保管费：是指材料部门为组织采购、供应和保管材料、工程设备的过程中所需要的各项费用，包括采购费、仓储费、工地保管费、仓储损耗等。

2. 材料单价的确定方法

1) 材料原定价格的确定

在确定原定价格时，同一种材料因产地或供应单位的不同有几种原价时，应根据不同来源地的供应数量及相应单价计算出加权平均原价。

【例3.11】 某工地所需的墙面砖由三个材料供应商供货，其数量和原价见表3-10，试求该面砖的加权平均原价。

表3-10 某工地面砖供货表

供应商	墙面砖数量/m^2	供货单价/(元/m^2)
甲	250	35.00
乙	300	34.50
丙	400	36.00

【解】 墙面砖加权平均原价$=\dfrac{35.0\times250+34.5\times300+36\times400}{250+300+400}$元/$m^2$=35.26元/$m^2$

2）材料运杂费的确定

材料运杂费应按国家有关部门和地方政府交通运输部门的规定计算，同一品种的材料有若干个来源地时，可根据材料来源地、运输方式、运输里程和国家或地方规定的运价标准，按加权平均的计算方法。

【例 3.12】 例 3.11 中的墙面砖由三个供应地点供货，根据表 3－11 所提供的资料计算墙面砖运杂费。

表 3－11 三个供应点供货表

供应商	墙面砖数量/m^2	运输单价/(元/m^2)	装卸费/(元/m^2)
甲	250	1.5	1.0
乙	300	1.6	1.05
丙	400	1.8	1.1

【解】 （1）计算加权平均运输费：

$$加权平均运输费=\frac{1.5\times250+1.6\times300+1.8\times400}{250+300+400}元/m^2$$

$$=1.66\ 元/m^2$$

（2）计算加权平均卸装费：

$$加权平均运输费=\frac{1.0\times250+1.05\times300+1.1\times400}{250+300+400}元/m^2$$

$$=1.06\ 元/m^2$$

（3）计算运杂费：

$$墙面砖运杂费=(1.66+1.06)元/m^2=2.72\ 元/m^2$$

3）材料运输损耗费的确定

材料运输损耗费可以计入材料运输费，也可以单独计算。材料运输费损耗率按照国家有关部门和地方交通运输部门的规定计算。

材料运输损耗费=(加权平均原价+加权平均运杂费)×材料运输费损耗率

【例 3.13】 例 3.11 的墙面砖由三个供应地点供货，根据表 3－12 的资料计算墙面砖运输损耗费。

表 3－12 墙面砖运输损耗费计算

供货地点	墙面砖数量/m^2	运输损耗率/%
甲	250	1.5
乙	300	1.5
丙	400	1.5

【解】 $墙面砖运输损耗费=[(35.26+2.72)\times1.5\%]元/m^2=0.57\ 元/m^2$

4）采购保管费的确定

由于建筑材料的种类、规格繁多，采购保管费不可能按照每种材料在采购保管过程中所发生的实际费用计算，只能规定几种费率，通常取 2%左右。计算公式为：

采购保管费=(材料原价+运杂费+运输损耗费)×采购保管费率

【例 3.14】 例 3.11 中墙面砖的采购保管费率为 2%，试根据前面计算结果计算墙面砖的采购保管费。

【解】 墙面砖采购保管费=[(35.26+2.72+0.57)×2%]元/m^2=0.77 元/m^2

5）材料单价汇总

综合以上几项费用即为材料单价，计算公式为：

材料单价=[(材料原价+运杂费)×(1+材料运输损耗率)]×(1+采购保管费率)

【例 3.15】 根据以下资料，计算白石子的材料单价。

白石子系地方材料，经货源调查后确定甲厂可供货 20%，原价为 82.20 元/t；乙厂可供货 25%，原价为 81.4 元/t；丙厂可供货 30%，原价为 83.60 元/t；其余由丁厂供货，原价为 80.8 元/t。甲、丙两地为水路运输，运费 0.4 元/(t ·km)，装卸费 2.9 元/t，驳船费 1.3 元/t，甲厂运距为 50km，丙厂运距为 66km。乙、丁两地为汽车运输，运距分别为 58km 和 60km，运费为 0.5 元/(t ·km)，调车费 1.5 元/t，装卸费 2.4 元/t，途中损耗 3%。采购保管费率为 2.5%，检验试验费为 12 元/t(注：原价中已包含包装费，地方材料直接从厂家采购，不计供销部门手续费)。

【解】 (1) 加权平均原价计算。

加权平均原价=82.20 元/t×20%+81.4 元/t×25%+83.60 元/t×30%+80.8 元/t×25%=82.07 元/t

(2) 加权平均运杂费计算。

① 加权平均运距=50km×20%+58km×25%+66km×30%+60km×25%=59.3km。

② 加权平均调车(驳船)费=1.3 元/t×(20%+30%)+1.5 元/t×(25%+25%)=1.4 元/t。

③ 加权平均装卸费=2.9 元/t×(20%+30%)+2.4 元/t×(25%+25%)=2.65 元/t。

④ 加权平均运输费=[0.4 元/(t ·km)×(20%+30%)+0.5 元/(t ·km)×(25%+25%)]×59.3km=26.69 元/t。

综合以上费用，加权平均运杂费=1.4 元/t+2.65 元/t+26.69 元/t=30.74 元/t。

(3) 检验试验费 12 元/t 不计入材料费中。

(4) 白石子平均单价计算。

白石子平均单价=(82.07 元/t+30.74 元/t)×(1+2.75%)×(1+2.5)=118.81 元/t

3. 影响材料单价的因素

(1) 市场供需变化。

(2) 材料生产成本的变动直接影响材料预算价格的波动。

(3) 流通环节的多少和材料供应体制也会影响材料预算价格。

(4) 运输距离和运输方法的改变会影响材料运输费用，从而也会影响材料预算价格。

(5) 国际市场行情会对进口材料价格产生影响。

4. 消耗量定额材料费的计算

消耗量定额基价中的材料费按以下公式计算：

$$消耗量定额基价中的材料费=\sum(消耗量定额材料用量\times材料单价)/100m^2$$

【例 3.16】 铺贴大理石楼地面 500mm×500mm，在某地区预算定额中，完成一分项工程 100m² 消耗大理石 101.5m²、1∶4 水泥砂浆 3.05m³、素水泥浆 0.3 m³、白水泥 10kg、石料切割锯片 0.35 片、水 3.0 m³，零星材料 43.0 个单位。该地区各材料单价如下：大理石 130.00 元/m²、1∶4 水泥砂浆 194.06 元/m³、素水泥浆 421.78 元/ m³、白水泥 0.42 元/kg、石料切割锯片 12 元/片、水 4.05 元/ m³，零星材料每单位单价为 1.0 元，试确定该定额基价材料费。

【解】 基价材料费＝(101.5×130.00＋3.05×194.06＋0.3×421.78＋10×0.42＋0.35×12＋3.0×4.05＋43×1)元/100m²＝13976.96 元/100m²

特别提示

定额中材料的单价确定后，通常把它称之为定额材料的取定价，也可以称之为材料的基价。在实行定额工料单价法时，材料取定价需要进行动态调整以取代基价，清单计价则用市场价进行材料费的计算。

3.4.3 机械台班费的确定

施工机械台班费是根据施工中耗用的机械台班数量和机械台班单价确定的。施工机械台班数量按预算定额计算；机械台班单价是指一台施工机械在正常运转情况下一个台班所应支付和分摊的全部费用，每台班按 8h 工作制计算。

1. 机械台班单价的组成及确定方法

施工机械台班单价由 7 项费用组成，即折旧费、大修理费、经常修理费、安拆费及场外运输费、人工费、燃料动力费、其他费用等。折旧费、大修理费、经常修理费、安拆费及场外运输费为不变费用，人工费、燃料动力费、其他费用为可变费用。

1）折旧费

折旧费是指施工机械在规定使用期限内，陆续收回其原值及购置资金的时间价值。台班折旧费计算公式为：

$$台班折旧费=\frac{机械预算价格(1-残值率)\times 时间价值系数}{耐用总台班}$$

其中，机械预算价格计算如下：

国产机械的预算价格＝机械原值＋供销部门手续费和一次杂运费＋车辆购置税

进口机械预算价格＝到岸价格＋银行财务费＋外贸部门手续费＋关税＋增值税＋消费税

残值率是指施工机械报废时回收其参与价值占机械原值的百分比，一般情况下运输机械费为 2%；掘进机械为 5%；其他机械：中小型机械为 4%，大型、特大型机械为 3%。

时间价值系数指购置施工机械的资金在施工生产过程中随时间推移产生的单位增值，计算公式为：

$$时间价值系数=1+\frac{折旧年限+1}{2}\times 年折现率$$

年折现率按编制期银行年贷款利率确定；折旧年限指施工机械逐年计提固定资产折旧的期限。

耐用总台班是指施工机械从开始投入使用至报废前使用的总台班数。

$$耐用总台班=折旧年限\times 年工作台班=大修间隔台班\times 大修周期$$

$$大修周期=寿命周期大修理次数+1$$

2）大修理费

大修理费是指施工机械按规定的大修间隔台班进行必要的大修，已恢复其正常的功能所需的费用。台班大修理费计算公式为：

$$台班大修理费=\frac{一次大修理费\times 寿命周期内大修理次数}{耐用总台班}$$

3）经常修理费

经常修理费是指施工机械除大修理以外的各级保养以及临时故障排除所需的费用。其内容包括为保障机械正常运转所需替换设备与随机配备工具附具的摊销和维护费用，机械运转及日常保养所需润滑擦拭材料费及机械停滞期间的维护和保养费用等。

$$台班经常修理费=\frac{\sum(各级保养一次费用\times 寿命期各级保养总次数)+临时故障排除费}{耐用总台班}+$$
$$替换设备和工具附具台班摊销费+例保辅料费$$

当台班经常修理费计算公式中的各项数值难以确定时，可按下面公式计算：

$$台班经常修理费=台班大修理费\times K$$

式中　K——台班经常修理费系数，可根据《全国统一施工机械台班费用编制规则》(2001)附录A查取。

4）安拆费及场外运输费

安拆费是指施工机械(大型机械除外)在现场进行安装与拆卸所需的人工、材料、机械和试运转费用，以及机械辅助设施的折旧、搭设、拆除等费用。

场外运输费是指施工机械整体或分体自停放地点运至施工现场或由一施工地点运至另一施工地点的运输、装卸、辅助材料及架线等费用。

安拆费及场外运输费根据施工机械不同分为计入台班单价、单独计算和不计算三种。

工地间移动较为频繁的小型机械及部分中型机械，安拆费及场外运输费应计入台班单价，计算公式为：

$$台班安拆费及场外运费=\frac{一次安拆费及场外运费\times 年平均安拆次数}{年工作台班}$$

移动有一定难度的特大型、大型(包括少数中型)机械，其安拆费及场外运输费除应单独计算。单独计算的安拆费及场外运输费除应计算安拆费、场外运输费外，还应计算辅助设施(包括基础、底座、固定锚桩、行走轨道枕木等)的折旧、搭设和拆除等费用。

不需安装、拆卸且自身又能开行的机械和固定在车间不需安装、拆卸及运输的机械，其安拆费及场外运输费不计算。

5）人工费

人工费是指机上司机、司炉和其他操作人员的工作日人工费及在施工机械规定的年工作台班以外的人工费。台班人工费计算公式为：

$$台班人工费=\frac{人工消耗量\times(1+年制度工作日\times 年工作台班)\times 人工单价}{年工作台班}$$

6）燃料动力费

燃料动力费是指施机械在运转作业中所耗费的固体燃料（煤炭、木材）、液体燃料（汽油、柴油）及水电等费用。台班燃料动力费计算公式为：

$$台班燃料动力费=台班燃料动力消耗量\times燃料动力单价$$

7）税费

税费是指施工机械按照国家规定应缴纳的车船使用税、保险费及年检费等。其计算公式为：

$$税费=\frac{年车船使用税+年保险费+年检费用}{年工作台班}$$

2. 消耗定额中机械台班费的计算

$$消耗定额基价中的机械台班费=\sum(定额机械台班用量\times机械台班单价)$$

【例 3.17】 铺贴大理石楼地面 500mm×500mm，在某地区预算定额中，完成这一分项工程，100m^2 消耗灰浆搅拌机(200L)0.51 台班、石料切割机 1.4 台班，该地区灰浆搅拌机(200L)单价为 61.82 元/台班、石料切割机单价为 20.59 元/台班，试确定该定额基价机械费。

【解】 基价机械费=(0.51×61.82+1.4×20.59)元/100m^2=60.35 元/100m^2

特别提示

施工机械台班预算价格由第一类费用和第二类费用组成。第一类费用是指不因施工地点和条件的变化而改变的费用，故也称不变费用；第二类费用是指随着施工地点和条件的不同而发生较大变化的费用，也称可变费用。

3.5 装饰工程地区单位估价表

引 言

掌握了装饰工程定额的消耗量指标的确定、定额基价指标的确定后，我们很容易就可以得到定额的基价，这为我们下一步学习计价打下了基础。但是在计价过程中，由于各地区在多年的计价体系形成过程中有其对应的表格形式来描述定额消耗量和基价，因此我们还要熟悉此表格形式，进而能够熟练地运用相应技能，以此为依据来编制装饰施工图预算。

在这里我们有针对性地选取 2013 版《湖北省房屋建筑与装饰工程消耗量定额及基价表》为例来具体讲解。学会方法和技巧后，各地区的定额表现形式的识读就能够举一反三。

3.5.1 地区单位估价表的概念

在定额计价模式下，分项工程计价主要依据地区单位估价表。地区单位估价表是现行装饰工程预算定额在某个城市或地区的具体表现形式，也是该地区编制装饰施工图预算最直接的基础资料，类似于一本字典，既要方便造价人员快速查找，又能全面涵盖装饰分项的工作内容所对应的消耗量和基价。

1. 地区单位估价表的含义

地区单位估价表，是指以建筑装饰装修工程消耗量定额中所规定的人工、材料和施工机械台班消耗量指标为依据，以表格形式表现的消耗在一定计量单位的分项工程或结构构件上的工、料、机的数量标准，以及以货币形式表示的费用额度。

由于单位估价表是根据国家或地区现行定额，结合各地区工资标准、材料预算价格、机械台班预算价格编制的，故称为地区单位估价表。

地区单位估价表具有地区性和时间性，编制完成后经当地主管部门审核、批准即成为工程计价的依据，在规定的地区范围内执行，并且不得任意修改。地区单位估价表是地区编制施工图预算的基础资料。

2. 地区单位估价表的作用

1）可确定分部分项工程单价

定额计价模式下工程计价，主要是指确定分部分项工程单价，其次是确定单位工程单价。分部分项工程单价是计算工程总造价的基础，因此确定分部分项工程单价是编制装饰装修工程施工图预算的关键。而单位工程单价实际上是单方造价，当总造价计算完成后就能确定，因此首先要确定分部分项工程单价。

2）可进行工料分析

地区单位估价表中含有人、料、机的定额消耗量，可作为具体分项工程计算人、料、机耗用量的依据。

3）可进行价格的动态调整

定额模式下需要计算工、料、机的消耗量和不同时期的市场价的乘积，以此得到分部分项工程费中的人工费、材料费、施工机械使用费。在投标报价中还要进行适时的动态管理，因此需要以定额中的基价作为计算的基础资料。

4）是清单计价中综合单价的组价依据

目前，由于企业定额尚未真正形成，其企业定额的编制成本较高，在清单计价体系中计算分部分项工程的单价(即综合单价)主要还是参考地区单位估价表中人、材、机的消耗量，具体可以详见第 7 章。

5）是编制招标控制价的依据及投标报价的参考

根据地区单位估价表计算出的工程造价是商务标必不可少的基础资料，在招投标活动中占据重要的地位。

地区单位估价表既含有消耗量指标，又含有费用指标，熟练使用并确定分项工程单价，对计算分部分项工程的人工费、材料费、施工机械使用费起着至关重要的作用。

小节语

了解了地区单位估价表的概念和作用，我们通过前几节的知识点可以清晰知道，单位估价表中有定额的消耗量指标、定额的基价指标，它是量和费合在一起的一份表格形式，由于各地区在定额形成体系的过程中，表格形式是不一样的，因此我们需要对其进行准确的识读。

3.5.2 地区单位估价表的组成及识读

1. 地区单位估价表的组成

单位估价表由于地区差异性，各省名称也不尽相同，如四川省建筑装饰工程的单位估价表名称是《四川省建筑装饰工程计价定额》、福建省的是《福建省装饰装修工程消耗量定额》、湖北省的是《湖北省建筑工程消耗量定额及统一基价表》(装饰、装修)等。

由于地区单位估价表含有定额的全部内容，因此很多省将单位估价表习惯性地称为定额，具体表现形式以湖北省 2013 年 12 月颁发的定额为例，见表 3－13。

由表 3－13 可知，地区单位估计表是由表头、表身和附注组成。

(1) 表头在项目表的上部，包括分节名称、工作内容说明、分部分项工程定额计量单位。

(2) 表身是以表格的形式表示的，表中包含定额编号，分项名称，分项做法要求，基价，基价组成内容，人、材、机名称、单位、定额单价及消耗量指标。

表 3－13 中“A14－173”是定额编号。

表 3－13 项目一栏中“水泥砂浆粘贴周长在 2000mm 内的面砖”是指该分部分项工程的名称，是根据图纸内容确定的。

数据“9371.46”是指定额单位为 $100m^2$、用水泥砂浆粘贴周长为 2000mm 以内的面砖分项工程的基价为 9371.46 元，换而言之，是指用水泥砂浆粘贴周长为 2000mm 以内的面砖分项工程的单价为 9371.46 元/$100m^2$。

为了便于查找、核对和审查定额项目，定额编制时对每一分项工程进行了编号。在编制建筑装饰工程施工图预算时，必须正确填写定额编号，以便检查定额选套是否准确、合理。定额编号的方法通常有以下两种。

①“三符号”编号法。“三符号”编号法，是以预算定额中的分部工程序号、分项工程序号(或页码)、分项工程的子项目序号三个号码进行定额编号的。“三符号”编号法如图 3.2 所示。

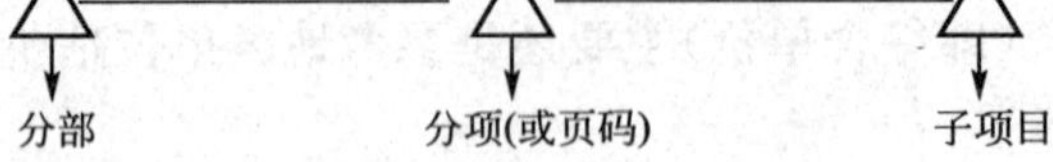

图 3.2 “三符号”编号法

例如：某省的建筑工程预算定额中裁口五块料以上木门框制安装项目，定额编号为 7－1－2，其中“7”表示木结构工程在第七分部；“1”表示木门窗分项目，分项目号为 1；“2”表示单裁口五块料以上木门框制作安装子目，其顺序号为 2。

②“二符号”编号法。“二符号”编号法，是在“三符号”编号法的基础上，去掉一个分项工程序号，采用定额中分部工程序号和子项目序号两个号码进行定额编号。“二符号”编号法如图 3.3 所示。

水泥砂浆粘贴面砖分项工程定额编号为 A14－173(表 3－13)，“A14”表示湖北省建筑工程单位估价表中的第 14 章(其中，“A”表示建筑与装饰工程)；“173”表示粘贴面砖周长规格为 2000mm 内的子项目，其顺序号为 133 号，中间用“-”连接。

(3) 附注在表身的下方，是分项内容的补充。

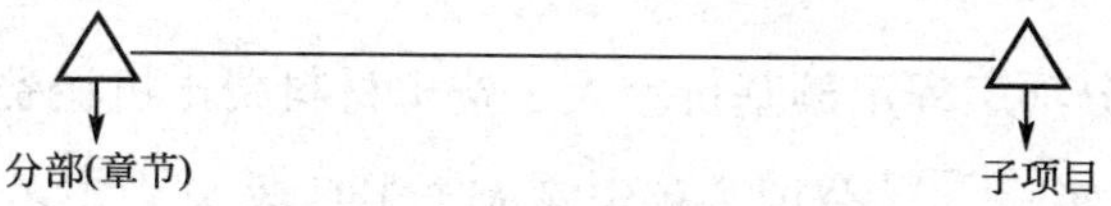

图 3.3 “二符号”编号法

表 3-13 在表身下“注”的内容。

表 3-13 墙面水泥砂浆贴面砖

工作内容：1. 清理修补基层表面、刷素水泥浆一遍。

2. 选料、抹结合层砂浆(刷黏结剂)、贴面砖、擦缝、清洁表面。 单位：$100m^2$

定额编号				A14-173	A14-174	A14-175
项目				面砖周长在 mm 以内 (水泥砂浆粘贴)		
				2000	2400	3200
基价/元				9371.46	13661.70	22014.66
其中	人工费/元			2658.24	2788.48	2925.44
	材料费/元			6701.88	10861.08	19077.08
	机械费/元			12.14	12.14	12.14
名称		单位	单价/元	数量		
人工	普工	工日	60.00	10.770	11.300	11.850
	技工	工日	92.00	21.870	22.940	24.070
材料	全瓷墙面砖 450mm×450mm	m^2	60.00	104.000	—	—
	全瓷墙面砖 500mm×500mm	m^2	100.00	—	104.00	—
	全瓷墙面砖 800mm×800mm	m^2	179.00	—	—	104.000
	水泥砂浆 1∶1	m^3	431.840	0.51	0.51	0.51
	水泥浆	m^3	692.87	0.100	0.100	0.100
	白水泥	kg	0.62	10.300	10.300	10.300
	石料切割锯片	片	150	1.000	1.000	1.000
	水	m^3	3.15	0.900	0.900	0.900
	电	度	0.97	6.530	6.530	6.530
	棉纱头	kg	6.00	1.000	1.000	1.000
机械	灰浆搅拌机 200L	台班	110.40	0.110	0.110	0.110

2. 基价的含义

基价，是指分部分项工程定额单位的预算价值，实际上就是分项工程的单价，它是由人工费、材料费和机械使用费组成，是由消耗量定额的人工工日消耗量、材料消耗量、机械台班的消耗量分别乘以相应的人工工日单价、材料预算价格、机械台班预算价格后汇总

而成的，即

$$分项工程定额基价=人工费+材料费+机械费$$

$$人工费=\sum\{分项工程定额人工工日数\times人工单价\}$$

$$材料费=\sum\{分项工程定额材料用量\times相应的材料预算价格\}$$

$$机械费=\sum\{各台班用量\times台班预算价格\}$$

以表3-13为例进行说明，具体如下。

(1) 表3-13中A14-173，面砖周长在2000mm以内的水泥砂浆粘贴工艺的墙面砖的定额单位“人工费=2658.24元”的计算过程为：

2658.24元(人工费)=60.00(普工工日数)×10.770(普工人工单价)+92.00(技工工日数)×21.870(技工人工单价)

(2)“材料费=6701.08元”的计算过程为：

6701.08(材料费)=104.000(全瓷墙面砖消耗量)×60.00(全瓷墙面砖单价)+0.510(1：1水泥砂浆消耗量)×431.84(1：1水泥砂浆单价)+0.100(水泥浆消耗量)×692.87(水泥浆单价)+10.300×0.62+1.000×150.00+0.900×3.15+6.53×0.97+1.000×6.00

(3)“机械费=12.14元”的计算过程为：

12.14(机械费)=0.110(灰浆搅拌机200L台班数)×110.40(灰浆搅拌机200L单价)

3. 单位估价表的识读

在进行识读学习中，我们具体以湖北省单位估价表(2013)为例来展开。

湖北省规定的定额中消耗量和价格的确定如下。

1) 人工工日

(1) 本定额中的人工工日按普工、技工、高级技工分为3个技术等级，内容包括基本用工、辅助用工、超运距用工、人工幅度差。

(2) 本定额中的人工工日的单价取定为：普工，60.00元/工日；技工，92.00元/工日；高级技工，138.00元/工日。

2) 材料消耗量

(1) 本定额中材料消耗量包括直接消耗在工作内容的主要材料、辅助材料和零星材料等。凡能计量的主要材料、成品、半成品均按品种规格逐一列出数量，并计入了相应损耗，其内容包括：从工地仓库、现场集中堆放地点或加工地点至操作或安装地点的施工现场堆放损耗、运输损耗、施工操作损耗。

(2) 本定额列出的材料(包括半成品)价格是从材料来源地(或交货地)至工地仓库(或存放地)后的出库价格，包括材料供应价(或原价)、运杂费、采购保管费、检验试验费等。

(3) 定额中不便计量、用量少、价值小的材料打包合并为零星材料费，以“元”表示。

3) 施工机械台班

(1) 本定额中的机械类型、规格采用湖北省常用机械类型，按正常合理的机械配备综合取定。

(2) 机械台班包括机械幅度差。

(3) 机械台班单价按《湖北省施工机械台班价格》(2013)计算。

小节语

我们通过对某一具体的地区单位估价表进行了识读和分析，在不同地区虽然表格会有一些差异，但是其组成的内容是不会变化的。因此只要学会了识读的方法，在各地区我们都会很容易“上手”。

3.5.3 地区单位估价表的应用

地区单位估价表的应用是在定额的使用过程中被称为“套定额”的过程。实际上就是应用地区单位估价表计算基价，根据图纸所列分项工程的名称、定额的章节说明来确定分项工程的基价，这是单位估价表最直接的使用方式。

通常定额的套用有三种方式：直接套用、换算和补充。

1. 套用定额时应注意的问题

(1) 查阅定额前，应首先认真阅读定额总说明、分项工程说明和有关附注内容；熟悉和掌握定额的适用范围、定额已经考虑或未考虑的因素及有关规定。这也是我们通常所说的“磨刀不误砍柴工”，以提高报价的效率。

(2) 要明确定额中的用语和符号的含义。“××以内”和“××以外”是有明显区别的，“××以内”是含有其本身的。

(3) 要了解和记忆常用分项工程定额所包括的工作内容，人工、材料、施工机械台班消耗数量和计量单位，以及有关辅助的规定，做到正确套用定额项目。例如湖北省单位估价表(2013)的符号规定中，A 表示建筑及装饰工程，A13 表示楼地面工程，A14 表示墙柱面工程，A15 表示幕墙工程，A16 表示天棚工程，A17 表示门窗工程等。

(4) 要明确定额换算的范围，正确应用定额附录资料，熟练进行定额项目的换算和调整。

2. 套用定额的方法

1) 直接套用

当分项工程设计要求的工程内容、技术特征、施工方法、材料规格等与拟套的定额分项工程规定的工作内容、技术特征、施工方法、材料规格等完全相符时，可直接套用定额。这种情况是编制施工图预算最常见的。直接套用定额的方法和步骤如下。

(1) 根据施工图纸设计的工程项目内容，从定额目录中查出该工程项目所在定额中的页数及其部位，选定相应的定额项目预定编号。

(2) 判断施工图纸设计的工程项目内容于定额规定的内容，是否相一致。当完全一致时，可直接套用定额基价。在套用定额基价前，必须注意核实分项工程的名称、规格、计量单位与定额规定的名称、规格、计量单位是否一致。

(3) 将定额编号和定额基价，其中包括人工费、材料费和施工机械使用费分别填入工程预算表内。

【例 3.18】 见表 3-14 的定额项目表，试确定某装饰工程铺设陶瓷地砖踢脚线的基价及人工费、材料费、机械费。

【解】 以《某省建筑工程消耗量定额及统一基价表》中的装饰装修工程为例，见表 3-14。

(1) 从定额目录中，查出此材料踢脚线的定额编号为 A13-111。

（2）通过判断可知，踢脚线分项工程内容符合定额规定的施工内容，即可直接套用定额项目。

（3）从表 3－14 中查得铺设地砖踢脚线的定额基价为：A13－111＝7785.78 元/100m^2。

其中，每 100 m^2 的地砖踢脚线铺设完成，需要消耗人工费 3485.76 元，材料费 4275.73 元，机械费 24.29 元。

表 3－14　地面踢脚线安装定额子目表

工作内容：清理基层、试排弹线、锯板修边、铺贴饰面、擦缝、清洁净面。　　　单位：100m^2

定额编号				A13－108	A13－109	A13－110	A13－111
项　目				陶瓷地砖			
				楼梯	台阶	零星项目	踢脚线
				水泥砂浆			
基价/元				11363.98	10806.26	11701.68	7785.78
其中	人工费/元			4845.52	3762.40	6832.72	3485.76
	材料费/元			6465.47	6986.45	4829.22	4275.73
	机械费/元			52.99	57.41	39.74	24.29
	名称	单位	单价/元	数量			
人工	普工	工日	60.00	19.640	15.250	27.690	14.120
	技工	工日	92.00	39.860	30.950	56.210	28.680
材料	陶瓷地砖	m^2	37.49	144.700	156.900	106.000	102.000
	水泥砂浆 1∶4	m^3	250.13	2.760	2.990	2.020	1.210
	水泥浆	m^3	692.87	0.140	0.150	0.110	0.100
	白水泥	kg	0.62	14.100	15.500	11.000	14.000
	石料切割锯片	片	150.000	1.430	1.400	1.600	0.320
	水	m^3	3.15	3.600	3.900	2.900	3.000
	电	度	0.97	7.400	8.270	3.310	5.480
	棉纱头	kg	6	1.4.00	1.500	2.000	1.000
	锯木屑	m^3	3.93	0.800	0.900	0.670	0.600
机械	灰浆搅拌机 200L	台班	110.40	0.480	0.520	0.360	0.220

2）定额换算的计算

当施工图纸设计要求与拟套的定额项目的工程内容、材料规格、施工工艺等不完全相符时，则不能直接套用定额。

这时，应根据定额规定进行换算。如果定额规定允许换算，则应按定额规定的换算方法换算；如果定额规定不允许换算，则该定额项目不能进行调整换算。经过换算后的定额项目的定额编号应在原定额编号的右下角注明一个“换”字，以示区别，如 $A12-121_{换}$。

定额换算的基本思路是：根据设计图纸所示装饰分项工程的实际内容，选定某一相近定额子目，按定额规定换入应增加的人工费、材料费和机械费，减去应扣除的人工费、材料费和机械费。

下面介绍几种常用的换算方法。

(1) 系数换算法。

系数换算法是根据定额规定的系数，对定额项目中的人工、材料、机械或工程量等进行调整的一种方法，其换算步骤如下。

① 根据施工图纸设计的工程项目内容，查找每一分部工程说明、工程量计算规则，判断是否需要增减系数，调整定额项目或工程量。

② 计算换算后的定额基价，一般可按下式进行计算：

换算后定额基价＝换算前定额基价±[定额人工费(或机械费)×相应调整系数]

③ 写出换算后定额编号，右下角写明“换”字。

④ 如果是工程量进行调整，直接乘以系数即可。

【例 3.19】 试确定圆形柱外镶贴马赛克(砂浆粘贴工艺)的定额基价。

【解】 见表 3-15，查询相关定额子目，选取最合适定额编号。

表 3-15 陶瓷锦砖

工作内容：1. 清理修补基层表面、刷素水泥浆一遍。

2. 选料、抹结合层砂浆、贴陶瓷锦砖、擦缝、清洁表面。 单位：$100m^2$

定额编号				A14-149	A14-150	A14-151
项目				陶瓷锦砖(水泥砂浆粘贴)		
				墙面	方柱(梁)面	零星项目
基价/元				6291.94	6774.84	7416.29
其中	人工费/元			4857.12	5339.96	5927.12
	材料费/元			1429.30	1429.36	1482.55
	机械费/元			5.52	5.52	6.62
名称		单位	单价/元	数量		
人工	普工	工日	60.00	19.680	21.640	24.020
	技工	工日	92.00	39.960	43.930	48.760
材料	陶瓷锦砖	m^2	11.35	101.500	101.500	104.000
	水泥砂浆 1∶1	m^3	431.84	0.310	0.310	0.340
	白水泥	kg	0.62	25.800	25.800	28.900
	水泥浆	m^3	692.87	0.100	0.100	0.110
	801 胶	kg	2.60	19.100	19.210	20.100
	水	m^3	3.15	0.780	0.710	0.720
	棉纱头	kg	6.00	1.000	1.000	1.110
机械	灰浆搅拌机 200L	台班	110.40	0.050	0.050	0.060

① 套用相近定额，查装饰装修定额。

A14－150，柱面砂浆粘贴陶瓷锦砖，基价＝6774.84元/100m^2。

人工消耗量：[21.64(普工)＋43.93(技工)]工日/100m^2

② 定额换算(根据定额相关规定)。

人工应乘系数1.15，材料乘以系数1.05。

A14－150$_{换}$，基价＝［(21.64×1.15×60＋43.93×1.15×92)＋1429.36(材料费)×1.05＋机械费］＝7716.302元/100m^2

(2) 装饰用砂浆配合比的换算。

此种换算一般适用于装饰用砂浆设计厚度与定额相同，而配合比与定额不同时的换算。

用公式表示如下：

换算后的定额基价＝换算前定额基价＋(应换入砂浆的单价—应换出砂浆的单价)×应换算砂浆的定额用量

【例3.20】 某工程外墙砖面的底层和面层抹灰设计均为1∶1∶4混合砂浆。试确定其基价。

【解】 ① 套用相近定额，查装饰装修定额，见表3－16。

查得A14－32，混合砂浆外墙砖面[(15＋5)mm]，基价＝1759.05元/100m^2；面层材料：1∶0.5∶3水泥石灰砂浆，用量＝0.58 m^3/100 m^2；底层材料：1∶1∶6水泥石灰砂浆，用量＝1.73 m^3/100m^2。

表3－16 混合砂浆墙面抹灰

工作内容：1. 清理、修补、润湿基层表面、堵墙眼、调运砂浆等。

2. 分层抹灰找平、刷浆、洒水湿润、罩面压光。　　单位：100m^2

定额编号				A14－32	A14－33	A14－34	A14－35
项目				墙面、墙裙			
				混合砂浆/mm			
				15＋5			
				砖墙	混凝土墙	轻质墙	钢板网墙
基价/元				1759.05	2188.13	1842.82	2045.09
其中	人工费/元			1144.12	1489.40	1144.12	1346.36
	材料费/元			571.87	654.57	654.54	654.57
	机械费/元			43.06	44.16	44.16	44.16
	名称	单位	单价/元	数量			
人工	普工	工日	60.00	4.640	6.040	4.640	5.450
	技工	工日	92.00	9.410	12.250	9.410	11.080

续表

定额编号				A14－32	A14－33	A14－34	A14－35
项目				墙面、墙裙			
				混合砂浆/mm			
				15＋5			
				砖墙	混凝土墙	轻质墙	钢板网墙
材料	水泥石灰砂浆 1∶0.5∶3	m^3	304.59	0.580	0.580	0.580	0.580
	水泥石灰砂浆 1∶1∶6	m^3	227.19	1.730	1.730	1.730	1.730
	水泥浆	m^3	692.87	—	0.110	0.110	0.110
	801胶	kg	2.60	—	2.480	2.480	2.480
	水	m^3	3.15	0.690	0.700	0.690	0.700
机械	灰浆搅拌机 200L	台班	110.40	0.390	0.400	0.400	0.400

② 定额换算。因项目设计要求与定额子目A14－32底层和面层砂浆配合比均不同，应该换算。查定额可知：

1∶0.5∶3混合砂浆，单价＝304.59元/m^3

1∶1∶6混合砂浆，单价＝227.19元/m^3

1∶1∶4混合砂浆，单价＝271.35元/m^3

A14－32$_{换}$，基价＝1759.05＋[271.35×(1.73＋0.58)－(304.59×0.58＋227.19×1.73)]
＝1816.17(元/100m^2)

(3) 装饰用砂浆厚度不同的换算。当施工图设计的装饰用砂浆的配合比与定额相同，但厚度不同时，这时候的人工、材料、机械台班的消耗量均发生了变化，因此，不仅要调整人工、材料、机械台班的定额消耗量，还要调整人工费、材料费、施工机具使用费费和定额基价。

其换算方法为：根据定额中规定的每增减1mm厚度的费用及工、料、机的定额用量进行换算。

【例3.21】 某装饰工程，砖砌内墙抹水泥砂浆，设计要求为：底层1∶2.5水泥砂浆厚12mm，面层1∶2.5水泥砂浆厚4mm，试求此子目定额基价。

【解】 ①套用相近定额，见表3－17。

可以看到：

在表3－17中，A14－21对应的水泥砂浆砖墙面一般抹灰，基价＝2011.40元/100m^2

面层材料：1∶2水泥砂浆，厚度为5mm，用量＝0.58m^3/100m^2

底层材料：1∶3水泥砂浆，厚度为15mm，用量＝1.73m^3/m^2

表 3-17 水泥砂浆

工作内容：1. 清理、修补、润湿基层表面、堵墙眼、调运砂浆、清扫落地灰等。

2. 分层抹灰找平、刷浆、洒水湿润、罩面压光。

单位：$100m^2$

定额编号				A14-21	A14-22	A14-23	A14-24
项目				墙面、墙裙			
				水泥砂浆/mm			
				15+5			
				砖墙	混凝土墙	轻质墙	钢板网墙
基价/元				2011.40	2193.08	2011.73	2248.28
其中	人工费/元			1237.76	1335.68	1203.60	1390.88
	材料费/元			730.58	813.24	763.97	813.24
	机械费/元			43.06	44.16	44.16	44.16
	名称	单位	单价/元	数量			
人工	普工	工日	60.00	5.020	5.410	4.880	5.640
	技工	工日	92.00	10.180	10.990	9.900	11.440
材料	水泥浆 1：2	m^3	370.86	0.580	0.580	0.580	0.580
	水泥砂浆 1：3	m^3	296.69	1.730	1.730	—	1.730
	水泥石灰砂浆 1：0.5：4	m^3	268.23	—	—	1.730	—
	水泥浆	m^3	692.87	—	0.110	0.110	0.110
	801 胶	kg	2.60	—	2.480	2.480	2.480
	水	m^3	3.15	0.700	0.700	0.690	0.700
机械	灰浆搅拌机 200L	台班	110.40	0.390	0.400	0.400	0.400

② 抹灰层厚度调整的定额子目。因项目设计要求与定额子目 A14-21 底层和面层砂浆配合比及抹灰层厚度均不相同，因此，都需要换算：见表 3-18。

A14-58 对应的 1：3 水泥砂浆抹灰层厚度每增减 1mm，基价＝68.64 元/$100m^2$

③ 定额换算——查定额取定价。

1：2 水泥砂浆，单价＝370.86 元/m^3

1：2.5 水泥砂浆，单价＝334.04 元/m^3

1：3 水泥砂浆，单价＝296.69 元/m^3

基价换算的思路是：先将砂浆配合比进行换算，再换算抹灰层厚度。

基价＝抹灰层砂浆配合比换算＋抹灰层厚度调整

＝2011.40＋[0.58×(334.04－370.86)＋1.73×(334.04－296.69)]－[68.64＋(0.12×(334.04－296.69)]×4

＝1982.01(元/$100m^2$)

表 3－18 一般抹灰砂浆厚度调整

工作内容：调运砂浆　　　　单位：$100m^2$

定额编号				A14－57	A14－58	A14－59
项　目				抹灰层每增减 1mm		
				石灰砂浆 1∶2.5	水泥砂浆 1∶3	混合砂浆 1∶1∶6
基价/元				48.87	68.64	71.90
其中	人工费/元			28.36	30.80	42.40
	材料费/元			18.30	35.63	27.29
	机械费/元			2.21	2.21	2.21
	名称	单位	单价/元	数量		
人工	普工	工日	60.00	0.120	0.130	0.170
	技工	工日	92.00	0.230	0.250	0.350
材料	石灰砂浆 1∶2.5	m^3	166.05	0.110	—	—
	水泥砂浆 1∶3	m^3	296.69	—	0.120	—
	水泥石灰砂浆 1∶1∶6	m^3	227.19	—	—	0.120
	水	m^3	3.15	0.010	0.010	0.010
机械	灰浆搅拌机 200L	台班	110.40	0.020	0.020	0.020

(4) 材料用量换算法。当施工图纸设计的工程项目的主材用量与定额规定的主材消耗量不同而引起定额基价的变化时，必须进行材料用量换算。其换算的方法步骤如下。

① 根据施工图纸设计的工程项目内容，查找说明及工程量计算规则，判断是否需要进行定额换算。

② 计算工程项目主材的实际用量和定额单位实际消耗量，一般可按下式进行计算：

单位主材实际消耗量＝主材实际用量/工程项目工程量×工程项目定额计量单位

③ 计算换算后的定额基价，一般可按下式进行计算：

换算后的定额基价＝换算前定额基价±(单位主材实际消耗量－单位主材定额消耗量)×相应主材单价

【例 3.22】 某新建教学楼安装不锈钢管扶手(直形)，其工程量为 342.56m，根据设计图纸计算的不锈钢管(ϕ60)的实际用量为 369.97m(包括各种损耗)，试确定其换算后的定额基价。

【解】 以《某省建筑工程消耗量定额及统一基价表》装饰装修分册为例，见表 3－19，查出不锈钢管扶手(直形)定额项目编号为 A19－198，通过材料用量进行换算。

① 查出定额子目：A19－198＝8272.73 元/100m，其主材不锈钢管(ϕ60)的定额消耗量＝93.900m/100m，单价为 66.06 元/m。

② 计算不锈钢管(ϕ60)定额单位的实际消耗量：不锈钢管定额单位实际消耗量＝369.97/342.56×100＝108.002(m/100m)。

③ 计算换算后定额基价：$A19-198_{换}=8272.73+(108.002-93.900)\times 66.06=9204.18$(元/100m)。

表 3-19 扶手

工作内容：制作、安装。 单位：100m

定额编号				A19-198	A19-199
项目				不锈钢扶手	
				直形	
				φ60	φ75
基价/元				8272.73	8350.33
其中	人工费/元			1114.58	1168.40
	材料费/元			6883.79	6883.79
	机械费/元			274.36	298.14
名称		单位	单价/元	数量	
人工	技工	工日	92.00	6.970	7.300
	高级技工	工日	138.00	3.430	3.600
材料	直行不锈钢扶手 φ60	m	66.06	93.900	—
	直行不锈钢扶手 φ75	m	66.06	—	93.900
	不锈钢焊丝	kg	50.00	2.000	2.000
	钨棒	kg	562.76	1.000	1.000
	氩气	m^3	9.00	2.000	2.000
机械	管子切断机 60mm	台班	17.54	1.600	—
	管子切断机 150mm	台班	32.40	—	1.600
	交流弧焊机 30kVA	台班	189.46	1.300	1.300

3）编制补充定额项目

当分项工程的设计内容与定额项目规定的条件完全不相同时，或者由于设计采用新结构、新材料、新工艺在地区消耗量定额中没有同类项目，可编制补充定额。

编制补充定额项目通常有以下两种。

(1) 按照本节介绍的编制方法计算项目的人工、材料和机械台班消耗量指标，然后分别乘以地区市场人工工资单价、材料预算价格、施工机械使用费，然后汇总得补充项目的预算基价。

(2) 补充项目的人工、机械台班消耗量，以同类型工序、同类型产品定额水平消耗量标准为依据，套用相近的定额项目，材料消耗量按施工图进行计算或实际测定。

补充项目的定额编号一般为“章号—节号—补××”，“××”为序号。

【例 3.23】 某装饰工程为钢化镀膜玻璃幕墙，见实际装饰施工图可以分析，试计算其基价。

【解】 由于该工程无定额可查询，其分项工程单价需经过分析得到。

参考 2013 版《湖北省建筑工程消耗量定额及统一基价表》装饰装修分册，并考虑人、材、机市场情况进行分析，具体见表 3-20。

表 3-20　分项工程单价分析表

序号	人、材、机及费用名称	数量	单位	单价/元	总价/元
1	人工费	1	m^2	90.00	90.00
2	材料费				877.77
2.1	铝型材 140 型	18	kg	30.00	540.00
2.2	钢化镀膜玻璃 8mm 厚	1.15	m^2	120.00	138.00
2.3	硅酮结构胶	2	支	38.00	76.00
2.4	硅酮耐候胶	1.8	支	25.00	45.00
2.5	软件	3	kg	5.09	15.27
2.6	双面胶条	1	m^2	10.00	10.00
2.7	膨胀螺栓	3	个	2.50	7.50
2.8	防火隔层	1	m^2	30.00	30.00
2.9	辅材	1	m^2	16.00	16.00
3	机械费	1	m^2	15.00	15.00
4	小计(1)+(2)+(3)		m^2		982.77
5	利润(4)×2%				19.66
6	不含税工程造价(4)+(5)				1002.43 元/m^2
7	税金(6)×3.6914%				37.00
8	含税工程造价(6)+(7)				1039.43 元/m^2

特别提示

在进行装饰报价过程中，对定额(单位估价表)的应用是最为重要的技能。一份适宜的报价是由若干项合适的分部分项工程的定额通过“套项、换项”来完成的，因此我们对定额的工作内容必须非常熟悉，对经常使用的定额项目编号要能记住，对其消耗量的水平要有一定的认识，这样在报价时才能做到心里有底。

特别提示

地区单位估价表和预算消耗量定额的区别和联系如下。

地区单位估价表和预算消耗量定额的区别是：预算消耗量定额是人、材、机消耗量的标准(简称三量)；地区单位估价表是人、材、机费用的标准(简称三价)，并含有三量。

它们的联系是：预算消耗量定额是编制地区单位估价表的基础。

通常情况下，各省份为了简化预算人员查翻消耗量和基价表的工作量，将两种表格组合在一起，就形成了消耗量和基价表的合二为一。

本章小结

本章对装饰装饰装修定额中相关的一些内容进行了学习，包括定额消耗量指标、定额基价指标、定额的使用、单位估价表的应用都进行了详细的阐述和运用。

本章具体内容包括如下。

人工消耗量指标的概念：建筑装饰工程消耗量定额中的人工消耗量指标是指完成一定计量单位分项工程所有用工的数量，包括基本用工和其他用工两部分。

材料消耗量指标的内容：消耗量定额中的材料消耗量指标由材料净用量和材料损耗量组成。材料净用量是指实际耗用在工程实体上的材料用量；材料损耗量是指材料在施工现场所发生的运输损耗、施工操作损耗，以及有关施工现场材料堆放损耗的总和。

定额中人工基价的概念：人工单价是指一个建筑安装生产工人一个工作日在预算中应计入的全部人工费，它基本上反映了建筑生产工人的工资水平和一个工人在一个工作日可以得到的报酬。

材料单价的定义和组成：材料的预算价格是指材料(包括构件、成品及半成品等)从其货源地(或交货地点)到达施工工地仓库或者工地指定堆放场地后的出库价格。

机械台班费的组成：施工机械台班单价由7项费用组成，即折旧费、大修理费、经常修理费、安拆费及场外运输费、人工费、燃料动力费、其他费用等。折旧费、大修理费、经常修理费、安拆费及场外运输费为不变费用，人工费、燃料动力费、其他费用为可变费用。

地区单位估价表的应用：地区单位估价表的应用也是定额的使用过程，也被称为“套定额”的过程。实际上就是应用地区单位估价表计算基价，根据图纸所列分项工程的名称、定额的章节说明来确定分项工程的基价，这是单位估价表最直接的使用方式。

地区单位估价表的应用方法：直接套用、换算、补充应用。

习题

一、填空题

1. 建筑装饰工程消耗量定额是指在正常的施工技术与组织条件下，完成规定计量单位的合格产品所需的________、________、________的标准。

2. 为适应招投标竞争和市场价格的动态调整，建筑装饰工程消耗量定额实行工程实体消耗和________分离以及________与劳务、材料、施工机械台班价格的分离。

3. 建筑装饰工程消耗量定额编制应坚持社会平均水平原则和________、________、________。

4. 建筑装饰工程消耗量定额中的人工消耗量指标包括________和________两部分。

5. 其他用工是基本辅助用工完成生产任务所需消耗的人工，包括________、超运距用工和________。

6. 消耗量定额中的材料消耗量指标由________和________组成，材料消耗量指标等于材料净用量乘以________。

7. 消耗量定额中的机械台班消耗量指标，是以________为单位计算的，每台班为________个工作小时。

8. 生产工人的人工工日单价由________、________、加班加点工资、________。

9. 消耗量定额基价人工费等于定额工日系数乘以________。

10. 材料价格是指材料(包括构件、成品及半成品等)从其来源地(或交货地点)到达事故工地仓库后的出库价格。材料单价一般由________、________、运输损耗费、________、________构成。

11. 施工机械台班单价由7项费用组成，即________、________、经常修理费、________、________燃料动力费、其他费用等。

12. 在定额的应用过程中，通常会遇到________、________、________三种情况。

13. 消耗量定额的换算主要有________、________、________和其他换算几种类型。

二、选择题

1. 某工程用32.5#硅酸盐水泥，由于工期紧张，拟从甲、乙、丙三地进货，甲地水泥出厂价330元/t，运输费30元/t，进货100t；乙地水泥出厂价340元/t，运输费25元/t，进货150t；丙地水泥出厂价320元/t，运输费35元/t，进货250t。已知采购及保管费率为2%，运输损耗费平均5元/t，水泥检验试验费2元/t，试确定该批水泥每吨的预算价格为(　　)元/t。

A. 366.28　　B. 369.28　　C. 373.28　　D. 366

2. 某工地水泥从两个地方采购，其采购量及有关费用见表3-21，则该工地水泥的基价为(　　)元/t。

表3-21　某工地水泥采购量

采购处	采购量	供应价格	运杂费	运输损耗率	采购及保管费费率
来源一	300t	240元/t	20元/t	0.5%	3%
来源二	200t	250元/t	15元/t	0.4%	

A. 244.0　　B. 262.0　　C. 271.1　　D. 271.6

3. 根据建标[2013]44号文件的规定，已知某材料供应价格为50000元，运杂费5000元，采购保管费率1.5%，运输损耗率2%，则该材料的基价为(　　)万元。

A. 5.085　　B. 5.177　　C. 5.618　　D. 5.694

4. 下列不是材料单价组成的是(　　)。

A. 材料原价　　B. 材料一般检验试验费

C. 材料运杂费　　D. 材料采购人员的工资

5. 定额的基价是由(　　)组成的。

A. 人工费　　B. 人工幅度差　　C. 材料费

D. 机械费　　E. 构件增值税

6. 建筑业全年每月平均工作天数为(　　)天。

A. 20.33　　B. 20.92　　C. 20.53　　D. 20.83

7. A13－17表示(　　)。

A. 定额编号　　B. "13"表示第13分项

C. "17"表示第17分项　　D. "A"表示装饰工程

E. "A13"表示地面工程

8. 定额套用的方式有(　　)。

A. 直接套用　　B. 估计　　C. 换算

D. 补充　　E. 分析

9. 5个工人工作了4h为(　　)工日。

A. 4　　B. 2　　C. 1

D. 2.5　　E. 0.5

三、思考题

1. 已知某种灰麻石出厂价为70元/m^2，已知工地需要量为120m^2，运到工地总计为3车，200元/车的运费，搬运费共用500元，途中损耗率为2%，采保费率为2.5%，放射性试验费为1200元，试求材料的现行单位取定价。

2. 墙面贴瓷砖152mm×152mm，水泥砂浆1∶3打底，水泥砂浆1∶1罩面，素水泥浆做结合层，墙面瓷砖的损耗率为3.5%，试确定每平方米瓷砖的消耗量指标(设定净用量为1m^2)。

3. 什么是地区单位估价表？它由哪些内容组成？

4. 地区单位估价表如何使用？

5. 根据本地定额，查找计算与下列装饰装修工程名称相对应的定额编号及基价。

(1) 木芯板门窗套(无骨架)外贴柚木板。

(2) 花岗石楼地面拼花。

(3) 铝质防静电活动地板。

(4) 墙面布艺软包。

(5) 墙面乳胶漆2遍。

6. 某工程砖墙面采用水刷白石子，设计要求14mm厚1∶3水泥砂浆打底，12厚1∶1.5水泥白石子浆面层，其他做法与定额相同，根据本地区单位估价表计算该项目的定额基价。

7. 某工程圆弧形砖墙面贴面砖工程量为150m^2，根据本地区定额计算该分项工程的人工、主材需用量。

四、实践训练题

为了更熟练地运用定额，必须对定额的相关子目非常熟悉，这样才能在报价过程中提高工作效率。

实践学习：分组完成每个分部的定额子目的查询，前一个同学上台随意报出分项名称和做法，后一个同学在一分钟内找到定额编号。依此类推完成定额的查找。

第4章

装饰工程施工图预算的编制

教学目标

1. 了解装饰施工图预算的编制内容、依据、原则。
2. 熟悉装饰施工图预算的表现形式。
3. 掌握装饰施工图预算的编制步骤、工料分析的应用。

能力要求

1. 能够判断装饰施工图预算的表现形式。
2. 能够描述装饰施工图预算的编制步骤。
3. 能够进行工料分析。

章节导读

某建筑装饰工程项目已经进入招标阶段，相应的施工图已经完成，发包方也已经提供招标相关文件和要求，对于承接该工程的施工单位是否需要进行装饰施工图预算？施工图预算需选用什么样的形式？如何编制？

4.1 装饰施工图预算概述

引言

在进行装饰施工图预算的编制过程中，我们需要进行哪些准备？在编制过程中一般应该遵循哪些规范？其预算编制的作用有哪些？本节将就以上概念进行相应的说明，使得我们了解其程序，后续在第 5 章和第 7 章将进行具体的计量计价的细化讲解。

4.1.1 装饰施工图预算的概念及作用

1. 建筑装饰施工图预算的概念

建筑装饰施工图预算是依据施工图纸、预算定额、取费标准等基础资料，按照一定的计价程序，编制出来的确定建筑装饰装修工程建设总造价的文件，它是设计文件的组成部分。

在定额计价模式下，施工图预算即单位工程预算，是在施工图设计完成后，工程开工前，根据已批准的施工图纸，在施工方案或施工组织设计已确定的前提下，按照国家或省市颁发的现行预算定额、费用标准、材料市场价格等有关规定，逐项进行工程量计算，套用相应定额，进行工料分析，计算人工费、材料费、施工机械使用费、管理费、规费、利润、税金等费用，从而确定的单位工程造价的技术经济文件。

2. 装饰施工图预算的作用

1）编制施工计划的依据

装饰施工图预算是施工单位编制施工计划的依据。施工图预算是建筑装饰企业正确编制施工计划，进行施工准备、组织材料进场的依据。施工图预算所确定的人工工日、材料和施工机械台班等消耗量，可作为施工企业编制施工组织计划和劳动力计划、材料需用量计划的依据。

2）建设单位拨付工程价款的依据

装饰施工图预算是建设单位拨付工程价款的参考。

3）确定招标控制价、投标报价的依据

装饰施工图预算是建设单位确定招标控制价的依据，是施工单位投标报价的参考，也是确定建筑装饰工程合同造价、工程结算和工程决算的依据。

4）投资控制、加强经济核算和施工管理的依据

装饰施工图预算是相关部门控制投资、加强经济核算和施工管理的依据。

5）进行两算对比的依据

两算对比是指施工图预算与施工预算的对比。通过两算对比分析，可以找出工程节约

或超支的原因，防止人、材、机消耗量及费用的超支，预防发生工程亏损。

4.1.2 装饰施工图预算的编制依据

1. 施工图纸

施工图纸是指经过会审的施工图，包括所附的文字说明、有关的通用图集和标准图集及施工图纸会审记录。它们规定了工程的具体内容、技术特征、建筑结构尺寸及装修做法等。因而它是编制施工图预算的重要依据之一。

2. 现行预算定额或地区单位估价表

现行的预算定额是编制预算的基础资料。编制工程预算，从分部分项工程项目的划分到工程量的计算，都必须以预算定额为依据。

地区单位估价表是根据现行预算定额、地区工人工资标准、施工机械台班使用定额和材料预算价格等进行编制的。它是预算定额在该地区的具体表现，也是该地区编制工程预算的基础资料。

3. 经过批准的施工组织设计或施工方案

施工组织设计或施工方案是建筑施工中的重要文件，它对工程施工方法、材料、构件的加工和堆放地点都有明确规定。这些资料直接影响工程量的计算和预算单价的套用。

4. 地区取费标准(或间接费定额)和有关动态调价文件

按当地规定的费率及有关文件进行计算。

5. 工程的施工合同(或协议书)、招标文件

工程施工合同或协议书是双方必须遵守和履行的书面文字承诺。合同中有关预算的协议条款，也是编制施工图预算的依据。

6. 最新市场材料价格

最新市场材料价格是进行价格动态调整的重要依据。

7. 预算工作手册

预算工作手册是将常用的数据、计算公式和系数等资料汇编成手册以便查用，可以加快工程量计算速度。

8. 有关部门批准的拟建工程概算文件

4.1.3 装饰施工图预算的编制原则

施工图预算是施工企业与建设单位结算工程价款等经济活动的主要依据，是一项工程量大，政策性、技术性和时效性强的工作。编制时必须遵循以下原则。

1. 合法性原则

必须认真贯彻执行国家现行的法律、法规文件及地区的各种相关规定。

2. 市场性原则

定额有一定的滞后性，在施工图预算过程中，必须密切关注人、材、机等要素市场信

息，与市场紧密结合。

3. 真实性原则

必须认真负责、实事求是地计算工程造价，做到不高估多算、重算，又不漏算、少算，必须深入调查和掌握施工现场的条件，做到工程量计算符合现场实际，正确套用定额。

4.2 装饰施工图预算的表现形式

引 言

我们了解了在什么情况下需要进行施工图预算，但是施工图预算只有一种形式吗？如果有多种形式，这些形式的编制方法有哪些异同呢？

4.2.1 定额计价模式下施工图预算的表现形式

定额计价模式下施工图预算的编制过程中，其表现形式有工料单价法。

分部分项工程量的单价为人工费、材料费、施工机械使用费之和。其计价过程通过计算分部分项的工程量，再套用地区相应定额来计算，管理费、规费、利润、税金等按照有关费用定额的规定另行计算。

其基本思路是：首先根据所用预算定额的规定，按施工图计算出各实体与各非实体分项工程的工程量(即分部分项工程费、可量化的技术措施费)，乘以相应定额基价，汇总相加，得到分部分项工程费和单价措施费；再根据各地规定的计价方法，计算出其余的措施费(总价措施费)、管理费、规费、利润及税金等费用，最后汇总即得到单位工程施工图预算造价。

其中，人工费、材料费、施工机械使用费的计算公式为：

$$分部分项工程费=\sum(分部分项工程量\times预算定额基价)$$

其中：为了方便调整人工、材料、机械台班单价，以适应建筑市场价格波动的情况，通常采用动态调整的形式对其相应价格进行调整。

其基本过程是：首先根据施工图纸分别计算出分项工程量，然后套用相应预算人工、材料、机械台班的定额用量，再分别乘以工程所在地当时的人工、材料、机械台班的实际单价，求出单位工程的人工费、材料费和施工机具使用费，并汇总求和，进而求得总的分部分项工程费，然后再按规定的费用定额计取其他各项费用，汇总后就可得出单位工程施工图预算造价。

$$分部分项工程费=\left[\sum(工程量\times人工预算定额用量\times当时当地工日单价)+\sum(工程量\times材料预算定额用量\times当时当地材料预算单价)+\sum(工程量\times施工机械台班预算定额用量\times当时当地机械台班单价)\right]$$

4.2.2 清单计价模式下施工图预算的表现形式

清单计价模式下施工图预算的编制，其表现形式有综合单价法。

中华人民共和国住房和城乡建设部、财政部关于《建筑安装工程费用项目组成》(建标[2013]44 号文)中明确规定了按照造价的形成划分的费用项目组成的内容，分别为：分部分项工程费、措施项目费、其他项目费、规费、税金。因此，其具体表现形式有综合单价法。

分部分项工程综合单价为不完全费用单价，是指与某一计价定额分项工程相对应的综合单价，它等于该分项工程的人工费、材料费、施工机械使用费之和，再加上管理费、利润并考虑一定的风险因素，而得到的单价。

其基本思路是：一个清单项目是一个工程实体，而这个工程实体可能按照清单计价规范的规定是几个定额子目的和，因此在清单计价过程中需要将计算出来的定额子目工程量乘以定额消耗量，再乘以当时当地市场的人工工日单价、材料单价及机械台班单价，再加上一定的管理费和利润，并考虑风险因素，然后进行汇总，得到这个工程实体所对应的综合总价，最后除以该清单项目的工程量，计算出该清单项目的综合单价。其实仍然是一种单价法，只不过表现形式不同而已。

计算公式为：

$$\text{分部分项工程量清单项目综合单价}=\frac{\sum \text{清单项目所含分项工程量}\times\text{分项工程综合单价}}{\text{清单项目工程量}}$$

一般定额计价模式下施工图预算编制常用工料单价法，清单计价模式下施工图预算编制常用综合单价法。

特别提示

建设项目的施工图预算从以前的以定额计价方式为主，已经逐步转变为了以工程量清单计价为主的表现形式，即综合单价法将逐渐取代工料单价法，成为以后的主流形式

4.3 装饰施工图预算的编制步骤

引　言

我们选好施工图预算的形式，接下来该怎么进行施工图预算的编制呢？

4.3.1 工料单价法编制施工图预算步骤

用工料单价法编制施工图预算流程如图 4.1 所示。

用工料单价法编制施工图预算详细步骤如下。

1. 收集、熟悉编制施工图预算的有关资料

1）收集基础资料，做好准备

主要收集编制施工图预算的编制依据，包括施工图纸、有关的通用标准图集、图纸会审记录、设计变更通知、施工组织设计、预算定额、取费标准及市场材料价格等资料。

2）熟悉施工图等基础资料

编制施工图预算前，应熟悉并检查施工图纸是否齐全、尺寸是否清楚，了解设计意

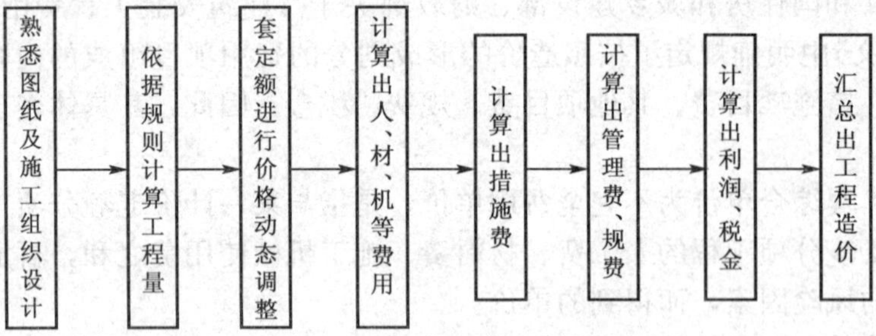

图 4.1　工料单价法计算步骤

图，掌握工程全貌。

另外，针对要编制预算的工程内容收集有关资料，包括熟悉并掌握预算定额的使用范围、工程内容及工程量计算规则等。

3）了解施工组织设计和施工现场情况

编制施工图预算前，应了解施工组织设计中影响工程造价的有关内容。例如，各分部分项工程的施工方法，土方工程中余土外运使用的工具、运距，施工平面图对建筑材料、构件等堆放点到施工操作地点的距离等，以便能正确计算工程量和正确套用或确定某些分项工程的基价。这对于正确计算工程造价，提高施工图预算质量，有着重要意义。

2. 确定和排列工程预算项目(简称列项)

在熟悉完图纸后，即可对照预算定额综合基价进行列项工作。凡是施工图纸中涉及的工程项目，均应按各地区定额项目的划分顺序、综合基价的编排顺序及工程的施工顺序主项列出，同时还应照顾到一些图纸设计与定额综合基价子目不符的项目。这些项目应按定额综合基价说明及计算规则进行必要的换算。

总之，正确列项是正确计算分项工程量的前提。

3. 计算工程量

工程量计算应严格按照图纸尺寸和现行定额规定的工程量计算规则，遵循一定的顺序逐项计算分项子目的工程量。计算各分部分项工程量前，最好先列项。也就是按照分部工程中各分项子目的顺序，先列出单位工程中所有分项子目的名称，然后再逐个计算其工程量。这样，可以避免工程量计算中，出现盲目、零乱的状况，使工程量计算工作有条不紊地进行，也可以避免漏项和重项。

有关工程量计算方法和规则，参见本书有关章节。

4. 套用预算定额、进行价格的动态调整

各分项工程量计算完毕，并经复核无误后，按预算定额手册规定的分部分项工程顺序逐项汇总，然后将汇总后的工程量填入工程预算表内，并把计算项目的相应定额编号、计量单位、预算定额基价，以及其中的人工费、材料费、机械台班使用费填入工程预算表内。

如果施工图中某分项工程所使用的材料品种、规格或配合比等，与定额相应子目的规定不同，而定额又允许换算时，则在套用定额单价时需进行换算才能确定换算后的基价。对于定额中缺项的子目，需按规定编制补充定额。

5. 计算人工费、材料费、施工机具使用费

计算各分项工程费并汇总。

6. 计算措施费

对于可量化的单价措施费(通常为技术措施费)运用上述方法，对于不可量化的总价措施费(组织措施费)则用相关费用定额进行费率计算。

7. 计取各项费用

按取费标准计算管理费、规费、利润、税金等费用，求和得出工程预算价值，并填入预算费用汇总表中。同时计算技术经济指标，即单方造价。

8. 编制说明、填写封面、装订成册

编制说明一般包括以下几项内容。

(1) 编制预算时所采用的施工图名称、工程编号、标准图集及设计变更情况，招投标相关文件和发包方书面文件等。

(2) 采用的预算定额及名称。

(3) 各地区费用定额或地区发布的动态调价文件等资料。

(4) 其他有关说明。通常是指在施工图预算中无法表示，需要用文字补充说明的。例如，分项工程定额中需要的材料无货，用其他材料代替，其价格待结算时另行调整，就需用文字补充说明。

施工图预算封面通常需填写的内容有：工程编号及名称、建筑结构形式、建筑面积、层数、工程造价、技术经济指标、编制单位及日期等。

最后，把封面、编制说明、预算费用汇总表、材料汇总表、工程预算分析表，按以上顺序编排并装订成册，编制人员签字盖章，请有关单位审阅、签字并加盖单位公章后，施工图预算编制工作便完成了。

特别提示

在套用相应预算人工、材料、机械台班定额用量时，一般而言，定额中对人工、材料、施工机械的定额用量在建材产品、标准、设计、施工技术及其相关规范和工艺水平等没有大的突破性变化之前，是相对稳定不变的。但从企业的长远角度来看，特别是从承包商角度来看，定额消耗量是衡量企业管理水平高低的一个杠杆，因此企业自身的定额水平应不断提高。

运用定额计价，是用当时当地的各类人工、材料和机械台班的实际预算单价分别乘以相应的人工、材料和机械台班的消耗量，并汇总得出单位工程的人工费、材料费和施工机械使用费。人工单价、材料预算单价和机械台班单价可在由工程造价主管部门定期发布的价格、造价信息中获取，也可根据企业自己的情况自行确定。

4.3.2 综合单价法编制施工图预算步骤

综合单价法计价步骤如图 4.2 所示。

综合单价法编制施工图预算的步骤如下。

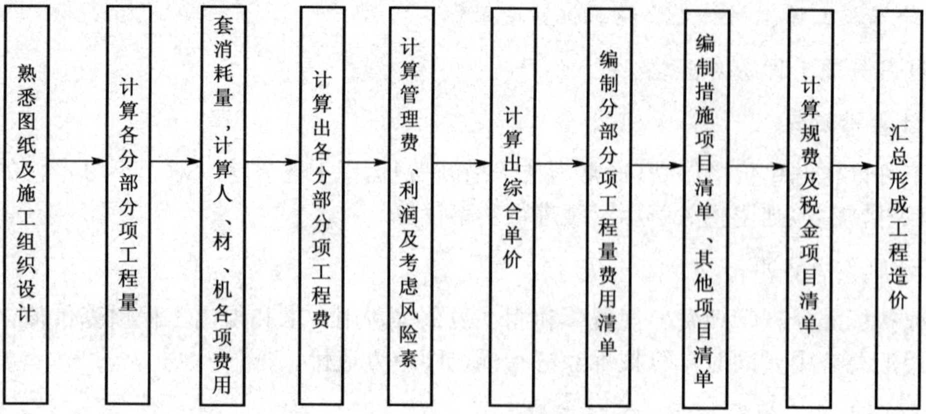

图 4.2　综合单价法计价步骤

(1) 熟悉图纸和招标文件。

(2) 了解施工现场的有关情况。

(3) 划分项目、确定分部分项清单项目名称、编码(主体项目)。

(4) 确定分部分项清单项目拟综合的工程内容。

(5) 计算分部分项清单实体项目工程量。

(6) 计算综合单价并编制相应费用清单(分部分项工程量费用清单、措施项目费用清单、其他项目费用清单)。

(7) 计算规费及税金。

(8) 汇总各项费用计算工程造价。

(9) 复核、编写总说明。

(10) 装订(见清单规范中标准格式)。

特别提示

建设项目的施工图预算步骤在实际应用过程中，特别是熟练运用后我们可以简化其中步骤，如果能运用预算软件进行，将会起到事半功倍效果。

4.4　工料分析

引　言

在了解了施工图计算的相关概念、程序和工程造价计价程序后，我们可以通过此造价文件进行招投标，中标后在施工过程中可以为企业获得利润。但在实际施工过程中我们还需要对施工过程中的各个分部分项工程进行资源的配备，因此需要我们能够提供给项目部具体的用工数量、各类不同材料的用材数量和机械台班的用量，所以我们还需要对每个分部分项工程进行工料分析。

1. 工料分析的概念

工料分析就是按各个分部分项工程项目，根据定额中的定额人工消耗量和材料消耗量分别乘以各个分部分项工程中对应的不同人工、材料、机械台班的实际工程量，求出各个分部分项工程的各工种用工的数量和各种材料及机械台班的数量，然后按不同工种、材料品种和规格分别汇总合计，从而反映出单位工程中全部分项工程的人工和各种材料，以及不同机械台班的计划预算用量，以满足各项生产和管理工作的需要。

2. 工料分析的作用

施工图预算工料分析是建筑企业管理中必不可少的技术资料，主要作为企业内部使用。

(1) 在施工管理中为单位工程的分部分项工程项目提供人工、材料的预算用量。

(2) 生产计划部门根据它编制施工计划，安排生产，统计完成工作量。

(3) 劳资部门依据它组织、调配劳动力，编制工资计划。

(4) 材料部门要根据它编制材料供应计划，储备材料，安排加工订货。

(5) 财务部门要依据它进行财务成本核算进行经济分析。

3. 工料分析的方法

工料分析一般采用表格形式(表 4-1)进行，工料分析表的填写常与施工图预算书的填写同时进行，这样以减少翻阅定额的次数。即在套定额单价时，同时查出各项目单位定额用工用料量，用工程量分别与其定额用量相乘，即可得到每一分项的用工量和用料量，并填入表格相应的栏内，最后逐项分别加以汇总。

表 4-1 工料分析表

序号	定额编号	分项工程名称	单位	工程量	人工数		材料名称						
					单量	合量	单量	合量	单量	合量	单量	合量	……

注：表中单量为定额消耗量，合量为实际工程与单量的乘积。

为了统计和汇总单位工程所需的主要材料用量和用工量，一般需要填写单位工程主要工料机汇总表。装饰材料汇总表一般按钢材、水泥、砂石、地面砖、墙面砖、大理石、花岗岩、乳胶漆等材料，按不同的规格及消耗量一一列出。其数据主要来源于工料分析表、钢筋计算表等。在进行材料分析时，应注意经过标号换算的分项工程，应用换算后的混凝土或砂浆标号的配合比进行计算。这在第 3 章定额换算中我们已经学习过。

【例 4.1】 以 2013 年湖北省装饰定额为例，某工程 500mm×500 mm 大理石楼地面，工程量为 2160m^2。地面做法：20mm 厚 1：3 水泥砂浆底层，素水泥浆结合层一道。100mm 厚现浇 C10 混凝土垫层。计算该楼地面工程的人工、大理石、水泥、砂、石等的定额用量。

【解】 列项并分析。

(1) 500mm×500 mm 大理石楼地面，周长 2000mm，套用 A13-64 子目。

工程量：$2160m^2$＝21.60($100m^2$)

查找：

普工定额指标：8.22工日/$100m^2$

技工定额指标：16.68工日/$100m^2$

查找：

500mm×500mm大理石定额指标：102.00m^2/$100m^2$

1∶3水泥砂浆定额指标：3.03m^3/$100m^2$

素水泥浆定额指标：0.10m^3/$100m^2$

白水泥定额指标：10.3kg/$100m^2$

石料切割锯片定额指标：0.35片/$100m^2$

水定额指标：2.6 m^3/$100m^2$

电定额指标：7.31度/$100m^2$

棉纱头定额指标：1kg/$100m^2$

锯木屑定额指标：0.60 m^3/$100m^2$

计算出：

普工用量：8.22×21.60＝177.55(工日)

技工用量：16.68×21.60＝360.29(工日)

计算出：

500mm×500 mm大理石用量：102.00×21.60＝2203.20(m^2)

1∶3水泥砂浆用量：3.03×21.60＝65.45(m^3)

素水泥浆用量：0.10×21.60＝2.16(m^3)

白水泥：10.3×21.60＝222.48(m^3)

石料切割锯片：0.35×21.60＝7.56(片)

水：2.6 ×21.60＝56.16(m^3)

电：7.31×21.60＝157.90(度)

棉纱头：1kg×21.60＝21.6(kg)

锯木屑：0.60×21.60＝12.96(m^3)

1∶3水泥砂浆配合比为：水泥∶中(粗)砂∶水＝404∶1.020∶0.300

素水泥浆配合比为：水泥∶水＝1502∶0.62

计算出：

水泥用量＝65.45×404＋2.16×1502＝29686.12(kg)

中(粗)砂用量＝65.45×1.18＝77.23(m^3)

水用量＝65.45×0.28＋2.16×0.62＝19.67(m^3)

(2) 100mm厚C10混凝土垫层，套用A13－17子目。

工程量：2160×0.1＝216(m^3)＝21.6($10m^3$)

查找：

普工定额指标：5.15工日/$10m^3$

技工定额指标：4.21工日/$10m^3$

现浇混凝土C10，碎石，定额指标：10.10(m^3/10 m^3)

计算出：

现浇混凝土 C10，碎石，定额用量：10.10×21.6＝218.16 m^3

普工定额用量：5.15×21.6＝111.24(工日)

技工定额用量：4.21×21.6＝90.936(工日)

查附录：现浇混凝土 C10，碎石配合比为：

水泥：中(粗)砂：石子(最大粒径 40)：水＝255 ：0.57 ：0.87：0.18

计算出：

水泥用量＝218.16×255＝55605.30(kg)

中(粗)砂用量＝218.16×0.57＝124.35(m^3)

石子(最大粒径 40)用量＝218.16×0.87＝189.80(m^3)

水用量＝218.16×0.18＝39.27(m^3)

(3) 工料汇总。

普工定额用量：177.55＋111.24＝288.79(工日)

技工定额用量：360.29＋90.936＝351.226(工日)

500mm×500 mm 大理石定额用量：2203.20m^2

水泥定额用量：29686.12kg＋55605.30kg＝85.3 t

中(粗)砂定额用量：201.58 m^3

水定额用量：115.10 m^3

石子(最大粒径 40)定额用量：189.80 m^3

最后再汇总填入工料机汇总表 4－2 中。

表 4－2 工料机汇总表

工料机名称	单位	数量	规格、种类
普工			
技工			
大理石			
水泥			
中(粗)砂			
水			
……			

本章小结

本章对装饰施工图预算的概念、作用、依据原则，表现形式及步骤做了较详细的阐述，包括工料分析等。本章具体包括如下内容。

建筑装饰装修施工图预算是依据施工图纸、预算定额、取费标准等基础资料编制出来的、确定建筑装饰装修工程建设费用的文件，它是设计文件的组成部分。

施工图预算的编制依据：施工图纸、现行预算定额或地区单位估价表、经过批准的施工组织设计或施工方案、地区取费标准(或间接费定额)和有关动态调价文件、工程的施工合同(或协议书)、招标文件、最新市场材料价格、预算工作手册、有关部门批准的拟建工程概算文件。

施工图预算的编制原则：合法性原则、市场性原则、真实性原则。

施工图预算的表现形式：工料单价法、综合单价法。

施工图预算的编制步骤：工料单价法的编制步骤、综合单价法的编制步骤。

工料分析的应用。

习　题

一、填空题

1. 建筑装饰装修施工图预算是________，它是设计文件的组成部分。
2. 施工图预算的编制依据：________、________和________。
3. 施工图预算的表现形式有：________、________和________。
4. 工料单价法的编制步骤：________。

二、选择题

1. 工料单价法是运用(　　)来计算工程造价的方法。

A. 单位估价表　　B. 消耗量定额　　C. 综合单价　　D. 直接工程费

2. 定额计价模式下施工图预算的编制表现形式有(　　)。

A. 单位估价法　　B. 工料单价法　　C. 综合单价　　D. 实物法

3. 施工图预算需要收集(　　)等资料。

A. 施工图纸　　B. 有关的通用标准图集

C. 图纸会审记录　　D. 施工组织设计

4. 综合单价法是运用(　　)来计算工程造价的方法。

A. 单位估价表　　B. 消耗量定额

C. 不完全费用单价　　D. 直接费

三、思考题

1. 简述编制施工图预算的过程。
2. 在什么情况下需要进行施工图预算？为什么我们不是做概算或估算？

四、实践训练题

找一份已经做过施工图预算的图纸，对照预算项目和数量，选取 10 个子目进行工料分析。

第5章

定额模式下的装饰工程计量计价

教学目标

1. 通过对本章的学习，了解建筑面积的概念，熟悉建筑面积的组成。
2. 掌握装饰工程分部分项定额的计算规则，建筑面积的计算规则。
3. 掌握技术措施项目定额的计算规则。
4. 掌握定额计价的方法。

能力要求

1. 能够根据给定的建筑面积相关图样，准确计算出建筑面积。
2. 能够运用计算规则计算装饰施工图各部位的定额工程量。
3. 能够计算出技术措施项目的定额工程量。
4. 能够运用工程量计算出定额基价。

章节导读

在学习了装饰预算相关的宏观概念及装饰定额的理论知识后，我们将要进入装饰预算的另一个研究对象——预算(价格)知识的学习。

我们知道，定额使我们能够系统地分析出每单位数量的人工消耗量、材料消耗量、机械消耗量，基价又可以使我们知道每单位数量的分项工程的单位价格。

而要能够准确地对外报出一份装饰项目的价格，我们还需要知道装饰项目各分项工程的工程量。由分项的工程量再去乘以相应的单位价格，最后汇总才能得到装饰总价。因此，如何计算出工程量？它有哪些计算规则需要去遵循？这就是我们学习的重点。

5.1 装饰工程量概述

引言

在实际的装饰施工图纸形成后，在进行报价之前，我们的第一反应应该是，要计算出各不同施工面的具体面积：比如地面的地板需要多少平方米？踢脚线需要多少平方米？墙面有多少平方米的瓷砖铺贴？天棚有多少平方米的乳胶漆涂刷？有多少石膏板吊顶？这些项目的量如何得来？这就需要我们了解工程量的概念以及应用。而整个项目的单方造价又是多少？则需要我们掌握建筑面积的计算规则。

5.1.1 装饰工程量定义

在编制施工图预算时，我们的基础工作是计算工程量，它是施工图预算的重要组成部分。准确地计算工程量对正确确定工程造价有直接影响，并对建设单位、施工企业、管理部门的管理工作有重要的现实意义。

工程量是把设计图样的内容按一定的顺序划分，并按统一的计算规则进行计算，以物理计量单位或自然计量单位表示的各种具体工程或结构构件的数量。

物理计量单位以物体的某种物理属性为计量单位，一般是指以公制度量表示的长度、面积、体积等的单位，如建筑面积以“m^2”为计量单位，管道工程、装饰线等工程量以“m”为计量单位。

自然计量单位以施工对象本身自然属性为计量单位，一般以个、台、套等为计量单位，如门窗、五金工程以个(套)为计量单位。

工程量是编制施工图预算的原始数据，也是作业计划、资源供应计划、建筑统计、经济核算的依据，正确地计算工程量对正确确定工程造价和建设单位、施工企业、管理部门加强管理工作有重要的现实意义。

5.1.2 装饰工程量计算的依据

在计算工程量之前，我们需要准备相关的资料和依据，具体如下。

1. 施工图样、设计说明和图样会审记录

施工图样上所反映的工程的构造、材料做法、材料品种和各部位尺寸等设计要求，是工程计价的重要依据，也是计算工程量的基础材料。

图样会审记录是设计人员进行设计意图技术交流的文件。一般由业主组织设计单位和承包商，对于设计单位提供的施工图样，进行认真细致的审查，并做出会审记录，作为设计文件的一部分在施工时一并执行。图样会审记录也是工程量计算的重要依据。

2. 现行定额中的工程量计算规则

工程量计算规则规定了工程量计量单位和计算方法，是计算工程量的主要依据。

3. 经审定的施工组织设计或施工方案

施工图样为施工的依据，但是这个工程采用什么方法、选择哪些机械进行施工，则由施工组织设计或施工方案确定。计算工程量时，还必须参照施工组织设计或施工方案进行。

4. 工程施工合同、招标文件等其他有关技术经济文件

5.1.3 装饰工程量计算的方法和步骤

1. 工程量的计算方法

工程量的计算方法，就是指工程量的计算顺序。一个单位工程的工程项目(指分项工程)少则几十项，多则上百项，为了节约时间加快计算进度，避免漏算和重复计算，同时为了方便审核，必须按一定的顺序依次进行。工程量计算时，常用以下的计算顺序。

1) 单位计算顺序

(1) 按施工顺序计算法。即按工程的施工先后顺序来计算工程量。计算时先地下、后地上；先底层，后上层。如一般的民用建筑工程可按照土石方、基础、主体、楼面、屋面、门窗安装、内外墙抹灰、油漆等顺序进行计算。

(2) 按定额项目分部顺序计算法。即按《全国统一建筑装饰装修工程消耗量定额》(GYD—901—2002)中的顺序分别计算每个分项的工程量。这种方法尤其适用于初学人员计算工程量。

2) 分项工程计算顺序

为了防止漏算和重复计算，对于同一分项内容，一般有以下几种计算方法。

(1) 按照顺时针方向计算法。即从施工平面图的左上角开始，自左至右，然后再由上而下，最后回到左上角为止，按顺时针方向逐步计算。例如计算外墙、外墙基础等分项，可以按照此种方法进行计算。

(2) 按先横后竖、先上后下、先左后右顺序计算法。即从施工平面图左上角开始按照先横后竖、先上后下、先左后右的顺序进行工程量计算。例如楼地面工程、天棚工程等分项，可以按照此种方法进行计算。

(3) 按图样编号顺序计算法。即按照施工图样上所标注的构件编号顺序进行工程量计算。例如门窗、屋架等分项工程，可以按照此种方法进行计算。

实际计算时，几种方法经常结合起来使用。

2. 工程量的计算步骤

1) 列出分项工程项目名称

根据拟建工程施工图样，按照一定的计算顺序，列出分项工程名称。

2) 列出工程量计算式

分项工程名称列出后，按规定的计算规则列出计算式。

3) 工程量计算式

计算式列出后，应对取定数据进行一次复核，核定无误后，对工程量进行计算。

4) 调整计量单位

工程量计算通常以“m、m^2、m^3”等为计量单位，而定额中往往以“10m、$100m^2$、$100m^3$”等为计量单位，因此应对工程量单位进行调整，使其与定额单位一致。

3. 计算工程量的技巧——统筹法

统筹法是一种科学的计划和管理方法，它是在吸收和总结运筹学的基础上，经过广泛的调查研究，在20世纪50年代中期由著名数学家华罗庚首创和命名的。

统筹法计算工程量不是按施工顺序及定额项目分部顺序计算工程量，而是根据工程量自身各分项工程量计算之间固有的规律和相互之间的依赖关系，运用统筹法原理来合理安排工程量的计算顺序，以达到节约时间、简化计算、提高工效的目的。统筹法计算工程量时，其基本要点：统筹程序、合理安排，利用基数、连续计算，一次计算、多次应用，联系实际、灵活机动。

1) 统筹程序、合理安排

工程量计算程序安排得是否合理，关系到进度的快慢。运用统筹法原理，根据分项工程量计算规律，先主后次、统筹安排。例如：室内地面工程中的室内回填土、地面垫层、地面面层，如果按施工顺序计算工程量，其计算顺序可按下列计算程序进行。

$$①\xrightarrow[\text{长×宽×高}]{\text{室内回填土}}②\xrightarrow[\text{长×宽×高}]{\text{地面垫层}}③\xrightarrow[\text{长×宽}]{\text{地面面层}}④$$

从室内地面工程量计算程序示意中可以看出，按施工顺序计算工程量时，重复计算了三次“长×宽”，而利用统筹法计算工程量，可按如下方式计算程序进行。

$$①\xrightarrow[\text{长×宽}]{\text{地面面层}}②\xrightarrow[\text{①×高}]{\text{室内回填土}}③\xrightarrow[\text{①×厚}]{\text{地面垫层}}④$$

从室内地面工程量统筹法计算程序中可以看出，按统筹法计算工程量时，只需计算一次“长×宽”，就可以把其他工程量连带算出一部分，以达到减少重复计算和简化计算、提高工程量计算速度的目的。

2) 利用基数、连续计算

所谓的基数，即“三线一面”(外墙中心线、外墙外边线、内墙净长线和底层建筑面积)，它是计算许多分项工程量的基础。

利用外墙中心线可以计算外墙挖地槽、外墙基础垫层、外墙基础、外墙墙身等分项工程。

利用外墙外边线可以计算勒脚、外墙抹灰、散水等分项工程。

利用内墙净长线可以计算内墙挖地槽、内墙基础垫层、内墙基础、内墙墙身、内墙抹灰等分项工程。

利用底层建筑面积可以计算平整场地、地面垫层、地面面层、天棚等分项工程。

根据工程量计算规则，把“三线一面”数据先计算好作为基础数据，然后利用这些基础数据计算与它们有关的分项工程量，使前面项目的计算结果能运用于后面的计算中，以减少重复计算。

3）一次计算、多次运用

把各种定型门窗、钢筋混凝土预制构件等分项工程以及常用的工程系数，预先一次计算出工程量，编入手册，在后续工程量计算时，可以反复使用。

4）联系实际、灵活机动

统筹法计算工程量是一种简捷的计算方法，但在实际工程中，对于一些较为复杂的项目，应结合工程实际，灵活运用。如某建筑物每层楼地面面积均相同，其中地面构造中除了一层大厅为大理石外，其余均为水泥砂浆地面，可以先按每层均为水泥砂浆地面计算各楼层工程量，然后再减去大厅的大理石工程量。

5.2 建筑面积的计算规则

引　言

在现行的装饰预算报价汇总中，我们经常可以看到这样一项经济技术指标：单方造价。而这里所说的单方造价的“单方”就是我们经常提及的以建筑面积为基数计算的，因此我们要学会计算建筑面积的工程量。

建筑面积是工程计量与计价的一项重要要技术经济指标，也是计算某些分项工程量的基础数据。正确地计算建筑面积不仅有利于计算相关分项的工程量，控制建设规模和进行技术经济分析，同时对于设计、施工管理等方面都有重要的意义。现行建筑面积计算的主要依据是《建筑工程建筑面积计算规范》(GB/T 50353—2013)。

我国的《建筑面积计算规则》最初是在20世纪70年代制定的，之后根据需要进行了多次修订。1982年原国家经济贸易委员会基本建设办公室(82)经基设字58号印发了《建筑面积计算规则》，对20世纪70年代制订的《建筑面积计算规则》进行了修订。1995年原建设部发布《全国统一建筑工程预算工程量计算规则》(土建工程 GJDGZ—101—1995)，其中含“建筑面积计算规则”，是对1982年的《建筑面积计算规则》进行的修订。2005年建设部以国家标准发布了《建筑工程建筑面积计算规范》(GB/T 50353—2005)。

此次2013年的修订是在总结《建筑工程建筑面积计算规范》(GB/T 50353—2005)实施情况的基础上进行的，鉴于建筑发展中出现的新结构、新材料、新技术、新的施工方法，为了解决建筑技术的发展产生的面积计算问题，本着不重算、不漏算的原则，对建筑面积的计算范围和计算方法进行了统一修改和完善。

5.2.1 建筑面积的概念

建筑面积是指建筑物各层面积的总和，它包括使用面积、辅助面积和结构面积。

(1) 使用面积：指建筑物各层平面中直接供生产、生活使用的净面积的总和，如教学楼中各层教室面积的总和。

(2) 辅助面积：指建筑物各层平面中，为辅助生产或生活活动所占的净面积的总和，如教学楼中的楼梯、厕所等面积的总和，使用面积与辅助面积的总和为有效面积。

(3) 结构面积：指建筑物各层平面中的墙、柱等结构所占的面积的总和。

建筑面积是一项重要的技术经济指标。年度竣工建筑面积的多少，是衡量和评价建筑承包商的重要指标。在国民经济一定时期内，完成建设工程建筑面积的多少，也标志着人民生活居住条件的改善程度。有了建筑面积，才能够计算出另一个重要的技术经济指标——单方造价(元/m^2)。建筑面积和单方造价又是计划部门、规划部门和上级主管部门进行立项、审批、控制的重要依据。

另外，在编制工程建设概预算时，建筑面积也是计算某些分项工程量的基础数据，利用建筑面积数据可以减少概预算编制过程中的计算工程量。如场地平整、地面抹灰、地面垫层、室内回填土、天棚抹灰等项的工程量计算，均可利用建筑面积这个基数来计算。

现行的建筑面积计算依据是《建筑工程建筑面积计算规范》(GB/T 50353—2013)。

5.2.2 建筑面积的计算规则

《建筑工程建筑面积计算规范》(GB/T 50353—2013)由总则、术语、计算建筑面积的规则的规定，三部分内容组成。其中在计算建筑面积的规定中详细解释了现行的建筑面积计算方法。

为了准确计算建筑物的建筑面积，《建筑工程建筑面积计算规范》(GB/T 50353—2013)对相关术语作了明确规定。

首先我们来了解一下与建筑面积计算规则中有关的专业术语。

1. 术语

1) 建筑面积

建筑物(包括墙体)所形成的楼地面面积。

2) 结构层高

结构层高是指上下两层楼面或楼面与地面之间的垂直距离。一般来说，也指室内地面高程至屋面板板面结构高程之间的垂直距离。具体划分如下。

(1) 建筑物最底层的层高。有基础底板的，按基础底板上表面结构至上层楼面的结构高程之间的垂直距离确定。没有基础底板的，按室外设计地面高程至上楼层面结构高程之间的垂直距离确定。

(2) 最上一层的层高。按楼面结构高程至屋面板板面结构高程之间垂直距离确定；遇有以屋面板找坡的屋面，层高指楼面结构高程至屋面板最低处面板结构高程之间的垂直距离。

3) 结构净高

结构净高是指楼面或地面至上层楼板底或吊顶底面之间的垂直距离。首层净高是指室外设计地坪上楼层板底或吊顶底面之间的垂直距离。

4) 自然层

自然层是指按楼板、地板结构分层的楼层。

5) 围护结构

围合建筑空间的墙体、门、窗。

6）建筑空间

以建筑界面限定的、供人们生活和活动的场所。

7）结构净高

楼面或地面结构层上表面至上部结构层下表面之间的垂直距离。

8）围护设施

为保障安全而设置的栏杆、栏板等围挡。

9）地下室

室内地平面低于室外地平面的高度超过室内净高的 1/2 的房间。

10）半地下室

室内地平面低于室外地平面的高度超过室内净高的 1/3，且不超过 1/2 的房间。

11）架空层

仅有结构支撑而无外围护结构的开敞空间层。

12）走廊

建筑物中的水平交通空间。

13）架空走廊

专门设置在建筑物的二层或二层以上，作为不同建筑物之间水平交通的空间。

14）结构层

整体结构体系中承重的楼板层。

15）落地橱窗

突出外墙面且根基落地的橱窗。

16）凸窗(飘窗)

凸出建筑物外墙面的窗户。

17）檐廊

建筑物挑檐下的水平交通空间。

18）挑廊

挑出建筑物外墙的水平交通空间。

19）门斗

建筑物入口处两道门之间的空间。

20）雨篷

建筑出入口上方为遮挡雨水而设置的部件。

21）门廊

建筑物入口前有顶棚的半围合空间。

22）楼梯

由连续行走的梯级、休息平台和维护安全的栏杆(或栏板)、扶手及相应的支托结构组成的作为楼层之间垂直交通使用的建筑部件。

23）阳台

附设于建筑物外墙，设有栏杆或栏板，可供人活动的室外空间。

24）主体结构

接受、承担和传递建设工程所有上部荷载，维持上部结构整体性、稳定性和安全性的有机联系的构造。

25）变形缝

防止建筑物在某些因素作用下引起开裂甚至破坏而预留的构造缝。

26）骑楼

建筑底层沿街面后退且留出公共人行空间的建筑物。

27）过街楼

跨越道路上空并与两边建筑相连接的建筑物。

28）建筑物通道

为穿过建筑物而设置的空间。

29）露台

设置在屋面、首层地面或雨篷上的供人室外活动的有围护设施的平台。

30）勒脚

在房屋外墙接近地面部位设置的饰面保护构造。

31）台阶

联系室内外地坪或同楼层不同标高而设置的阶梯形踏步。

2. 建筑面积的计算规则

以下我们用具体实例来讲解。

（1）单层建筑物的建筑面积，应按其外墙勒脚以上结构外围水平面积计算，并应符合下列规定。

① 单层建筑物结构层高在 2.20m 及以上者应计算全面积；高度不足 2.20m 者应计算 1/2 面积。如图 5.1 所示，单层建筑物结构层高在 2.20m 及以上者应计算全面积，则其建筑面积应为 $15m\times5m=75m^2$。

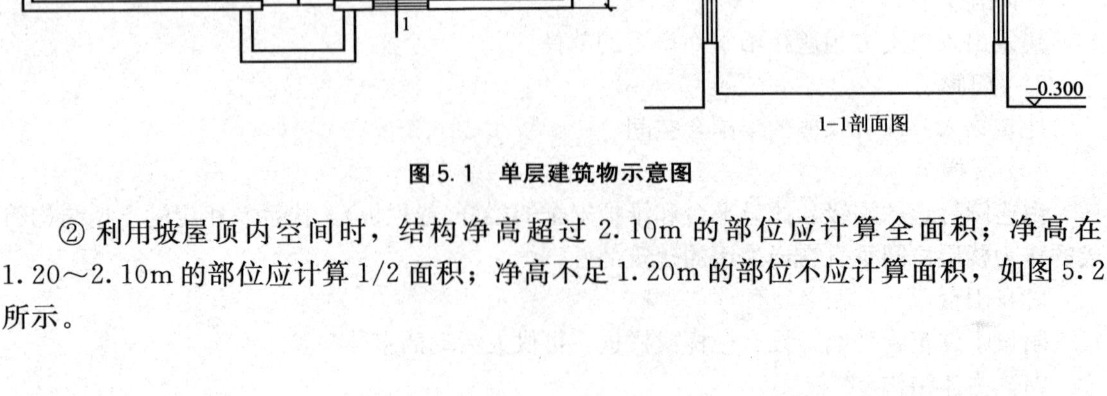

图 5.1　单层建筑物示意图

② 利用坡屋顶内空间时，结构净高超过 2.10m 的部位应计算全面积；净高在 1.20～2.10m 的部位应计算 1/2 面积；净高不足 1.20m 的部位不应计算面积，如图 5.2 所示。

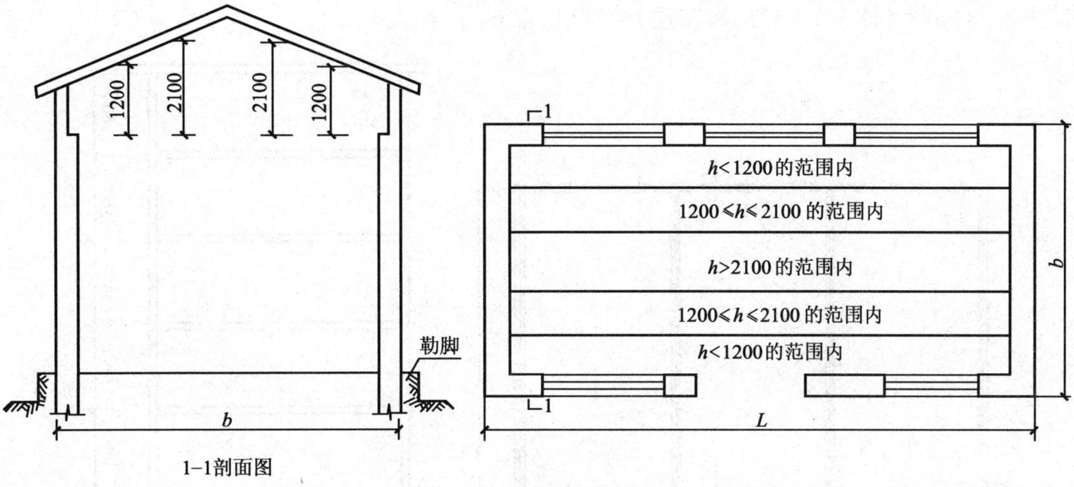

图 5.2　坡屋顶示意图

计算规则解读

勒脚是指建筑物的外墙与室外地面或散水接触部位墙体的加厚部分。“外墙勒脚以上结构外围水平面积”主要强调建筑面积计算应计算墙体结构的面积，按建筑水平图结构外轮廓尺寸计算，而不应包括墙体构造所增加的抹灰厚度、材料厚度等。

(2) 单层建筑物内设有局部楼层者，局部楼层的二层及以上楼层，有围护结构的按其外围水平面积计算，无围护结构的应按其结构底板水平面积计算。结构层高在 2.20m 及以上者计算全面积；结构层高不足 2.20m 者应计算 1/2 面积。

说明：如图 5.3 所示建筑物，当结构层高在 2.20m 以上时，其建筑面积为 $AB+ab$。

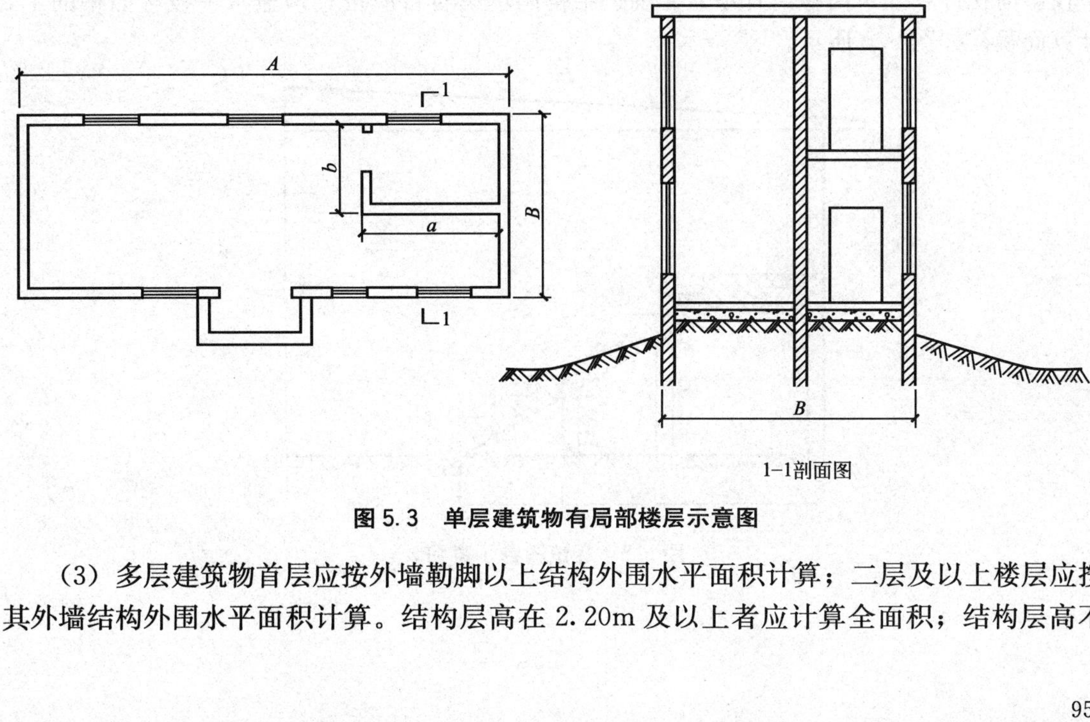

图 5.3　单层建筑物有局部楼层示意图

(3) 多层建筑物首层应按外墙勒脚以上结构外围水平面积计算；二层及以上楼层应按其外墙结构外围水平面积计算。结构层高在 2.20m 及以上者应计算全面积；结构层高不足 2.20m 者应计算 1/2 面积。如图 5.4 所示的多层建筑物各层平面图，其建筑面积为 (18+0.24)m×(12+0.24)m×7(层)=1562.80m²。

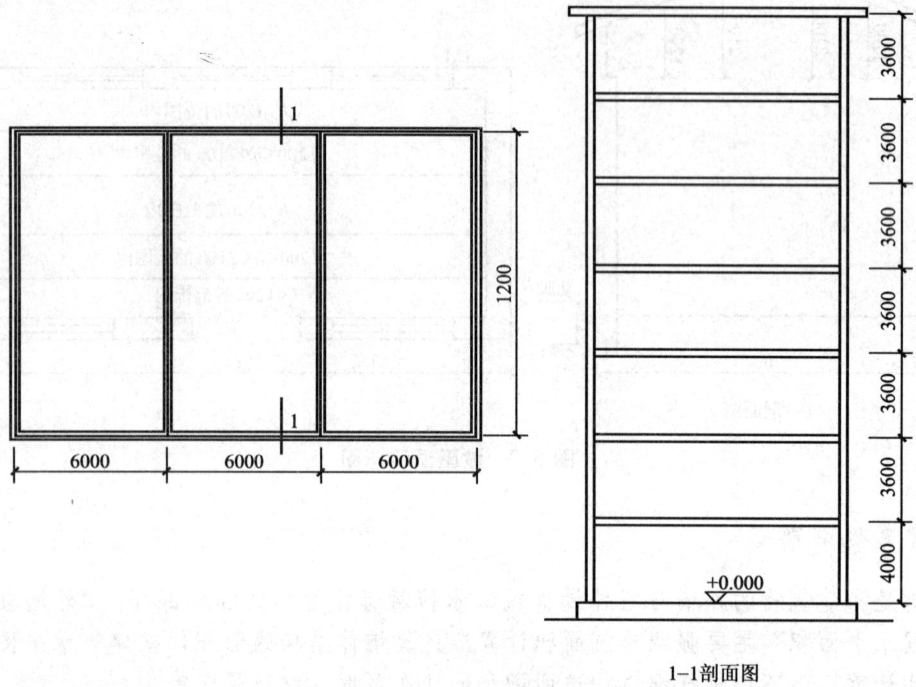

图 5.4　多层建筑物示意图

(4) 对于场馆看台下的建筑空间，结构净高在 2.10m 及以上的部位应计算全面积；结构净高在 1.20m 及以上至 2.10m 以下的部位应计算 1/2 面积；结构净高在 1.20m 以下的部位不应计算建筑面积。室内单独设置的有围护设施的悬挑看台，应按看台结构底板水平投影面积计算建筑面积。有顶盖无围护结构的场馆看台应按其顶盖水平投影面积的 1/2 计算面积，如图 5.5 所示。

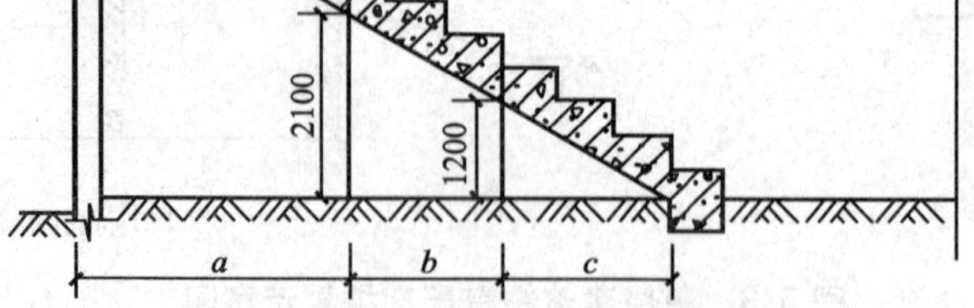

图 5.5　场馆看台示意图

计算规则解读

场馆看台下的建筑空间因其上部结构多为斜板，所以采用净高的尺寸划定建筑面积的计算范围和对应规则。室内单独设置的有围护设施的悬挑看台，因其看台上部设有顶盖且可供人使用，所以按看台板的结构底板水平投影计算建筑面积。“有顶盖无围护结构的场馆看台”所称的“场馆”为专业术语，指各种“场”类建筑，如体育场、足球场、网球场、带看台的风雨操场等。

(5) 地下室、半地下室(车间、商店、车站、车库、仓库等)，包括相应的有永久性顶盖的出入口，应按其外墙上口(不包括采光井、外墙防潮层及其保护墙)外边线所围水平面积计算。层高在 2.20m 及以上者应计算全面积；层高不足 2.20m 者计算 1/2 面积，如图 5.6 所示。

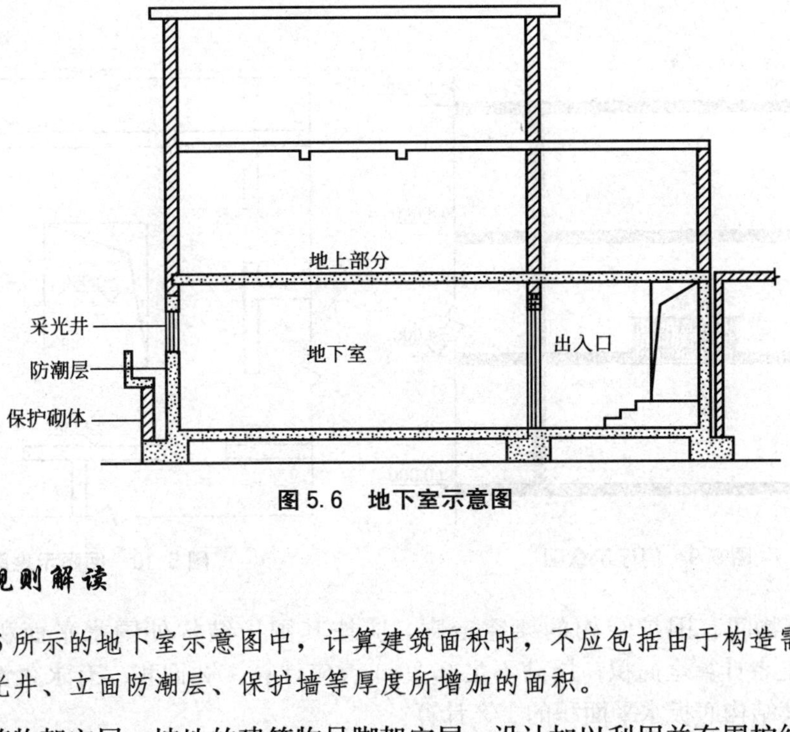

图 5.6 地下室示意图

计算规则解读

如图 5.6 所示的地下室示意图中，计算建筑面积时，不应包括由于构造需要所增加的面积，如采光井、立面防潮层、保护墙等厚度所增加的面积。

(6) 建筑物架空层、坡地的建筑物吊脚架空层，设计加以利用并有围护结构的，层高在 2.20m 及以上的部分应计算全面积；层高不足 2.20m 的部分应计算 1/2 面积。

说明：架空层即建筑物深基础或坡地建筑吊脚架空部位不回填土石方形成的建筑空间，如图 5.7 和图 5.8 所示。

(7) 建筑物的门厅、大厅按一层计算建筑面积。门厅、大厅内设有回廊时，应按其结构地板水平面积计算。层高在 2.20m 及以上者计算全面积；层高不足 2.20m 者应计算 1/2 面积。

说明：回廊即在建筑物门厅、大厅内设置在二层或二层以上的回形走廊，如图 5.9 和图 5.10 所示。

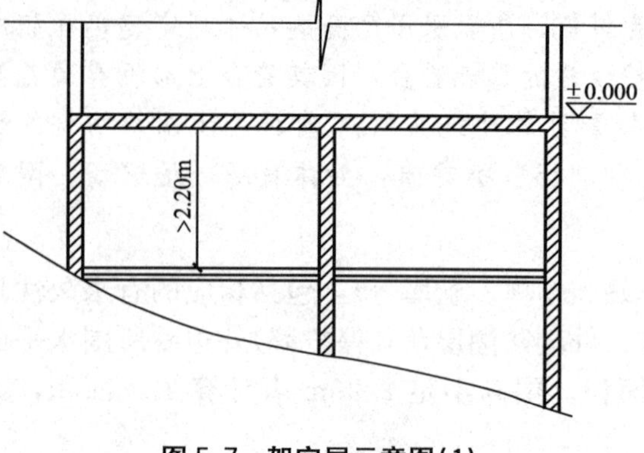

图 5.7　架空层示意图(1)

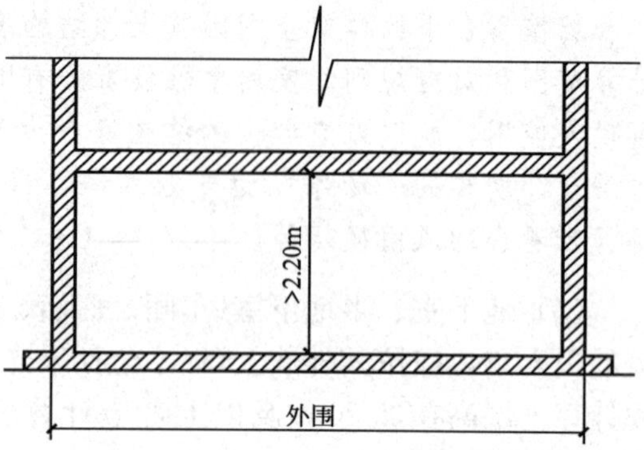

图 5.8　架空层示意图(2)

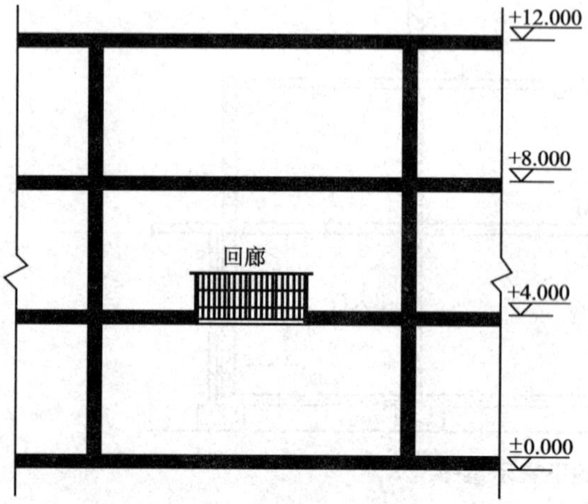

图 5.9　门厅示意图

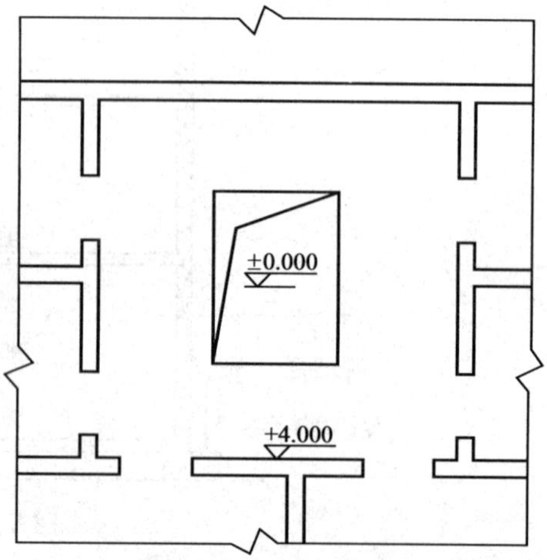

图 5.10　回廊示意图

(8) 建筑物间有围护结构的架空走廊，应按其围护结构外围水平面积计算。层高 2.20m 及以上者计算全面积；层高不足 2.20m 者应计算 1/2 面积。有永久性顶盖无围护结构的应按其结构底板水平面积的 1/2 计算。

说明：架空走廊即建筑物与建筑物之间，在二层及二层以上专门为水平交通设置的走廊，如图 5.11(a)所示为无维护结构的架空走廊，因为栏杆是维护设施而非维护结构。如图 5.11(b)所示为有维护结构的架空走廊。

(9) 立体书库、立体仓库、立体车库，有围护结构的，应按其围护结构外围水平面积计算建筑面积；无围护结构、有围护设施的，应按其结构底板水平投影面积计算建筑面积。无结构层的应按一层计算，有结构层的应按其结构层面积分别计算。结构层高在 2.20m 及以上的，应计算全面积；结构层高在 2.20m 以下的，应计算 1/2 面积，如图 5.12 所示。

(10) 有围护结构的舞台灯光控制室，应按其围护结构外围水平面积计算。层高在 2.20m 及以上者应计算全面积；层高不足 2.20m 者应计算 1/2 面积，如图 5.13 所示。

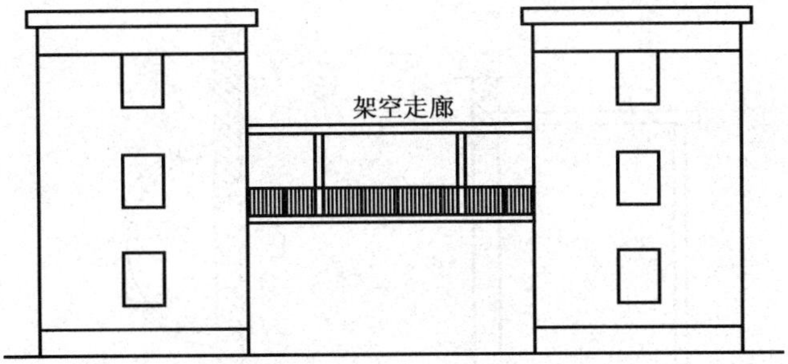

(a) 无维护结构的架空走廊

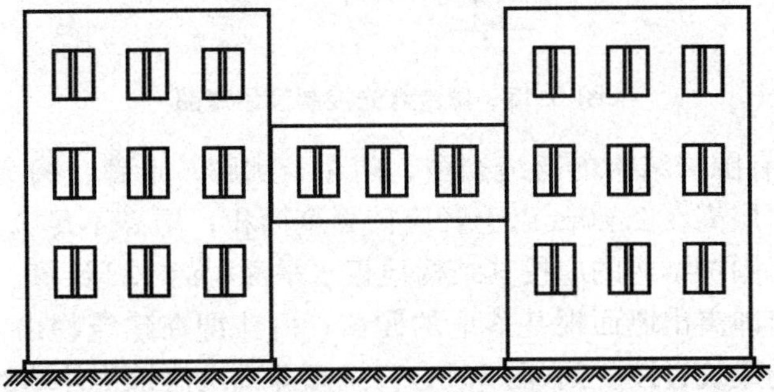

(b) 有维护结构的架空走廊

图 5.11　两种不同架空走廊示意图

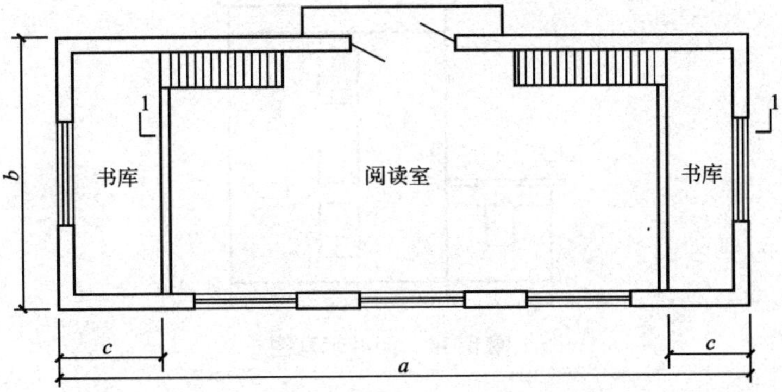

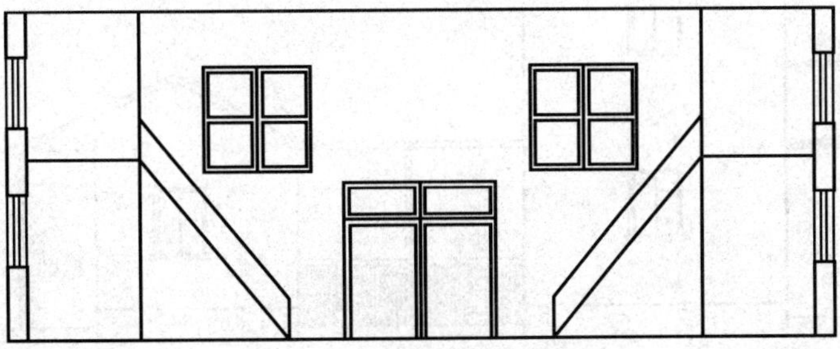

1-1剖面图

图 5.12　立体书库示意图

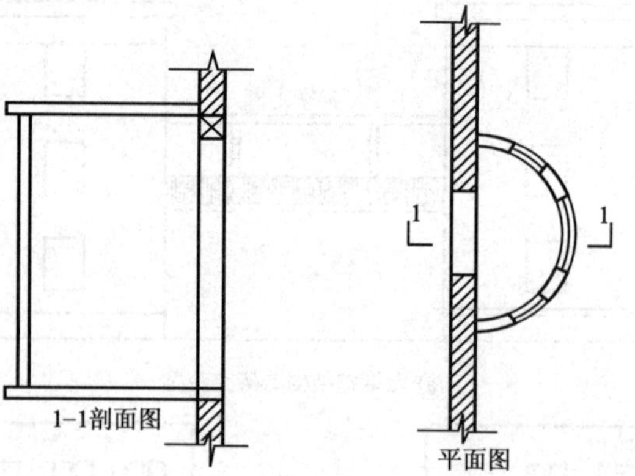

图 5.13　舞台灯光控制室示意图

(11) 建筑物外有围护结构的落地橱窗、门斗、挑廊、走廊、檐廊，应按其围护结构外围水平面积计算。层高在 2.20m 以上者应计算全面积；层高不足 2.20 者应计算 1/2 面积。有永久性顶盖无围护结构的应按其结构地板水平面积的 1/2 计算。

说明：落地橱窗即突出墙面根基落地的橱窗；门斗即在建筑物出入口设置的起分割、挡风、御寒等作用的建筑过渡空间(图 5.14)；挑廊即挑出建筑物外墙的水平交通空间；走廊即建筑物的水平交通空间；檐廊即设置在建筑物底层出檐下的水平空间，如图 5.15 所示。

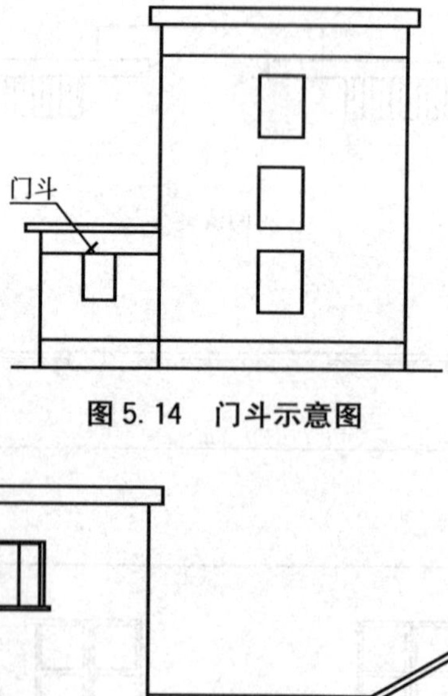

图 5.14　门斗示意图

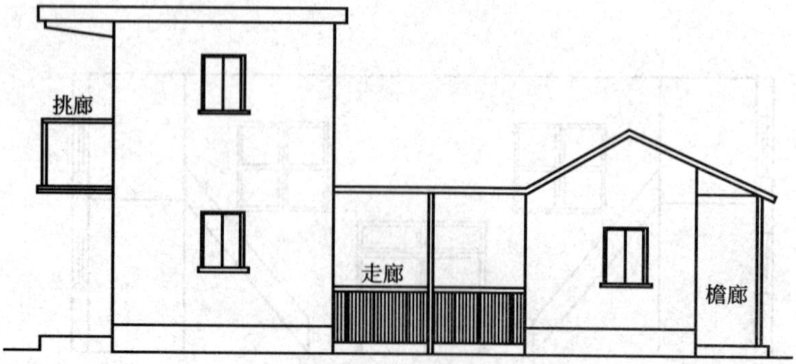

图 5.15　挑廊、走廊、檐廊示意图

(12) 有永久性顶盖无围护结构的场馆看台应按其顶盖水平投影面积的 1/2 计算，如图 5.16 所示。

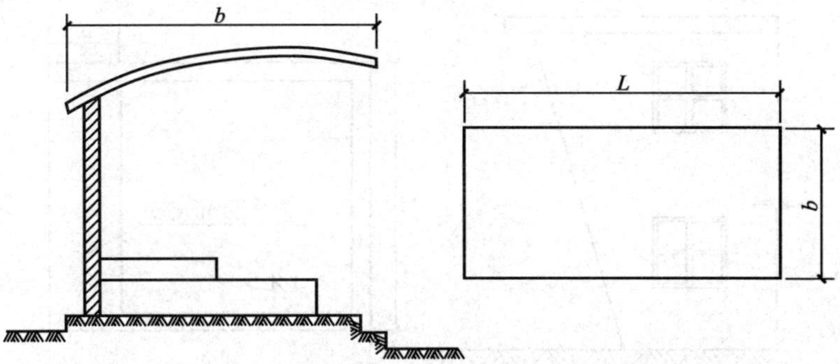

图 5.16 有永久性顶盖无围护结构的场馆看台

计算规则解读

场馆实质上指“场”(足球场、网球场等)看台上有永久性顶盖的部分。而“馆”指有永久性顶盖、有围护结构的建筑，应按单层或多层建筑相关规定计算面积。

(13) 建筑物顶部有围护结构的楼梯间、水箱间、电梯机房等，层高在 2.20m 及以上者应计算全面积；层高不足 2.20m 者应计算 1/2 面积，如图 5.17 所示。

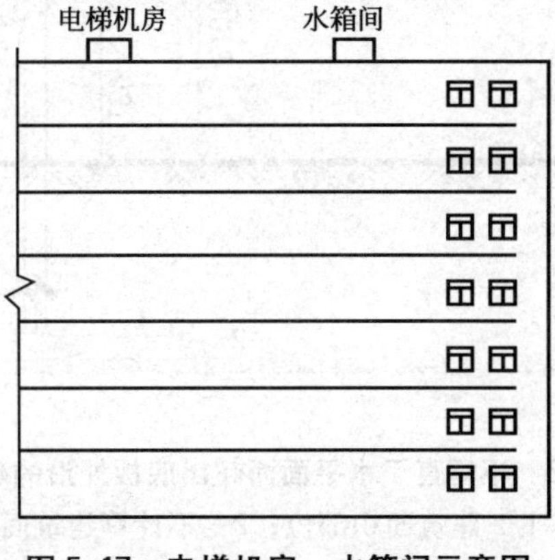

图 5.17 电梯机房、水箱间示意图

(14) 设有围护结构不垂直于水平面而超出底板外沿的建筑物，应按其底板面的外围水平面积计算。结构净高在 2.10m 及以上的部位，应计算全面积；结构净高在 1.20m 及以上至 2.10m 以下的部位，应计算 1/2 面积；结构净高在 1.20m 以下的部位，不应计算建筑面积，如图 5.18 所示。

计算规则解读

《建筑工程建筑面积计算规范》(GB/T 50353—2005)条文中仅对围护结构向外倾斜的情况进行了规定，修订后 2013 版条文对于向内、向外倾斜均适用。在划分高度上，本条使用的是“结构净高”，与其他正常平楼层按层高划分不同，但与斜屋面的划分原则相一致。由于目前很多建筑设计追求新、奇、特，造型越来越复杂，很多时候根本无法明确区分什么是围护结构、什么是屋顶，因此对于斜围护结构与斜屋顶采用相同的计算规则，即只要外壳倾斜，就按结构净高划段，分别计算建筑面积。

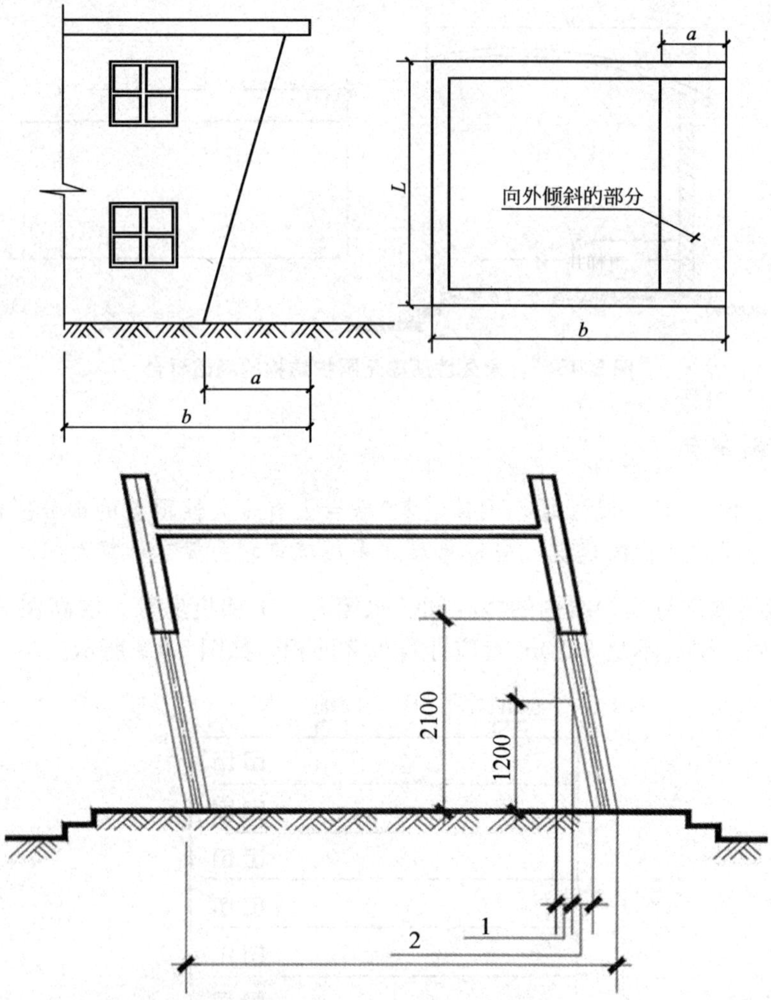

图 5.18　不垂直于水平面而超出底板外沿的建筑物

1—计算 1/2 建筑面积部位；2—不计算建筑面积部位

(15) 建筑物的室内楼梯、电梯井、提物井、管道井、通风排气竖井、烟道，应并入建筑物的自然层计算建筑面积，如图 5.19 所示。有顶盖的采光井应按一层计算面积，且结构净高在 2.10m 及以上的，应计算全面积；结构净高在 2.10m 以下的，应计算 1/2 面积。

(16) 门廊应按其顶板的水平投影面积的 1/2 计算建筑面积。有柱雨篷应按其结构板水平投影面积的 1/2 计算建筑面积；无柱雨篷的结构外边线至外墙结构外边线的宽度在 2.10m 及以上的，应按雨篷结构板的水平投影面积的 1/2 计算建筑面积。

说明：雨篷即设置在建筑物进出口上部的遮雨、遮阳篷。如图 5.20 所示为雨篷建筑面积为 $4m\times2.5m\times1/2=5m^2$。

(17) 有永久性顶盖的室外楼梯，应并入所依附建筑物自然层，应按其建筑物自然层的水平投影面积的 1/2 计算。

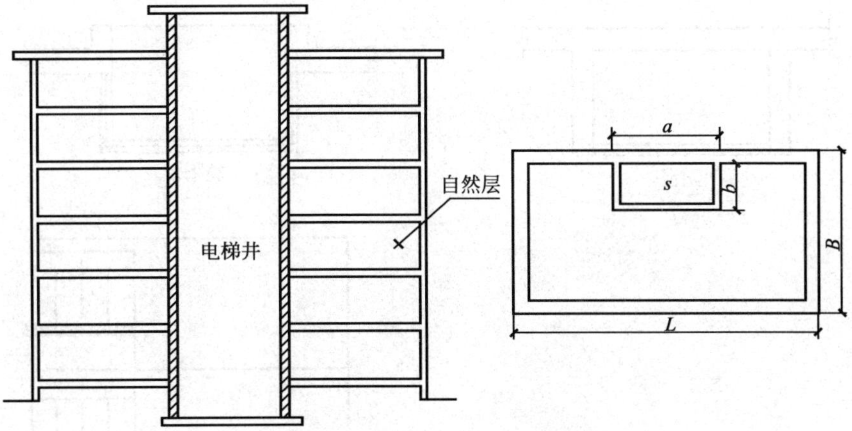

图 5.19　建筑物内的室内楼梯间、电梯井示意图

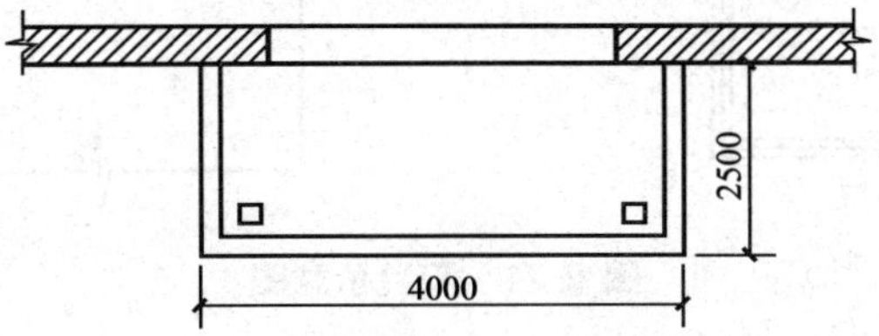

图 5.20　雨篷示意图

计算规则解读

室外楼梯中最上层楼梯无永久性顶盖或为不能完全遮盖楼梯的雨篷，最上层楼梯不计算，最上层楼梯可视为下层顶盖，下层计算。

(18) 在主体结构内的阳台，应按其结构外围水平面积计算全面积；在主体结构外的阳台，应按其结构底板水平投影面积的 1/2 计算面积。窗台与室内楼地面高差在 0.45m 以下且结构净高在 2.10m 及以上的凸(飘)窗，应按其围护结构外围水平面积的 1/2 计算面积。

说明：阳台即供使用者进行活动和晾晒衣服的建筑空间，如图 5.21 所示。

计算规则解读

建筑物的阳台，要区分凸阳台、挑阳台、凹阳台，根据其封闭与否，阳台建筑面积计算会不一样。

(19) 有永久性顶盖无维护结构的车棚、货棚、站台、加油站、收费站等，应按其顶盖水平投影面积的 1/2 计算，如图 5.22 所示。

计算规则解读

车棚、货棚、站台、加油站收费站等的面积计算，近年来由于建筑技术的不断发展，出现了许多新型结构，如异形柱、正 V 形柱、倒 V 形柱等，在面积计算中出现很多争议，为此，我们不以柱来计算面积，而以柱顶盖的水平投影面积计算。

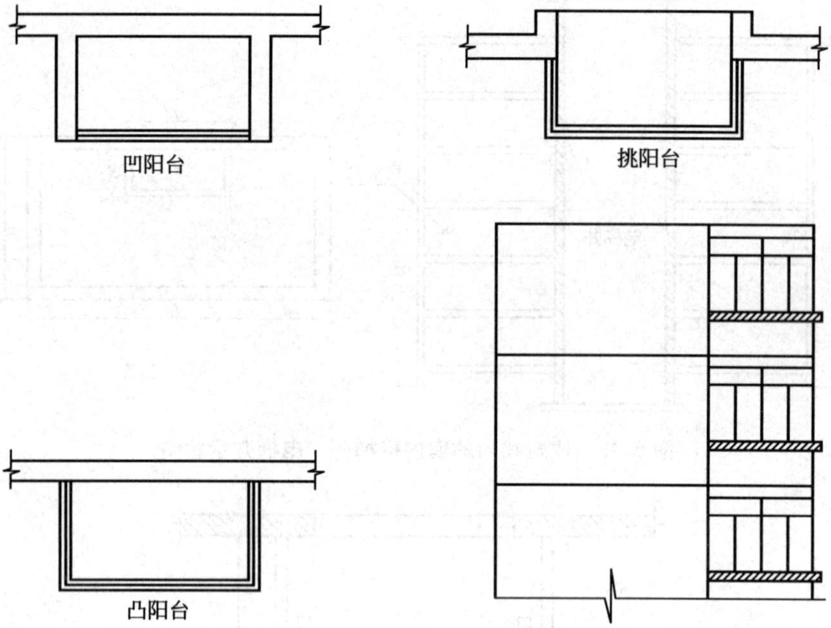

图 5.21　阳台示意图

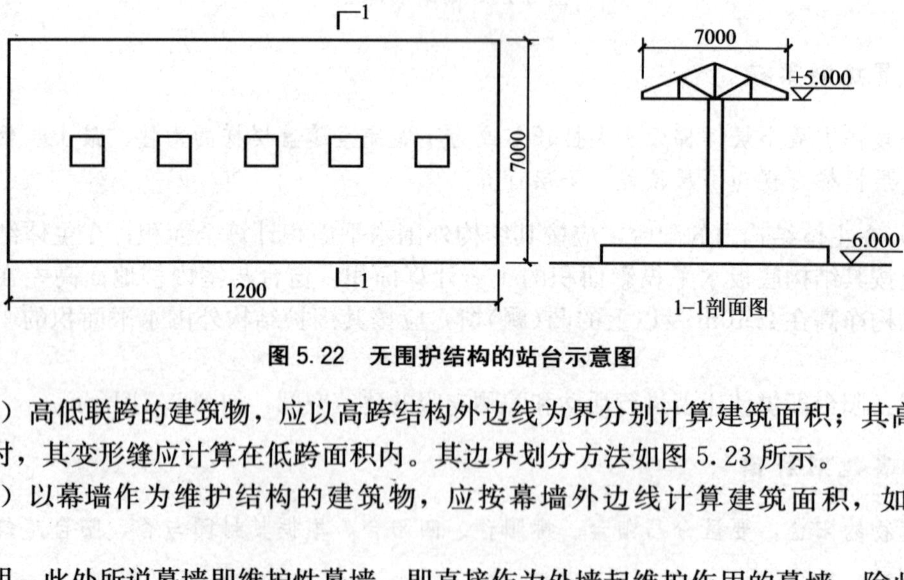

图 5.22　无围护结构的站台示意图

(20) 高低联跨的建筑物，应以高跨结构外边线为界分别计算建筑面积；其高低跨内部连通时，其变形缝应计算在低跨面积内。其边界划分方法如图 5.23 所示。

(21) 以幕墙作为维护结构的建筑物，应按幕墙外边线计算建筑面积，如图 5.24 所示。

说明：此处所说幕墙即维护性幕墙，即直接作为外墙起维护作用的幕墙。除此以外的起装饰作用的幕墙，不计算建筑面积。

(22) 建筑物的外墙外保温层，应按其保温材料的水平截面面积计算，并计入自然层建筑面积。

(23) 建筑物内的变形缝，应按其自然层合并在建筑物面积内计算。

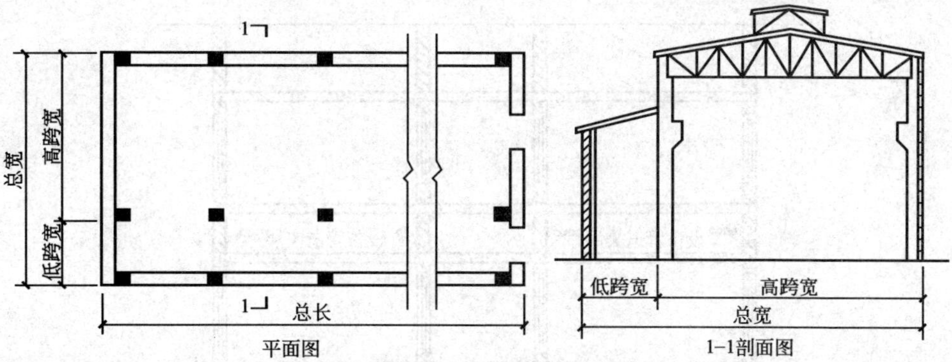

(a) 双跨结构

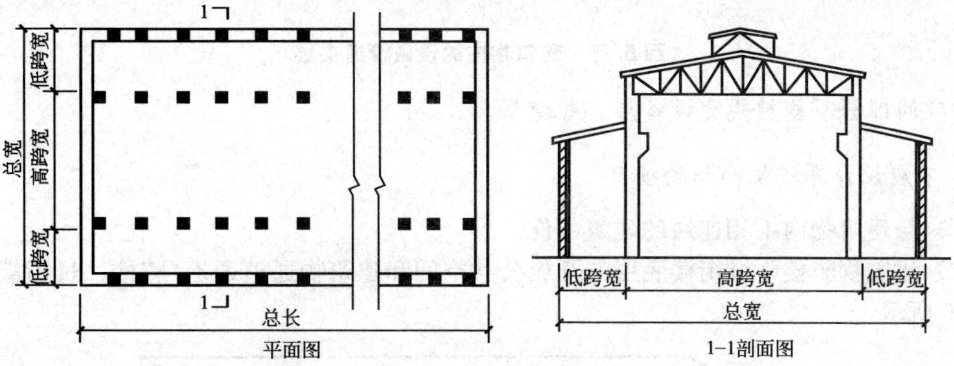

(b) 三跨结构

图 5.23 高低连跨单层建筑物边界划分示意图

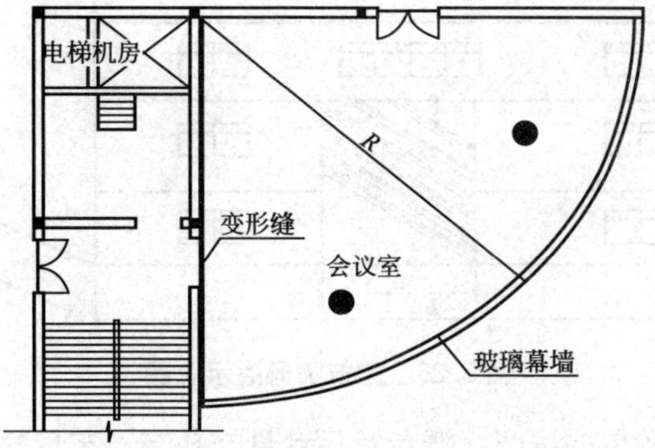

图 5.24 以幕墙作为维护结构的建筑物

(24) 对于建筑物内的设备层、管道层、避难层等有结构层的楼层，结构层高在 2.20m 及以上的，应计算全面积；结构层高在 2.20m 以下的，应计算 1/2 面积，如图 5.25 所示。

计算规则解读

设备层、管道层虽然其具体功能与普通楼层不同，但在结构上及施工消耗上并无本质区别，且《建筑工程建筑面积计算规范》定义自然层为“按楼地面结构分层的楼层”，因此设备、管道楼层归为自然层，其计算规则与普通楼层相同。在吊顶空间内设置管道的，

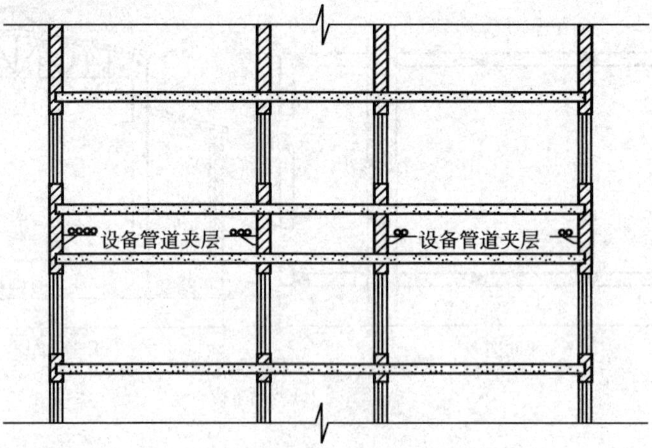

图 5.25　建筑物内的设备管道夹层

则吊顶空间部分不能被视为设备层、管道层。

3. 不应该计算建筑面积的项目

(1) 与建筑物内不相连通的建筑部件。

(2) 建筑物骑楼、过街楼底层的开放公共空间和建筑物通道通道(骑楼、过街楼)，如图 5.26 所示。

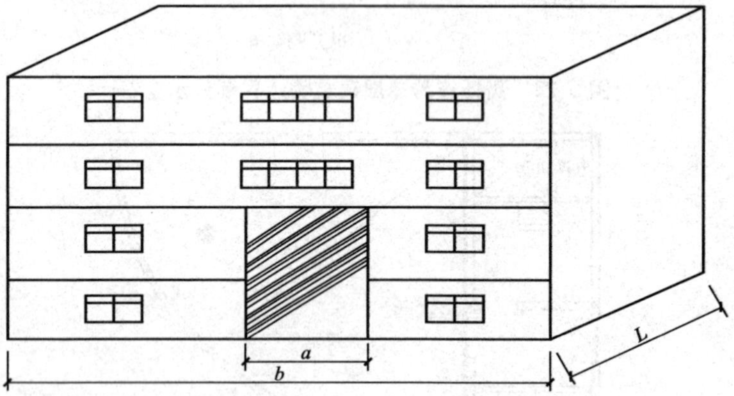

图 5.26　建筑物通道示意图

(3) 建筑物内分隔的单层房间，舞台及后台悬挂幕布、布景的天桥、挑台等。

(4) 屋顶水箱、花絮、凉棚、露台、露天游泳池。

(5) 建筑物内的操作平台、上料平台、安装箱和罐体的平台，如图 5.27 所示。

(6) 勒脚、附墙柱、垛、台阶、墙面抹灰、装饰面、镶贴块料面层、装饰性幕墙，主体结构外的空调室外机搁板(箱)、构件、配件，挑出宽度在 2.10m 以下的无柱雨篷和顶盖高度达到或超过两个楼层的无柱雨篷，如图 5.28 所示。

(7) 无永久性顶盖的架空走廊、室外楼梯和用于检修、消防等的室外钢楼梯、爬梯，如图 5.29 所示。

(8) 窗台与室内地面高差在 0.45m 以下且结构净高在 2.10m 以下的凸(飘)窗，窗台与室内地面高差在 0.45m 及以上的凸(飘)窗。

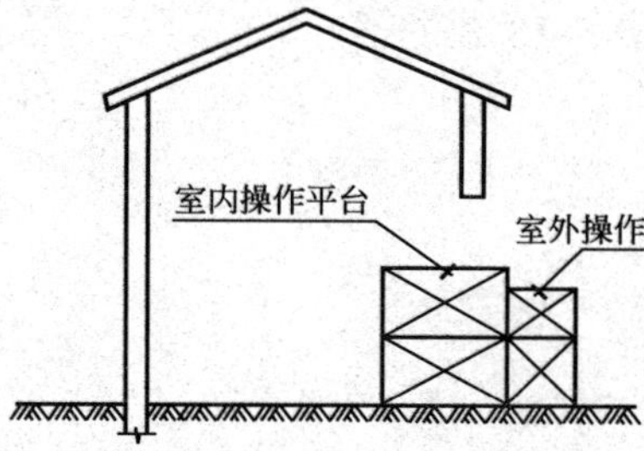

图 5.27 建筑物的内外操作平台

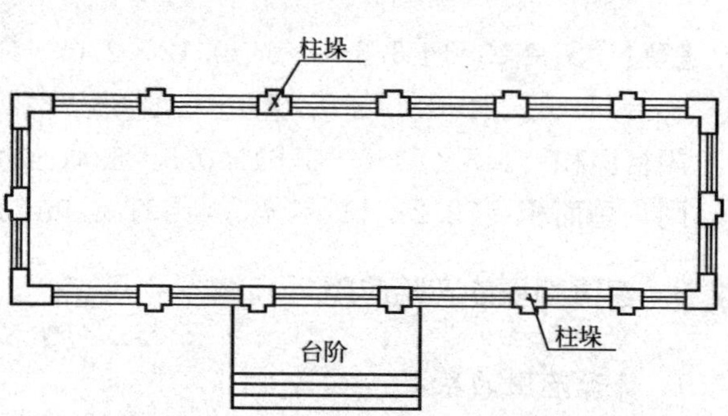

图 5.28 建筑物的台阶、柱、垛构造

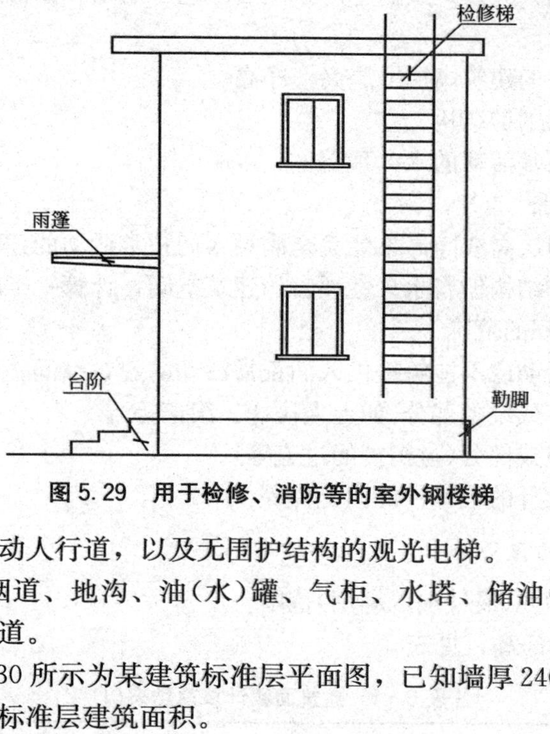

图 5.29 用于检修、消防等的室外钢楼梯

(9) 自动扶梯、自动人行道，以及无围护结构的观光电梯。

(10) 独立烟囱、烟道、地沟、油(水)罐、气柜、水塔、储油(水)池、储仓、栈桥、地下人防通道、地铁隧道。

【例 5.1】 如图 5.30 所示为某建筑标准层平面图，已知墙厚 240m，层高 3.0m，阳台为挑阳台，求该建筑物标准层建筑面积。

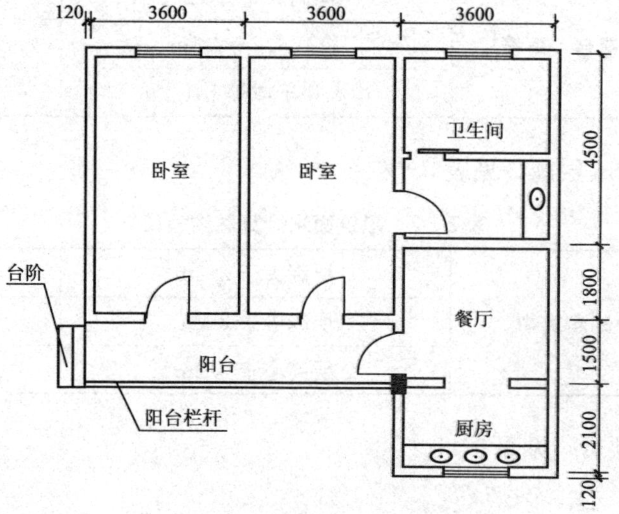

图 5.30 某建筑标准层平面图

【解】 $S_1=(3.6+3.6+3.6+0.12\times2)m\times(4.5+1.8+0.12\times2)m=72.2(m^2)$

$S_2=(1.5.0.12+2.1+0.12)m\times(3.6+0.12\times2)1.5m=13.82(m^2)$

阳台面积 $=1.5\times(3.6+3.6)\times0.5=5.4(m^2)$

则，总面积 $=72.2+13.82+5.4=91.42(m^2)$

5.2.3 建筑面积的实际应用

1. 计算范围的界定

1）计算全面积的范围

计算全面积的范围，应该是人们生产、生活中经常活动和保证人们能够正常活动的建筑空间。

（1）人们经常活动的建筑高层或层高、净高。

（2）有挡风遮雨的围护结构。

（3）有保证人们正常活动的永久顶盖。

2）折算面积的范围

设计加以利用，但层高或净高不能完全满足人们正常活动的建筑空间；或不能完全起挡风遮雨作用的无围护结构但有永久性顶盖的建筑空间，计算一半的建筑面积。

3）不计算建筑面积的范围

（1）人们不经常活动或不能够提供人们正常活动的建筑空间，如净高过低，或无永久性顶盖的建筑物部分，或设备部分(如上人扶梯、滚道等)。

（2）公共道路的组成部分(过街楼的过道等)。

（3）突出在建筑物外的装饰性的构配件等。

2. 计算建筑面积的技巧

应该计算建筑面积的(设计加以利用)范围。

（1）分界线 2.1m 净高，见表 5-1。

表 5-1 建筑面积计算总结表(1)

适用于：坡屋顶、看台、雨篷	净高大于 2.1m	全面积
	净高 1.2～2.1m	1/2 面积
	净高小于或等于 1.2m	不计面积

（2）分界线 2.2m 层高，见表 5-2。

表 5-2 建筑面积计算总结表(2)

适用于除(1)之外的建筑物	层高大于 2.2m	全面积
	层高等于 2.2m	全面积
	层高小于 2.2m	1/2 面积

（3）其他特殊项目，见表 5-3。

表 5-3 建筑面积计算总结表(3)

有顶盖无围护的(包括室外楼梯)	高度满足(1)和(2)中全面积层高要求的	全部算 1/2 面积
阳台	挑阳台和凹阳台的区别	前者 1/2 面积，后者全面积
飘窗	0.45m 和净高 2.1m 的界定	1/2 面积和不算面积的区分
高低跨	高处多算	就高不就低

5.3 装饰工程分部分项工程计量计价

引 言

系统地对相应的计算统筹方法进行演练和运用后，在这一节，我们开始进入到装饰分项工程的计量和计价的实际操作阶段。这一阶段学习的深入程度直接决定预算能力和效率的高低，因此在掌握格式化的计算规则后，如何灵活运用定额进行套项、换项，其第一步如何列项的能力尤为关键。在学习本节过程中，能领会“死规则，活列项”的技能，如何真正做到“死去活来”，就需要我们用心掌握和吃透每个知识点，再去“活”运用。

在进行装饰分部分项的计量过程中，我们首先要能够看懂图样，了解其装饰构造节点详图，掌握装饰材料的种类和基本价格等基本知识，这也是我们在第 1 章所说的预算要与相关联的装饰其他专业课融会贯通的学习方法，这样才能事半功倍。

因此按照此思路，我们对应每一分部分项都采用循序渐进和预算工作中的流程来进行知识和技能的穿插。

第一步：了解装饰每一分部分项的构造特点和标准做法，温故而知新，目的是提高列项的准确性。

第二步：进行列项的技巧训练，目的是提高熟练程度。

第三步：根据所列项目进行计算规则的演练，计算出预算工程量。

第四步：根据前面章节已经学习的“套定额过程”，计算基价，完成换算等过程。

第五步：完成一套完整的单位工程定额计价模式下的工程费用，实现知识到技能的转化。

在这里我们采用的是《全国统一建筑装饰装修工程消耗量定额》(GYD—901—2002)(以下简称《全统定额》)，来对装饰工程的各分项工程的计算进行全面讲解。列项则选用《湖北省房屋建筑与装饰工程消耗量定额及基价表》(2013)来实践。

5.3.1 楼地面工程计量

计算规则解读

在计算规则的学习过程中，我们不同的地区会对其地区定额的计算规则进行不同于

《全统定额》(GYD—901—2002)的细微的更改，我们在不同的地区从事预算工作时，要先认真地细读该地区的定额计算规则，根据该地区装饰报价的规范来操作，其计算方法和分项内容会和全统有一定的差异。

例如：在楼地面计算规则中，有些分项的《全统定额》和《湖北省装饰装修工程量消耗定额及统一基价表》(2008)的计算规则就略有不同，我们在学习完《全统定额》计算规则后，可以对比它们的不同之处。学会在掌握计算方法后，适应地区的变化。

1. 楼地面构造知识的了解

1）通常楼地面做法

楼地面是建筑物楼面和地面的总称。楼面和地面是建筑物中使用最频繁的部位，因此也是室内装饰工程中的重要部位。

楼地面构造按所在部位可分为楼面和地面两种，地面构造一般为面层、垫层和基层(素土夯实)；楼面构造一般为面层、填充层和楼板。根据使用或构造要求可增设结合层、隔离层、填充层、找平层等其他构造层次，如图 5.31 所示。

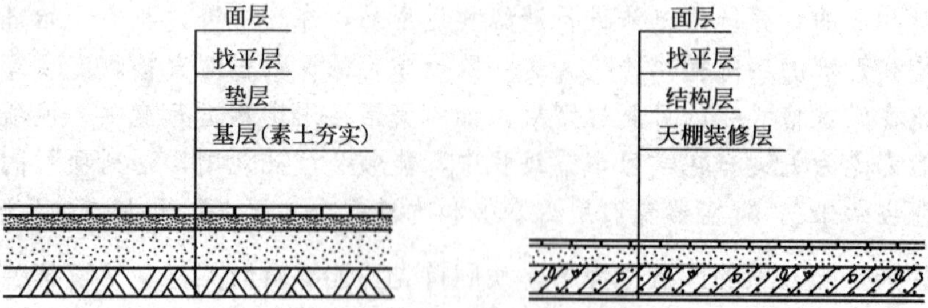

图 5.31　楼地面构造层次图

2）楼地面具体的构造作用

(1) 基层：地面构造最底层，一般指基层、夯实土基。

(2) 垫层：指承受地面荷载并均匀传递给基层的结构层，如灰土垫层、混凝土垫层、三合土垫层等。

(3) 填充层：指在建筑楼地面起一定功能作用的如隔声、保温、找坡或敷设暗管、线槽等作用的构造层，通常材料有炉渣、粉煤灰、水泥膨胀珍珠岩等填充层。

(4) 隔离层：指起防水、防潮作用的构造层，如油毡卷材、防水涂料等隔离层。

(5) 找平层：指在垫层、楼板或填充材料上起找平、找坡或加强作用的构造层，如水泥砂浆、细石混凝土找平层等。

(6) 结合层：指在面层和下层之间起结合作用的中间层，以加强面层与下层之间的黏结度，如水泥砂浆、冷底子油等结合层。

(7) 面层：指直接承受各种外力以及荷载作用的表面层，如水泥砂浆、细石混凝土整体面层或者石材、地砖、地板等块料面层。

(8) 其他：除此以外，楼地面还有各种辅助工艺和材料构造而成。

① 楼地面点缀：是一种简单的楼地面块料拼铺方式，可以在块料的四角或者间隔块料之间进行镶贴的一种形式。

② 块料粘贴：在楼地面面层及附属物的表面采用干粉型黏结剂或万能胶粘贴的一种

形式。

③ 零星项目：指面积不大区域或少量分散的楼地面装饰、台阶的牵边、小便池、蹲台、池槽，以及面积在 $1m^2$ 以内且定额未列的项目。

④ 压线条：指地毯、橡胶板、橡胶卷材铺设的压线条，如铝合金、不锈钢等线条。

⑤ 嵌条材料：指用于水磨石的分隔、图案等的嵌条，如玻璃嵌条、铝合金嵌条等。

⑥ 防护材料：指耐酸、耐碱、耐老化、防火、防油渗等材料。

⑦ 防滑条、固定件等：指用于楼梯、台阶的栏杆柱、栏杆、栏板与扶手相连接的固定件，靠墙扶手与墙相连接的固定件等。

楼地面构造，见表 5－4。

表 5－4 楼地面构造

楼地面构造		作　用
面层	饰面层	对结构层起着保护作用，使其免受损坏，同时，也起装饰作用
	结合层	饰面层与下一层连接的中间层，有时可以作为面层的弹性底层
附加层（也叫功能层）	找平层	整平、找坡或加强作用的构造层
	管线敷设层	用来敷设水平设备暗管线的构造层
	隔声层	为隔绝撞击声而设的构造层
	防水(潮)层	用来防止水渗透的构造层
	保温隔热层	改善热工作性能的构造层
基层	垫层	传布地面荷载至基土或传布楼面荷载至结构上的结构层
	基土或楼面板	承受荷载的土层或楼板层

2. 楼地面定额项目的划分及列项

在进行定额项目列项中，我们采用《湖北省房屋建筑与装饰工程消耗量定额及基价表》(2013)来进行讲解。

1）楼地面定额项目的划分

楼地面分部工程的定额项目，共设置垫层、找平层、整体面层、块料面层、塑料橡胶面层、地毯及附件、木地板、其他面层，共 8 节 184 个定额子目，具体见表 5－5。

项目列项的合理与否直接决定下一步对应的工程量计算步骤的正确与否，因此除了熟读定额的分项和子目之外，还要熟悉对应的子目的计量单位。

表 5－5 楼地面定额项目的划分

序号	分项名称	子目数量	计量单位	实际列举名称
一	垫层	19	m^3	商品混凝土垫层
二	找平层	10	m^2	20mm 厚水泥砂浆找平
三	整体面层	34	m^2	水泥砂浆整体面层收光，现浇水磨石地面

续表

序号	分项名称	子目数量	计量单位	实际例举名称
四	块料面层			
(一)	石材			
1	石材项目划分(不细分花岗石与大理石)	23	m^2	灰麻花岗石台阶面、黑金砂大理石楼梯
2	石材养护液	7	m^2	啡网纹背面涂刷防护液
(二)	块料			
1	陶瓷锦砖项目划分	6	m^2	卫生间陶瓷马赛克
2	陶瓷地砖项目划分	15	m^2	地面 600mm×600mm 玻化砖铺贴
3	预制水磨石项目划分	6	m^2	
4	水泥花砖项目划分	3	m^2	公园、人行道花砖地面铺设
5	玻璃地砖项目划分	7	m^2	KTV 地面局部铺设
6	块料面酸洗打蜡项目划分	2	m^2	
五	塑料橡胶地面项目划分	6	m^2	舞厅地面铺设、健身房橡胶地板
六	地毯及附件项目划分	12	m^2	地面羊毛地毯安装、会议室羊毛地毯
七	地板项目划分			
1	地面地台木龙骨项目划分	9	m^2	主席台龙骨安装
2	毛地板	6	m^2	基层毛地板铺设
3	木地板、复合地板	7	m^2	紫檀木实木地板
4	旧木地板上机械磨光	1		
八	其他面层			
1	防静电活动地板	4	m^2	监控室静电地板
2	金属复合地板	5	m^2	影剧院不锈钢复合地板
3	弹性安全地砖、PVC 真石地板	2	m^2	健身房地面铺设
	合计	184	m^2	

2) 楼地面定额项目的列项

【例 5.2】 如图 5.32 所示为某区域楼地面构造图，试列出需要计算工程量的楼地面项目。

【解】 根据已有定额以及装饰材料的不同进行列项的划分，需要列出如下项目。

(1) 600m×600m 黄玻化砖斜拼(单位 m^2)。

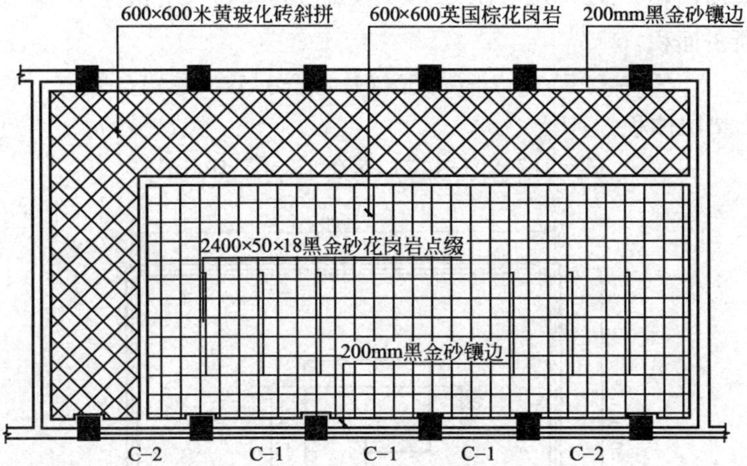

图 5.32 某区域楼地面构造图

(2) 600m×600m 英国棕花岗石面(单位 m^2)。

(3) 200mm 黑金砂镶边(波打线)(单位 m^2)。

(4) 2400m×50m 黑金砂点缀(单位 m^2)。

特别提示

在楼地面列项过程中，应先对该地区的定额有一定的认识后，再进行合理的列项，否则在进行计算时，又会回头更正错误的项目和对应的计量单位，使预算工作的效率降低，因此每一环节都要处理好。

预算的每一步骤都不是独立的，不要使误差累计，这就是我们在预算中所说的关联性。因此要特别引起注意，做到"不漏项、不错项、不重项"。

3. 楼地面计算规则及应用

1) 地面垫层

计算规则：地面垫层按室内主墙间净空面积乘以设计厚度以 m^3 计算。应扣除凸出地面的构筑物、设备基础、室内铁道、地沟等所占的体积，不扣除面积在 0.3m^2 以内的柱、垛、间壁墙、附墙烟囱及孔洞所占的体积。

计算公式：地面垫层工程量=(主墙间净空面积－凸出地面的构筑物、设备基础、室内管道、地沟等所占面积)×设计厚度－ 0.3m^2 以上孔洞所占体积。

计算规则解读

主墙是指砖墙、砌块墙厚度在 180mm 以上(含 180mm)或超过 100mm 以上(含 100mm)的钢筋混凝土剪力墙。其他非承重的间壁墙都视为非主墙。

间壁墙是指墙厚在 120mm 以内(含 120mm)的起分隔作用的非承重墙。

【例 5.3】 某装饰材样板间地面垫层为 C20 混凝土，150mm 厚，根据(图 5.33)尺寸，计算垫层工程量。

【解】 室内净面积：$S_{净}=(4-0.24)\times(5-0.24)=17.90(m^2)$

设备基础所占面积：

$$S_{设}=0.5\times1.5+0.75\times(1.25-0.5)=1.31(m^2)$$

C20 混凝土垫层体积：

$$V=(17.89-1.31)\times0.15=2.49(m^3)$$

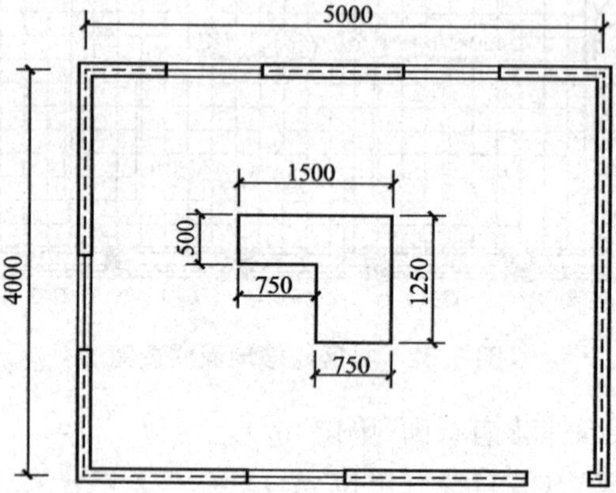

图 5.33 某装饰材样板间地面示意图

2）整体面层、找平层

(1) 楼地面。

计算规则：整体面层、找平层均按主墙间净空面积以 m^2 计算。应扣除凸出地面构筑物、设备基础、室内管道、地沟等所占面积，不扣除间壁墙和面积在 $0.3m^2$ 以内的柱、垛、间壁墙、附墙烟囱及孔洞所占面积，但门洞、空圈、暖气包槽、壁龛的开口部分亦不增加。

解析：由计算规则可知，整体面层、找平层工程量即是垫层面积，也就是主墙间净空面积。

计算公式：室内地面面积工程量＝建筑面积－主墙结构面积＝各层外墙的外围面积之和$-\sum(L_{中}\times厚)-\sum(L_{净}\times厚)$。

【例 5.4】 某仓库平面如图 5.34 所示，地面面层为铜嵌条现浇水磨石地面，试计算地面工程量。

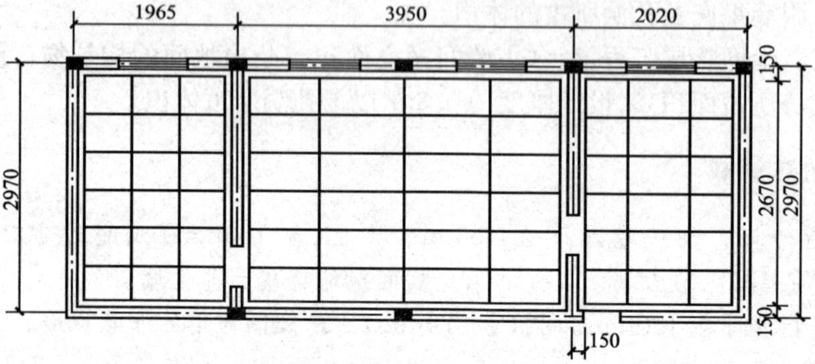

图 5.34 某仓库平面示意图

【解】 ① 水磨石地面面层工程量：

$S=[(1.965-0.24)+(3.95-0.24)+(2.02-0.24)]\times(2.97-0.24)=19.70(m^2)$

② 嵌铜条工程量按设计图示嵌条长度计算，单位为m。

沿长度方向条长：$[(1.965-0.3)+(3.95-0.3)+(2.02-0.3)]\times 7=49.24(m)$

沿宽度方向条长：$(2.97-0.3)\times13=34.71(m)$

嵌条工程量小计：$49.24+34.71=83.95(m)$

(2) 楼梯面。

计算规则：楼梯面积(包括踏步、休息平台，以及小于500mm宽的楼梯井)按水平投影面积计算。楼梯与楼地面相连时，算至梯口梁内侧边沿；无梯口梁者，算至最上一层踏步边沿加300mm。算找平层时，需要乘以系数1.365。

计算公式：楼梯水平投影面积$=a\times b\times$楼梯层数−小于0.5宽梯井。

(3) 台阶面。

计算规则：台阶面按照设计图示尺寸以台阶(包括踏步及最上一层踏步边沿加300mm)水平投影面积计算。算找平层时，需要乘以系数1.48。

(4) 防滑条。

计算规则：防滑条如无设计要求时，按楼梯、台阶踏步两端距离减300mm以延长米计算。

(5) 踢脚线。

计算规则：水泥砂浆、水磨石踢脚线按照长度乘以高度以面积计算，洞口、空圈长度不予扣除，洞口、空圈、垛、附墙烟囱等侧壁亦不增加。

3) 楼地面块料装饰面层

(1) 楼地面块料。

计算规则：楼地面块料装饰面层按饰面的实铺面积计算，不扣除$0.1m^2$以内的柱、垛、附墙烟囱及孔洞所占面积。拼花部分按实贴面积计算。

计算公式：块料面层工程量=实铺面积=主墙间净空面积+门洞开口部分面积。

【例5.5】 某学校实训样板间铺贴600mm×600mm黄色大理石板，其中有一块拼花如图5.35所示，试计算其工程量。

【解】 样板间地面拼花应按镶贴图案的矩形面积计算。

$$3\times1.5=4.5(m^2)$$

计算图案之外的块料装饰面积应按“算多少扣多少”的原则，将石材拼花的工程量扣除。

$[(3.0+4.5)]\times(4.1+0.12+3.45+0.12+1.83+0.12+2.7)]-3.64\times0.12\times2-(0.12+3.45+0.12+1.83+0.12)\times0.12-(0.12+3.05+0.12+1.48+0.12+2.7)\times0.12-2.34\times0.12\times3-4.5-1.28\times0.12=85.34(m^2)$

注：门洞口面积包含在减去的墙所占的面积中。

(2) 楼梯面块料。

计算规则：与前面的整体面层的计算规则相同。

计算规则解读

楼梯与走道、楼梯与平台连接时的分界线：有走道墙的以墙边线分界；无走道墙有梯

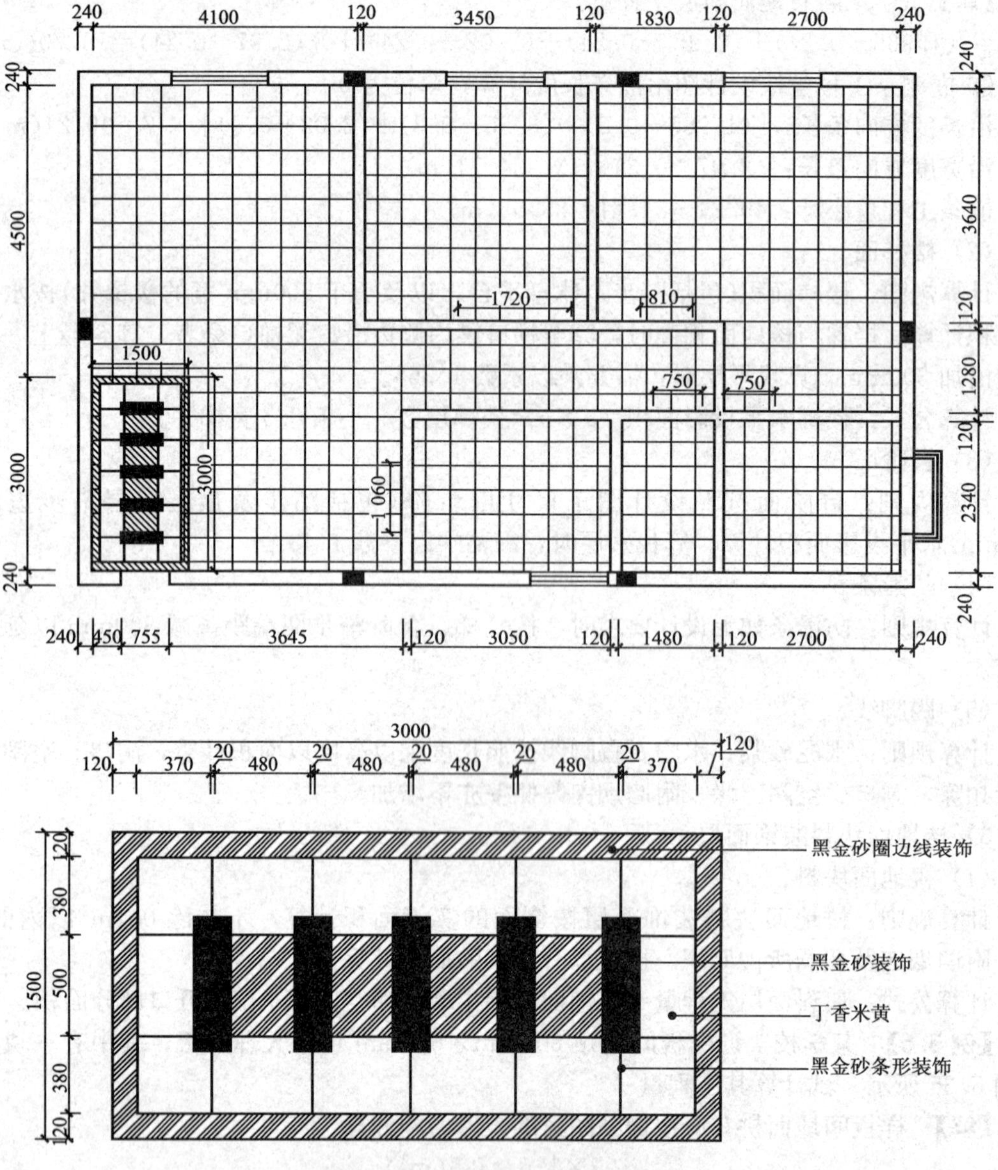

图 5.35　某学校实训样板间地面图

口梁的，以梯口梁为界，将梯口梁算到楼梯面积内；无走道墙又无梯口梁的，以最上一层踏步棱向外 300mm 计算楼梯面积。

【例 5.6】 如图 5.36 所示，求某建筑大理石楼梯面层工程量。

【解】 按水平投影面积计算。

楼梯净长＝(1.5－0.12＋12×0.3＋0.12)＝5.10(m)，楼梯净宽＝(4－0.12×2)＝3.76(m)

楼梯井＝3.6×0.6＝2.16(m^2)，楼梯层数＝4－1＝3(层)

大理石楼梯面层工程量＝(5.10×3.76－2.16)×3＝51.05(m^2)

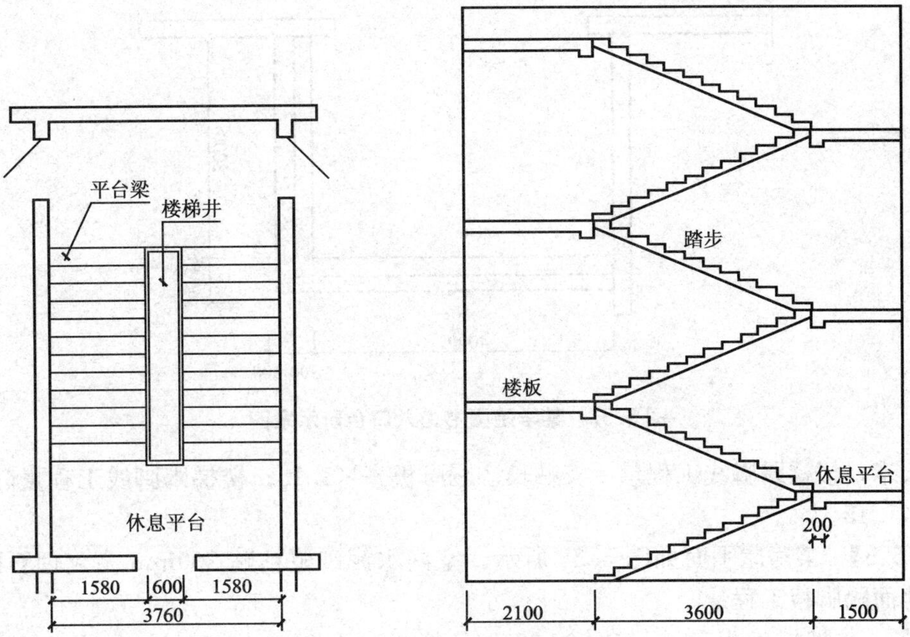

图5.36 大理石楼梯示意图

特别提示

楼梯井宽大于500mm应扣除，本楼梯井宽600mm，应扣除楼梯井面积。

计算时，常先计算单层的楼梯面层工程量，然后乘以楼层数减1即(n−1)。当楼顶为上人屋面时，楼梯常通到楼顶，此时应按单层的楼梯面层工程量乘以楼层数n计算。

(3) 台阶面层块料。

计算规则：台阶面层(包括踏步及最上一层踏步沿300mm)按水平投影面积计算。

计算公式：台阶面层工程量=(台阶水平投影长+300mm)×台阶宽。

特别提示

在编制块料面层定额时已将台阶踏步立面部分的面积考虑了50%以上的消耗系数折算到定额消耗量内，以便简化计算工程量，统一按台阶的水平投影面积计算。

【例5.7】 某学院图书馆入口台阶如图5.37所示，花岗石贴面，试计算其台阶工程量。

【解】 台阶花岗石面层工程量=(4+0.3×2)×(0.3×2+0.3)+(3.0−0.3)×(0.3×2+0.3)=4.6×0.9+2.7×0.9=6.57(m^2)

平台部分工程量=(4−0.3)×(3−0.3)=9.99(m^2)

(4) 踢脚线块料面层。

计算规则：踢脚线按实贴长度乘以高度以平方米计算，成品踢脚线按实贴延长米计算。楼梯踢脚线按相应定额乘以1.15的系数。

计算公式：楼地面踢脚线工程量=实贴长×踢脚板高；楼地面踢脚线工程量(成品)=

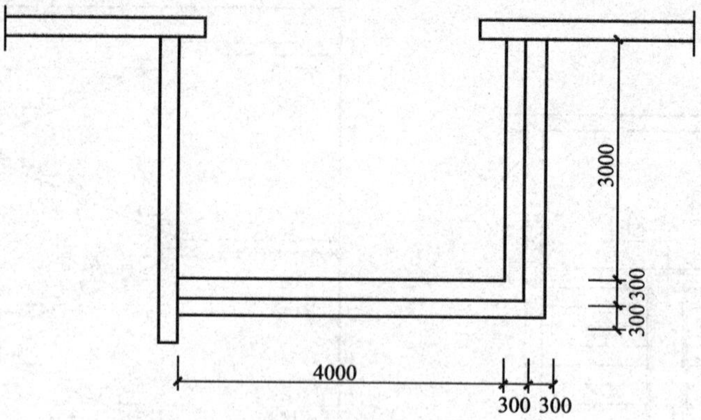

图 5.37 某学院图书馆入口台阶示意图

实贴延长米；楼梯踢脚线工程量＝实贴长×踢脚板高×1.15；楼梯踢脚线工程量(成品)＝实贴长×1.15。

【例 5.8】 某房屋平面如图 5.38 所示，室内水泥砂浆粘贴 200mm 高大理石踢脚板，计算楼地面踢脚板工程量。

【解】 踢脚板工程量＝[(8.00－0.24＋6.00－0.24)×2＋(4.00－0.24＋3.00－0.24)×2－1.50－0.80×2＋0.24×4]×0.20＝7.59(m^2)

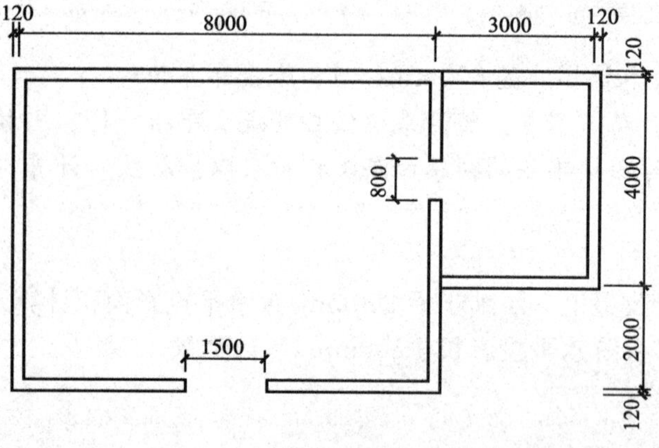

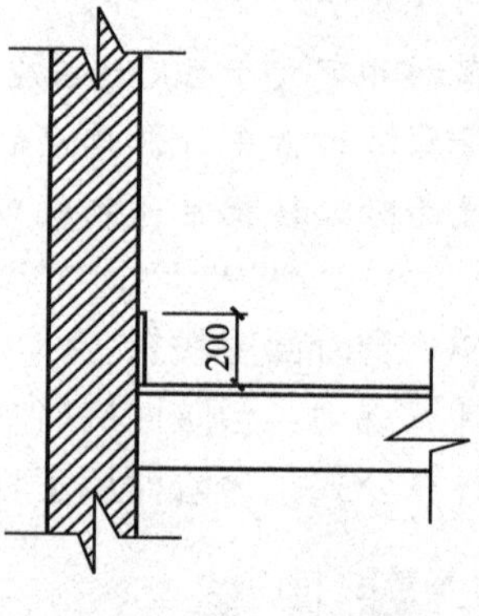

图 5.38 某房屋平面示意图

【例 5.9】 如图 5.39 所示，某六层房屋楼梯设计图，楼梯水泥砂浆贴花岗岩面层，计算工程量。楼梯端部的三角形堵头不考虑，靠墙一边做踢脚线。踢脚线高度为 150mm，踢脚板高度为 160mm，踏步板宽度为 270mm，每一楼梯段为 8 步，踏步大样如图 5.40 所示。计算踢脚板和踢脚线的工程量。

【解】 ① 踢脚板(踢面)面积＝(2.4－0.24－0.2)×0.16×8×(6－1)＝12.54(m^2)。

② 计算侧面踢脚线面积。

$$每一梯段斜长=\sqrt{2.06^2+(0.16\times 8+0.0065)^2}=2.43(m)$$

$$每个踏步段面积=1/2\times 0.27\times 0.16=0.0216(m^2)$$

$$\begin{aligned}每层踢脚线面积&=踢脚线长\times 踢脚线高-端部三角形面积\\&=[2.43\times 2+(2.4-0.24)+1.6\times 2]\times 0.15-0.0216\times 8\times 2\\&=1.19(m^2)\end{aligned}$$

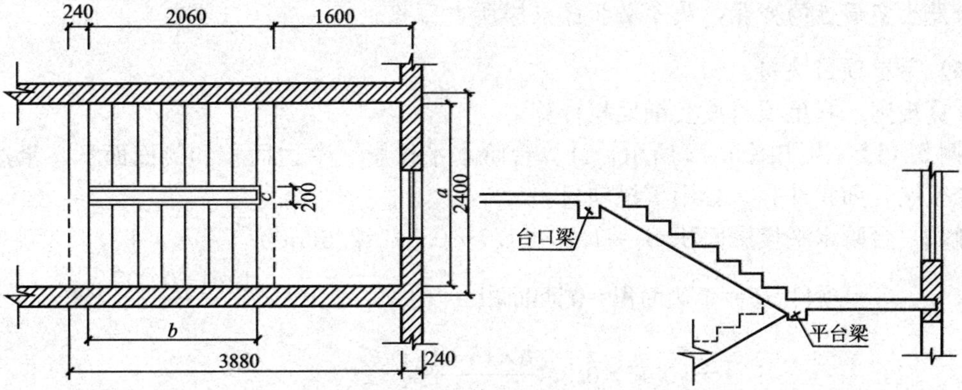

图 5.39 某六层房屋楼梯平立面图

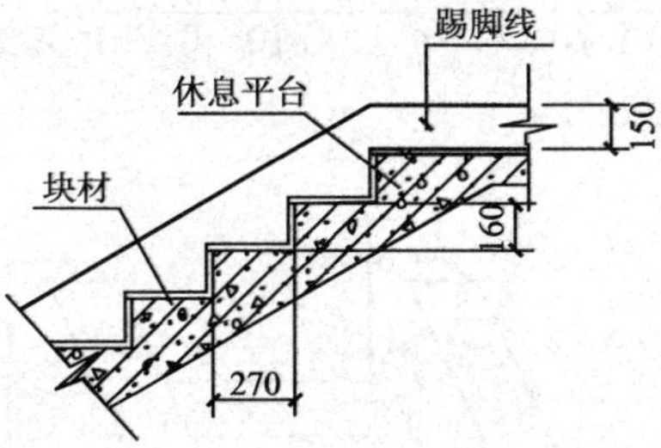

图 5.40 某六层房屋楼梯剖面图

楼梯踢脚线工程量＝1.19×(6－1)×1.15＝6.84(m^2)

(5) 点缀块料。

计算规则：点缀按个计算，计算主体铺贴地面面积时，不扣除点缀所占面积。

计算公式：点缀工程量＝个数。

【例 5.10】 某房间地面如图 5.41 所示，计算黑金砂花岗岩点缀工程量。

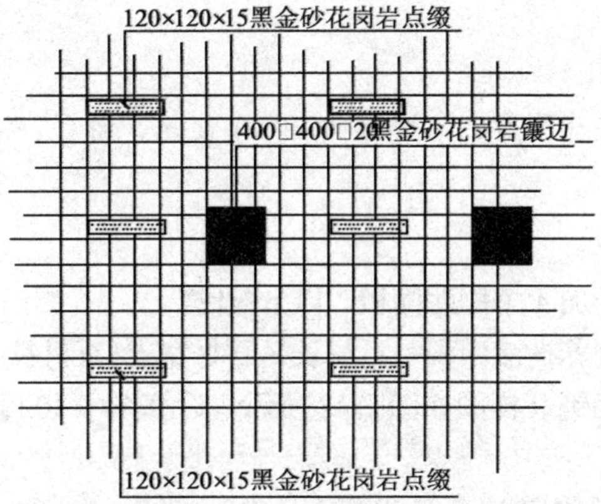

图 5.41 黑金砂石材点缀图

【解】 黑金砂花岗岩点缀工程量＝6 个。

计算规则解读

点缀是指镶贴面积小于 0.015m^{2}的石材。虽然点缀占了铺贴地面面积，但地面装饰面积并未发生实质性的变化，故不必扣除点缀所占面积。

(6) 零星项目块料。

计算规则：零星项目按实铺面积计算。

【例 5.11】 由如图 5.42 所示，计算台阶水平投影、牵边面积和侧面面积。牵边和侧面装饰按展开面积计算，套用零星项目。

【解】 台阶水平投影面积 $S_1=1.3\times(1.7+0.3)=2.6(\text{m}^2)$

$$\begin{aligned}\text{零星项目 } S_2 &= \text{牵边面积}=\text{侧面面积}=\left[(0.28+1.10)\times\frac{1.70-0.30}{2}\right]\times4\\&\quad-\left[0.15\times0.3\times\frac{6\times(6+1)}{2}\right]\times2\\&\quad+0.3\times0.3\times2+0.3\times0.28\times2+1.10\times0.3\times4\\&\quad+\sqrt{(1.70-0.3)^2+(1.10-0.28)^2}\times0.3\times2\\&=4.61(\text{m}^2)\end{aligned}$$

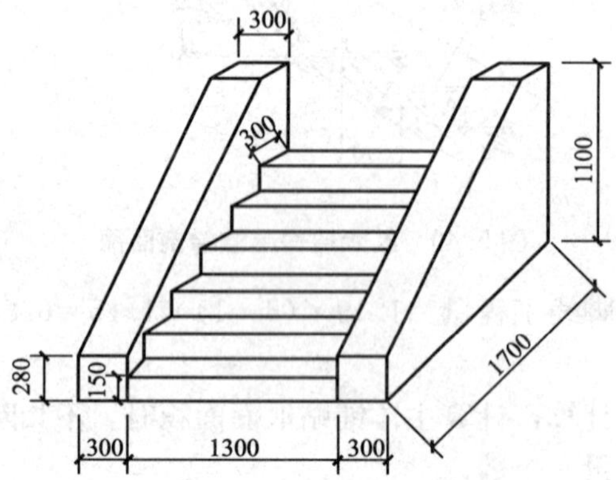

图 5.42 台阶牵边图

计算规则解读

零星项目面层适用于楼梯侧面、台阶的牵边、小便池、蹲台、池槽，以及面积在 1m² 以内且定额未列项目的工程。

(7) 石材底面刷养护液。

计算规则：按底面面积加 4 个侧面面积，以 m² 计算。

计算公式：石材底面刷养护液面积＝石材长×石材宽＋(石材长＋石材宽)×2×石材厚度。

【例 5.12】 某广场地面铺装样图如图 5.43 所示，计算图中 102 块天然黑色和灰色花岗石底面刷养护液工程量。

【解】 天然花岗石底面刷养护液工程量＝$[0.3\times0.3+(0.3+0.3)\times2\times0.03]\times102=12.85(\text{m}^2)$

4) 楼地面块料其他装饰面层

对于地面橡塑面层、木地板、地毯、复合地板等其他不同材质的装饰面层，其计算规则参照上述的块料面层计算，这里不一一列举。

在以上的楼地面计算规则掌握以后，我们也可以通过某一具体的装饰施工地面图来完成列

图 5.43 某广场地面铺装样图

项到计算工程量的过程，最后通过我们前面所学的套定额找出定额基价，来完成定额基价的计算过程。我们也可以通过一套实际的例图来“边学边做”（以湖北省 2013 年单位估价表为例来具体讲解定额基价的生成过程）。

5.3.2 墙柱面工程计量

计算规则解读

墙柱面装饰工程是在墙柱面的主体结构上进行表层装饰的工程，分为内墙面装饰工程和外墙面装饰工程。

由于工艺和材料的不同，主要分为内外墙抹灰、墙柱面镶贴、挂贴、干挂、油漆、喷漆、喷塑、裱糊等内容。其中油漆、涂料、裱糊在后面章节进行归纳，不列入墙柱面工程。但在后续章节计算中，若有些子目的计算规则与墙柱面相同时，我们可以参照墙柱面的工程量，这样可以提高计算的效率。其前提是我们必须要牢牢记住和区分计算规则的异同。

值得注意的是，在《湖北省房屋建筑与装饰工程消耗量定额及基价表》(2013)的分类中，幕墙作为单独的一章进行了项目的划分；而有些省份的基价表可能合并在墙柱面章节进行了讲解，这并不影响我们对计量规则的学习。例如我国的清单计价规范就是合并在墙柱面中的。

1. 墙柱面构造知识的了解

通常墙柱面做法如下。

1）装饰抹灰

装饰抹灰是能给建筑物以装饰效果的抹灰，主要包括拉条灰、甩毛灰、斩假石、水刷石、水磨石、干粘石、喷涂、弹涂、喷砂、滚涂等抹灰施工。

2）镶贴块料面层

根据材质将饰面材料加工成一定尺寸比例的板、块，通过黏结、镶贴或干挂等安装方法将饰面块材或板材安装于墙体表面形成饰面层。

(1) 挂贴石材：是指将石材先用铁件挂在墙柱基面上，然后用水泥砂浆粘贴而成。挂贴石材的基层面，分为砖墙面、砖柱面、混凝土柱面、零星项目等。

(2) 粘贴石材：是指用水泥砂浆或干粉型胶粘剂作为粘贴材料，均匀涂抹于大理石材板背面，再将大理石平整地镶贴到墙、柱、零星项目等面层上，待牢固时再勾缝清理表面而成。

(3) 干挂石材：是指在基层墙面上埋进膨胀螺栓，再连接铝合金骨架网，将钻孔的石材板用不锈钢连接件与其接牢，最后再清面理缝或勾缝即可。它是一种骨架构造形式，是只挂不贴的石材饰面。

挂贴与干挂的最大区别是石板背后有否水泥砂浆粘贴材料，这在设计图纸上有很明确说明。

(4) 大理石、花岗岩包圆柱饰面：是指在圆柱或方柱的基础上，用大理石、花岗岩的弧形石材，作为饰面材料，包成圆形柱面。大理石、花岗岩包圆柱饰面的工程量，按外包面积计算。

3) 墙柱面装饰

墙柱面装饰是指距离墙柱基层面，间隔一定架空距离或者重新设置龙骨基层，所进行饰面装饰的项目。这种装饰主要是为保持墙柱面原有的基本特征，重新生成的一个新的界面，便于以后进行再次修改或重新装饰提供方便。该项目所包含内容分为龙骨基层、胶合板基层、填充基层、面层、隔断、柱龙骨基层及饰面等。

2. 墙柱面定额项目的划分及列项

1) 墙柱面定额项目的划分

墙柱面分部工程的定额项目，是从结构部位、装饰材料和施工工艺等方面进行划分的，共分为一般抹灰、装饰抹灰、镶贴块料面层、墙柱面装饰 4 节 290 个子目。

项目列项的合理与否直接决定下一步对应的工程量计算步骤的正确与否，因此除了熟读定额的分项和子目之外，还要熟悉对应的子目的计量单位，具体见表 5-6。

表 5-6 墙柱面定额项目的划分

序号	分项名称	子目数量	计量单位	实际列举名称
一	一般抹灰			
1	石灰砂浆	20	m^2	砖墙面石灰砂浆
2	水泥砂浆	11	m^2	混凝土墙面水泥砂浆
3	混合砂浆	11	m^2	混凝土墙面混合砂浆
4	其他砂浆	14	m^2	砖墙面石英砂浆
5	一般抹灰砂浆厚度调整	9	m^2	调增 2mm 厚
6	砖石墙面勾缝、假饰面砖	2	m^2	砖墙勾凹槽
7	墙面分格嵌条及其他	13	m^2	
二	装饰抹灰			
1	水刷石	12	m^2	外墙水刷石
2	干粘石	10	m^2	外墙勒脚面干粘石
3	斩假石	4	m^2	内墙形象墙斩假石

续表

序号	分项名称	子目数量	计量单位	实际列举名称
4	水磨石	4	m^2	水磨石玻璃分隔
5	拉灰条、甩毛条	4	m^2	舞厅墙面拉毛处理
6	分格嵌缝	2	m^2	墙面乳胶漆分隔
7	装饰抹灰砂浆厚度调整	3	m^2	
三	镶贴块料面层			
(一)	石材			
1	大理石、花岗岩	18	m^2	金线米黄挂贴墙面
2	钢骨架上干挂石材	5	m^2	干挂灰麻石
3	石材包圆柱	2	m^2	啡网纹圆柱饰面
4	石材零星项目	4	m^2	墙面石材腰线
(二)	块料			
1	陶瓷锦砖	12	m^2	马赛克墙面
2	面砖	36	m^2	800mm×800mm 玻化砖墙面
四	墙、柱面装饰			
1	墙龙骨	20	m^2	300mm×300mm 木龙骨基层
2	墙基层	6	m^2	木芯板基层或隔音棉填充
3	柱龙骨及基层	7	m^2	柱面钢龙骨
4	柱、墙饰面层	37	m^2	胡桃木饰内墙面
5	隔断、隔墙	24	m^2	卫生间成品木隔断
	合计	290		

2）墙柱面定额项目的列项

【例 5.13】 如图 5.44 所示为某四层贵宾接待室 A 立面图，试列出此墙面的项目名称。

【解】 根据全统定额的划分，需要列出如下墙面项目。

(1) 墙面布艺软包(单位 m^2)。

(2) 布艺软包基层(单位 m^2)。

(3) 象牙白铝塑板饰面(单位 m^2)。

(4) 象牙白铝塑板基层(单位 m^2)。

特别提示

由于立面图上没有显示基层的剖面图，因此在列出所有项目后，还要查阅相应的剖面图纸，把相应的项目进行细化和完善，然后再进行工程量的计算。

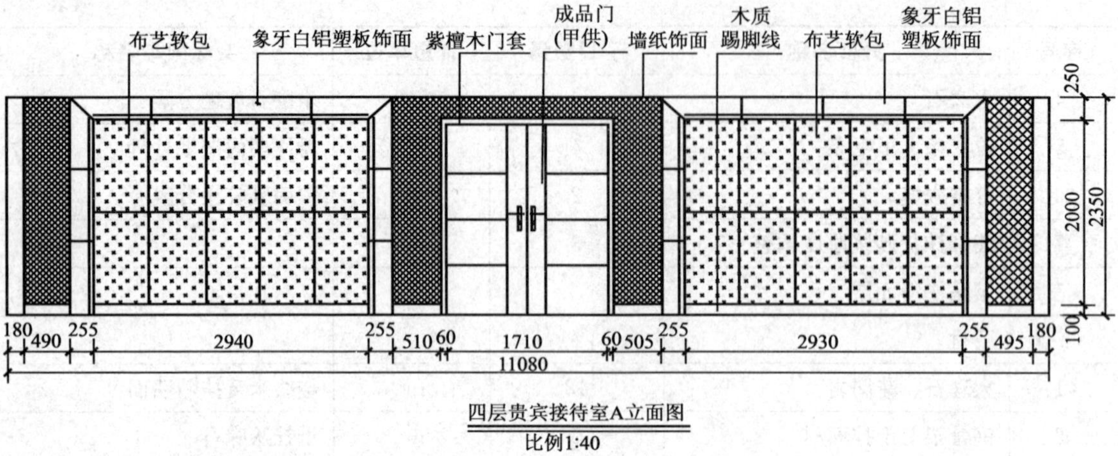

图 5.44　某四层贵宾接待室 A 立面图

3. 墙柱面计算规则及应用

1）一般抹灰计算规则

(1) 内墙抹灰。

计算规则：内墙抹灰面积按设计图示以面积计算。应扣除墙裙、门窗洞口、空圈及单个 0.3m² 以外的空洞面积，不扣除踢脚线、挂镜线和墙与构件交接处的面积，门窗洞口和孔洞的侧壁及顶面不增加面积。附墙柱、梁、垛、烟囱侧壁并入相应的墙面面积内，如图 5.45 所示。

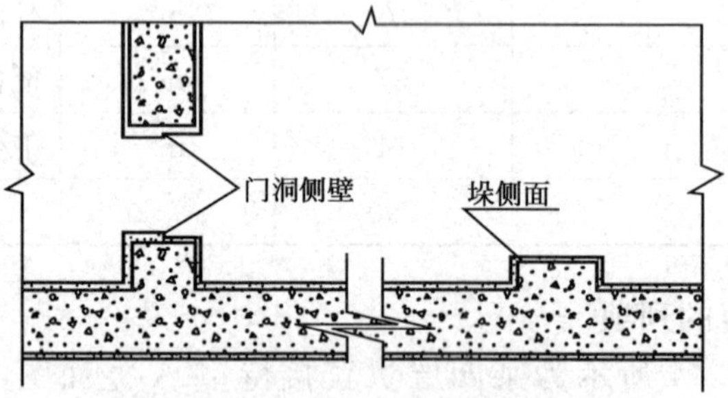

图 5.45　门窗洞口侧壁及抹灰示意图

① 内墙面抹灰的长度，以主墙间的图示净尺寸计算，其高度确定如下。

a. 无墙裙的，其高度按室内地面或楼面至天棚底面之间的距离计算。

b. 有墙裙的，其高度按墙裙顶至天棚地面之间的距离计算。

c. 顶板天棚的内墙面抹灰，其高度按室内地面或楼面至天棚底面另加 100mm 计算。

② 内墙裙抹灰面按内墙净长乘以高度计算。

(2) 外墙抹灰。

计算规则：外墙抹灰面积按外墙面的垂直投影面积计算。应扣除门窗洞口、外墙裙和单个 0.3m² 以外的孔洞面积，门窗洞口和孔洞的侧壁及顶面不增加面积。附墙柱、梁、垛、烟囱侧壁并入外墙面抹灰面积内。栏板、栏杆、扶手、压顶、窗台线、门窗套、挑檐、遮阳板、凸出墙外的腰线等，另按相应规定计算。

① 外墙裙抹灰面积按其长度乘以高度计算。

② 飘窗凸出外墙面(指飘窗侧板)增加的抹灰并入外墙工程量内。

③ 窗台线、门窗套、挑檐、遮阳板、腰线等展开宽度在300mm以内者，按装饰线以延长米计算；如展开宽度超过300mm以外时，按图示尺寸以展开面积计算，套零星抹灰定额项目。

④ 栏板、栏杆(包括立柱、扶手或压顶等)抹灰按中心线的立面垂直投影面积乘以系数2.20计算，套用零星项目；外侧与内侧抹灰砂浆不同时，各按系数1.10计算。

⑤ 墙面勾缝按墙面垂直投影面积计算，不扣除门窗洞口、门窗套、腰线等零星抹灰所占的面积，附墙柱和门窗洞口侧面的勾缝面积亦不增加。独立柱、房上烟囱勾缝，按图示尺寸以面积计算。

⑥ 计算公式：外墙抹灰工程量＝外墙外边线长度×外墙高度－门窗洞口及0.3m²以上的孔洞等面积＋规则规定的垛、梁、柱的侧面等抹灰面积。

2）装饰抹灰计算规则

(1) 外墙面装饰抹灰面积。

计算规则：按垂直投影面积计算，扣除门窗洞口和0.3m²以上的孔洞所占面积，门窗洞口及孔洞侧壁面积亦不增加。附墙柱侧面抹灰面积并入外墙抹灰面积工程量内。

计算公式：外墙抹灰工程量＝外墙外边线长度×外墙高度－门窗洞口及0.3m²以上的孔洞等面积＋垛、梁、柱的侧面抹灰面积。

外墙高：①有挑檐天沟，由室外地坪算至挑檐下皮；②无挑檐天沟，由室外地坪算至压顶板下皮；③坡顶屋面带檐口天棚者，由室外地坪算至檐口天棚下皮。

【例5.14】 某砖混结构工程如图5.46所示，外墙面抹水泥砂浆，底层为1∶3水泥砂浆打底14mm厚，面层为1∶2水泥砂浆抹面6mm厚；外墙裙水刷石，1∶3水泥砂浆打底12mm厚，刷素水泥浆2遍，1∶2.5水泥白石子10mm厚，挑檐水刷白石子，M尺寸为1000mm×2500mm，C尺寸为1200mm×1500mm，计算外墙面抹灰和外墙裙及挑檐装饰抹灰工程量。

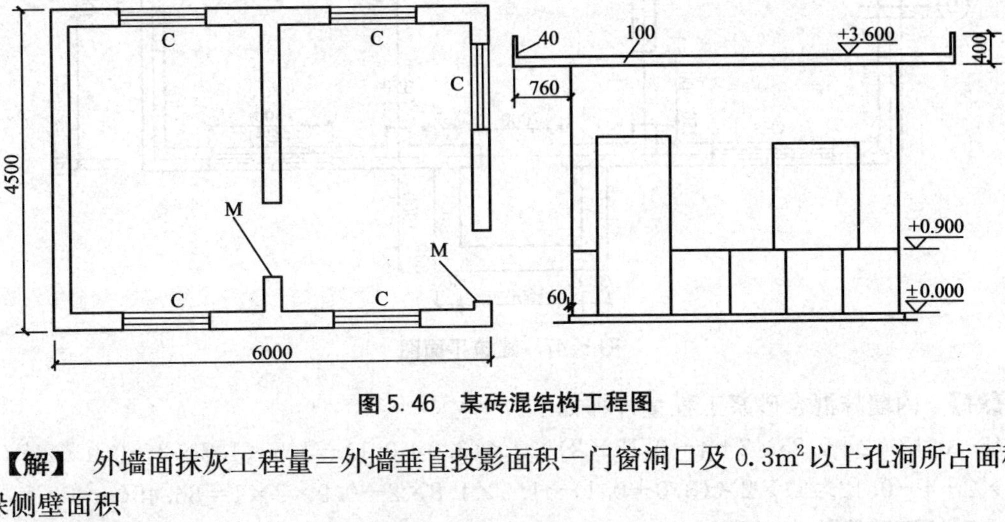

图5.46 某砖混结构工程图

【解】 外墙面抹灰工程量＝外墙垂直投影面积－门窗洞口及0.3m²以上孔洞所占面积＋墙垛侧壁面积

外墙裙抹灰工程量＝$L_{外}$×外墙裙高度－门窗洞口以及0.3m²以上孔洞所占面积＋墙垛侧壁面积

① 外墙面水泥砂浆工程量＝(6.0＋4.5)×2×(3.6－0.10－0.90)－1.00×(2.50－0.90)×2－1.20×1.50×5＝42.4(m^2)。

② 外墙裙水刷白石子工程量＝［(6.0＋4.5)×2－1.00］×0.09＝18(m^2)。

③ 挑檐水刷石工程量＝[(6.0＋4.5)×2＋0.8×8]×(0.1＋0.4)＝13.7(m^2)。

(2) 内墙装饰抹灰面积。

计算规则：应扣除门窗洞口和空圈所占面积，不扣除踢脚板、挂镜线、0.3m^2以内的孔洞和墙与构件交接处的面积，洞口侧壁和顶面亦不增加。墙垛、附墙烟囱侧壁的抹灰面积与内墙抹灰工程量合并计算。

内墙面抹灰的长度，以主墙间的图示净长尺寸计算，其高度确定如下。

① 无墙裙的，其高度按室内地面或楼面至天棚地面之间的距离计算。

② 有墙裙的，其高度按墙裙顶至天棚顶面之间的距离计算。

③ 吊顶天棚的内墙面抹灰，其高度按室内地面或楼面至天棚底面另加100mm计算。

计算公式：内墙抹灰面积＝内墙净长×内墙高度－门窗洞口及0.3m^2以上孔洞所占面积＋墙垛侧壁面积。

内墙裙抹灰面积＝内墙净长×内墙裙高度－门窗洞口及0.3m^2以上孔洞所占面积＋墙垛侧壁面积。

【例5.15】 如图5.47和图5.48所示，求内墙抹混合砂浆工程量(做法：内墙做1∶1∶6混合砂浆，δ＝15，1∶1∶4混合砂浆抹灰，δ＝5)。

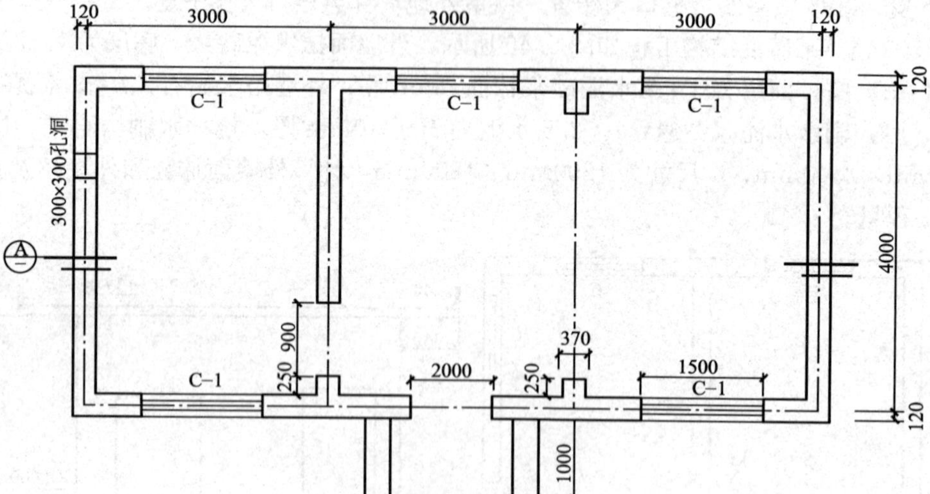

图5.47 建筑平面图

【解】 内墙抹混合砂浆工程量计算如下：

(6－0.12×2＋0.25×2＋4－0.12×2)×2×(3.0＋0.1)－1.5×1.8×3－0.9×2＋(3－0.12×2＋4－0.12×2)×2×(3.0＋0.1)－1.5×1.8×2－0.9×2×1＝85.45(m^2)

(3) 柱面装饰抹灰面积。

计算规则：柱抹灰按结构断面周长乘高计算。一般抹灰和装饰抹灰计算规则相同。

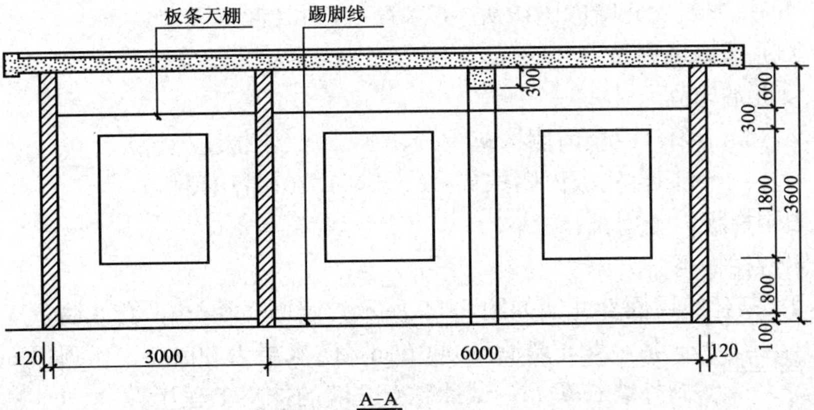

图 5.48 建筑立面图

计算公式：柱面抹灰工程量=柱结构断面周长×柱高。

【例 5.16】 某工程中有一混凝土独立柱 16 根，构造如图 5.49 所示，设计要求该柱面抹石灰砂浆，求柱面抹灰的工程量。

【解】 柱面抹灰工程量=结构断面周长×柱高×根数=0.4×4×3.0×16=76.8(m^2)

柱帽抹灰工程量按展开面积计算，即

$$1/2\times(0.4+0.5)\times\sqrt{[(0.5-0.4)/2]^2+0.15^2}\times4\times16=4.55(m^2)$$

柱面抹灰的工程量合计：76.8+4.55=81.35(m^2)

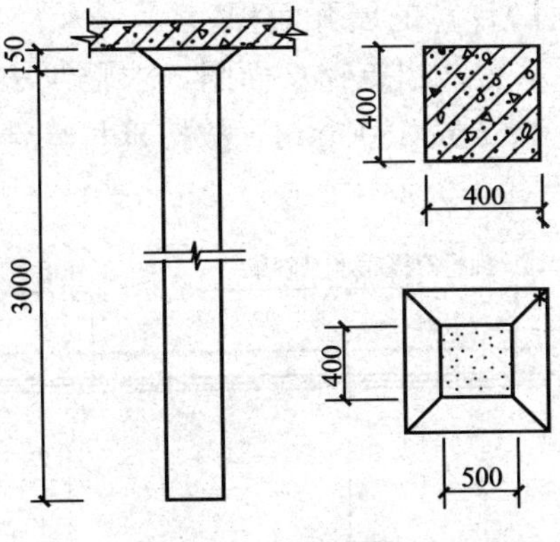

图 5.49 柱构造示意图

(4) 女儿墙(包括泛水、挑砖)、阳台栏板(不扣除花格所占孔面积)内侧抹灰面积。

计算规则：女儿墙(包括泛水、挑砖)、阳台栏板(不扣除花格所占孔面积)内侧抹灰按垂直投影面积乘以系数 1.10，带压顶者乘以系数 1.30 按墙面定额执行。

特别提示

本条规则针对的是女儿墙内侧和阳台栏板内侧抹灰，女儿墙外侧抹灰并入外墙计算。栏杆(包括立柱、扶手或压顶等)抹灰按立面垂直投影面积乘以系数 2.2，以 m 计算。

计算公式：

$$女儿墙内侧抹灰=C\times H\times1.10(不带压顶者)$$

$$女儿墙内侧抹灰=C\times H\times 1.30（带压顶者）$$

式中　C——女儿墙内墙周长；

　　　H——女儿墙墙高。

$$阳台栏板内侧抹灰=c\times h\times 1.10（不带压顶者）$$

$$阳台栏板内侧抹灰=c\times h\times 1.30（带压顶者）$$

式中　c——阳台栏板内侧周长；

　　　h——阳台栏板高。

【例5.17】 某建筑屋面女儿墙如图5.50所示，墙厚240mm，女儿墙及压顶抹水泥砂浆，女儿墙墙高560mm，防水层为60mm，压顶厚60mm，已知外墙长61m，试计算女儿墙的抹灰工程量。

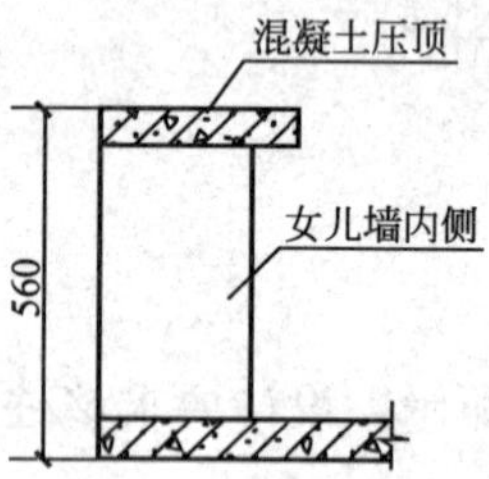

图5.50　女儿墙示意图

【解】 女儿墙抹灰工程量=(61－0.24×4)×(0.56－0.06－0.06)×1.3(系数)=34.34(m^2)

(5) 零星项目装饰抹灰。

计算规则：按设计图示尺寸以展开面积计算。零星项目装饰抹灰工程量=设计图示尺寸展开面积，装饰抹灰玻璃分隔和嵌缝按装饰抹灰面积计算。

例如：挑檐、天沟、腰线、窗台线、门窗套、压顶、扶手、遮阳板、雨篷周边等，都可套零星项目。

计算公式：装饰抹灰零星项目=按构件结构尺寸计算的展开面积；镶贴块料零星项目=按构件饰面尺寸(成活尺寸)计算的展开面积。

【例5.18】 如图5.51所示为某建筑物立面图，求腰线抹水泥砂浆工程量。

【解】 本腰线展开宽度=60mm<300mm，故按延长米计算其工程量。

腰线水泥砂浆抹灰工程量=(9+0.24+0.06×2+4+0.24+0.06×2)×2=27.44(m)

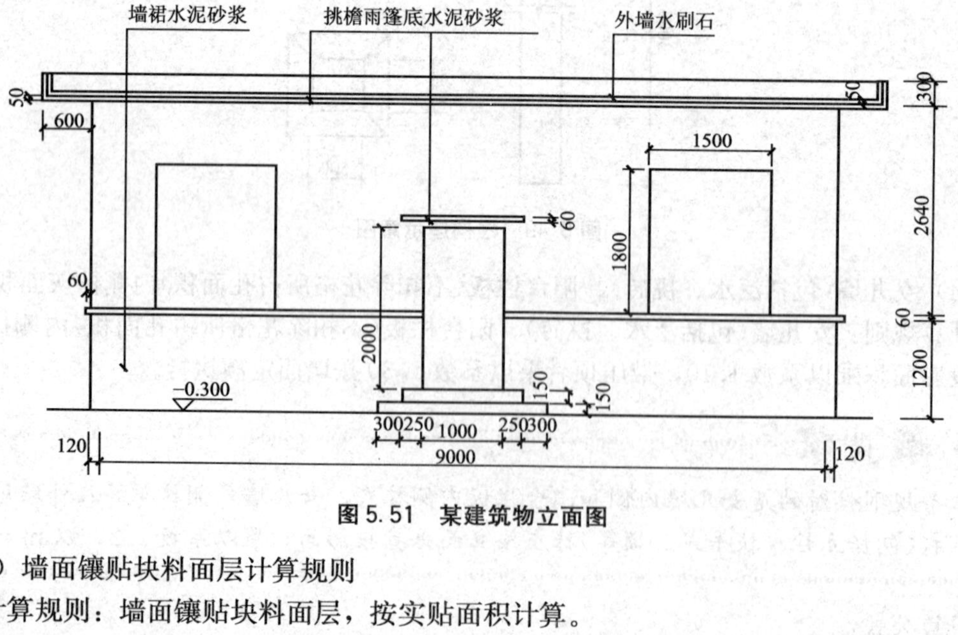

图5.51　某建筑物立面图

3) 墙面镶贴块料面层计算规则

计算规则：墙面镶贴块料面层，按实贴面积计算。

计算规则解读

墙面镶贴块料面层均以实贴面积计算，也就是说只要是贴块料面层的部位，都要计算出其展开面积，并计入墙面工程量内，镶贴块料面层的门窗洞口侧壁、附墙柱、梁等侧壁边应计算出其相应的面积，并计入墙面工程量内。

计算公式：

外墙块料面层工程量＝$L_{外}$×外墙高度－门洞口及0.3m^2以上孔洞所占面积＋附墙柱垛侧面实贴面积＋门窗洞口侧面实贴面积

外墙裙块料面层工程量＝$L_{外}$×外墙裙高度－门洞口及0.3m^2以上孔洞所占面积＋附墙柱垛侧面实贴面积＋门窗洞口侧面实贴面积

内墙块料面层面积＝内墙净长×内墙高度－门洞口及0.3m^2以上孔洞所占面积＋附墙柱垛侧面实贴面积＋门窗洞口侧面实贴面积

内墙裙块料面层面积＝内墙净长×内墙裙高度－门洞口及0.3m^2以上孔洞所占面积＋附墙柱垛侧面实贴面积＋门窗洞口侧面实贴面积

【例5.19】 如图5.52所示，求镶贴大理石面层及釉面砖面层工程量。

【解】 镶贴大理石 h＝1200mm＜1500mm，故按墙裙计算工程量；超过1500mm釉面砖部分按墙面计算；挑檐展开宽度超过300mm以上时，按图示尺寸计算展开面积计算，套零星抹灰项目。

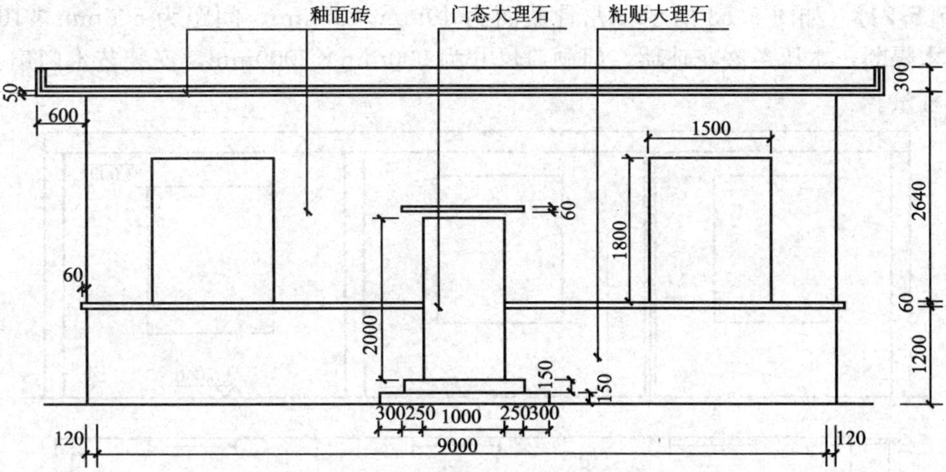

图5.52 某建筑物立面示意图

面层工程量＝(9＋0.24＋4＋0.24)×2×1.2－1.0×(1.2－0.15×2)－1.5×0.15－2.1×0.15
＝30.91(m^2)

外墙镶贴釉面砖面层工程量＝(9＋0.24＋4＋0.24)×2×(2.7－0.06)－1.0×[2.0－(1.2－0.15×2)－0.06 雨篷]－1.5×1.8×5
＝56.63(m^2)

挑檐工程量＝(9＋0.24＋0.6×2＋4＋0.24＋0.6×2)×2×(0.3＋0.05)
＝11.12(m^2)

计算规则解读

另需要注意的是墙面镶贴块料高度在300mm以内的计算规则的定额套用规定如下。

墙面镶贴块料、饰面高度在300mm以内者，按踢脚板定额执行。

墙裙高度以1500mm以内为准，超过1500mm时按墙面计算，低于300mm以内时，按踢脚板计算。

4）墙面饰面基层及面层计算规则

（1）墙饰面。

计算规则：墙面饰面面积按实际饰面尺寸乘以高度计算，扣除门窗洞口及0.3m²以上孔洞所占面积，另附墙柱垛侧面实贴面积以及门窗洞口侧面实贴面积，并入墙面工程量中。

计算公式：墙面饰面面层工程量＝饰面宽×净高－门洞口及0.3m²以上孔洞所占面积＋附墙柱垛侧面实贴面积＋门窗洞口侧面实贴面积。

【例5.20】 在(图5.44)中，求象牙白铝塑板面层工程量。

【解】 $0.255\times(2.35\times2+2.94)+0.255\times(2.35\times2+2.93)=3.89(\mathrm{m}^2)$

（2）隔断。

计算规则：隔断按墙的净长乘净高计算，扣除门窗洞口及0.3m² 以上的孔洞所占面积。

计算公式：隔断工程量＝净长×净高－门窗洞口及0.3m² 以上的孔洞所占面积。

【例5.21】 如图5.53所示，龙骨截面为40mm×35mm，间距为500mm×1000mm的玻璃木隔断，木压条嵌花玻璃，门洞口尺寸为900mm×2000mm，安装艺术门扇，计算隔断工程量。

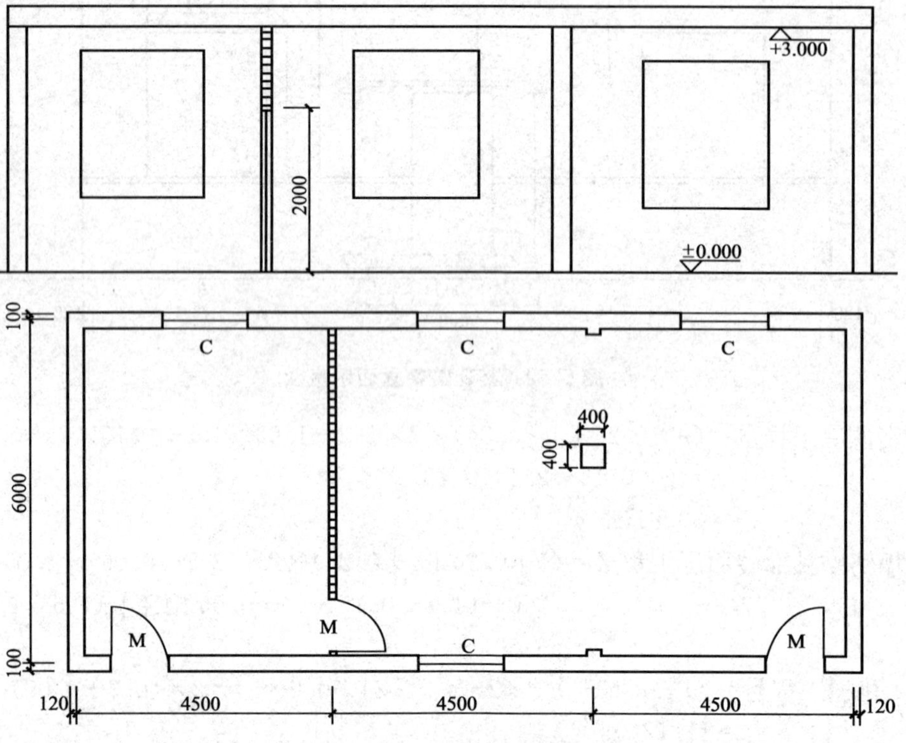

图5.53 隔断示意图

【解】 木间壁、隔断工程量＝图示长度×高度－门窗面积＝(6.00－0.24)×3.0－0.9×2＝15.48(m^2)

【例 5.22】 如图 5.54 所示，试计算卫生间木隔断工程量(门与隔断的材质相同)。

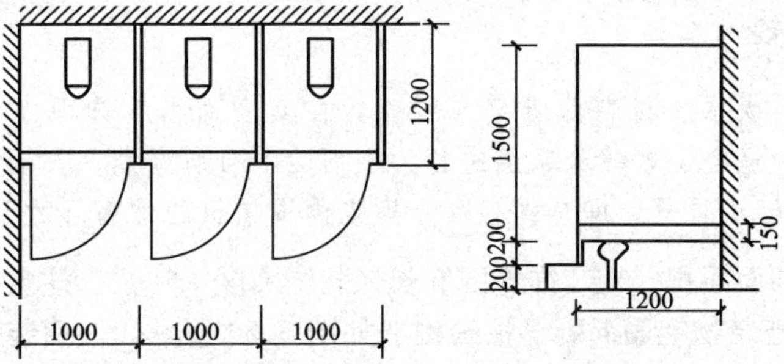

图 5.54 卫生间木隔断示意图

【解】 浴厕门的材质与隔断相同时，门的面积并入隔断面积内。

卫生间木隔断的工程量＝1.2×1.5 ×3＝5.4(m^2)

门扇面积＝1×1.5×3＝4.5(m^2)

总工程量＝4.5＋5.4＝9.9(m^2)

(3) 全玻隔断。

计算规则：全玻隔断的不锈钢边框工程量按边框展开面积计算，全玻隔断也按照展开面积计算。

【例 5.23】 如图 5.55 所示不锈钢钢化玻璃，计算其工程量。

【解】

不锈钢边框工程量＝0.25×[(4.0＋0.25×2)＋2.25]×2＋0.2×(4.0＋2.25)×2
＝6.275(m^2)

钢化玻璃隔断工程量＝4×2.25＝9(m^2)

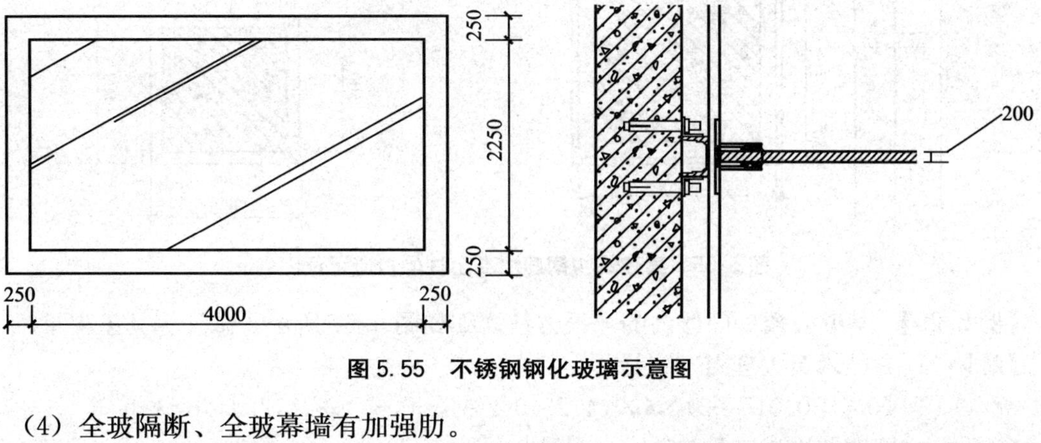

图 5.55 不锈钢钢化玻璃示意图

(4) 全玻隔断、全玻幕墙有加强肋。

计算规则：全玻隔断、全玻幕墙如有加强肋者，工程量按其展开面积计算；玻璃幕墙、铝板幕墙以框外围面积计算。这在后续幕墙中会细分讲解。

5) 柱面工程量计算规则

(1) 柱一般抹灰和装饰抹灰按结构断面周长乘以高度计算。

（2）柱镶贴块料按外围镶贴面积计算。

（3）柱饰面面积按外围饰面面积计算。

计算规则：柱饰面面积按外围饰面尺寸乘以高度计算。

计算规则解读

柱饰面是指金属或木质材料为骨架或框架，在其表面用装饰面板所形成的柱面和墙面。它与以砖墙柱和混凝土墙柱为基层进行的表面装饰有所区别。饰面层工程量按柱外围饰面尺寸乘以柱高以 m^2 计算，即是按柱面上所安装或铺钉的饰面层的面积计算。

计算公式：柱饰面面积＝柱装饰外围周长×装饰高度＋柱帽、柱墩展开面积。

【例 5.24】 某建筑物钢筋混凝土柱的构造如图 5.56 所示，柱面装饰板面层，试计算工程量。

【解】 所求工程量＝柱身工程量＋柱帽工程量

柱身工程量＝0.64×4×3.75＝9.6(m^2)

柱帽工程量＝(0.64＋0.74)×[$\sqrt{(0.05^2+0.15^2)}$÷2]×4＝0.5(m^2)

方柱装饰板面层工程量＝9.6＋0.5＝10.1(m^2)。

6）挂贴大理石，花岗岩零星项目计算规则

（1）柱帽、柱墩项目。

计算规则：挂贴大理石，花岗岩中其他零星项目的花岗岩、大理石是按成品考虑的，花岗岩、大理石柱墩、柱帽按最大外径周长计算。

计算公式：圆柱腰线、阴阳角线、柱墩、柱帽＝图示尺寸。

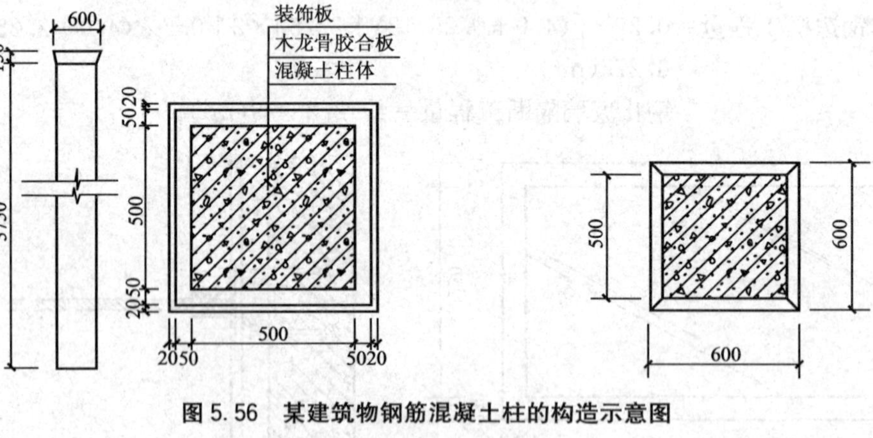

图 5.56　某建筑物钢筋混凝土柱的构造示意图

【例 5.25】 某办公楼一门厅内的 2 根方柱详细如图 5.57 所示，试计算其工程量。

【解】 ① 方柱米黄大理石工程量。

(0.4＋0.015×2)×4×(4.2－0.2×2－0.3)×2＝12.04(m^2)

② 方柱咖网纹花岗岩工程量。

(0.4＋0.015×2)×4×0.2×2×2＝1.38(m^2)

③ 大理石柱墩、柱帽米黄大理石工程量。

(0.4＋0.015×2)×4×2＝3.44(m)

并把大理石柱墩、柱帽项目分别套用不同定额。

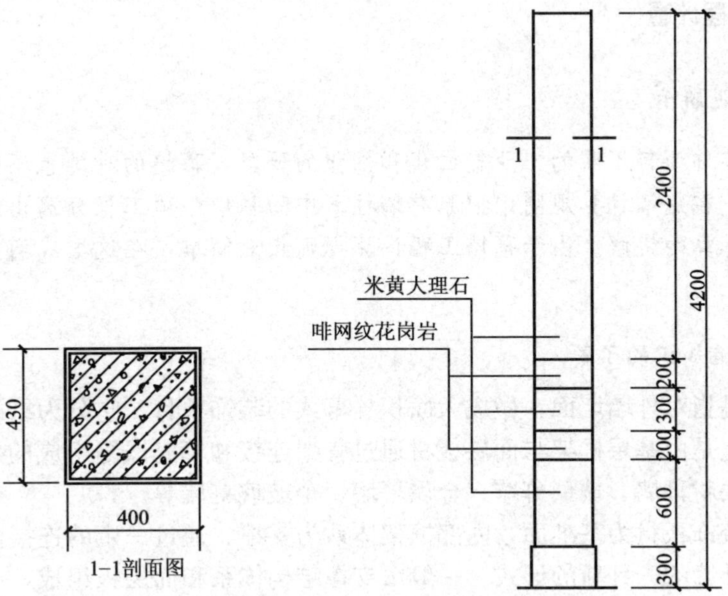

图 5.57 某办公楼一门厅内方柱立面图

(2) 其他项目的柱帽、柱墩工程量。

计算规则：除定额已列有柱帽、柱墩的项目外，其他项目的柱帽、柱墩工程量按设计图示尺寸以展开面积计算，并入相应柱面积内，每个柱帽或柱墩另增人工：抹灰 0.25 工日，块料 0.38 工日，饰面 0.5 工日。

其他项目的柱帽、柱墩工程量的计算公式：

独立柱装饰(柱抹灰、镶贴块料)工程量＝柱结构断面周长×柱高

独立柱装饰(板层、镜面不锈钢等)工程量＝柱面装饰材料面周长×柱高

7) 装饰抹灰分格、嵌缝计算规则

计算规则：装饰抹灰分格、嵌缝按装饰抹灰面面积计算。

计算公式：装饰抹灰分格、嵌缝工程量＝墙长×墙高。

【例 5.26】 如图 5.58 所示，计算某建筑物外墙装饰嵌缝工程量。

【解】 外墙装饰嵌缝工程量＝24×18＝432(m^2)

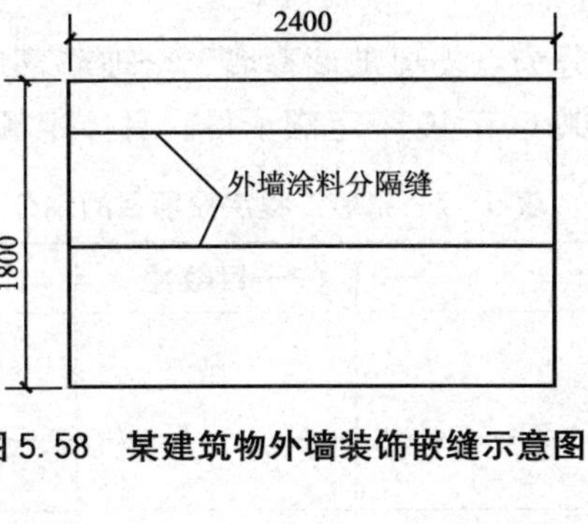

图 5.58 某建筑物外墙装饰嵌缝示意图

5.3.3 幕墙工程计量

计算规则解读

随着现代装饰项目不断的工业集成化和细化的要求，幕墙的种类也不断增多，工艺也日趋复杂，因此在定额计算规则中把原有墙柱面中的幕墙分项工程分离出来，单独作为一节进行工程量计算的讲解。由于幕墙工程计算规则相对简单，在这里我们只针对典型的实例进行计算。

1. 幕墙构造知识的了解

幕墙一般是指对外墙墙面，做成大面积挂幕式的装饰项目。它分为结构性幕墙和装饰性幕墙两类。它是由基层框架与面层板材通过骨架连接和填充嵌缝组成的外维护结构。幕墙按材料分为块材幕墙、玻璃幕墙、金属幕墙、全玻璃幕墙等。

幕墙是以装饰板材为基准面，内部框架体系为支撑，通过一定的连接件和紧固件结合而成的建筑物外墙的一种新的形式。一般由支撑结构体系和面层板组成，可以相对主体结构有一定的位移能力，不分担主体结构所受的作用，它主要属于外墙装修的一种构造形式，在内墙装饰中应用也较为广泛。其具体有如下特点。

(1) 它是由面板和支承结构体系组成的完整的结构系统。

(2) 它在自身平面内可以承受较大的变形或者相对于主体结构可以有足够的位移能力。

(3) 它是不分担主体结构所受的荷载和作用的外围护结构。

幕墙通常由面板(玻璃、铝板、石材、陶瓷板等)和后面的支承结构(铝横梁立柱、钢结构、玻璃肋、驳爪组件、张拉杆件等)组成。这个外墙系统支承在主体结构上，通常包封主体结构。由于面板之间有宽缝，面板与横梁立柱的连接有活动能力，所以幕墙在平面内，可以承受1/100的较大变形。幕墙如果采用螺栓、摇臂、弹簧机构与主体结构连接，则可以在两者之间产生大的相对位移，甚至当主体结构侧移达到1/60时，幕墙也不会被破坏。

2. 幕墙定额项目的划分及列项

1) 幕墙定额项目的划分

幕墙工程的定额项目共分为点支撑玻璃幕墙、全玻璃幕墙、金属板幕墙、框支撑玻璃幕墙、幕墙附属项目、其他共6节40个定额子目。具体定额子目见表5-7。

表5-7 幕墙工程定额项目的划分

序号	分项名称	子目数量	计量单位	实际列举名称
一	点支承玻璃幕墙	13	m^2	12mm 厚钢化点式玻璃幕墙
二	全玻璃幕墙	2	m^2	全玻镀膜玻璃幕墙
三	金属板幕墙	9	m^2	白色铝板幕墙
四	框支撑玻璃幕墙	4	m^2	明框铝合金玻璃幕墙

续表

序号	分项名称	子目数量	计量单位	实际列举名称
五	幕墙附属项目	7	m^2	幕墙防火隔断
六	其他	5	另计	幕墙防雷压条
	合计	40		

2) 幕墙项目的列项

由于幕墙一般工程量计算面积大，一个幕墙项目中由于面材的不同，往往项目比较单一，如图 5.59 所示。因此学习重点应放在幕墙的计算规则的解读上。

根据《全统定额》的划分，需要列出如下项目。铝合金玻璃幕墙(单位 m^2)。

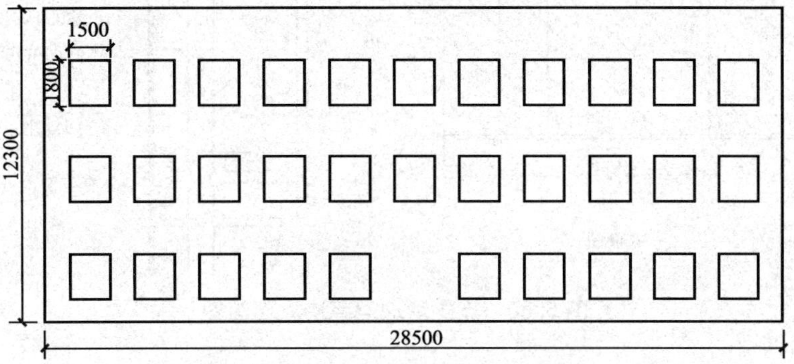

图 5.59 铝合金玻璃幕墙立面简图

3. 幕墙项目的计算规则及应用

(1) 点支承玻璃幕墙按设计图示尺寸以四周框外围展开面积计算，如图 5.60 所示。肋玻结构点式幕墙玻璃肋工程量不另计算，作为材料项进行含量调整。点支承玻璃幕墙索结构辅助钢桁架制作安装，按质量计算。

(2) 全玻璃幕墙按设计图示尺寸以面积计算。带肋全玻璃幕墙，按设计图示尺寸以展开面积计算，玻璃肋按玻璃边缘尺寸以展开面积计算并入幕墙工程量内，如图 5.61 所示。

(3) 金属板幕墙按设计图示尺寸以外围面积计算。凹或凸出的板材折边不另计算，计入金属板材料单价中。

(4) 框支承玻璃幕墙按设计图示尺寸以框外围展开面积计算。与幕墙同种材质的窗所占面积不扣除。

计算公式：玻璃幕墙、铝板幕墙工程量＝框外围长×框外围高。

【例 5.27】 某银行营业大楼设计为铝合金玻璃幕墙，幕墙上带铝合金窗。如图 5.59 所示为该幕墙立面简图。试计算工程量。

【解】 幕墙工程量为＝28.5×12.3＝350.55(m^2)

(5) 幕墙防火隔断按设计图示尺寸以展开面积计算。

(6) 幕墙防雷系统、金属成品装饰压条均按延长米计算。

(7) 幕墙雨篷按设计图示尺寸以外围展开面积计算。有组织排水的排水沟槽按水平投影面积计算，并入雨篷工程量内。

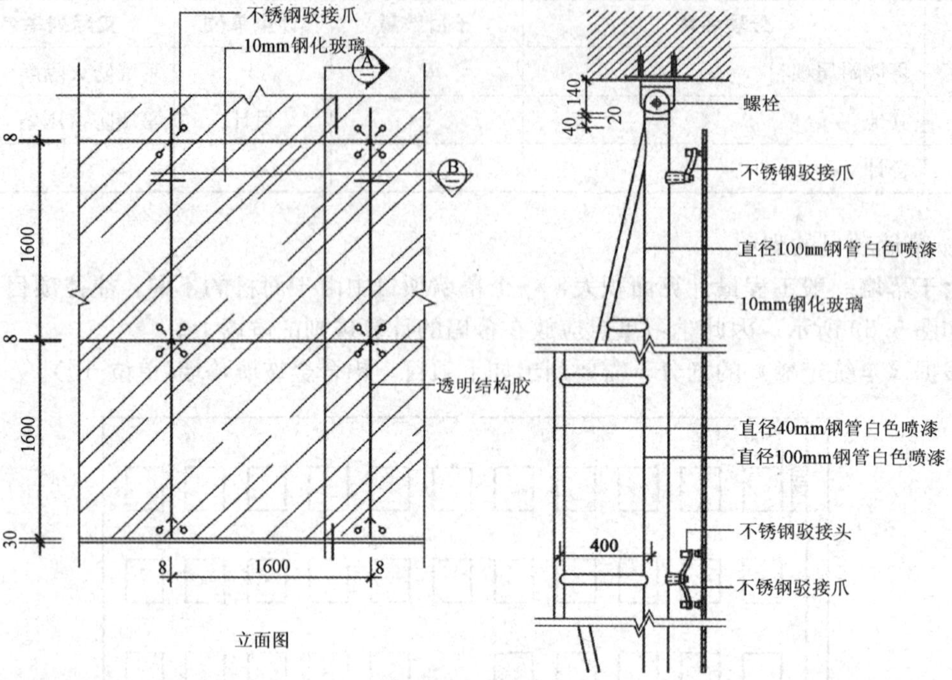

图 5.60　点支承玻璃幕墙立面简图

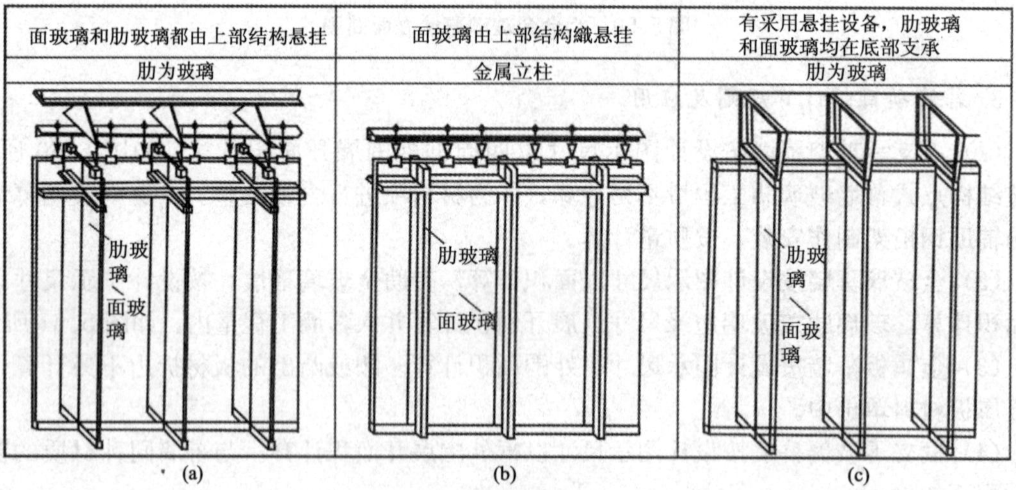

图 5.61　肋玻璃示意图

5.3.4　天棚面工程计量

计算规则解读

天棚装饰工程是在楼板、屋架下弦或屋面板的下面进行的装饰工程。

根据天棚面成型后的高度差的原则，天棚面可以具体分为平面、跌级、艺术造型等天棚；根据材料和工艺取定的不同，又可以分为其他天棚(例如软织物装饰天棚，膜结构天棚等)除此之外，还有隶属于天棚面的其他项目(如阴角线、天棚回风口、灯槽等)，因此我们需要先学习天棚构造的类型，再来具体学习计算规则。

1. 天棚面构造知识的了解

通常天棚面构造层次分类如下。

1）平面、跌级天棚

(1）平面天棚，是指天棚面在一个平面上，即同一标高，通常也称为一级天棚。

(2）跌级天棚，是指其面层不在同一标高，高差在 200mm 以上 400mm 以下，且满足以下条件者为跌级天棚。

① 木龙骨、轻钢龙骨错台投影面积大于 18%或弧形、折形投影面积大于 12%。

② 铝合金龙骨错台投影面积大于 13%或弧形、折形投影面积大于 10%。

根据施工图纸的要求，有凹进去的，有凸出来的。因此需要根据节点图具体计算。

平面、跌级天棚根据其构造内容分为天棚龙骨、天棚基层、天棚面层、天棚灯槽等，如图 5.62 所示。

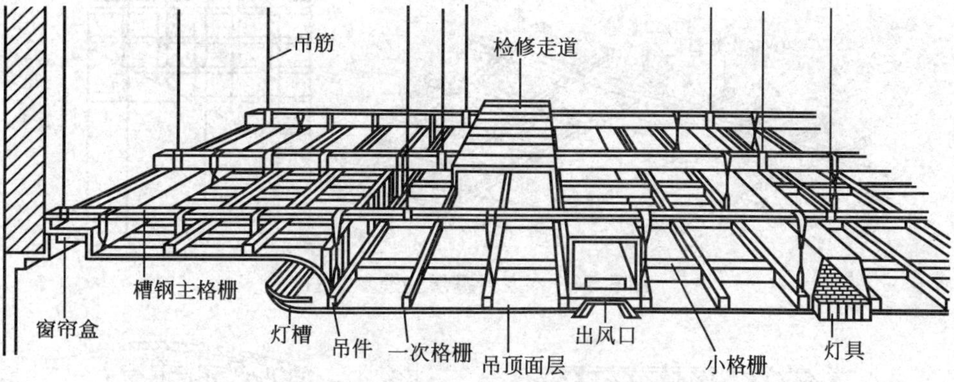

图 5.62　平面、跌级天棚示意图

天棚龙骨根据其材质不同分为木龙骨(对剖圆木楞、方木楞)、轻钢龙骨、铝合金龙骨等，如图 5.63 和图 5.64 所示。

2）艺术造型天棚项目

艺术造型天棚，是指将天棚面层做成曲折形、多面体等形式的天棚，在套用定额时，其高差在 400mm 以上或超过三级的，按照艺术造型天棚执行，如图 5.65 所示。

它同平面跌级天棚一样，根据其构造也分为轻钢龙骨、方木龙骨、基层、面层等内容。

轻钢龙骨根据其结构形式分为藻井天棚、吊挂式天棚、阶梯形天棚、锯齿形天棚等。

藻井天棚是指在现代装饰中，将天棚做成不同层次的、并带有立体感的组合体天棚。

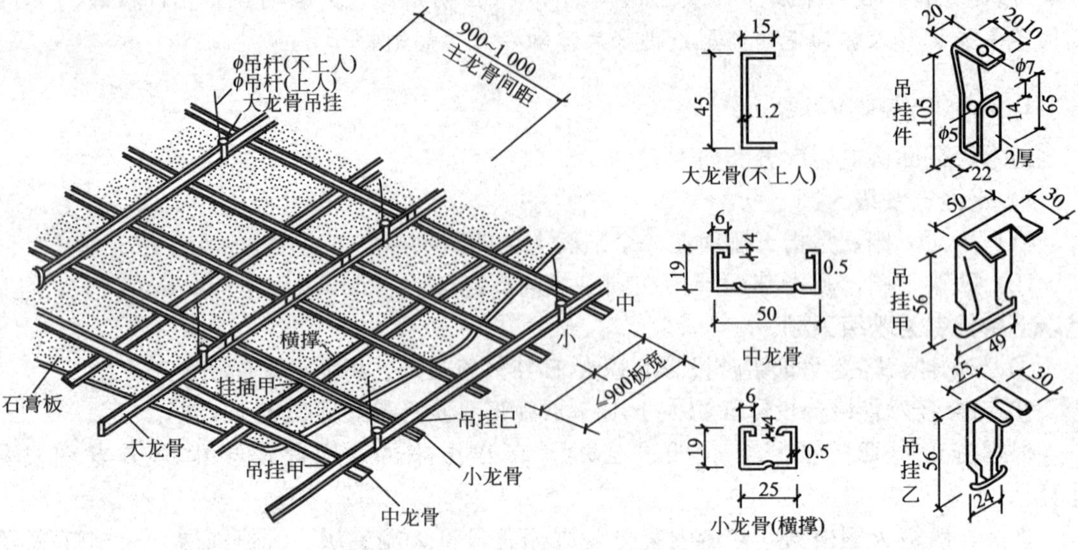

图 5.63　U形轻钢龙骨基层构造示意图

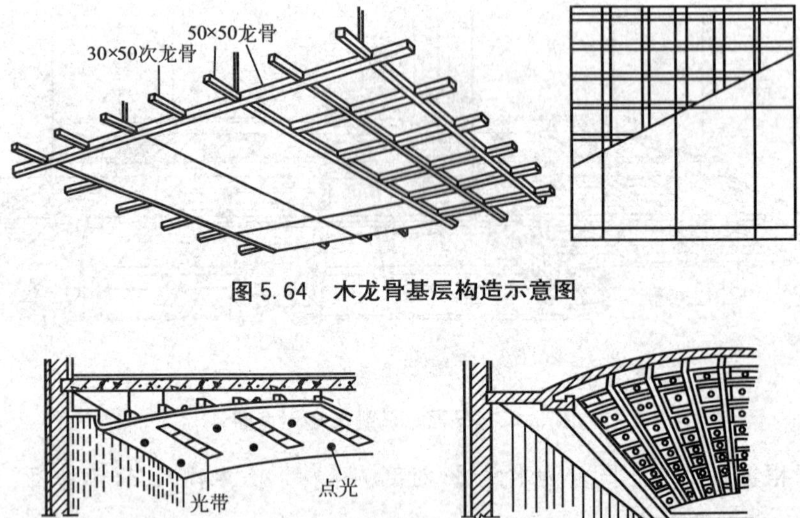

图 5.64　木龙骨基层构造示意图

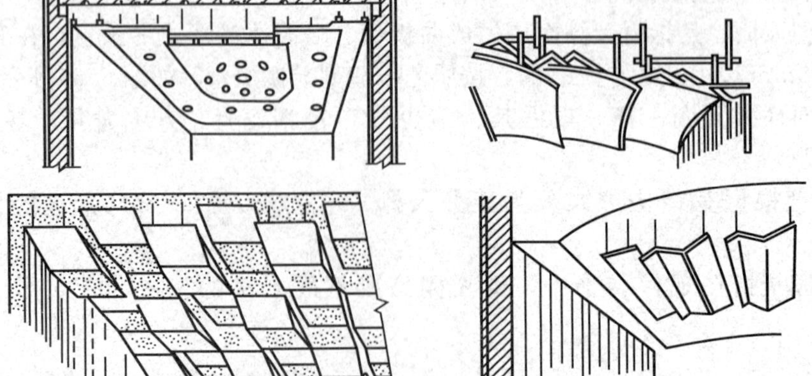

图 5.65　艺术造型天棚示意图

3）其他天棚(龙骨和面层)项目

其他天棚是指未包括在平面、跌级天棚和艺术造型天棚之内，具有一定特性的天棚，它包括烤漆龙骨天棚、铝合金格栅天棚、玻璃采光天棚、木格栅天棚、网架及其他天棚等，如图 5.66 所示。

图 5.66 玻璃采光天棚、网架天棚示意图

4）其他项目

其他项目是指包括天棚设置保温吸声层、送(回)风口安装、嵌缝等。

2. 天棚面定额项目的划分及列项

1）天棚面定额项目的划分

天棚工程的定额项目共分为抹灰面层、平面(跌级)天棚、艺术造型天棚、其他天棚和其他项目共 5 节 288 个定额子目。

天棚面对应的子目的具体分布和计量单位，具体见表 5－8。

表 5－8 天棚面定额项目的划分

序号	分项名称	子目数量	计量单位	实际列举名称
一	抹灰面层	18	m^2	楼梯底面抹灰
二	平面(跌级)天棚			
1	天棚木龙骨	20	m^2	30mm×40mm 木龙骨不上人型
2	轻钢龙骨	16	m^2	天棚 75 系列 300mm×300mm 轻钢龙骨
3	铝合金龙骨	35	m^2	天棚 50 系列 600mm×600mm 铝合金龙骨
4	天棚基层	3	m^2	木芯板基层
5	天棚面层	62	m^2	天棚石膏板面
6	天棚灯槽	6	m	天棚木质灯槽
三	艺术造型天棚			
1	轻钢龙骨	11	m^2	天棚 U 形 50 系列 600mm×600mm 轻钢龙骨

续表

序号	分项名称	子目数量	计量单位	实际列举名称
2	方木龙骨	2	m^2	天棚 4mm × 6mm (@ 300mm × 300mm)方木龙骨基层
3	天棚基层	22	m^2	天棚九厘板基层
4	天棚面层	33	m^2	天棚铝塑板面层
四	其他天棚			
1	铝合金格栅天棚	10	m^2	办公室天棚铝合金格栅
2	采光天棚	20	m^2	酒店中庭 12mm 钢化玻璃天棚
3	木格栅天棚	7	m^2	舞厅天棚木格栅吊顶
4	其他天棚	5	m^2	展览馆钢结构网架天棚
五	其他			
1	送(回)风口安装	2	个	天棚铝合金回风口安装
2	检修道及检修孔	4	个	天棚挖筒灯孔
3	天棚石膏板缝贴绷带	1	m	
4	天棚石膏线条及压花	11	m	
	合计	288		

2）天棚面定额项目的列项

【例 5.28】 如图 5.67 所示为某接待室剖面图，试列出此天棚面的项目名称。

【解】 根据全统定额的列项原则，由图可以列出如下天棚面项目。

(1) 天棚轻钢龙骨(单位 m^2)。

(2) 九厘板基层(单位 m^2)。

(3) 石膏板面层(单位 m^2)。

(4) 18 厘米木芯板灯槽(单位 m)。

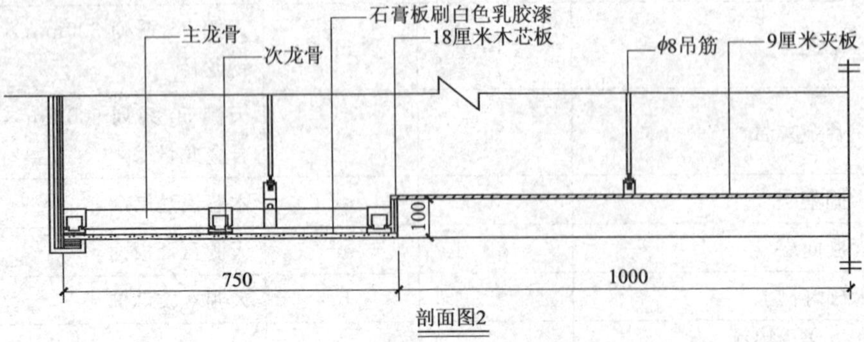

图 5.67 某接待室天棚吊顶剖面图

特别提示

由于在此节中我们具体学习的是天棚面的计算规则，因此在列项中图纸上的油漆没有放入列项的子目中，但在预算的计算规则学习完后，通常我们根据统筹的方法，可以在相应图中直接把隶属于三大块面的油漆、涂饰、裱糊等项目直接列出，这样可以在后续章节避免重复计算工程量，以提高工作效率。

3. 天棚面计算规则及应用

1）天棚抹灰工程量计算规则

天棚抹灰工程量应按以下规定计算。

(1) 天棚抹灰面积按设计图示尺寸以水平投影面积计算。不扣除间壁墙、垛、柱、附墙烟囱、检查口和管道所占的面积，带梁天棚，梁两侧抹灰面积，并入天棚面积内。

(2) 密肋梁和井字梁天棚抹灰面积，按展开面积计算。

(3) 天枰抹灰如带有装饰线时，区别三道线以内或五道线以内按延长米计算，线角的道数以一个突出的棱角为一道线。

(4) 檐口天棚的抹灰面积，并入相同的天棚抹灰工程量内计算。

(5) 天棚中的折线、灯槽线、圆弧形线、拱形线等艺术形式的抹灰，按展开面积计算。

(6) 楼梯底面抹灰，按楼梯水平投影面积(槽井宽超过200mm以上者，应扣除超过部分的投影面积)乘以系数1.30计算。板式楼梯底面的抹灰工程量计算规则：按水平投影面积乘以系数1.30计算，梁式楼梯底面按展开面积计算。

计算公式：板式楼梯底面的装饰工程量＝水平投影面积×1.30；梁式楼梯底面装饰工程量＝展开面积。

(7) 阳台底面抹灰按水平投影面积计算，并入相应天棚抹灰面积内。阳台如带悬臂梁者，其工程量乘以系数1.30。

(8) 雨篷底面或顶面抹灰分别按水平投影面积计算，并入相应天棚抹灰面积内。雨篷顶面带反沿或反梁者，其工程量乘以系数1.20；底面带悬臂梁者，其工程量乘以系数1.20。

【例5.29】 某板式楼梯如图5.68所示，其底面抹1∶2.5水泥砂浆，计算该楼梯底面抹灰工程量。

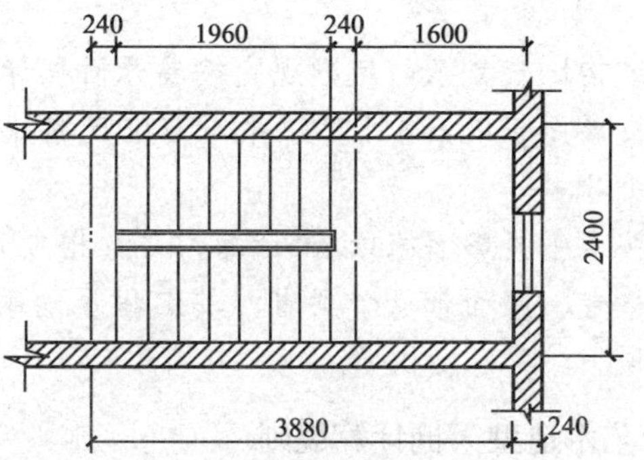

图5.68 某板式楼梯平面图

【解】 楼梯底面抹灰工程量＝3.88×(2.4－0.24)×1.30＝10.90(m^2)

【例 5.30】 如图 5.69 所示，求阳台底抹灰工程量。

【解】 阳台底抹灰工程量＝(3.0＋0.12×2)×1.2×1.3(系数)＝5.05(m^2)

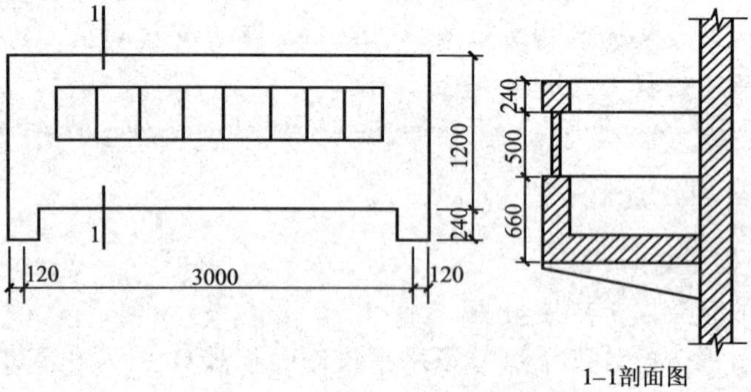

图 5.69 某阳台底平面示意图

【例 5.31】 如图 5.70 所示，求雨篷抹灰工程量(做法：顶面做 1∶2.5 水泥砂浆；底面抹石灰砂浆)。

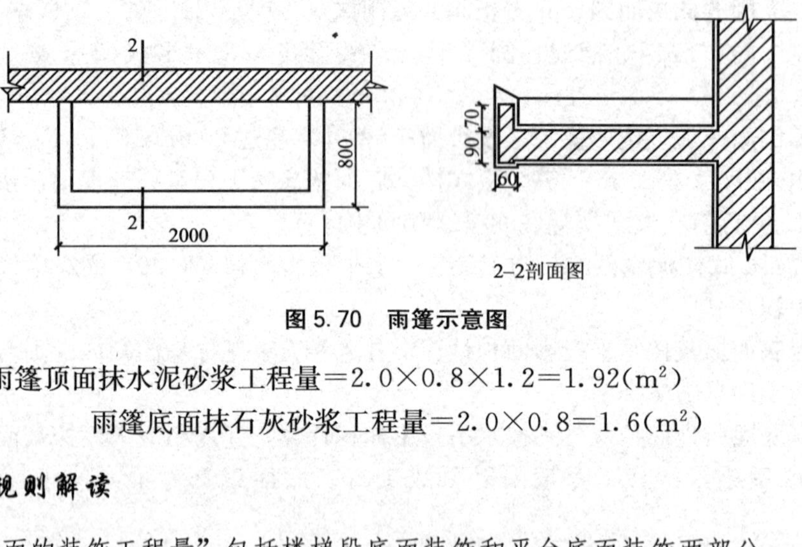

图 5.70 雨篷示意图

【解】 雨篷顶面抹水泥砂浆工程量＝2.0×0.8×1.2＝1.92(m^2)

雨篷底面抹石灰砂浆工程量＝2.0×0.8＝1.6(m^2)

计算规则解读

“楼梯底面的装饰工程量”包括楼梯段底面装饰和平台底面装饰两部分。

“板式楼梯底面装饰”是斜面，为简化计算，其工程量按水平投影面积乘以系数 1.30 计算。

“梁式楼梯底面”，其结构比较复杂，定额规定按展开面积计算。

阳台底面抹灰按水平投影面积以 m^2 计算，并入相应天棚抹灰面积内，阳台如带悬臂梁者，其工程量乘以系数 1.3。

雨篷底面或顶面抹灰按水平投影面积以 m^2 计算，并入相应天棚抹灰面积内。

雨篷顶面带反沿或反梁者、底面带悬臂梁者，其工程量均乘以系数 1.2。雨篷外边线套用相应装饰或零星子目顶。

2) 天棚平面、跌级、艺术造型天棚计算规则

(1) 各类吊顶天棚龙骨。

计算规则：各种吊顶天棚龙骨按主墙间净空面积计算，不扣除间壁墙、检查洞、附墙烟囱、柱、垛和管道所占面积。

计算公式：吊顶天棚龙骨工程量＝主墙间的净长度×主墙间的净宽度。

计算规则解读

"主墙"：指砖墙，砌体墙厚180mm以上(包括180mm本身)或超过100mm以上(包括100mm本身)的钢筋混凝土剪力墙。

"非主墙"：指其他非承重的间壁墙。

"净面积"：是指天棚面扣除主墙所占的面积。由天棚定额的制定中可以看出，天棚龙骨定额均是按天棚净投影面积计算的，故计算天棚龙骨工程量也按天棚净投影面积计算。

间壁墙：指内墙起隔开房间的内隔墙，常见尺寸为120mm宽。

垛：指墙体上向外凸出的部分。

柱：指建筑物中直立的起支撑作用的构件，常由木材、石材、型钢或钢筋混凝土等材料组成。

附墙烟囱：指依墙而设的将室内的烟气排出室外得通道。

检查口：指用砖或预制混凝土井筒砌成的井，设置在沟道断面、方向坡度的变更处或沟道相交处，或通长的直线管道上，供检修人员检查通道的状况，也可以称检查井。

管道口：指建筑物中为节省空间及施工方便、美观的需要将许多管道集中安装在某一部分的空间管道。

天棚面层在同一标高者为平面天棚，不在同一标高者为跌级天棚，但是龙骨工程量计算规则是相同的，皆按主墙间净投影面积计算，单价上有所区别。

天棚中的折线、跌落、高低吊顶槽等面积不展开计算。

【例5.32】 如图5.71所示为一级顶棚吊顶方木楞直接搁置在砖墙上。计算此方木楞的工程量。

【解】 方木楞的工程量＝5.16×3.76＝19.40(m^2)

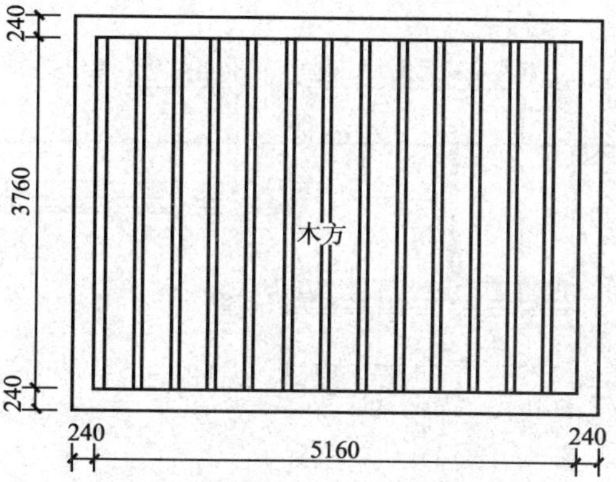

图5.71 一级顶棚吊顶方木楞示意图

(2) 天棚基层。

计算规则：天棚基层按展开面积计算。

天棚基层＝主墙间的净长度×主墙间的净宽度＋凹凸面展开面积－0.3m^2以上的孔洞、独立柱、灯槽及与天棚相连的窗帘盒所占的面积。

计算公式：天棚基层＝室内净面积＋凹凸面展开面积－0.3m^2以上的孔洞、独立柱、灯槽及与天棚相连的窗帘盒所占面积。

计算规则解读

预算中的“天棚基层”是指安装在主次龙骨面上作为面层底衬的胶合板或石膏板。

以“展开面积”计算是指把天棚凹凸面等展开后的全部面积合并计算。

天棚基层计算中需要扣除和不需要扣除的部分同天棚面层。

【例5.33】 如图5.72所示为某单位活动中心的吊顶平面布置图，计算吊顶天棚龙骨和基层胶合板的工程量。

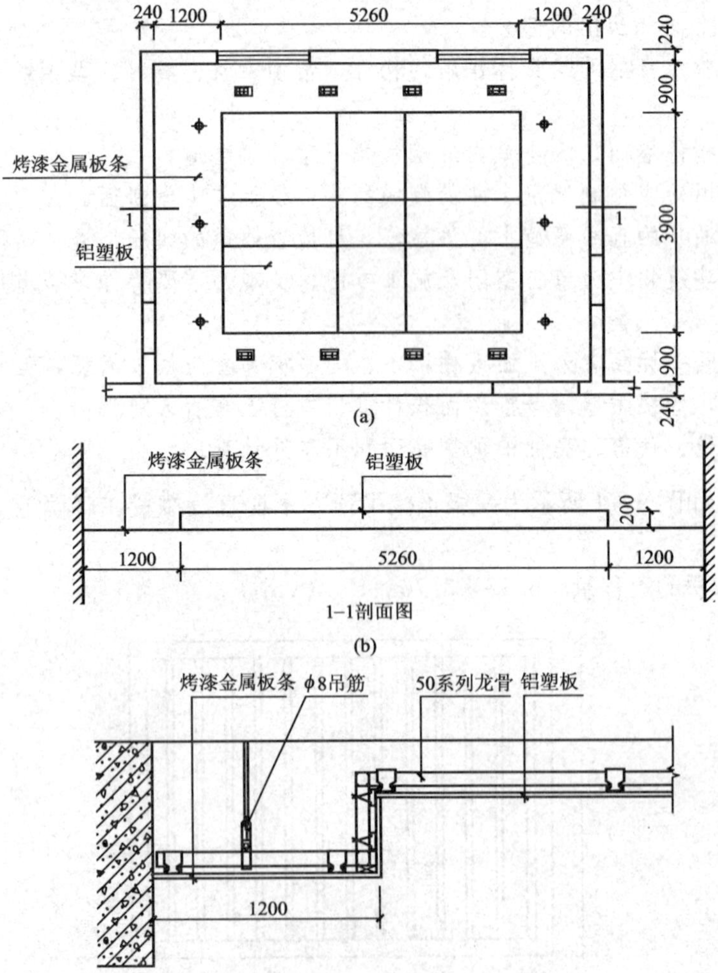

图5.72 某单位活动中心的吊顶平面布置图

【解】 轻钢龙骨工程量＝(1.2＋5.26＋1.2)×(0.9＋3.9＋0.9)＝8.14×6.18＝43.66(m^2)

基层胶合板 5mm，工程量计算如下：

$$[43.66+0.2\times(5.26+3.90)\times2]=47.33(m^2)$$

(3) 天棚装饰面层。

计算规则：按主墙间实钉(胶)面积以 m^2 计算，不扣除间壁墙、检查口、附墙烟囱、垛和管道所占面积，但应扣除 $0.3m^2$ 以上的孔洞、独立柱、灯槽及与天棚相连的窗帘盒所占的面积。

计算公式：天棚装饰面层＝主墙间的净长度×主墙间的净宽度＋各展开面积－$0.3m^2$ 以上的孔洞、独立柱、灯槽及与天棚相连的窗帘盒所占的面积。

计算规则解读

“天棚装饰面层按主墙间实钉(胶)面积以 m^2 计算”是指以天棚主墙间实钉(胶)的各展开面的面积计算。

“不扣除间壁墙、检查洞、附墙烟囱、垛和管道所占面积”是指为了简化计算，无论面层做与间壁墙之外还是间壁墙之上，在定额中已经包括了这部分的消耗，因此计算时不需扣除。“检查洞、附墙烟囱、垛和管道”所占面积很小，在 $0.03m^2$ 以内，定额中也已考虑其工料消耗，计算时不必扣除，也不必另算。

“应扣除 $0.3m^2$ 以上的孔洞、独立柱、灯槽、及与天棚相连的窗帘盒所占面积”是指这部分面积较大，计算天棚面层工程量时应予以扣除。需要注意的是：如果窗帘盒做与面层之上，其所占面积不能扣除。天棚中的灯槽可按“其他工程”中的灯槽子目计算，但饰面面层按展开面积合并在天棚面的饰面工程量中计算。天棚中的折线、跌落等圆弧形、拱形、艺术形式天棚的饰面，均按展开面积计算。

【例 5.34】 如图 5.72 所示，试计算吊顶面层工程量。

【解】 ① 吊顶面层烤漆金属板条工程量＝$[1.2\times5.7\times2+1.2\times5.26\times2+0.2\times(5.26+3.9)\times2]=29.97(m^2)$。

② 吊顶面层铝塑板工程量＝$3.9\times5.26=20.51(m^2)$。

(4) 定额中规定龙骨、基层、面层合并列项的子目。

计算规则：工程量计算规则同第(1)条。不扣除间壁墙、检查口、附墙烟囱、柱、垛和管道所占面积。

计算公式：龙骨、基层面层合并项目的工程量＝天棚净面积＝主墙间的净长度×主墙间的净宽度。

【例 5.35】 某接待室天棚为铝合金龙骨钙塑板吊顶，如图 5.73 所示，计算其工程量。

【解】 龙骨、基层、面层合并项目按主墙间净空面积计算。

钙塑板吊顶工程量 $S=(3.2+0.3+0.3)\times(5.1+0.3+0.3)=21.66(m^2)$

(5) 灯光槽工程量，灯孔工程量。

灯光槽工程量计算规则：按延长米计算。

灯孔工程量计算规则：按设计图示数量计算。

计算公式：灯光槽＝灯光槽图示长度。

计算规则解读

计算一般直线形天棚工程量时已将这部分面积扣除，因此灯光槽制作安装需要计算工

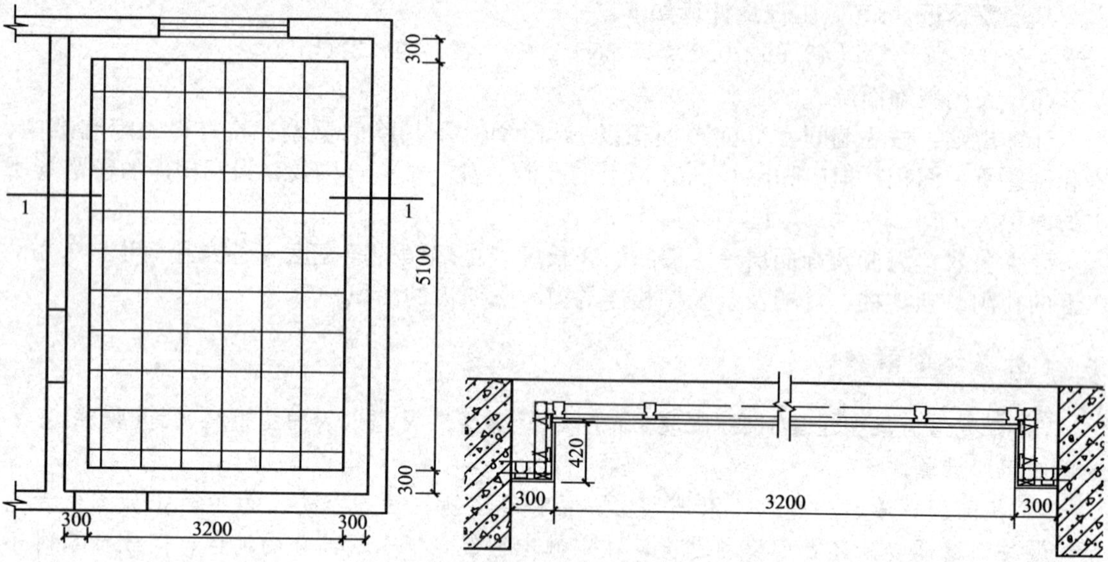

图 5.73　某接待室铝合金龙骨钙塑板吊顶示意图

程量，定额规定按延长米计算。

艺术造型天棚项目中包括了灯光槽的制作安装，因此不需另算。

【例 5.36】 如图 5.74 所示，计算灯光槽和灯孔工程量。

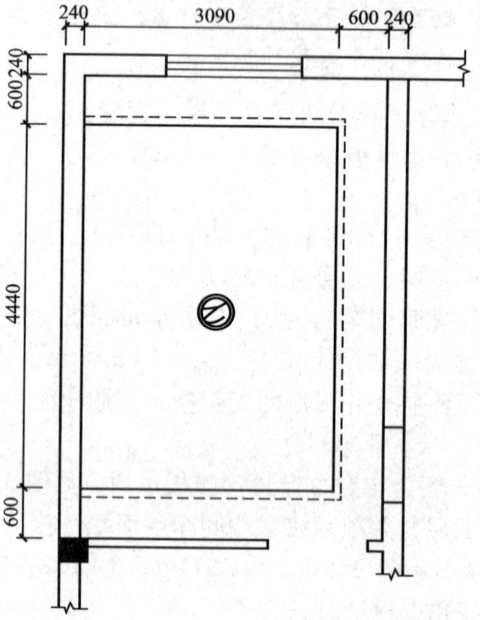

图 5.74　灯光槽示意图

【解】 灯光槽工程量：3.09×2＋4.44＝10.62(m^2)

灯孔工程量：12 个

3) 采光天棚计算规则

(1) 成品采光天棚工程量按成品组合后的外围投影面积计算，其余采光天棚工程量均按展开面积计算。

(2) 采光天棚的水槽按水平投影面积计算，并入采光天棚工程量。

(3) 采光廊架天棚安装按天棚展开面积计算。

【例 5.37】 如图 5.75 所示，计算采光天棚工程量。

【解】 $3.00 \times 6.60 = 19.8(m^2)$

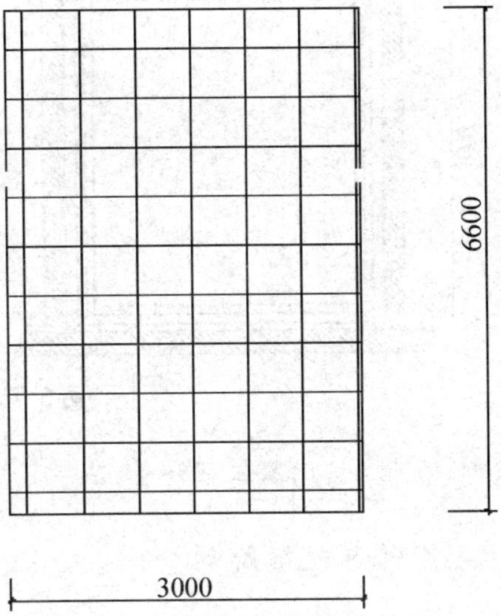

图 5.75 采光天棚示意图

4) 其他计算规则

(1) 网架按水平投影面积计算。

网架工程量计算规则：按水平投影面积计算。

规则说明：网架结构构件繁多，按水平投影面积计算，不扣除镂空部分工程量。

计算公式：网架工程量＝水平投影面积。

【例 5.38】 某玻璃屋面网架结构内墙净长度为 9.6m×9.6m，计算钢网架工程量。

【解】 钢网架工程量$=9.6 \times 9.6 = 92.16(m^2)$

(2) 送(回)风口按设计图示数量计算。

(3) 天棚石膏板缝嵌缝、贴绷带按延长米计算。

嵌缝工程量计算规则：嵌缝按延长米计算。

规则说明：由于石膏板在拼凑时存在缝隙，为了达到质量要求，使吊顶面层平整且不易裂缝，处理方法是在缝隙上沿长度方向贴绷带，故按米计算。

计算公式：嵌缝工程量＝实贴长度。

(4) 石膏装饰：石膏装饰角线、平线工程量以延长米计算；石膏灯座花饰工程量以实际面积按个计算；石膏装饰配花，平面外形不规则的按外围矩形面积以个计算。

(5) 保温层量。

计算规则：保温层吸声层工程按实铺面积计算。

规则说明：“实铺面积”是指吊顶保温层或吸声层实际铺设的面积，这里指水平投影面积。

计算公式：保温层吸声层工程量＝水平投影面积。

【例 5.39】 如图 5.76 所示为冷库天棚室内保温层示意图，计算天棚室内保温层工程量。

【解】 $(5.0-0.24)\times(4.0-0.24)+(4.0-0.24)\times(4.0-0.24)=32.04(m^2)$

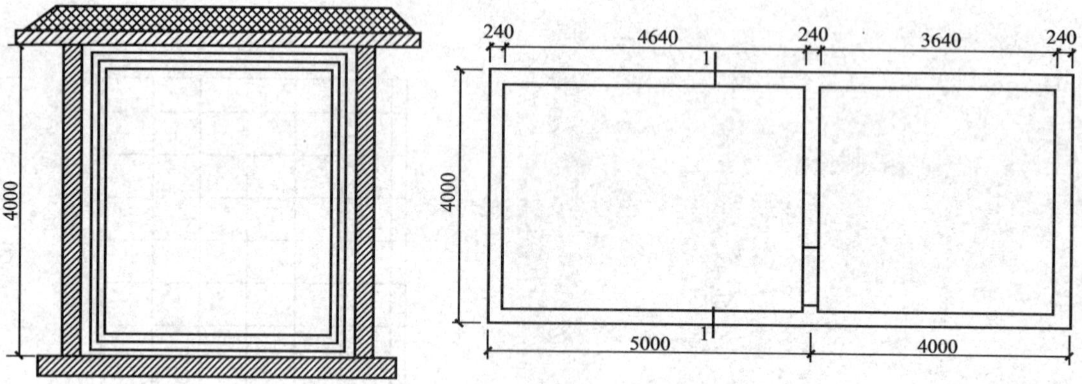

图 5.76 冷库天棚室内保温层示意图

5.3.5 门窗工程计量

计算规则解读

装饰门窗与原有的建筑工程类门窗有着一定的区别，它由于材料的种类和功能性要求的不同，具有造型多样、品种繁多、成品化施工较常见、安装较快、造价相对较高等特点。

因此门窗的计算规则相对三大块面而言，比较简单。

1. 门窗构造知识的了解

由于门窗现多为成品安装，施工方多承包给专门的门窗厂进行制作安装，因此这里就不另行介绍工厂化施工的内容，只是温习一下门的开启方式和有亮无亮的类型，以利于定额的准确列项，如图 5.77 所示。

型这里，我们具体掌握现场进行施工的木门窗套，以及窗帘盒、窗台板等构造特点。

1）门窗套

门窗套是为了保护门窗洞口四周侧壁而进行的一种装饰构造，在侧壁通过运用龙骨或基层板进行固定，面饰装饰板的一种造型方式。

2）窗帘盒

窗帘盒根据吊顶的需要，分为明式和暗式两种。明式是外露于吊顶下方，用胶合板制作成型的。暗式窗帘盒则是隐藏于天棚吊顶内的一种造型方式。

3）窗台板

根据设计方式的不同，窗台板有多种材料的构造方式，可以通过门窗套的形式制作，当和窗套的材料不同时，可以采用人造石或天然石材进行湿贴或干贴。

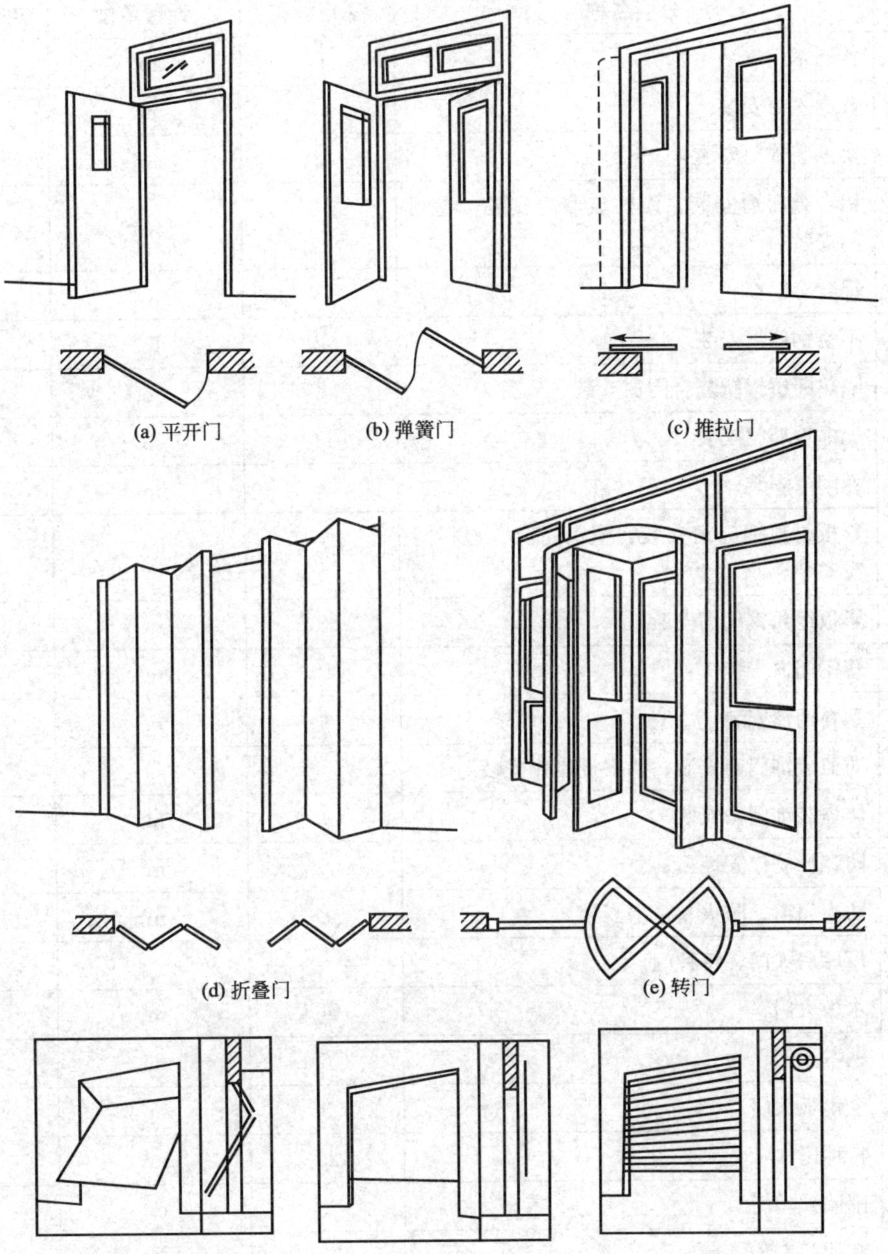

图 5.77 门的类型

2. 门窗工程定额项目的划分及列项

1）门窗工程定额项目的划分

装饰定额中的门窗工程子目主要从两个方面划分：一是按门窗的材料，如铝合金门窗、卷闸门、彩板组角钢门窗、防盗装饰门窗等；二是门窗的配件，如门窗套、门窗贴脸、门窗筒子板、窗帘盒、窗台板等共分为 15 节 264 个定额个子目。具体见表 5 - 9。

表5-9 门窗工程定额项目的划分

序号	分项名称	子目数量	计量单位	实际列举名称
一	普通木门安装	14	m^2	略
二	普通木窗安装	15	m^2	
三	实木装饰门安装	3	m^2	
四	铝合金门窗安装、无框玻璃门安装、卷闸门安装			
1	铝合金门窗	7	m^2	
2	不锈钢门窗安装	2	m^2	
3	隔热断桥铝塑复合门窗安装	4	m^2	
4	无框玻璃门安装	3	m^2	
5	卷闸门安装	4	m^2	
五	彩板组角钢门窗安装、塑钢门窗、塑料门窗安装			
1	彩板组角钢门窗安装	3	m^2	
2	塑钢门窗安装	10	m^2	
3	塑料门窗安装	4	m^2	
六	防盗装饰门窗安装、防盗栅制作安装			
1	防盗装饰门窗安装	7	m^2	
2	防盗栅制作安装	6	m^2	
七	防火门窗、防火卷帘门安装	8	m^2	
八	厂库房大门、特种门			
1	木板大门	4	m^2	
2	钢木大门	6	m^2	
3	全钢板大门	3	m^2	
4	特种门	20	m^2	
5	围墙铁丝门	2	m^2	
九	其他门安装	4	m^2	
十	包门框(扇)、门窗套			
1	包门框	9	m^2	
2	包门扇、门饰面	19	m^2	
3	门窗套	4	m^2	
十一	门窗贴脸、筒子板	6	m^2	
十二	窗帘盒、窗帘杆	18	m^2	

续表

序号	分项名称	子目数量	计量单位	实际列举名称
十三	窗台板	2	m^2	
十四	五金安装			
1	豪华拉手	4	副	
2	门锁安装	2	套	
3	特殊五金	13	套	
4	闭门器	2	套	
十五	其他			
1	橱窗制作安装	2	m^2	
2	门窗洞口安装玻璃	3	m^2	
3	玻璃黑板	1	m^2	
4	玻璃加工	8	m^2	
5	铝合金踢脚板	1	m^2	
附表一	普通木门窗五金配件表	22		
附录二	厂库房大门、特种门五金配件表	19		
	合计	264		

2）门窗工程定额项目的列项

【例5.40】 如图5.78所示，某豪华装饰木门立面图。试列出此门窗工程的项目名称。

【解】 根据全统定额的划分，需要列出如下项目。

(1) 豪华装饰木门安装(单位 m^2)。

(2) 木门油漆(在油漆章节记取)(单位 m^2)(若为成品，则油漆项目省略)。

(3) 木门套制作(单位 m^2)。

(4) 门锁(单位/套)。

(5) 门吸(单位/套)。

3. 门窗工程计算规则及应用

1）木门窗计算规则

普通木门、普通木窗、实木装饰门安装工程量按设计图示门窗洞口尺寸以面积计算。

实木门框、门扇制作安装计算规则：实木门框制作安装以延长米计算。实木门扇制作安装及装饰门扇制作按扇外围洞口面积计算。装饰门扇及成品门扇安装按扇计算。

计算规则解读

(1) 框扇制作、安装分开计算。

(2)“按扇外围面积计算”是指按门扇图示尺寸计算，框尺寸除外。

(3) 装饰门扇及成品门扇安装按“扇”计算是指计量单位。

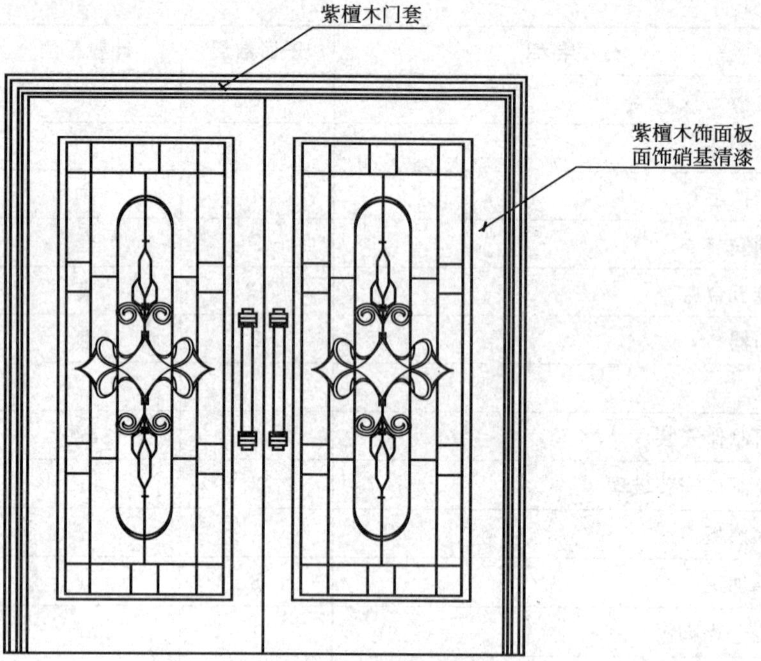

图 5.78　豪华门示意图

计算公式：实木门框制作安装工程量＝门框实际图示设计长度；门扇制作安装工程量＝图示高度×设计宽度×个数；装饰门扇及成品门扇工程量＝门扇个数。

【例 5.41】 如图 5.79 所示，某星级宾馆包房门为实木门扇及门框，试根据计算规则，分别计算其门框与门扇的工程量。

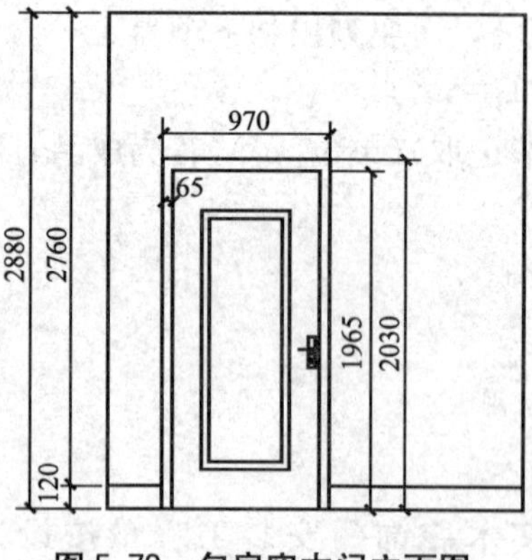

图 5.79　包房实木门立面图

【解】 根据计算规则，计算如下：

实木门框制作安装工程量＝2.03×2＋(0.97－0.065×2)＝4.9(m)

门扇制作安装工程量＝1.965×(0.97－0.065×2)＝1.65(m^2)

2）金属及其他门窗计算规则

(1) 铝合金门窗、不锈钢门窗、隔热断桥门窗、彩板组角钢门窗、塑钢门窗、塑料门窗、防盗装饰门窗、防火门窗安装均按设计图示门窗洞口尺寸以面积计算。

铝合金门窗、彩板组角门窗、塑钢门窗计算规则：铝合金门窗、彩板组角门窗、塑钢门窗安装均按洞口面积以 m^2 计算。纱扇制作安装按扇外面积计算。

计算公式：门窗工程量=门窗洞口图示长度x门窗洞口图示宽度×个数。

计算规则解读

(1)“按洞口面积计算”是指按设计洞口的面积，即结构尺寸。

(2)“纱扇制作安装扇外围面积”是指按门窗的设计图示尺寸。

【例5.42】 如图5.80所示，计算居室的门窗工程量。

【解】 根据计算规则，计算如下：

$$窗户工程量=1.5\times1.4\times2=4.2(m^2)$$

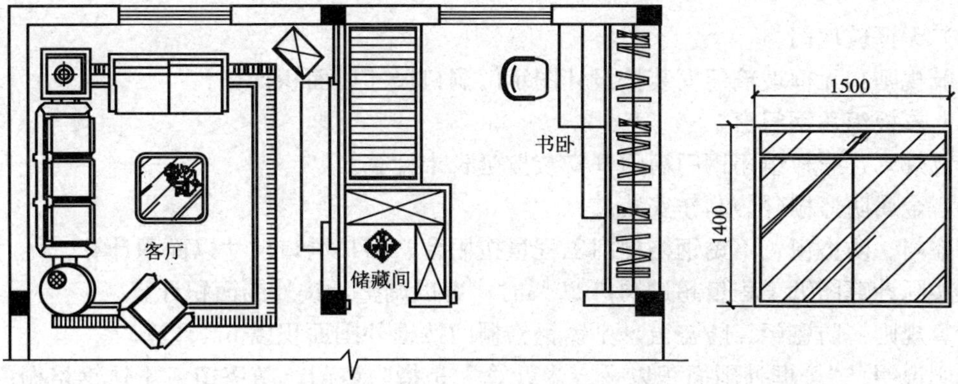

图5.80 居室平面图及窗户大样图

(2) 卷闸门、防火卷帘门。

计算规则：按照安装洞口高度增加600mm乘以门实际宽度以面积计算，卷闸门电动装置以套计算，小门安装以个计算。安装高度算至滚筒顶点为准。带卷筒罩的按展开面积增加。电动装置安装以套计算，小门安装以个计算，小门面积不扣除。

计算规则解读

(1) 卷闸门的卷筒或卷筒罩一般均安装在洞口上方，安装的实际面积要比洞口面积大，因此工程量应另行计算。

(2) 在安装卷闸门是，卷闸门的宽度可以按门的实际宽度来取定，但高度必须比门的实际高度要高，根据试验测定一般卷闸门的高度要比门的高度高出600mm，有卷筒罩时，卷筒罩工程量还应展开计算合并于卷闸门中。

(3) 电动装置安装需按“套”另行计算。

(4) 卷闸门上安装的小门需另外以“个”计算工程量，计算卷闸门工程量时不需扣除小门所占面积，定额中已综合考虑了其工料消耗。

计算公式：$S_{卷闸门}$=门的宽度×(门的高度+600mm)卷筒罩展开面积。

【例5.43】 如图5.81所示，某公司仓库门为卷闸门，经安装时测量，卷筒罩展开面积为 $3m^2$，试根据计算规则，计算其工程量。

【解】 根据计算规则，计算如下：

$$卷闸门工程量=5.1\times(0.6+2.8)+3=20.34(m^2)$$

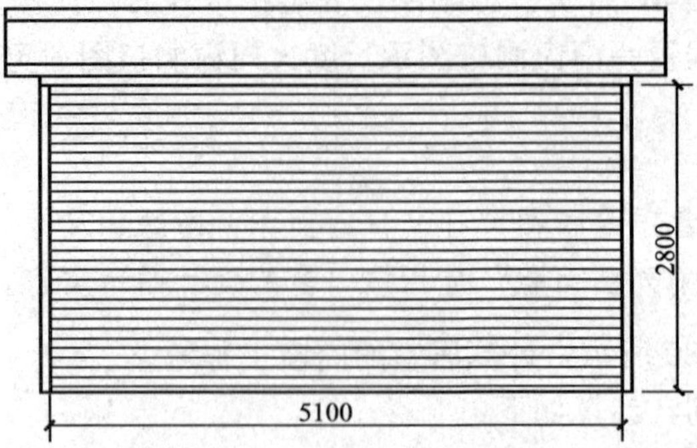

图 5.81　仓库卷闸门立面图

(3) 无框玻璃门。

计算规则：无框玻璃门安装按设计图示门洞口尺寸以面积计算。

(4) 彩板组角钢门窗。

计算规则：彩板组角钢门窗附框安装按延长米计算。

(5) 金属防盗栅(网)制作安装。

防盗门、防盗窗、不锈钢格栅门工程量按阳台、窗户洞口尺寸以面积计算。

在实际计算图纸工程量超过洞口 20%时，可以调整，按外围面积计算。

计算规则：防盗门、防盗窗、不锈钢格栅门按框外围面积以 m^2 计算。

规则说明："按框外围面积以平方米计算"是指防盗门、防盗窗、不锈钢格栅门按门框设计图示外围尺寸计算。

计算公式：防盗门、防盗窗、不锈钢格栅门工程量＝门窗图示长度×门窗图示宽度×个数。

(6) 成品防火门、防火卷帘门。

防火门楣包箱工程量按展开面积计算。

计算规则：成品防火门以框外围面积计算，防火卷帘门从地(楼)面算至端板顶点乘以设计宽度。

计算规则解读

"以框外围面积计算"是指成品防火门工程以设计门框外围图示尺寸计算。

计算公式：成品防火门工程量＝门窗图示长度×门窗图示宽度×个数；防火卷帘门工程量＝图示高度×设计宽度×个数。

【例 5.44】 如图 5.82 所示，计算其防火门工程量。

【解】 防火门工程量＝2.1×1.5＝3.15(m^2)

(7) 电子感应门及旋转门。

计算规则：电子感应门及转门按定额尺寸以樘计算。

计算公式：电子感应门及转门工程量＝樘数。

(8) 不锈钢电动伸缩门。

计算规则：不锈钢电动伸缩门以樘计算。

计算公式：不锈钢电动伸缩门工程量＝樘数。

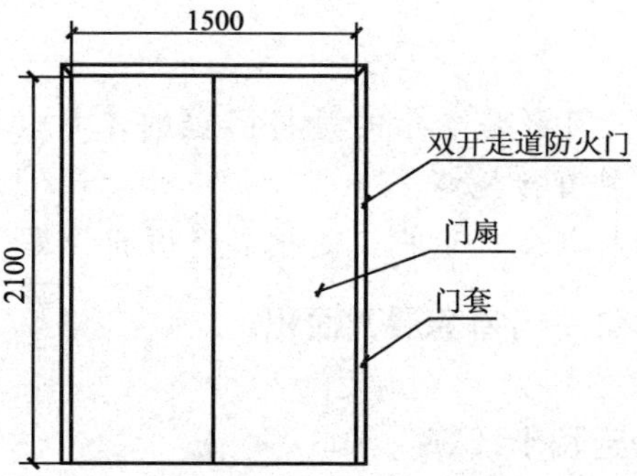

图 5.82　双开道防火门立面图

3）厂库房大门安装和特种门计算规则

厂库房大门安装和特种门制作安装工程量按设计图示门洞口尺寸以面积计算。百页钢门的安装工程量按图示尺寸以重量计算，不扣除孔眼、切肢、切片、切角的重量。

4）门窗附属计算规则

（1）包门框及门窗套。

包门框及门窗套按展开面积计算。包门扇及木门扇镶贴饰面板按门扇垂直投影面积计算。

① 木门扇包皮制隔声面层和装饰板包隔声面层工程量。

计算规则：木门扇皮制隔声面层和装饰板隔声面层，按单面面积计算。

规则说明：木门扇皮制隔声面层和装饰板隔声面层虽然双面都有，在定额消耗量中已综合考虑了，因此只需计算单面面积。

计算公式：木门扇皮制隔声面层和装饰板隔声面层工程量＝门扇图示设计高度×图示设计宽度。

【例 5.45】 如图 5.83 所示，某酒店迎宾大堂大门面层为隔声饰面板，试根据规则，计算其隔声面层工程量。

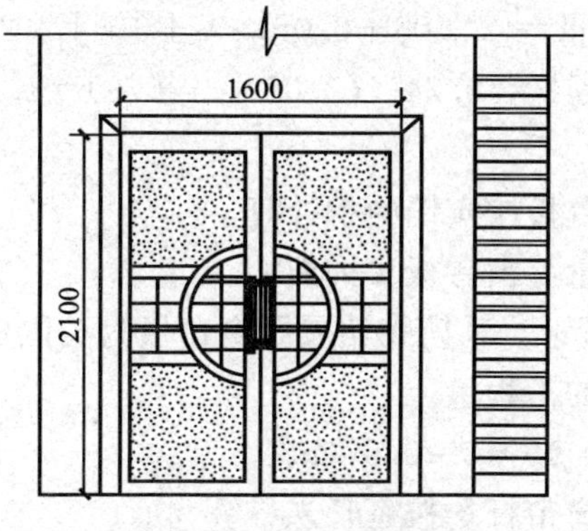

图 5.83　隔声门立面图

【解】 根据计算规则，隔声面层工程量＝2.1×1.6＝3.36(m^2)

② 装饰材料包门窗套工程量。

计算规则：不锈钢板包门框、门窗套、花岗岩门套、门套筒子板按展开面积计算。

计算规则解读

（1）“不锈钢板包门框、门窗套”指的是将门框的木材表面，用不锈钢片保护起来，增加门的美观，还可免受火种直接烧烤。

（2）注意不锈钢等装饰材料包门窗框，是按展开面积计算，即实包面积。

计算公式：门窗套工程量＝门窗套展开面积。

（2）门窗贴脸。

计算规则：门窗贴脸按延长米计算。

【例5.46】 如图5.84所示为某办公楼房间门贴脸及门套图，试根据计算规则，分别计算其工程量。

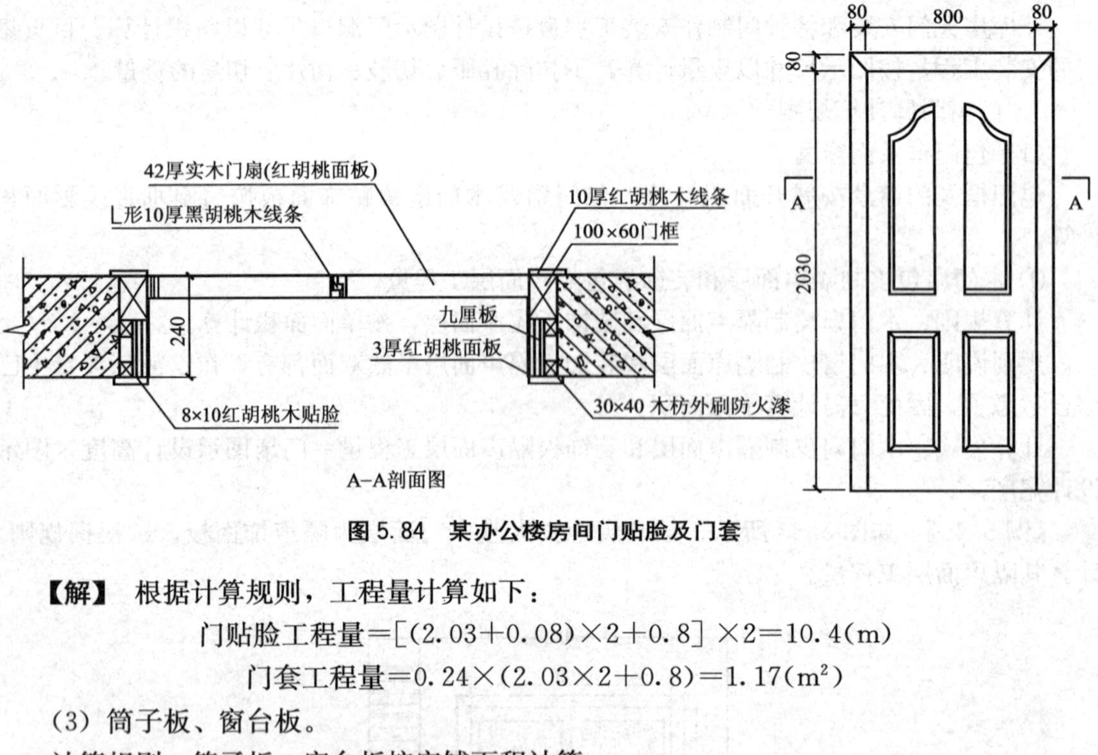

图5.84 某办公楼房间门贴脸及门套

【解】 根据计算规则，工程量计算如下：

$$门贴脸工程量=[(2.03+0.08)\times 2+0.8]\times 2=10.4(m)$$

$$门套工程量=0.24\times(2.03\times 2+0.8)=1.17(m^2)$$

（3）筒子板、窗台板。

计算规则：筒子板、窗台板按实铺面积计算。

计算公式：窗台板工程量＝窗台板实铺面积。

【例5.47】 如图5.85所示，某博物馆展厅窗台板为英国棕花岗岩，窗台长3m，试根据计算规则，计算其窗台板的工程量。

【解】 窗台板工程量$=0.19\times 3=0.57(m^2)$

（4）窗帘盒、窗帘轨、窗帘杆均按延长米计算。

（5）豪华拉手安装按付计算。

（6）门锁安装按把计算。

（7）闭门器按套计算。

5）其他零星计算规则

（1）包橱窗框按橱窗洞口面积计算。

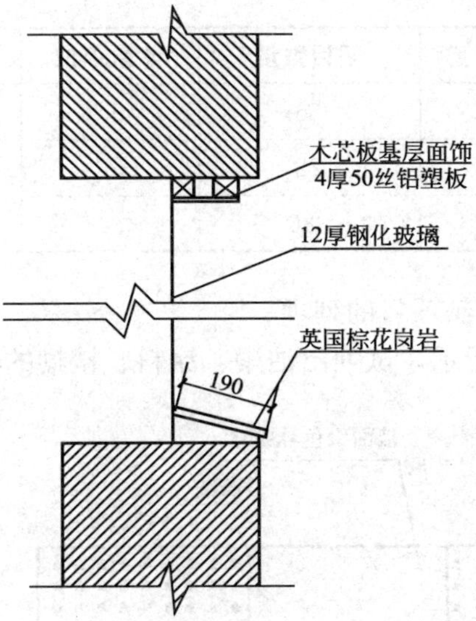

图 5.85　窗台板大样图

(2) 门、窗洞口安装玻璃按洞口面积计算。

(3) 玻璃黑板按边框外围尺寸以垂直投影面积计算。

(4) 玻璃加工：划圆孔、画线按面积计算，钻孔按个计算。

(5) 铝合金踢脚板安装按实铺面积计算。

5.3.6　油漆、涂料、裱糊计量

1. 油漆、涂料、裱糊定额项目的划分及列项

1）油漆、涂料、裱糊定额项目的划分

装饰定额中的油漆、涂料、裱糊工程的子目主要从三个方面划分：一是按所涂刷部位的不同列项；二是按涂刷的遍数列项；三是按油漆、涂料的不同材质列项。依次分为木材面油漆、金属面油漆、抹灰面油漆、涂料裱糊共 4 节 386 个定额子目。对应子目的计量单位，具体见表 5－10。

表 5－10　油漆、涂料、裱糊定额项目的划分

序号	分项名称	子目数量	计量单位	实际列举名称
一	木材面油漆项目	233	m^2	可根据施工工艺及构造部位列项
二	金属面油漆项目	36	m^2	可根据装饰构造、施工工艺和材料种类划分
三	抹灰面油漆项目	31	m^2	可根据装饰构造、施工工艺和材料种类划分
四	涂料、裱糊项目			可根据施工工艺和材料种类划分
1	喷塑	8	m^2	

续表

序号	分项名称	子目数量	计量单位	实际列举名称
2	喷(刷)涂料	56	m^2	
3	裱糊	22	m^2	
	合计	386		

2）油漆、涂料、裱糊定额项目的列项

【例 5.48】 如图 5.86 所示，试列出油漆、涂料、裱糊的项目名称。

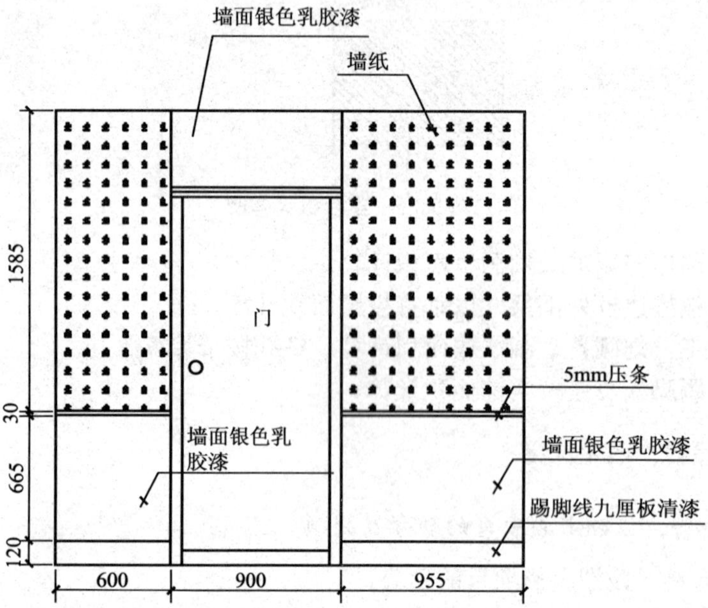

图 5.86 油漆、涂料、裱糊

【解】 根据装饰定额列项如下：

① 墙面贴墙纸。

② 墙面银色乳胶漆。

③ 踢脚线九厘板上刷清漆。

2. 油漆、涂料、裱糊定额项目计算规则及应用

楼地面、天棚、墙、柱、梁面的喷(刷)涂料、抹灰面油漆及裱糊工程，均按本节相应附表的计算规则计算。

木材面、金属面油漆的工程量分别乘以相应系数，也按照相应附表的规定计算。

1）抹灰面油漆、涂料、裱糊工程量

计算规则如下：楼地面、天棚、墙、柱、梁面的(刷)涂料、抹灰面油漆及裱糊工程，均按附表相应的计算规则计算，见表 5－11。

表 5-11 抹灰面油漆、涂料、裱糊

项目名称	系数	工程量计算方法
混凝土楼梯底(板式)	1.15	水平投影面积
混凝土楼梯底(梁式)	1.00	展开面积
混凝土花格窗、栏杆花饰	1.82	单面外围面积
楼地面、天棚、墙、柱、梁面	1.00	展开面积

计算规则解读

(1) 混凝土板式楼梯底、混凝土梁式楼梯底油漆、涂料、裱糊工程量计算与天棚底面装饰工程量计算规则一致。

(2) 混凝土花格窗、栏杆花饰不扣除空花部分，按单位外围面积计算工程量，由于空花部分也要刷涂料等，为简化计算，故按单面面积乘以系数 1.82 计算。

(3) 楼地面、天棚、墙、柱、梁面所有部位均需展开按实际施工面积计算。

计算公式：

(1) 混凝土板式楼梯底、混凝土梁式楼梯底油漆、涂料、裱糊工程量计算公式同天棚底面装饰。

(2) 混凝土花格窗、栏杆花饰工程量＝花格窗、栏杆花饰单面外围面积×1.82。

(3) 楼地面、天棚、墙、柱、梁面工程量＝展开面积。

【例 5.49】 如图 5.87 所示，某咖啡厅一楼楼梯间窗户为混凝土花格窗，试根据计算规则，计算其涂料工程量。

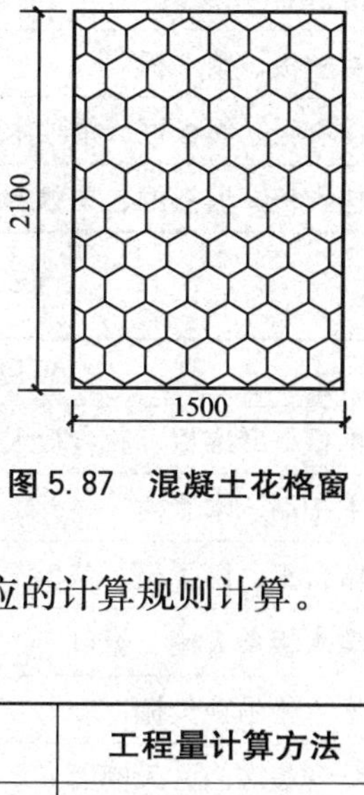

图 5.87 混凝土花格窗

【解】 根据计算规则，计算如下：

混凝土花格窗工程量＝1.5×2.1×1.82＝5.733(m^2)

2) 木材面的油漆工程量

计算规则：木材面油漆的工程量分别按表 5-12～表 5-16 相应的计算规则计算。

表 5-12 执行木门定额工程量系数表

项目名称	系数	工程量计算方法
单层木门	1.00	按单面洞口面积计算
双层(一玻一纱)木门	1.36	
双层(单裁口)木门	2.00	
单层全玻木门	0.83	
木百叶门	1.25	

表 5-13　执行木窗定额工程量系数表

项目名称	系数	工程量计算方法
单层玻璃窗	1.00	按单面洞口面积计算
双层(一玻一纱)木窗	1.36	
双层框扇(单裁口)木窗	2.00	
双层框三层(两玻一纱)木窗	2.60	
单层组合窗	0.83	
双层组合窗	1.13	
木百叶门	1.50	

表 5-14　执行木扶手定额工程量系数表

项目名称	系数	工程量计算方法
木扶手(不带托板)	1.00	按延长米计算
木扶手(带托板)	2.00	
窗帘盒	2.04	
封檐板、顺水板	1.74	
挂衣板、黑板框、单独木线条 100mm 以外	0.52	
挂衣板、黑板框、单独木线条 100mm 以内	0.35	

表 5-15　执行其他木材面定额工程量系数表

项目名称	系数	工程量计算方法
木板、纤维板、胶合板天棚	1.00	长×宽
木护墙、木墙裙	1.00	
窗台板、筒子板、盖板、门窗套、踢脚线	1.00	
清水板条天棚、檐口	1.07	
木方格吊顶天棚	1.20	
吸音板墙面、天棚面	0.87	
暖气罩	1.28	
木间壁、木隔断	1.90	单面外围面积
玻璃间壁露明墙筋	1.65	
木栅栏、木栏杆(带扶手)	1.82	
衣柜、壁柜	1.00	按实刷展开面积
零星木装修	1.10	展开面积
梁柱饰面	1.00	展开面积

表 5-16 执行木地板定额工程量系数表

项目名称	系数	工程量计算方法
木地板、踢脚线	1.00	长宽
木楼梯(不包括底面)	2.30	水平投影面积

计算规则解读

木材面构件类型很多，定额中无法一一列出，只选取几种典型构件作为计算基础，分别执行单层木门定额、单层木窗定额、木扶手定额和其他木材面定额，规定其余构件经过与典型构件的制作消耗比较后乘以合适的系数获取工程量。

比如，图纸上设计了双层(一玻一纱)木门需做油漆，而定额中只列出了单层木门项目，并且已知单层木门工程量等于木门单面洞口面积(即门窗表上所给定的长和高的乘积)，因此可以根据定额规定，双层木门执行单层木门定额，其油漆工程量按单层木门的工程量乘以系数 1.36 计算即可，见表 5-12。

计算公式：木材面的工程量按照表 5-12～表 5-16 的相应的工程量计算方法乘以表内的系数。

【例 5.50】 如图 5.88 所示，某体育场馆现场新闻发布会议室双开门节点图，门洞尺寸为宽 1.2m×高 2.1m，墙厚 240mm，试根据计算规则，分别计算门套、门贴脸、门扇、门线条的油漆工程量。

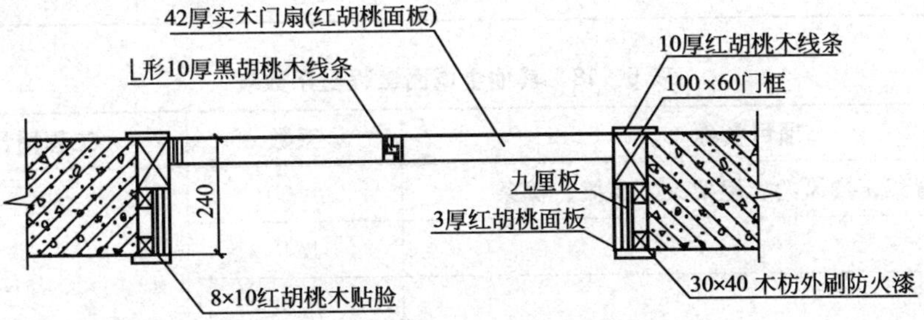

图 5.88 会议室双开门节点图

【解】 根据计算规则，计算如下。

$$门扇油漆工程量=1.2\times2.1=2.52(m^2)$$

$$门套油漆工程量=0.24\times(1.2+2.1\times2)=1.30(m^2)$$

$$贴脸油漆工程量=(1.2+2.1\times2)\times2\times0.35(系数)=3.78(m)$$

$$胡桃木油漆工程量=[(1.2+2.1\times2)+2.1\times2]\times0.35(系数)=3.36(m)$$

3) 金属构件油漆的工程量

计算规则：金属构件油漆的工程量按构件质量计算。

计算规则解读

装饰装修工程中金属构件油漆的工程量，是按设计图示构件的长度与其质量的乘积，得到构件重量或工程项目的各种面积等来计算的。

很多省市根据建筑工程定额的制定原则，确定了金属构件油漆相应的计算方法和工程量系数表，见表5-17～表5-19。

表5-17 单层钢门窗工程量系数表

项目名称	系数	工程量计算方法
单层钢门窗	1.00	洞口面积
双层(一玻一纱)钢门窗	1.48	
钢百页钢门	2.74	
半截百面钢门	2.22	
满钢门或包铁皮门	1.63	
钢折叠门	2.30	
射线防护门	2.96	框(扇)外围面积
厂库房平开、推拉门	1.70	
铁丝网大门	0.81	
间壁	1.85	长×宽
平板屋面	0.74	斜长×宽
瓦垄板层面	0.89	
排水、伸缩缝盖板	0.78	展开面积
吸气罩	1.63	水平投影面积

表5-18 其他金属面工程量系数表

项目名称	系数	工程量计算方法
钢屋架、天窗架、挡风架、屋架梁、支撑、檩条	1.00	质量(t)
墙架(空腹式)	1.48	
墙架(隔板式)	0.82	
钢柱、吊车梁、花式梁、柱、空花构件	0.63	
操作台、走台、制动梁、钢梁车挡	0.71	
钢栅栏门、栏杆、窗栅	1.71	
钢爬梯	1.18	
轻型屋架	1.42	
踏步式钢扶梯	1.05	
零星铁件	1.32	

计算公式：金属面油漆的工程量按照表5-17～表5-19所示的相应的工程量计算方法乘以表中的系数。

表 5-19 平板屋面涂刷磷化、锌黄底漆工程量系数表

项目名称	系数	工程量计算方法
平板屋面	1.00	斜长×宽
瓦垄板屋面	1.20	
排水、伸缩缝盖板	1.05	展开面积
吸气罩	2.20	水平投影面积
包镀锌铁皮门	2.20	洞口面积

【例 5.51】 如图 5.89 所示，某高校学生宿舍楼一楼装有防盗高窗扇，四周外框及两横档为 30×30×2.5 角钢，30 角钢 1.18kg/m，中间为 $\phi 8$ 钢筋，$\phi 8$ 钢筋为 0.395kg/m。试根据计算规则，计算其油漆工程量。

【解】 根据计算规则，窗栅油漆工程量计算如下。

(1) 30 角钢长度=2.1×2+1.2×4=9(m)

$\phi 8$ 钢筋长度=2.1×17=35.7(m)

(2) 质量=1.18×9+0.395×35.7=24.72(kg)

(3) 查表 5-18，窗栅油漆工程量=24.72×1.71=42.27(kg)=0.042t

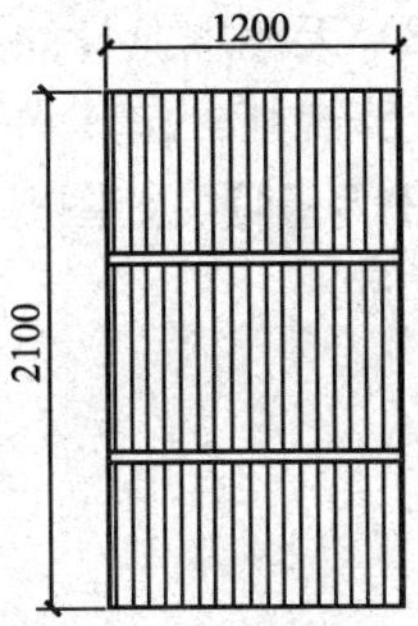

图 5.89 防盗窗窗栅立面图

4) 定额中的隔墙、护壁、柱、天棚木龙骨及木地板中木龙骨带毛地板，刷防火涂料的工程量

(1) 隔墙、护壁木龙骨。

计算规则：按其面层正立面投影面积计算。

【例 5.52】 如图 5.90 所示，某小区业主装修雅居，在室内增加了一堵隔墙，试根据计算规则，计算其墙面乳胶漆工程量。

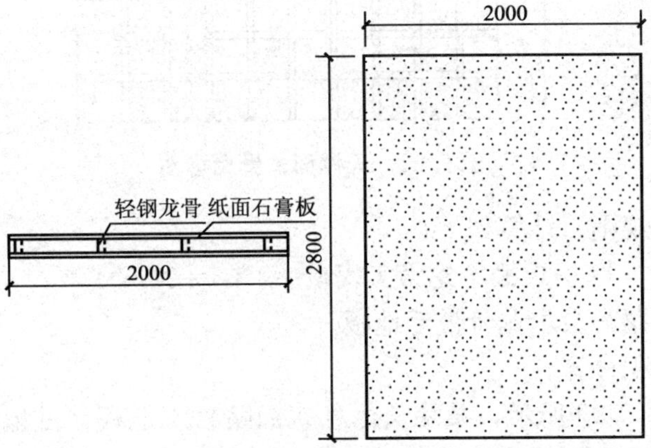

图 5.90 隔墙大样图

【解】 根据计算规则，计算如下。

乳胶漆工程量=2×2.8×2=11.2(m^2)

(2) 柱木龙骨油漆涂料。

计算规则：按其面层外围面积计算。

【例5.53】 如图5.91所示，计算某法院装饰柱面木龙骨防火涂料工程量。

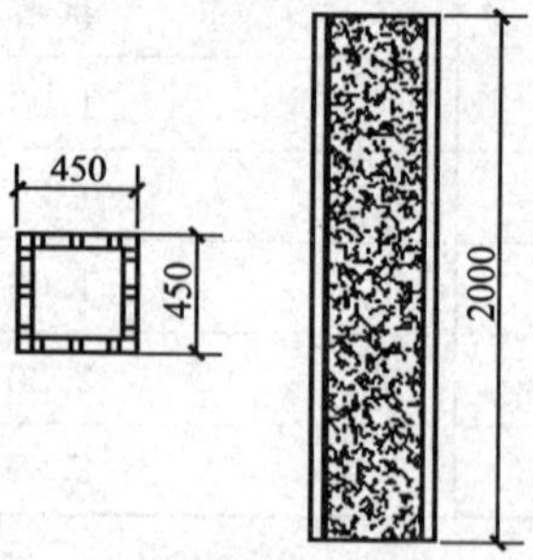

图5.91 装饰柱木龙骨大样图

【解】 根据计算规则，计算如下：

柱木龙骨工程量＝0.45×4×3＝5.4(m^2)

(3) 天棚木龙骨油漆涂料。

计算规则：按其水平投影面积计算。

【例5.54】 如图5.92所示，某工程装饰吊顶，试根据计算规则，计算其天棚面木龙骨工程量。

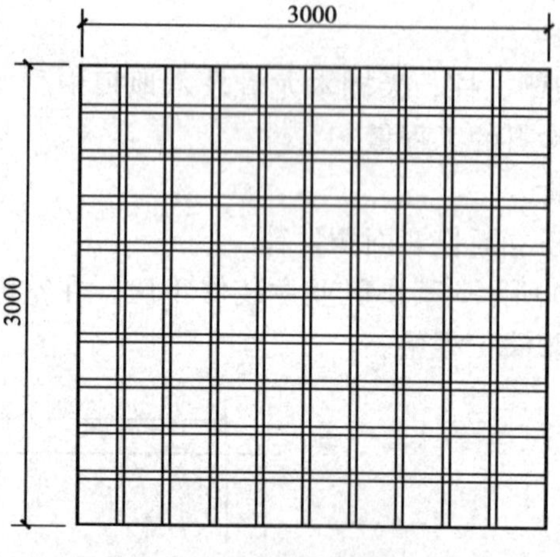

图5.92 天棚面龙骨大样图

【解】 根据计算规则，计算如下：

天棚木龙骨工程量＝3×3＝9(m^2)

(4) 木地板中木龙骨及木龙骨带毛地板。

计算规则：按面积计算。

【例5.55】 如图5.93所示，某院长休息室铺贴竹木地板，试根据计算规则，计算铺贴竹木地板所需喷刷防火涂料工程量。

【解】 根据计算规则，计算如下：

防火涂料工程量＝4.5×3＝13.5(m^2)

5) 隔墙、护壁、柱、天棚面层及木地板刷防火涂料

计算规则：隔墙、护壁、柱、天棚面层及木地板刷防火涂料的计算，执行其他木材面刷防火涂料相应子目。本条计算规则的工程量计算同楼地面、墙柱面、天棚面计算规则，

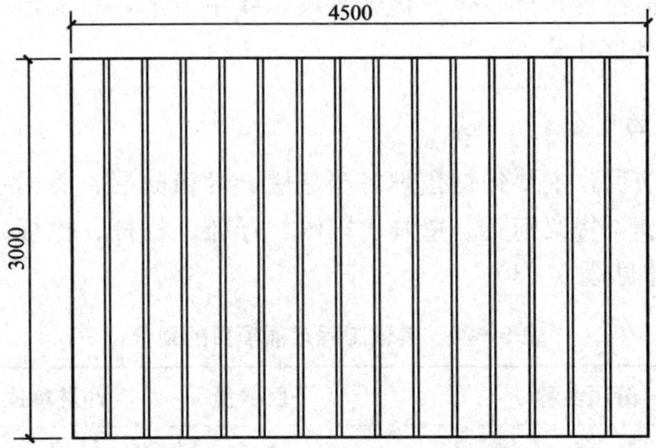

图 5.93 地板木龙骨大样图

执行其他木材面刷防火涂料相应子目，见表 5－15。

6）木楼梯刷油漆的工程量

计算规则：木楼梯(不包括底面)刷油漆按水平投影面积乘以系数 2.3，执行木地板相应子目，见表 5－16。

计算规则解读

(1) 木楼梯刷油漆的工程量不包括楼梯底面，楼梯底部工程量按展开面积计算。

(2) 木楼梯刷油漆的工程量包括楼梯踏面、梯面、休息平台、楼梯侧面等，为简化计算，定额规定其工程量的计算按楼梯水平投影面积乘以系数 2.3 计算。

计算公式：木楼梯刷油漆的工程量＝水平投影面积×2.3；木楼梯底面刷油漆的工程量＝楼梯底部工程量按展开面积。

木楼梯大样图如图 5.94 所示。

图 5.94 木楼梯大样图

5.3.7 其他工程计量

计算规则解读

其他工程是指与建筑装饰工程相关的招牌、美术字、装饰条、天棚线条、栏杆扶手等室内零星装饰和营业装饰性的柜类等工程。

由于其他工程的种类繁多，式样各异，因此其计算规则没有很明显的规律特征，一般计量单位根据计算的简便性作为参考，例如线条、扶手为米，柜面用平方米，复杂的柜体和五金等以物理计量单位计算等。

1. 其他工程项目的划分

其他工程的定额项目，主要包括招牌灯箱基层、灯箱面层、美术字安装、压条装饰线条、暖气罩、镜面玻璃、货架柜类、壁画、国画、浮雕、栏杆、栏板、扶手，其他共8节284个定额子目。具体见表5-20。

表5-20 其他工程定额项目的划分

序号	分项名称	子目数量	计量单位	实际列举名称
一	货架、柜台	25	m^2	略
二	家具	10	按实际定	
三	招牌、灯箱	26		
四	美术字	60		
五	压条、装饰线条			
1	金属装饰条	7		
2	木质装饰线条	12		
3	石材装饰线条	16		
4	其他装饰线条	6		
六	壁画、国画、浮雕	11		
七	栏杆、栏板、扶手			
1	栏杆、栏板	24		
2	扶手	22		
3	弯头	10		
4	靠墙扶手 、	5		
八	其他			
1	罗马柱安装	14		
2	夹板镂刻	4		
3	暖气罩制作安装	7		
4	镜面玻璃	7		
5	窗帘制作安装	4		
6	零星项目	14		
	合计	284		

2. 其他工程计算规则及应用

1）其他工程主要分类

(1) 货架、柜台。

① 柜台、展台、酒吧台、酒吧吊柜、吧台背柜按延长米计算。

② 货架、附墙木壁柜、附墙矮柜、厨房矮柜均按正立面的高(包括脚的高度在内)乘以宽以面积计算。

③ 收银台、试衣间以个计算。

(2) 家具。

家具是指独立的衣柜、书柜、酒柜等，不分柜子的类型，按不同部位以展开面积计算。

(3) 招牌、灯箱。

① 平面招牌基层按正立面面积计算，复杂形的凹凸造型部分亦不增减。

② 沿雨篷、檐口或阳台走向的立式招牌基层，按展开面积计算。

③ 箱体招牌和竖式标箱的基层，按外围体积计算。突出箱外的灯饰、店徽及其他艺术装潢等，均另行计算。

④ 灯箱的面层按展开面积计算。

⑤ 广告牌钢骨架以吨计算。

(4) 美术字。

美术字安装按字的最大外围矩形面积以个计算。

(5) 压条、装饰条。

压条、装饰条均按延长米计算。

(6) 壁画、国画、平面雕塑。

按图示尺寸，无边框分界时，以能包容该图案的最小矩形或多边形的面积计算。有边框分界时，按边框间面积计算。

(7) 栏杆、栏板、扶手。

① 栏杆、栏板、扶手均按其中心线长度以延长米计算，计算扶手时不扣除弯头所占长度。

② 弯头按个计算。

(8) 其他。

① 暖气罩(包括脚的高度在内)按边框外围尺寸垂直投影面积计算。

② 镜面玻璃安装以正立面面积计算。

③ 塑料镜箱、毛巾环、肥皂盒、金属帘子杆、浴缸拉手、毛巾杆安装以只或副计算。

④ 大理石洗漱台以台面投影面积计算(不扣除孔洞面积)。

⑤ 不锈钢旗杆以延长米计算。

⑥ 窗帘布制作与安装工程量以垂直投影面积计算。

2）具体计算规则解析

(1) 货架、橱柜类工程量。

计算规则：货架、柜橱类均以正立面的高(包括脚的高度在内)乘以宽，以平方米计算。

计算公式：货架、柜橱工程量＝柜长×柜宽。

【例 5.56】 如图 5.95 所示，某家居体验馆内一处鞋柜样品，试根据计算规则计算鞋柜工程量。

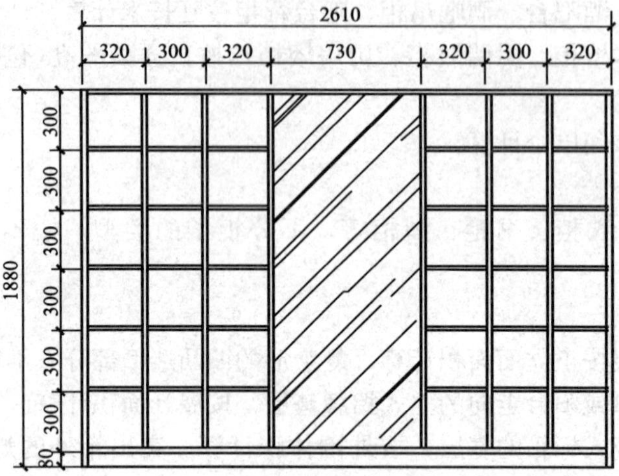

图 5.95 鞋柜样式图

【解】 根据计算规则，鞋柜制作工程量＝1.88×2.61＝4.91(m^2)

(2) 家具。

计算规则：由于装饰中家具千变万化，因此，一般基层制作可以套用延长米，面层饰面可以套用展开面积，根据不同的装饰施工节点图及定额消耗量，具体分析不同对待。例如收银台、试衣间等工程量可以以个计算，其他以延长米为单位计算，面层展开计算。

计算规则解读

(1) 规则中“收银台”“试衣间”按定额规定为木制。

(2) 规则中“其他”是指展台、酒吧台及酒店大堂收银台等。

(3) 货架、挂类面板拼花及饰面板上贴其他材料的花饰、造型艺术品另算。

【例 5.57】 如图 5.96 所示为某酒店大堂收银台上视图、剖面图及立面图，试计算收银台制作工程量(面层暂不算)。

【解】 根据计算规则，收银台工程量＝1.45＋4.5＝5.95(m)

基层和面层则可以展开计算。

(3) 招牌、灯箱工程量。

① 平面招牌基层计算规则：按正立面面积计算，复杂形的凹凸造型部分亦不增减，如图 5.97 所示。

【例 5.58】 如图 5.98 所示，某学校新建一处公告栏，试根据计算规则，计算其平面招牌的工程量。

【解】 根据计算规则，计算如下：

$$平面招牌基层工程量＝A\times B$$

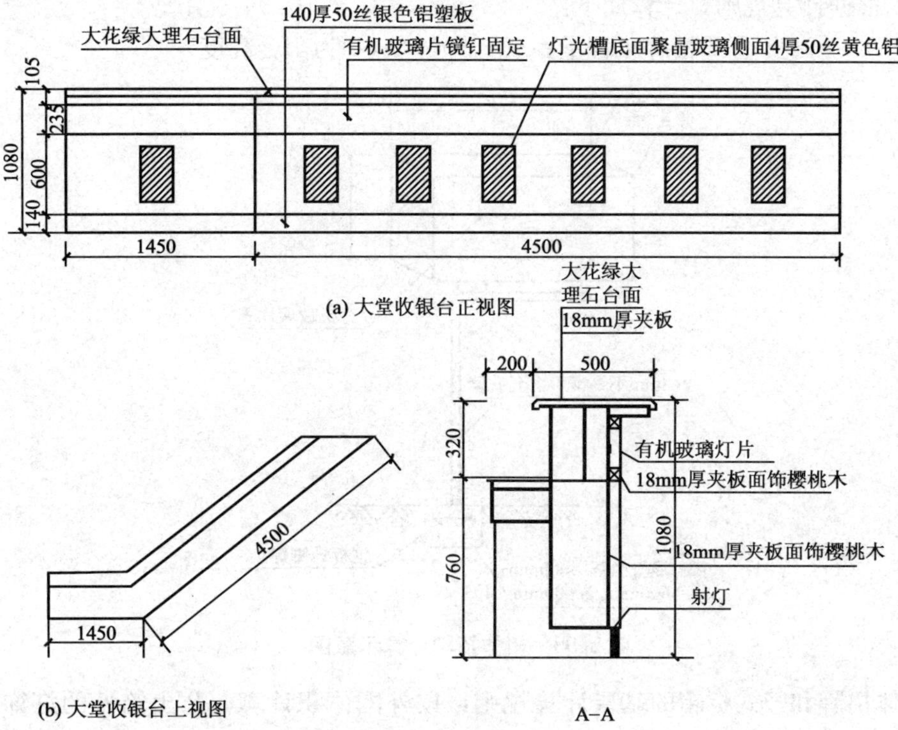

图 5.96 大堂收银台正视图

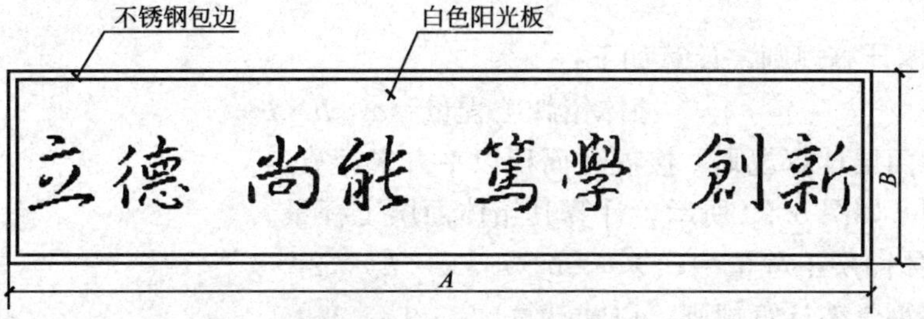

图 5.97 平面灯箱示意图

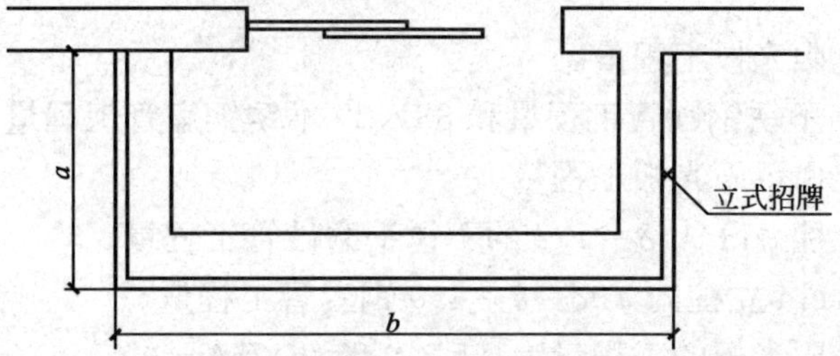

图 5.98 立式招牌示意图

② 沿雨篷、檐口或阳台走向的立式招牌基层计算规则：按平面招牌复杂形执行时，应按展开面积计算。

【例 5.59】 如图 5.99 所示，光谷西班牙风情街 D 座一处广告牌，试根据计算规则，计算其工程量。

【解】 根据计算规则，计算如下：

立式招牌工程量＝$(2a+b)\times h$（h 为阳台高度）

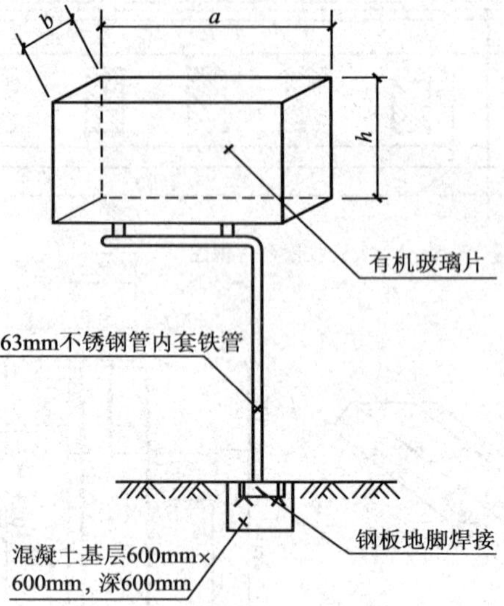

图 5.99 箱体招牌计算示意图

③ 箱体招牌和竖式标箱的基层计算规则：按外围体积计算，凸出箱外的灯饰、店徽及其他艺术装潢等均另行计算。

【例 5.60】 如图 5.99 所示，某街口处的一处广告显示牌，试根据计算规则，计算其箱体工程量。

【解】 根据计算规则，计算如下：

箱体招牌工程量＝$a\times b\times h$

④ 灯箱的面层计算规则：按展开面积以平方米计算。

【例 5.61】 如图 5.99 所示，计算其箱体面层工程量。

【解】 箱体面层工程量＝$(a\times b+b\times h+a\times h)\times 2$

⑤ 广告牌钢骨架计算规则：以吨计算。

【例 5.62】 如图 5.100 所示，已知钢管相对密度为 7.85g/cm^3，试计算以下各工程量：

① 计算顶棚黑色阳光板工程量。

② 计算顶棚 ϕ50 不锈钢圆管工程量和 38×25 不锈钢扁管工程量。

③ 计算广告牌乳白色阳光板工程量。

④ 计算广告牌立柱 ϕ114，δ＝1.2 的不锈钢磨砂管工程量。

⑤ 计算广告牌 ϕ114 立柱内 ϕ98，δ＝4.0 钢套管工程量。

【解】 ① 黑双色阳光板的工程量＝1.5×4.5＝6.75(m^2)

② 钢管相对密度为 7.85g/cm^3＝7850(kg/m^3)

ϕ50 不锈钢管工程量＝4.5×2×3.14×0.05×0.0012×7850＝13.31(kg)

38×25 不锈钢扁管工程量＝(4.5×2＋1.3×7)×(0.038＋0.025)

×2(方管周长)×0.0012(厚)×7850

＝21.48(kg)

③ 乳白色阳光板工程量＝1.5×3.48×2＝10.44(m^2)

④ 立柱 ϕ114，δ＝1.2 的不锈钢磨砂管工程量＝2.6×2×3.14×0.114×0.0012×7850＝17.53(kg)

⑤ ϕ98，δ＝4.0 钢套管工程量＝2.3×2 根×3.14×0.098×0.004×7850＝44.45(kg)

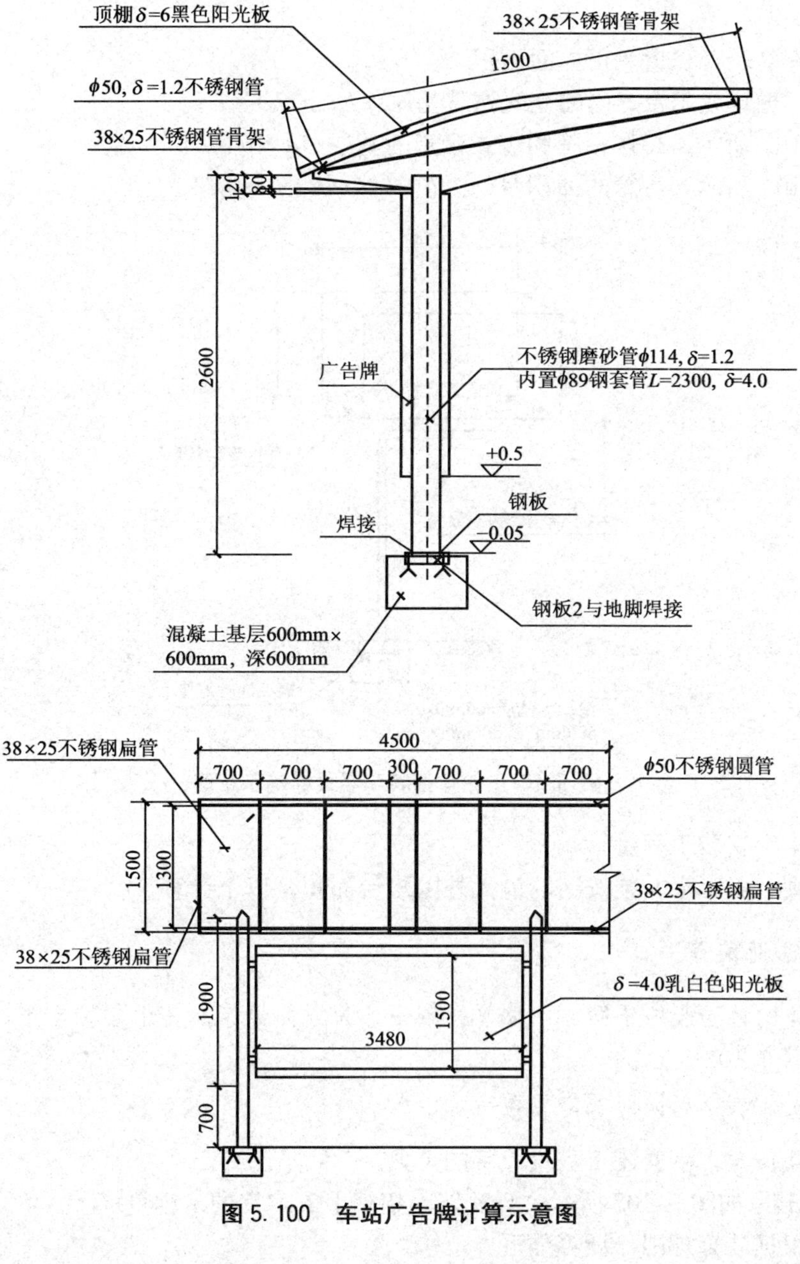

图 5.100 车站广告牌计算示意图

计算规则解读

(1) 平面招牌是指安装在门前的墙面上的招牌；箱体招牌、竖式标箱是指六面体固定在墙面上的招牌；沿雨篷、檐口、阳台走向的立式标牌，按平面标牌复杂项目执行，计算工程量时应将招牌的各个面展开。

(2) 定额项目是按一般招牌和矩形招牌、复杂招牌和异形招牌编制的，一般招牌和矩形招牌是指正立面平整无凸面的招牌，复杂招牌和异形招牌是指正立面有凸凹的造型，计算工程量时应分开。

(3) 招牌的灯饰需另算。

计算公式：

平面招牌基层工程量＝正立面面积。

沿雨篷、檐口或阳台走向的立式招牌基层＝$(a+2b)\times h$。

如图 5.101 所示，箱体招牌和竖式标箱的基层＝$a\times b\times h$。

如图 5.101 所示，灯箱的面积＝$(a\times b+b\times h+a\times h)\times 2$。

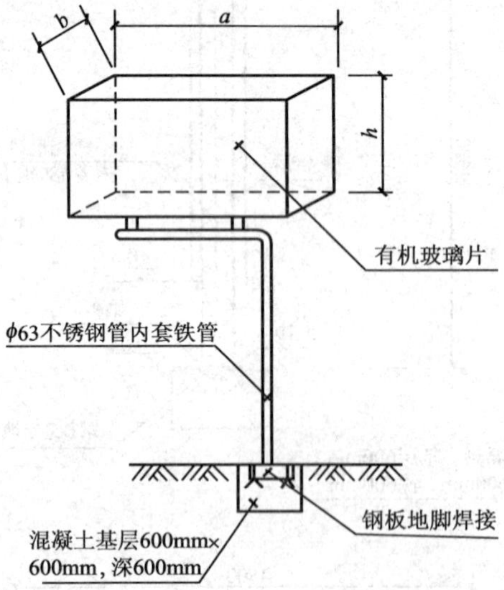

图 5.101　箱体招牌和竖式标箱示意图

(4) 美术字安装工程量。

计算规则：美术字安装按字的最大外围矩形面积，以个计算。

计算规则解读

(1) 字体的笔画长短不同，字体样式较多，为方便计算，美术字按字形的最大覆盖尺寸计算，如图 5.102 所示。

(2) 美术字均以成品安装固定为准。

计算公式：美术字安装工程量＝字的个数。

【例 5.63】 如图 5.102 所示，计算墙面招牌上美术字的工程量。

【解】 根据计算规则，计算如下：

墙面招牌上美术字工程量＝4 个$(A\times B)$

(5) 压条、装饰线条工程量。

计算规则：压条、装饰线条均按延长米计算。

计算公式：压条、装饰线条工程量＝图示长度。

【例 5.64】 如图 5.103 所示，计算墙裙上英国棕木线条工程量。

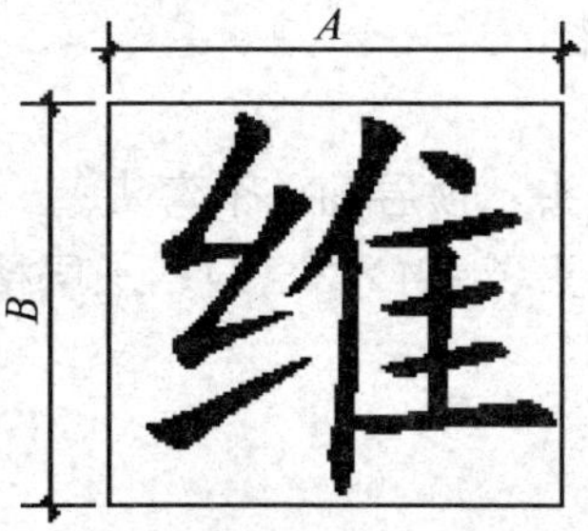

(a) 美术字最大外围尺寸示意图

(b) 美术字个数示意图

图 5.102 美术字最大外围尺寸及个数示意图

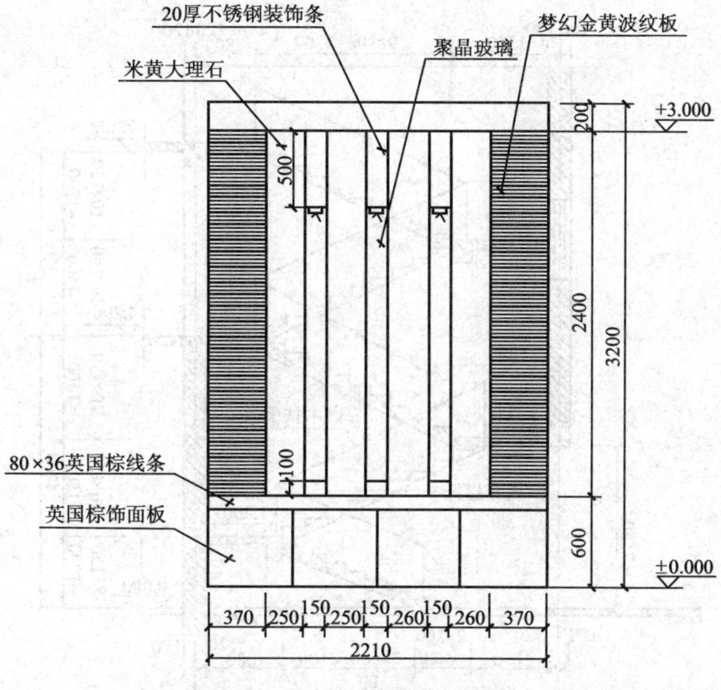

图 5.103 某服务台背景立面图

【解】 根据计算规则，80×36 英国棕木线条工程量＝2.21(m)

(6) 栏杆、栏板、扶手工程量。

① 栏杆、栏板、扶手。

计算规则：栏杆、栏板、扶手均按其中心线长度以延长米计算，计算扶手时不扣除弯头所占长度。

计算公式：楼梯栏杆、栏板、扶手工程量＝[每层水平投影长度×(层数－1)＋顶层水平投影]×斜长系数。

【例 5.65】 计算(图 5.104)中楼梯的铁花杆及硬木扶手工程量。

【解】 楼梯踏步斜长系数$=\dfrac{\sqrt{0.3^2+0.15^2}}{0.3}=1.118$

铁花栏杆工程量＝ [2.1＋(2.1＋0.6)＋0.3×9＋0.3×10＋0.3×10]
×1.118＋0.6＋(1.2＋0.06)＋0.06×4＝15.093＋0.6＋1.26＋0.24
＝17.19(m)

$$硬木扶手工程量=17.19(m)(同栏杆长)$$

② 弯头。

计算规则：楼梯栏杆弯头按个计算，一个拐弯计算两个弯头，顶层加一个弯头。

分析：一层楼梯 3 个弯头(3=4×1−1)；二层楼梯 7 个弯头(7=4×2−1)；三层楼梯 11 个弯头(11=4×3−1)。则楼梯弯头的计算公式为：

$$楼梯弯头=4\times n-1$$

式中　n——楼梯层数。

【例 5.66】 计算例 5.65 图 5.104 中楼梯弯头的工程量。

【解】 硬木弯头工程量：1×5=5(个)

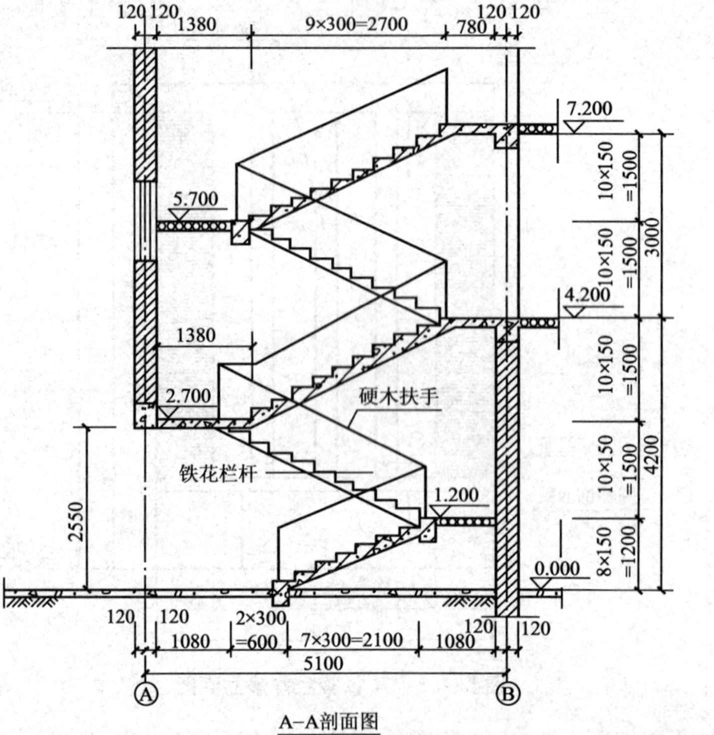

A–A剖面图

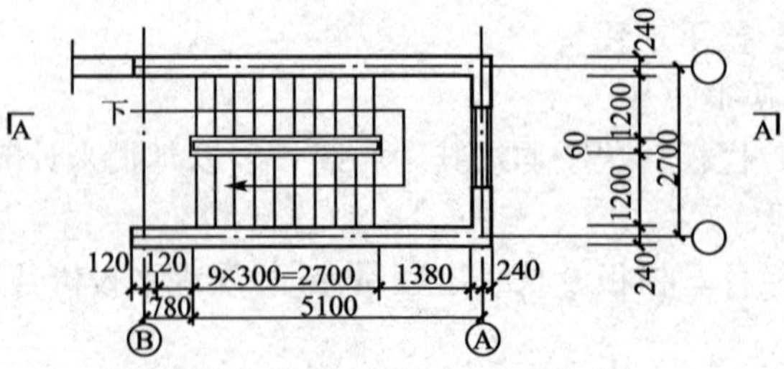

楼梯间平面图

图 5.104　楼梯示意图

(7) 其他工程量。

① 暖气罩工程量。

计算规则：暖气罩(包括脚的高度在内)按边框外围尺寸垂直投影面积计算。

计算规则解读

暖气罩有挂板式、平墙式、明式、半凸半凹式。挂板式是指钩挂在暖气片上；平墙式是指凹入墙内的暖气罩；明式是指凸出墙面的暖气罩；半凸半凹式是指一部分在墙内、一部分在墙面外的暖气罩。无论哪种形式，都是以暖气罩边框外围图示尺寸垂直投影面积计算。

计算公式：暖气罩工程量$=a\times b$（a、b 表示暖气罩的图示长宽尺寸）。

【例 5.67】 如图 5.105 所示为某酒店豪华包房内墙面装饰，计算暖气罩工程量。

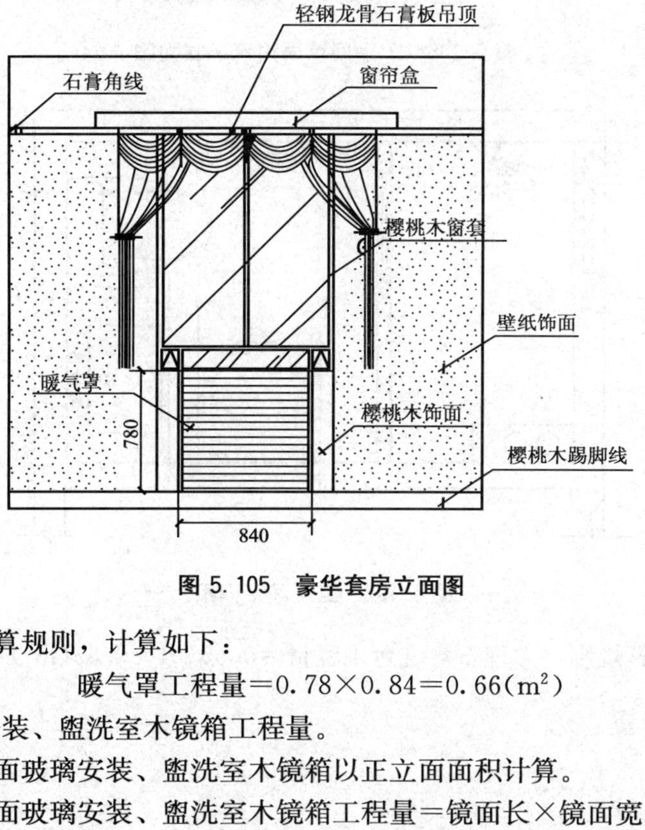

图 5.105 豪华套房立面图

【解】 根据计算规则，计算如下：

$$暖气罩工程量=0.78\times0.84=0.66(\mathrm{m}^2)$$

② 镜面玻璃安装、盥洗室木镜箱工程量。

计算规则：镜面玻璃安装、盥洗室木镜箱以正立面面积计算。

计算公式：镜面玻璃安装、盥洗室木镜箱工程量＝镜面长×镜面宽。

【例 5.68】 如图 5.106 所示，某餐厅卫生间立面图，试根据计算规则，计算其银镜工程量。

【解】 根据计算规则，计算如下：

$$银镜玻璃安装工程量=0.8\times1.8=1.44(\mathrm{m}^2)$$

③ 塑料镜箱、毛巾环、肥皂盒、金属帘子杆、浴缸拉手、毛巾杆安装，不锈钢旗杆，大理石盥洗台工程量。

计算规则：塑料镜筒、毛巾环、肥皂盒、金属帘子杆、浴缸拉手、毛巾杆安装以只或副计算。不锈钢旗杆以延长米计算。大理石盥洗台以台面投影面积计算(不扣除孔洞面积)。

【例 5.69】 如图 5.107 所示为某总统套房卫生间平面图，试根据计算规则，计算其盥洗台工程量。

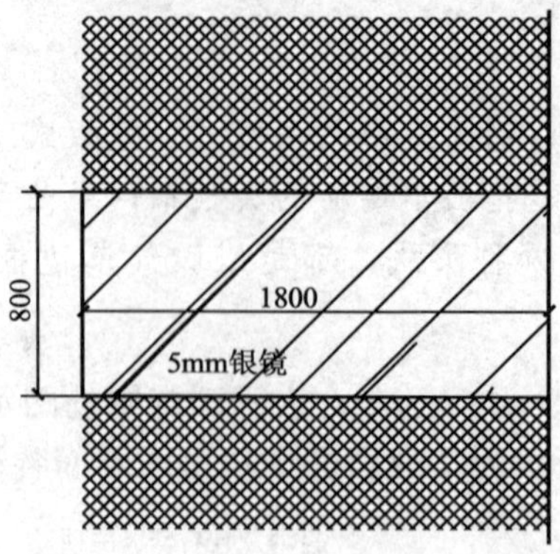

图 5.106　卫生间墙面银镜正立面图

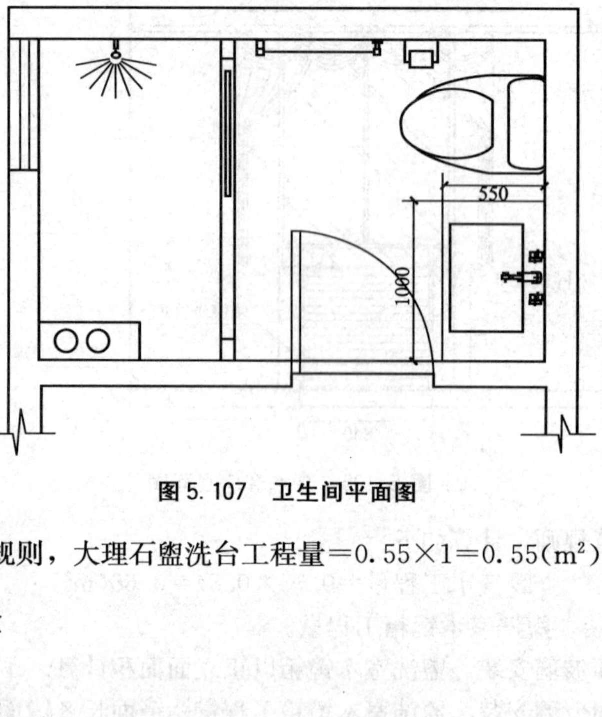

图 5.107　卫生间平面图

【解】 根据计算规则，大理石盥洗台工程量＝0.55×1＝0.55(m^2)

5.3.8　拆除工程计量

计算规则解读

拆除工程是指一般工业与民用建筑装饰装修工程的修缮、改建工程。

需要注意的是，对于工业与民用建筑的主体及部分结构的拆除，不能按照此规则计量和计价，需执行建筑工程爆破类的计算规则。

1. 拆除工程项目的划分

拆除工程的定额项目，主要包括楼地面铲除，天棚、墙面、门窗等铲除，封洞、凿槽共3节54个定额子目。具体见表5-21。

2. 计算规则解读

(1) 铲除饰面面层以实际铲除面积计算。

(2) 天棚的铲除按照水平投影面积计算，不扣除室内柱子所占的面积。

表 5-21 拆除工程定额项目的划分

序号	分项名称	子目数量	计量单位	实际列举名称
一	楼地面等铲除	24	m^2	地面砖铲除
二	天棚、墙面、门窗等铲除	27	m^2 或另定	天棚吊顶拆除
三	封洞、凿槽	3	另定	
	合计	54		

(3) 地面面层的拆除按面积计算，踢脚板的拆除并入地面面积内。

(4) 木楼梯的拆除按水平投影面积计算。

【例 5.70】 如图 5.108 所示为某格栅天棚吊顶图，试根据计算规则，计算其吊顶拆除工程量。

【解】 根据计算规则，吊顶拆除工程量＝5.70×3.40＝19.38(m^2)

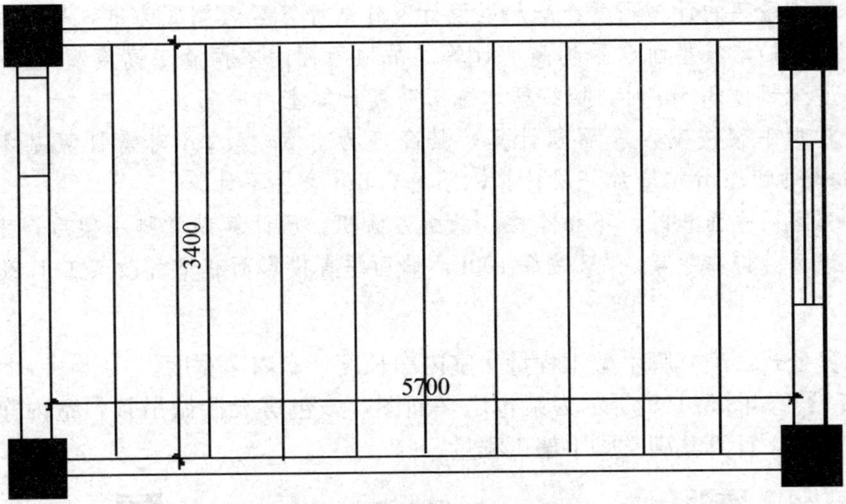

图 5.108 某格栅吊顶示意图

5.4 装饰工程施工技术措施项目计量计价

引 言

分部分项工程计量学习完成后，还有一部分不属于分部分项工程的内容，但又可以通过具体图纸上的数据，用相应计算规则来计算的部分，例如在铺贴外墙砖时，需要计算脚手架的工程量、垂直运输的工程量等，我们通常称之为施工技术措施项目，这在第 6 章中还会学习到。在此我们同样需要掌握其计算规则的应用。

计算规则解读

装饰定额中技术措施项目主要包括装饰装修脚手架工程、垂直运输工程及成品保护工程三部分。

其中装饰脚手架工程包括4个分项10个定额子目，垂直运输工程包括2个分项19个定额子目，成品保护工程包括9个定额子目。

1. 装饰装修脚手架工程量计算规则及应用

1）满堂脚手架工程量

（1）计算规则：满堂脚手架，按实际搭设的水平投影面积计算，不扣除附墙柱、垛所占面积，其基本层高以3.6m以上至5.2m为准。凡超过3.6m且在5.2m以内的天棚抹灰及装饰装修，应计算满堂脚手架基本层，层高超过5.2m时，每超过1.2m计算一个增加层，增加层的层数=(层高−5.2m)/1.2m，按四舍五入取整数。室内凡计算了满堂脚手架者，其内墙面粉饰不再计算粉饰架，只按每100m² 墙面垂直投影面积增加改架工1.28工日。

计算规则解读

（1）室内天棚装饰面距设计室内地坪在3.6m以上时，可计算满堂脚手架。

（2）满堂脚手架的计算高度：底层以设计室外地坪算至天棚底为准，楼层以楼面至天棚底为准(即净高)，斜屋面以平均高度计算。吊顶天棚的木楞施工高度超过3.6m，而天棚面层的高度未超过3.6m时，应按楞木施工高度计算室内净高。

（3）满堂脚手架按室内净面积计算，其高度为3.6～5.2m时需计算基本层。超过5.2m时，每增加1.2m按增加一层计算，不足0.6m舍去不计。

（4）计算室内净面积时，不扣除柱、垛所占面积。已计算满堂脚手架后，室内墙面装饰不再计算墙面装饰脚手架。“只按每100m² 墙面垂直投影面积增加改架工1.28工日”在单价中处理。

（2）计算公式：满堂脚手架工程量=室内净长度×室内净宽度。

【例5.71】 如图5.109所示为某包房平面图，该包房天棚做吊顶，室内净高4.2m，试根据计算规则，计算其满堂脚手架工程量。

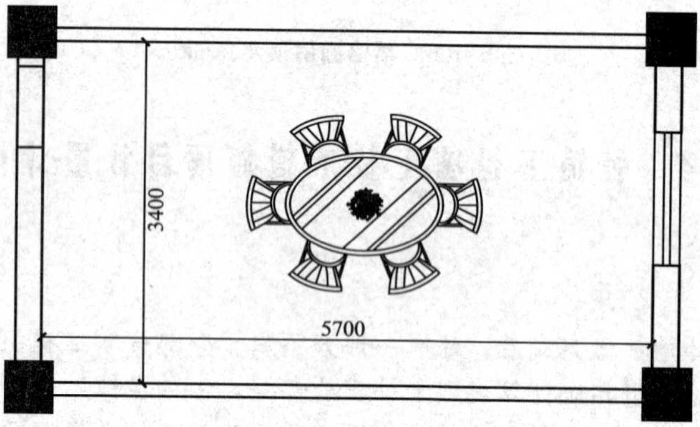

图5.109 包房平面图

【解】 根据计算规则，计算如下：

$$满堂脚手架工程量=3.4\times5.7=19.38(m^2)$$

【例5.72】 图5.109若是一共享空间，其吊顶净高为9.2m，试计算其满堂脚手架。

【解】 根据计算规则，计算如下：

满堂脚手架基本层工程量 $=3.4\times5.7=19.38(m^2)$

增加层计算如下：

(9.2−5.2)÷1.2=3(增加层)余 0.4m，则按照 3 个增加层计算，0.4m 舍去不计。

2）装饰装修外脚手架

(1) 计算规则：装饰装修外脚手架按外墙的外边线乘以墙高以面积计算，不扣除门窗洞口的面积。同一建筑物各面墙的高度不同，且不在同一定额步距内时，应分别计算工程量。定额中所指的檐口高度 5～45m 以内，是指建筑物自设计室外地坪面至外墙顶点或构筑物顶面的高度。

计算规则解读

(1) 外墙装饰不能利用主体脚手架施工时，可计算外墙装饰脚手架。

(2) 外墙装饰脚手架按设计外墙装饰面积计算，即外墙外边线乘以墙高以面积计算，不扣除门窗洞口的面积。

(3) 在《全统定额》的计算规则中，“同一建筑物各面墙的高度不同，且不在同一定额步距内”工程量应分别计算。其中“步距”指同类一组定额之间的间距，见表 5－22。该组定额分为四个步距：檐高 10m、20m、30m、40m 以内。

例如，某建筑物的一面外墙高度为 8m，另一面为 10m，还有一面墙高度为 15m，根据表 5－22 定额步距的划分，计算这三面外墙装饰脚手架时，可按照定额表中檐高“10m 以内”和“20m 以内”两个不同步距分为两部分进行计算，一部分为“8m”高外墙脚手架，另一部分为“12m”和“15m”高脚手架。

表 5－22 装饰装修脚手架

定额编号				7－001	7－002	7－003	7－004
项目				装饰装修外脚手架(檐高在 m 以内)			
名称		单位	代码	10	20	30	40
人工	综合人工	工日	000001	0.0463	0.0613	0.0895	0.1021
材料	铁件	kg	AN5390	0.0065	0.0058	0.0696	0.0707
	安全网	m^2	AQ0870	0.0145	0.0132	0.0172	0.0264
	回转扣件	kg	AS0160	0.0027	0.0051	0.0078	0.0120
	对接扣件	kg	AS0171	0.0160	0.0307	0.0470	0.0733
	直角扣件	kg	AS0180	0.0527	0.1014	0.1553	0.2416
	脚手架底座	kg	AS0280	0.0015	0.0015	0.0015	0.0015
	脚手架板	m^2	CC0210	0.0115	0.0181	0.0249	0.0359
	焊接钢管	kg	EA0131	0.1045	0.1890	0.2826	0.4331
	防锈漆	kg	HA0471	0.0113	0.0217	0.0324	0.0495
	其他材料费(占材料费)	%	AW0022	9.0500	6.3100	4.2300	3.7700
机械	载重汽车 6t	台班	TM0101	0.0004	0.0005	0.0006	0.0011

(2) 计算公式：外墙装饰脚手架工程量＝外墙装饰面长度×装饰面高度。

【例5.73】 如图5.110所示为某酒店外墙面装饰，试根据计算规则，计算其脚手架工程量。

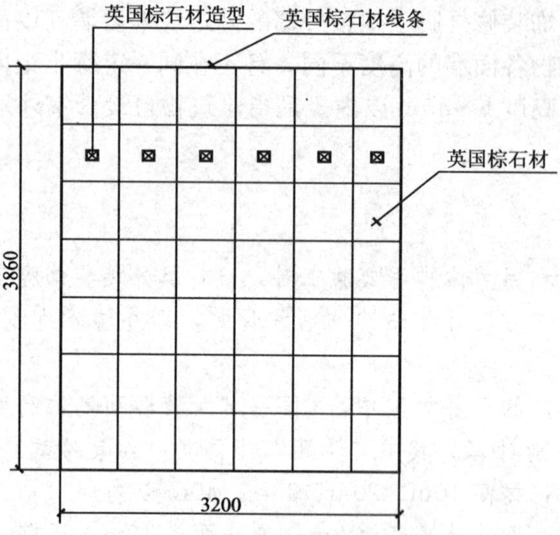

图5.110 花岗岩外墙装饰立面图

【解】 根据计算规则，计算如下：

$$外墙面脚手架工程量=3.2\times3.86=12.35(m^2)$$

3) 利用主体外脚手架改变其步高作外墙面装饰架及独立柱的工程量

(1) 计算规则：利用主体外脚手架改变其步高作外墙面装饰架时，按每100m^2外墙面垂直投影面积，增加改架工1.28工日；独立柱按每柱周长增加3.6m乘柱高套用装饰装修脚外脚手架相应高度的定额。

计算规则解读

(1) “利用主体外脚手架改变其步高作外墙面装饰架时”，装饰部分的外墙脚手架工程量不再另算，“每100m^2外墙面垂直投影面积增加改架工1.28工日”。

(2) “独立柱按每个柱周长增加3.6m”是指柱的图示结构外围尺寸每边增加“0.9m”。

(2) 计算公式：利用主体外脚手架改变其步高作外墙面装饰架工程量＝外墙装饰脚手架工程量；独立柱脚手架的工程量＝(柱周长＋3.6)×柱高。

【例5.74】 如图5.111所示3m高独立柱柱面贴花岗岩，计算其脚手架工程量。

【解】 脚手架工程量$=(1.0\times4+3.6)\times3=22.8(m^2)$

4) 内墙面粉饰脚手架

(1) 计算规则：内墙面粉饰脚手架，均按内墙面垂直投影面积计算，不扣除门窗洞口的面积，如果计算了满堂脚手架，内墙面粉饰脚手架不需另行计算。

(2) 计算公式：内墙装饰脚手架工程量＝内墙净长度×设计净高。

【例5.75】 如图5.112所示为某办公楼一楼墙面图，其石材装饰墙面净长为32m。试

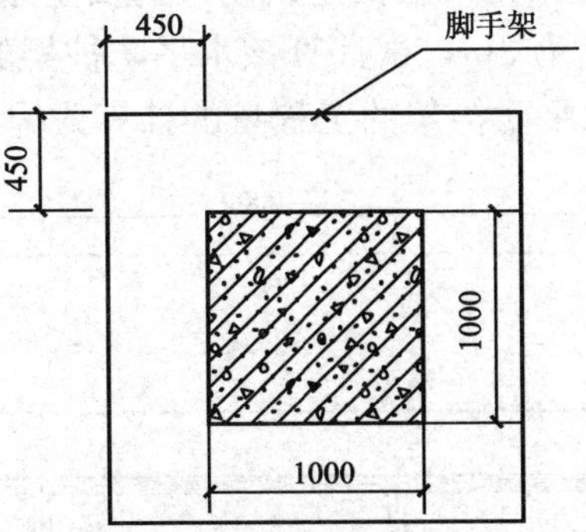

图 5.111　独立柱脚手架示意图

根据计算规则，计算其内墙装饰脚手架工程量。

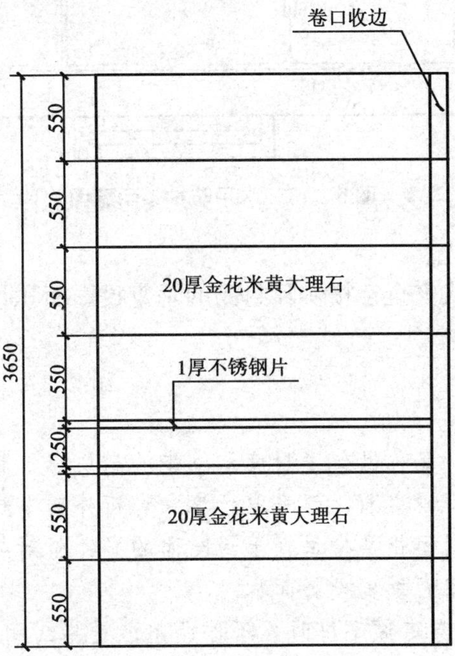

图 5.112　办公楼外立面装饰图

【解】 根据计算规则，计算如下：

内墙装饰脚手架工程量＝32×3.65＝116.8(m^2)

5）安全过道脚手架的工程量

(1) 计算规则：安全过道按实际搭设的水平投影面积(架宽×架长)计算。

计算规则解读

安全过道脚手架是沿水平方向在一定高度搭设的脚手架，上面满铺脚手板，下面可为人行通道、车辆通道等通道。搭设水平防护架的目的主要为防止建筑物上材料落下伤人，多为临街一面或建筑物的一些主要通道搭设的，按水平投影面积计算。

(2) 计算公式：安全通道脚手架的工程量＝脚手板的长×脚手板的宽。

【例 5.76】 如图 5.113 所示为某临街建筑物，为安全施工沿街面搭设了一排水平防护架，脚手板长度为 10m，宽度为 3m，试计算该水平防护架的工程量。

【解】 根据计算规定，水平防护架的工程量的计算式为：$3\times10=30(m^2)$

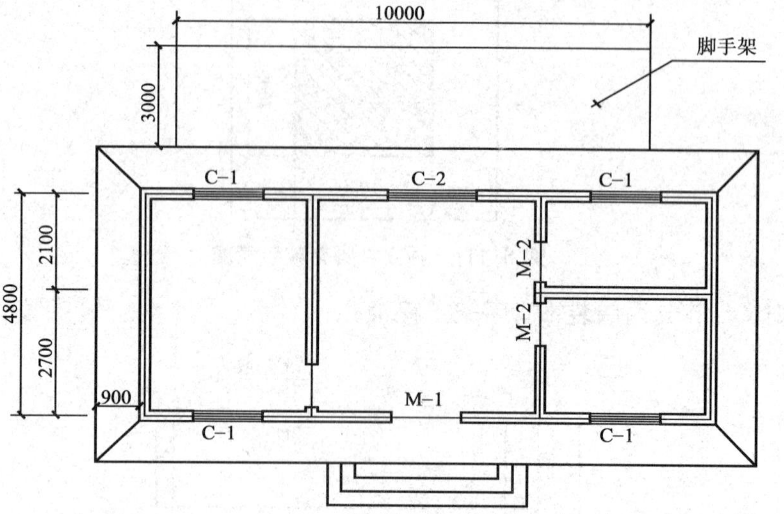

图 5.113 水平防护架示意图

6）封闭式安全笆工程量

（1）计算规则：封闭式安全笆按实际封闭的垂直投影面积计算。实际用封闭材料与定额不符时，不作调整。

计算规则解读

（1）建筑物垂直封闭：又称做架子封席。临街的高层建筑物施工中，为防止建筑材料及其物品坠落伤及行人或妨碍交通，而采取竹席来进行外架全封闭。

（2）封闭面的垂直投影面积是指垂直于封闭面的光线照射封闭面，在封闭面背光方向留下的阴影部分面积为封闭面垂直投影面积。

（3）“实际用封闭材料与定额不符时，不作调整”是指封闭式安全笆单价上不作调整。

（2）计算公式：封闭式安全笆工程量=封闭面的投影长度×垂直投影高度。

7）斜挑式安全笆工程量

（1）计算规则：斜挑式安全笆按实际搭设的(长×宽)斜面面积计算。

计算规则解读

斜挑式安全笆是指从建筑物内部挑伸出的一种脚手架，称为挑脚手架，常用于外墙面的局部装修，如腰线、花饰等装修。挑脚手架由挑梁(或挑架)和多立杆式外脚手架组成。

（2）计算公式：挑出式安全网工程量=挑出总长度×挑出的水平投影宽度。

8）满挂安全网的工程量

（1）计算规则：满挂安全网按实际满挂的垂直投影面积计算。

计算规则解读

安全网是建筑工人在高空进行建筑施工、设备安装时，在其下或其上设置的防止操作人员受伤或材料掉落伤人的棕绳网或尼龙网。

(2) 计算公式：满挂安全网的工程量＝实挂长度×实挂高度。

2. 垂直运输工程量计算规则及应用

1) 垂直运输子目界定

计算规则解读

(1) 建筑物垂直运输以建筑物的檐高及层数两个指标划分定额子目。凡檐高达到上一级而层数未达到时，以檐高为准；如层数达到上一级而檐高未达到时，以层数为准。

(2) 建筑物檐高系指建筑物自设计室外地面标高至檐口滴水标高。无组织排水的滴水标高为屋面板顶，有组织排水的滴水标高为天沟板底。

建筑物层数指室外地面以上自然层(含 2.2m 设备管道层)。地下室和屋顶有围护结构的楼梯间、电梯间、水箱间、塔楼、望台等，计算建筑面积，不计算高度、层数。

(3) 建筑物垂直运输 1～6 层(檐高 20m 以内)、7～8 层(檐高 20～28m)按卷扬机施工。9 层及其以上(檐高 28m 以上)时，按室外施工电梯施工。

(4) 7～8 层(檐高 20～28m)的高层建筑垂直运输及超高增加费子目只包含本层，不包含 1～6 层(檐高 20m 以内)。当套用了 7～8 层(檐高 20～28m)高层建筑垂直运输及超高增加费子目时，余下地面以上的建筑面积还应套用 6 层以内(檐高 20m 以内)建筑物垂直运输子目。

超高增加费是指 6 层以上(檐高 20m 以上)人工工日、机械等的增加费。

(5) 9 层及其以上(檐高 28m 以上)的高层建筑垂直运输及超高增加费子目是指除包含本层及以上外，还包含 7～8 层(檐高 20～28m)和 1～6 层(檐高 20m 以内)。当套用了 9 层及以上(檐高 28m 以上)高层建筑垂直运输及超高增加费子目时，余下地面以上的建筑面积不再套用 7～8 层(檐高 20～28m)和 6 层以内(檐高 20m 以内)的建筑物垂直运输子目。

(6) 建筑物地下室(含半地下室)、高层范围外的 1～6 层且檐高 20m 以内裙房面积(不区分是否垂直分割)，应套用 6 层以内(檐高 20m 以内)建筑物垂直运输子目。

2) 高层建筑垂直运输及超高增加费计算

计算规则解读

1. 一般规则

檐高 20m 以内的建筑物垂直运输、高层建筑垂直运输及超高增加费工程量按建筑面积计算。

2. 檐高 20m 以内建筑物垂直运输

当建筑物层数在 6 层以下且檐高在 20m 以内时，按 6 层以下的建筑面积之和计算工程量，包括地下室和屋顶楼梯间等建筑面积。

3. 高层建筑垂直运输及超高增加费

(1) 建筑物在6层以上或檐高在20m以上者，均可计取垂直运输及超高增加费。檐高在20m以上时，以建筑物檐高与20m之差，除以3.3m(余数不计)为超高折算层层数[除本条(5)、(6)款外]，乘以按本条第3款计算的折算层面积，计算工程量。

(2) 当上层建筑面积小于下层建筑面积的50%时，应垂直分割为两部分计算。层数(或檐高)高的范围与层数(或檐高)低的范围分别按本条第(1)款规则计算。

(3) 当上层建筑面积大于等于下层建筑面积的50%时，则按本条第(1)款规定计算超高折算层层数，建筑物楼面高度20m及以上实际层数面积的算术平均值为折算层面积，乘以超高层层数，计算工程量。

(4) 当建筑物檐高在20m以下，而层数在6层以上时，以6层以上建筑面积套用7～8层子目，剩余6层以下(不含第6层)的建筑面积套用檐高20m以内子目。

(5) 当建筑物檐高超过20m，但未达到23.3m时，则无论实际层数为多少，均以最高一层建筑面积(含屋面楼梯间、机房等)套用7～8层子目，剩余6层以下(不含第6层)的建筑面积套用檐高20m以内子目。

(6) 当建筑物檐高在28m以上，但未超过29.9m，或檐高在28m以下但层数在9层以上时，按3个超高折算层和本条第(3)款计算的折算层面积相乘计算工程量，套用9～12层子目，余下建筑面积不计。

3) 垂直运输工程量计算及注释

装饰工程垂直运输费的工程量，按照装饰工程的总用工量来计算，具体如下。

(1) 单层建筑物。

单层建筑物垂直运输台班＝$\sum$装饰装修项目的定额用工量×工程量×按檐口高度选定的定额台班消耗量。

(2) 多层建筑物。

多层建筑物垂直运输台班＝$\sum$装饰装修项目的定额用工量×工程量×按檐口高度和垂直运输高度选定的定额台班消耗量。

(3) 计算规则。

装饰装修楼层(包括楼层所有装饰装修工程量)区别不同垂直运输高度(单层建筑物系檐口高度)按定额工日分别计算。

地下层超过二层或层高超过3.6m时，计取垂直运输费，其工程量按地下层全面积计算。

(4) 规则说明。

① 垂直运输高度：设计室外地坪以上部分是指室外地坪至相应楼面的高度；设计室外地坪以下的部分是指室外地坪至相应地(楼)面的高度。

② 檐口高度3.6m以内的单层建筑物，不计算垂直运输机械费。

③ 带一层地下室的建筑物，若地下室垂直运输高度小于或等于3.6m时，则地下室不计算垂直运输高度。“地下层超过二层或层高超过3.6m时”需要计算垂直运输费。

④ 垂直运输是按20m(6层)以内编制的，超过时应计取超高增加费。

4) 超高增加费计算及注释

(1) 计算规则。

装饰装修楼面(包括楼层所有装饰装修工程量)区别不同的垂直运输高度(单层建筑物系檐口高度)以人工费和机械费之和按元计算。

(2) 规则说明。

①“建筑物超高”是指建筑物的设计檐口高度超过定额规定的极限高度(即檐高 20m 以上),并且檐口高度在 20m 以上的单层或多层建筑物均可计算超高增加费。

② 檐高是指设计室外地坪至檐口的高度。凸出主体建筑屋顶的电梯间、水箱等不计入檐高之内。

③ 同一建筑物有不同檐高时,按不同高度的建筑面积,分别按相应项目计算。

④ 超高增加费是以人工降效和机械降效之和来计算的。其费用包括工人上下班降低功效、上楼工作前休息及自然休息增加的时间,从而增加的人工费;由于人工降效引起的机械降效。

(3) 计算公式:超高增加费=(人工费+机械费)×人工、机械降效系数。

3. 装饰装修成品保护工程量计算规则及应用

(1) 项目成品保护,具体包括楼地面、楼梯、台阶、独立柱、内墙面等保护。其材料包括麻袋、胶合板、彩条纤维布、其他材料费(占材料费)等。

(2) 项目成品保护如发生时,其工程量计算规则同相应各章节子目的计算规则,这里不一一介绍。

5.5 装饰单位工程定额计量计价实例

引 言

学习了装饰工程所有分部分项的计量规则及施工技术措施项目的计算规则后,我们就可以通过第 3 章所学的定额套用知识,进行所对应的分项内容的查询,通过查找到的定额基价和消耗量,运用不同的计价方法乘以计算出的工程量,就可以得到工程的总价了。因此我们在掌握了相应的计量和计价知识后,如何得到一份适宜的报价,就是我们本书学完后需要重点训练的内容。

本节通过一套某视频会议室的装饰施工图,采用定额计价方法,展示了装饰预算报价过程中定额计量计价所需要完成的成果。在具体实施时,我们可以自己找出一份完整的装饰施工图进行练习,做到“边学边做,边做边调”。这里我们运用的是湖北省 2013 年消耗量定额和单位估价表来演练计算规则,进而完成计价。

全套施工图和设计说明见本书光盘。

以下是其相应的表格模板(表 5-23～表 5～27),供读者进行演练实操,不同地区其表格会有所不同,但其组成内容基本保持不变。其表格生成步骤如下。

(1) 根据图纸计算工程量(列出分项名称)。

(2) 根据项目名称套用定额(注意单位的统一和换算技巧)。

(3) 计算出人工费、材料费、机械费。

(4) 计算工料机,并汇总。

(5) 根据本省费用定额,填写取费表,计算总价。

表5-23 装饰工程预算书

工程名称	××视频会议室		
业主	××公司		
套用定额	××省建筑装饰工程消耗量定额(2013)		
总造价金额	××万××仟××佰××拾××元××角××分		
人工费/元		材料费/元	
机械费/元		综合管理费/元	
业主供货费/元		总造价/元	
编制人:			
审核人			
编制单位(盖章):			
审核单位(盖章):			

(6) 填写编制说明(图5.114)、封面，校核，完成装订。

编 制 说 明

1. 装饰装修工程定额依据：××××年《全国统一建筑工程基础定额湖北省统一基价表》定额取定价。

2. 费用定额依据：×××建［××××］××××号文《×××省建筑安装工程费用定额》以及有关文件。

3. 补充计算资料：×××省统一基价编制以及使用说明、解释说明、×××市有关文件。

4. 其他计价依据：×××市其他费用(税金、安全监督费、意外伤害费等)调整文件。

5. 施工图纸依据：×××设计的×××会议室施工图。

6. 工程计算说明：按照施工图以及现场变更单、签证、补充资料和现场实际测量计算工程数量。

7. 取费类别：按照×××工程记取。

8. 材料价差说明：按照《武汉地区建筑材料市场预算价××××年××月信息价或实际购买价》为计算依据。

9. 零星维修、改造等按照市场合理估价计算。

图5.114 编制说明

表5-24 取费计算表

代号	名　　称	计 算 式	金额/元
1	定额基价	(L1+L2+L3)	
L1	其中：人工费		
L2	材料费		
L3	机械费		
2	施工技术措施费	(S1+S2+S3)	
S1	其中：人工费		

续表

代号	名　　称	计　算　式	金额/元
S2	材料费		
S3	机械费		
3	施工组织措施费	(Z1＋Z2)	
Z1	其中：安全文明施工费	(L1＋L3＋S1＋S3)×费率	
Z2	其中：其他组织措施费	(L1＋L3＋S1＋S3)×费率	
4	企业管理费		
5	规费		
6	利润		
7	不含税造价合计	(1＋2＋3＋4＋5＋6)	
8	营业税	(1＋2＋3＋4＋5＋6)×费率	
9	独立费	据实计算	
10	业主供货费	据实计算	
11	工程总造价	(1＋2＋3＋4＋5＋6＋7＋8＋9＋10)	

表5-25　直接费计算表

序号	定额编号	名称	单位	工程量	基价	人工单价	材料单价	机械单价	合价
1									
2									
3									
4									
5									
6									
7									
8									
9									
10									
11									
12									
13									
14									
15									
16									
17									

续表

序号	定额编号	名称	单位	工程量	基价	人工单价	材料单价	机械单价	合价
18									
19									
20									
21									
22									
23									
24									
25									

备注：此表可以根据项目内容的多少增加行数和页码。

表5-26 工料机汇总表

序号	属性	名称	单位	工程量	定额价	供应价	预算单价	金额	备注
1	人工	普工	工日						
2	人工	技工	工日						
3	人工	高级技工	工日						
4	材料								
5	材料								
6	材料								
7	材料								
8	材料								
9	材料								
10	材料								
11	材料								
12	材料								
13	材料								
14	材料								
15	材料								
16	材料								
17	材料								
18	材料								
19	材料								
20	机械								
21	机械								

续表

序号	属性	名称	单位	工程量	定额价	供应价	预算单价	金额	备注
22	机械								
23	机械								

表 5-27 工程量计算式

工程名称：××视频会议室

定额编号	工程部位	计 算 式	数量	单位

本章小结

本章主要讲述的是装饰装修工程量计算的内容，包括工程量计算的方法、建筑面积的计算规则、定额模式下的分部分项工程量、技术措施项目的计算规则、计价实例的演示等。其中重点包括如下内容。

建筑面积的组成、建筑面积在计算中哪些应该计算全面积，哪些应该计算一半的面积，哪些应该不计算面积的界定。

楼地面计算规则，墙柱面计算规则，幕墙计算规则，天棚面计算规则，门窗计算规则，油漆、涂料、裱糊计算规则，其他工程计算规则，技术措施项目计算规则的解读和计算实例的讲解。

在计量中应该注意的事项及计量计价的综合运用等。

习题

一、填空题

1. 依据全统定额，楼梯面积应按照________来计算。
2. 依据全统定额，台阶面积应按照________来计算。
3. 依据全统定额，楼梯踢脚线应按照________来计算，系数是________。
4. 墙柱面抹灰的计算规则是________。
5. 女儿墙内侧抹灰的计算规则中系数是________，带压顶的系数是________。
6. 天棚的龙骨按照________来计算，灯光槽按照________来计算。
7. 天棚的网架按照________来计算。
8. 窗帘盒若执行木扶手项目，其系数应该乘以________。
9. 金属构件的油漆工程量按照________来计算。
10. ________是计算超高增加费的范围。

二、选择题

1. 关于计算建筑面积中，单层建筑物高度在 2.20m 及以上者应计算全面积；高度不足 2.20m 者应计算(　　)面积。

A. 1/3　　B. 1/2　　C. 1/4　　D. 全部

2. 某别墅群内一处地下室，由于构造所需，建造了下列项目措施，在就算建筑面积时，应被列入的项目是(　　)。

A. 采光井　　B. 立面防潮层　　C. 剪力墙　　D. 构造柱

3. 关于计算建筑物建筑面积时，下列不应计算的项目有(　　)。

A. 建筑物通道(骑楼、过街楼)

B. 建筑物内的设备管道夹层

C. 勒脚

D. 建筑物内楼梯

4. 计算回廊建筑面积时，当回廊层高为(　　)时，应计算全面积。

A. 小于等于2.2m　　B. 小于2.2m

C. 大于等于2.2m　　D. 大于2.2m

5. 外墙面抹灰工程量计算，(　　)。

A. 底面带悬臂梁者，其工程量乘以系数1.40

B. 外墙面高度均由室外地坪算起，平屋顶有挑檐算至挑檐底面

C. 雨篷顶面带反沿或反梁者，其工程量乘以系数1.30

D. 阳台如带悬臂梁者，其工程量应再乘以系数1.50

6. 墙体块料面层工程量计算，(　　)。

A. 高度500mm以下按踢脚板计算

B. 高度1800mm以上按墙面计算

C. 高度低于300mm时，按踢脚板计算

D. 墙裙高度1500mm至500mm按墙裙计算

7. 楼地面装饰面积，均按(　　)。

A. 实铺范围水平面积计算　　B. 主墙间的净面积计算

C. 实铺面积计算　　D. 主墙间的外围建筑面积计算

8. 天棚中各种吊顶龙骨工程量按(　　)。

A. 建筑面积计算　　B. 主墙间的净空面积一半计算

C. 主墙间的净空面积计算　　D. 主墙间的净空面积2倍计算

9. 装饰工程量计算中，天棚吊顶应扣除的是(　　)。

A. 墙垛的面积　　B. 暗窗帘盒的面积

C. 筒灯孔的面积　　D. 300mm×300mm换气扇的面积

10. 各类门、窗制作、安装的工程量均按(　　)。

A. 洞口面积计算　　B. 框外围面积计算

C. 扇外围面积计算　　D. 洞口面积除以1.03计算

三、思考题

1. 总结一下墙柱面抹灰和天棚面抹灰的计算规则的异同。

2. 在脚手架的装饰项目计算中，哪些是容易被忽视计算的？哪些是容易重复计算？

四、实践训练题

自己选择一套装修完成的装饰施工图，试计算工程量和进行定额计价，计算出直接费。

第6章

建筑装饰工程计费

教学目标

1. 通过对本章的学习，要掌握建筑安装工程费用项目组成的内容，熟悉建筑装饰工程的两种计费模式，以及它们各自的特点和区别。
2. 掌握定额计价的计费程序及计算方法。
3. 掌握清单计价的计费程序及计算方法。

能力要求

1. 能熟练识读并填写定额体系下其程序中的各种表格。
2. 能熟练识读并填写清单体系下清单计价的各种表格。
3. 能够根据费用组成的不同划分准确确定工程造价。

章节导读

为了适应工程计价改革的需要，我国对建设工程计价进行了相关法律层面的规定。依据国家相关法律、法规，住房和城乡建设部、财政部于2013年7月颁布了建标[2013]44号文(以下简称44号文)，以此文件替代了原有的建标[2003]206号文，44号文对《建筑安装工程费用项目组成》的内容进行了重新规定，原建设部[2003]206号文停止使用。本章将围绕44号文中的相关内容具体阐明装饰装修工程的费用组成及其计算方法。

6.1 建筑安装工程费用项目组成

为适应深化工程计价改革的需要，根据国家有关法律、法规及相关政策，在总结原建设部、财政部《关于印发〈建筑安装工程费用项目组成〉的通知》(建标[2003]206号)执行情况的基础上，住房和城乡建设部、财政部修订完成了《建筑安装工程费用项目组成》(以下简称《费用组成》)，《费用组成》调整的主要内容如下。

(1) 建筑安装工程费用项目按费用构成要素组成划分为人工费、材料费、施工机具使用费、企业管理费、利润、规费和税金(见6.1.1节)。

(2) 为指导工程造价专业人员计算建筑安装工程造价，将建筑安装工程费用按工程造价形成顺序划分为分部分项工程费、措施项目费、其他项目费、规费和税金(见6.1.2节)。

(3) 按照国家统计局《关于工资总额组成的规定》，合理调整了人工费构成及内容。

(4) 为指导各部门、各地区按照本通知开展费用标准测算等工作，对原《关于印发〈建筑安装工程费用项目组成〉的通知》中建筑安装工程费用参考计算方法、公式和计价程序等进行了相应的修改完善，统一制订了《建筑安装工程费用参考计算方法》和《建筑安装工程计价程序》。

(5)《费用组成》自2013年7月1日起施行，原建设部、财政部《关于印发〈建筑安装工程费用项目组成〉的通知》(建标[2003]206号)同时废止。

6.1.1 按费用构成要素划分建筑安装工程费用内容

建筑安装工程费按照费用构成要素划，可分为人工费、材料费(包含工程设备，下同)、施工机具使用费、企业管理费、利润、规费和税金。其中人工费、材料费、施工机具使用费、企业管理费和利润包含在分部分项工程费、措施项目费、其他项目费中(图6.1)。

1. 人工费

人工费是指按工资总额构成规定，支付给从事建筑安装工程施工的生产工人和附属生产单位工人的各项费用。

(1) 计时工资或计件工资：是指按计时工资标准和工作时间或对已做工作按计件单价支付给个人的劳动报酬。

(2) 奖金：是指对超额劳动和增收节支支付给个人的劳动报酬，如节约奖、劳动竞赛奖等。

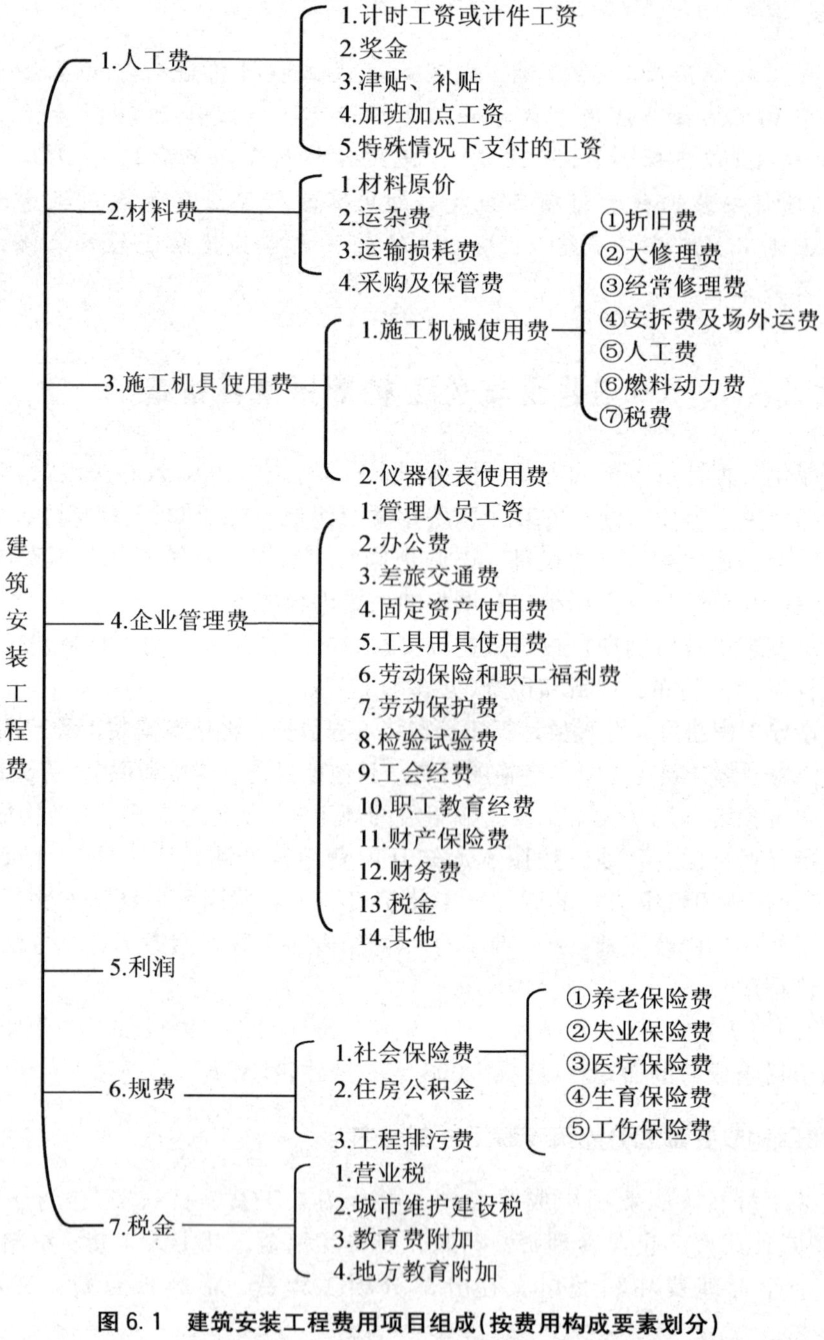

图 6.1 建筑安装工程费用项目组成(按费用构成要素划分)

(3) 津贴补贴：是指为了补偿职工特殊或额外的劳动消耗和因其他特殊原因支付给个人的津贴，以及为了保证职工工资水平不受物价影响支付给个人的物价补贴，如流动施工津贴、特殊地区施工津贴、高温(寒)作业临时津贴、高空津贴等。

(4) 加班加点工资：是指按规定支付的在法定节假日工作的加班工资和在法定日工作时间外延时工作的加点工资。

(5) 特殊情况下支付的工资：是指根据国家法律、法规和政策规定，因病、工伤、产假、计划生育假、婚丧假、事假、探亲假、定期休假、停工学习、执行国家或社会义务等原因按计时工资标准或计时工资标准的一定比例支付的工资。

2. 材料费

材料费是指施工过程中耗费的原材料、辅助材料、构配件、零件、半成品或成品、工程设备的费用。其内容包括以下几方面。

(1) 材料原价：是指材料、工程设备的出厂价格或商家供应价格。

(2) 运杂费：是指材料、工程设备自来源地运至工地仓库或指定堆放地点所发生的全部费用。

(3) 运输损耗费：是指材料在运输装卸过程中不可避免的损耗。

(4) 采购及保管费：是指为组织采购、供应和保管材料、工程设备的过程中所需要的各项费用，包括采购费、仓储费、工地保管费、仓储损耗。

工程设备是指构成或计划构成永久工程一部分的机电设备、金属结构设备、仪器装置及其他类似的设备和装置。

3. 施工机具使用费

施工机具使用费是指施工作业所发生的施工机械、仪器仪表使用费或其租赁费。

(1) 施工机械使用费：以施工机械台班耗用量乘以施工机械台班单价表示，施工机械台班单价应由下列7项费用组成。

① 折旧费：指施工机械在规定的使用年限内，陆续收回其原值的费用。

② 大修理费：指施工机械按规定的大修理间隔台班进行必要的大修理，以恢复其正常功能所需的费用。

③ 经常修理费：指施工机械除大修理以外的各级保养和临时故障排除所需的费用，包括为保障机械正常运转所需替换设备与随机配备工具附具的摊销和维护费用，机械运转中日常保养所需润滑与擦拭的材料费用及机械停滞期间的维护和保养费用等。

④ 安拆费及场外运费：安拆费指施工机械(大型机械除外)在现场进行安装与拆卸所需的人工、材料、机械和试运转费用，以及机械辅助设施的折旧、搭设、拆除等费用；场外运费指施工机械整体或分体自停放地点运至施工现场或由一施工地点运至另一施工地点的运输、装卸、辅助材料及架线等费用。

⑤ 人工费：指机上司机(司炉)和其他操作人员的人工费。

⑥ 燃料动力费：指施工机械在运转作业中所消耗的各种燃料及水、电等。

⑦ 税费：指施工机械按照国家规定应缴纳的车船使用税、保险费及年检费等。

(2) 仪器仪表使用费：是指工程施工所需使用的仪器仪表的摊销及维修费用。

4. 企业管理费

企业管理费是指建筑安装企业组织施工生产和经营管理所需的费用。其内容包括：

(1) 管理人员工资：是指按规定支付给管理人员的计时工资、奖金、津贴补贴、加班加点工资及特殊情况下支付的工资等。

(2) 办公费：是指企业管理办公用的文具、纸张、账表、印刷、邮电、书报、办公软件、现场监控、会议、水电、烧水和集体取暖降温(包括现场临时宿舍取暖降温)等费用。

(3) 差旅交通费：是指职工因公出差、调动工作的差旅费、住勤补助费，市内交通费和误餐补助费，职工探亲路费，劳动力招募费，职工退休、退职一次性路费，工伤人员就医路费，工地转移费以及管理部门使用的交通工具的油料、燃料等费用。

(4) 固定资产使用费：是指管理和试验部门及附属生产单位使用的属于固定资产的房屋、设备、仪器等的折旧、大修、维修或租赁费。

(5) 工具用具使用费：是指企业施工生产和管理使用的不属于固定资产的工具、器具、家具、交通工具和检验、试验、测绘、消防用具等的购置、维修和摊销费。

(6) 劳动保险和职工福利费：是指由企业支付的职工退职金、按规定支付给离休干部的经费，集体福利费、夏季防暑降温、冬季取暖补贴、上下班交通补贴等。

(7) 劳动保护费：是企业按规定发放的劳动保护用品的支出，如工作服、手套、防暑降温饮料以及在有碍身体健康的环境中施工的保健费用等。

(8) 检验试验费：是指施工企业按照有关标准规定，对建筑以及材料、构件和建筑安装物进行一般鉴定、检查所发生的费用，包括自设实验室进行试验所耗用的材料等费用，不包括新结构、新材料的试验费，对构件做破坏性试验及其他特殊要求检验试验的费用和建设单位委托检测机构进行检测的费用，对此类检测发生的费用，由建设单位在工程建设其他费用中列支。但对施工企业提供的具有合格证明的材料进行检测不合格的，该检测费用由施工企业支付。

(9) 工会经费：是指企业按《工会法》规定的全部职工工资总额比例计提的工会经费。

(10) 职工教育经费：是指按职工工资总额的规定比例计提，企业为职工进行专业技术和职业技能培训，专业技术人员继续教育、职工职业技能鉴定、职业资格认定以及根据需要对职工进行各类文化教育所发生的费用。

(11) 财产保险费：是指施工管理用财产、车辆等的保险费用。

(12) 财务费：是指企业为施工生产筹集资金或提供预付款担保、履约担保、职工工资支付担保等所发生的各种费用。

(13) 税金：是指企业按规定缴纳的房产税、车船使用税、土地使用税、印花税等。

(14) 其他：包括技术转让费、技术开发费、投标费、业务招待费、绿化费、广告费、公证费、法律顾问费、审计费、咨询费、保险费等。

5. 利润

利润是指施工企业完成所承包工程获得的盈利。

6. 规费

规费是指按国家法律、法规规定，由省级政府和省级有关权力部门规定必须缴纳或计取的费用，包括以下内容。

(1) 社会保险费。

① 养老保险费：是指企业按照规定标准为职工缴纳的基本养老保险费。

② 失业保险费：是指企业按照规定标准为职工缴纳的失业保险费。

③ 医疗保险费：是指企业按照规定标准为职工缴纳的基本医疗保险费。

④ 生育保险费：是指企业按照规定标准为职工缴纳的生育保险费。

⑤ 工伤保险费：是指企业按照规定标准为职工缴纳的工伤保险费。

(2) 住房公积金：是指企业按规定标准为职工缴纳的住房公积金。

(3) 工程排污费：是指按规定缴纳的施工现场工程排污费。

其他应列而未列入的规费，按实际发生计取。

7. 税金

税金是指国家税法规定的应计入建筑安装工程造价内的营业税、城市维护建设税、教育费附加和地方教育附加。

6.1.2 按造价形成划分建筑安装工程费用内容

建筑安装工程费按照工程造价形成由分部分项工程费、措施项目费、其他项目费、规费、税金组成，分部分项工程费、措施项目费、其他项目费包含人工费、材料费、施工机具使用费、企业管理费和利润(图 6.2)。

1. 分部分项工程费

分部分项工程费是指各专业工程的分部分项工程应予列支的各项费用。

(1) 专业工程：是指按现行国家计量规范划分的房屋建筑与装饰工程、仿古建筑工程、通用安装工程、市政工程、园林绿化工程、矿山工程、构筑物工程、城市轨道交通工程、爆破工程等各类工程。

(2) 分部分项工程：是指按现行国家计量规范对各专业工程划分的项目，如房屋建筑与装饰工程划分的土石方工程、地基处理与桩基工程、砌筑工程、钢筋及钢筋混凝土工程等。

2. 措施项目费

措施项目费是指为完成建设工程施工，发生于该工程施工前和施工过程中的技术、生活、安全、环境保护等方面的费用，具体包括以下内容。

(1) 安全文明施工费。

① 环境保护费：是指施工现场为达到环保部门要求所需要的各项费用。

② 文明施工费：是指施工现场文明施工所需要的各项费用。

③ 安全施工费：是指施工现场安全施工所需要的各项费用。

④ 临时设施费：是指施工企业为进行建设工程施工所必须搭设的生活和生产用的临时建筑物、构筑物和其他临时设施费用，包括临时设施的搭设、维修、拆除、清理费或摊销费等。

(2) 夜间施工增加费：是指因夜间施工所发生的夜班补助费、夜间施工降效、夜间施工照明设备摊销及照明用电等费用。

(3) 二次搬运费：是指因施工场地条件限制而发生的材料、构配件、半成品等一次运输不能到达堆放地点，必须进行二次或多次搬运所发生的费用。

(4) 冬雨季施工增加费：是指在冬季或雨季施工需增加的临时设施、防滑、排除雨雪，人工及施工机械效率降低等费用。

(5) 已完工程及设备保护费：是指竣工验收前，对已完工程及设备采取的必要保护措施所发生的费用。

(6) 工程定位复测费：是指工程施工过程中进行全部施工测量放线和复测工作的费用。

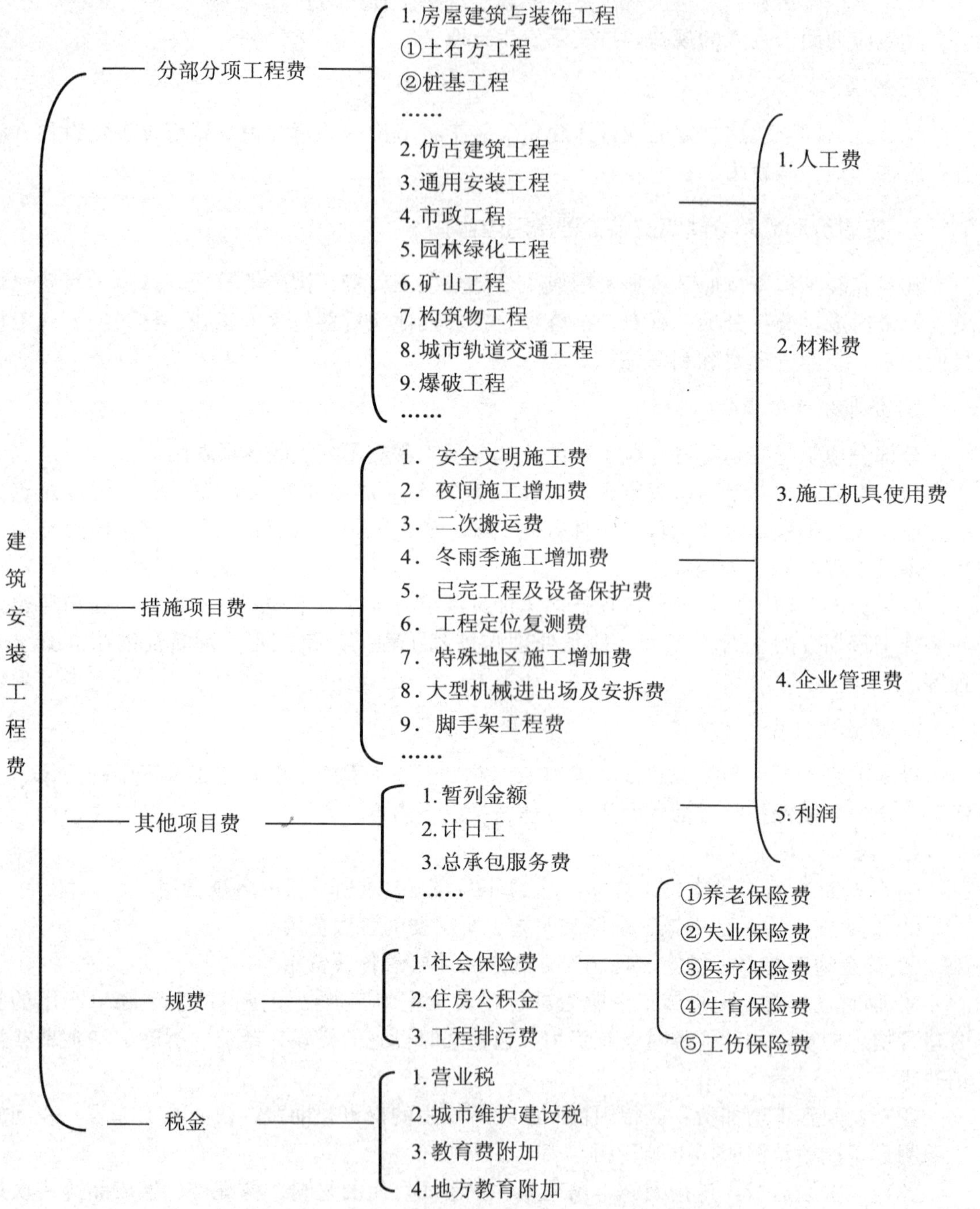

图6.2　建筑安装工程费用项目组成(按造价形成划分)

(7) 特殊地区施工增加费：是指工程在沙漠或其边缘地区、高海拔、高寒、原始森林等特殊地区施工增加的费用。

(8) 大型机械设备进出场及安拆费：是指机械整体或分体自停放场地运至施工现场或由一个施工地点运至另一个施工地点，所发生的机械进出场运输及转移费用及机械在施工现场进行安装和拆卸所需的人工费、材料费、机械费、试运转费和安装所需的辅助设施的费用。

(9) 脚手架工程费：是指施工需要的各种脚手架搭、拆、运输费用以及脚手架购置费的摊销(或租赁)费用。

措施项目及其包含的内容详见各类专业工程的现行国家或行业计量规范。

3. 其他项目费

(1) 暂列金额：是指建设单位在工程量清单中暂定并包括在工程合同价款中的一笔款项。用于施工合同签订时尚未确定或者不可预见的所需材料、工程设备、服务的采购，施工中可能发生的工程变更、合同约定调整因素出现时的工程价款调整以及发生的索赔、现场签证确认等的费用。

(2) 计日工：是指在施工过程中，施工企业完成建设单位提出的施工图纸以外的零星项目或工作所需的费用。

(3) 总承包服务费：是指总承包人为配合、协调建设单位进行的专业工程发包，对建设单位自行采购的材料、工程设备等进行保管，以及施工现场管理、竣工资料汇总整理等服务所需的费用。

6.1.3 建筑安装工程费用参考计算方法

1. 各费用构成要素参考计算方法

1) 人工费

(1) 公式1。

$$人工费=\sum(工日消耗量\times日工资单价)$$

$$日工价=\frac{生产工人平均月工资(计时、计价)+平均月(奖金+津贴补贴+特殊情况下支付的工资)}{年平均每月法定工作日}$$

注：公式1主要适用于施工企业投标报价时自主确定人工费，也是工程造价管理机构编制计价定额确定定额人工单价或发布人工成本信息的参考依据。

(2) 公式2。

$$人工费=\sum(工程工日消耗量\times日工资单价)$$

日工资单价是指施工企业平均技术熟练程度的生产工人在每工作日(国家法定工作时间内)按规定从事施工作业应得的日工资总额。

工程造价管理机构确定日工资单价应通过市场调查，根据工程项目的技术要求，参考实物工程量人工单价综合分析确定，最低日工资单价不得低于工程所在地人力资源和社会保障部门所发布的最低工资标准的：普工1.3倍、一般技工2倍、高级技工3倍。

工程计价定额不可只列一个综合工日单价，应根据工程项目技术要求和工种差别适当划分多种日人工单价，确保各分部工程人工费的合理构成。

注：公式2适用于工程造价管理机构编制计价定额时确定定额人工费，是施工企业投标报价的参考依据。

2) 材料费

(1) 材料费。

$$材料费=\sum(材料消耗量\times材料单价)$$

材料单价＝{(材料原价＋运杂费)×[1＋运输损耗率(%)]}×[1＋采购保管费率(%)]

(2) 工程设备费。

$$工程设备费 = \sum(工程设备量 \times 工程设备单价)$$

$$工程设备单价 = (设备原价 + 运杂费) \times [1 + 采购保管费率(\%)]$$

3) 施工机具使用费

(1) 施工机械使用费。

$$施工机械使用费 = \sum(施工机械台班消耗量 \times 机械台班单价)$$

$$\begin{aligned}机械台班单价 = {}& 台班折旧费 + 台班大修费 + 台班经常修理费 + 台班安拆费及场外运费\\ & + 台班人工费 + 台班燃料动力费 + 台班车船税费\end{aligned}$$

注：工程造价管理机构在确定计价定额中的施工机械使用费时，应根据《建筑施工机械台班费用计算规则》结合市场调查编制施工机械台班单价。施工企业可以参考工程造价管理机构发布的台班单价，自主确定施工机械使用费的报价，如租赁施工机械，公式为：施工机械使用费＝ $\sum$(施工机械台班消耗量×机械台班租赁单价)。

(2) 仪器仪表使用费。

$$仪器仪表使用费 = 工程使用的仪器仪表摊销费 + 维修费$$

4) 企业管理费费率

(1) 以分部分项工程费为计算基础。

$$企业管理费费率(\%) = \frac{生产工人年平均管理费}{年有效施工天数 \times 人工单价} \times 人工费占分部分项工程费比例(\%)$$

(2) 以人工费和机械费合计为计算基础。

$$企业管理费费率(\%) = \frac{生产工人年平均管理费}{年有效施工天数 \times (人工单价 + 每一工日机械使用费)} \times 100\%$$

(3) 以人工费为计算基础。

$$企业管理费费率(\%) = \frac{生产工人年平均管理费}{年有效施工天数 \times 人工单价} \times 100\%$$

注：上述公式适用于施工企业投标报价时自主确定管理费，是工程造价管理机构编制计价定额确定企业管理费的参考依据。

工程造价管理机构在确定计价定额中企业管理费时，应以定额人工费或(定额人工费＋定额机械费)作为计算基数，其费率根据历年工程造价积累的资料，辅以调查数据确定，列入分部分项工程和措施项目中。

5) 利润

(1) 施工企业根据企业自身需求并结合建筑市场实际自主确定，列入报价中。

(2) 工程造价管理机构在确定计价定额中利润时，应以定额人工费或(定额人工费＋定额机械费)作为计算基数，其费率根据历年工程造价积累的资料，并结合建筑市场实际确定，以单位(单项)工程测算，利润在税前建筑安装工程费的比重可按不低于5%且不高于7%的费率计算。利润应列入分部分项工程和措施项目中。

6) 规费

(1) 社会保险费和住房公积金。

社会保险费和住房公积金应以定额人工费为计算基础，根据工程所在地省、自治区、直辖市或行业建设主管部门规定费率计算。

$$\text{社会保险费和住房公积金}=\sum(\text{工程定额人工费}\times\text{社会保险费和住房公积金费率})$$

式中：社会保险费和住房公积金费率可以每万元发承包价的生产工人人工费和管理人员工资含量与工程所在地规定的缴纳标准综合分析取定。

(2) 工程排污费。

工程排污费等其他应列而未列入的规费应按工程所在地环境保护等部门规定的标准缴纳，按实计取列入。

7) 税金

税金计算公式：

$$\text{税金}=\text{税前造价}\times\text{综合税率}(\%)$$

综合税率计算公式：

(1) 纳税地点在市区的企业。

$$\text{综合税率}(\%)=\frac{1}{1-3\%-(3\%\times7\%)-(3\%\times3\%)-(3\%\times2\%)}-1$$

(2) 纳税地点在县城、镇的企业。

$$\text{综合税率}(\%)=\frac{1}{1-3\%-(3\%\times5\%)-(3\%\times3\%)-(3\%\times2\%)}-1$$

(3) 纳税地点不在市区、县城、镇的企业。

$$\text{综合税率}(\%)=\frac{1}{1-3\%-(3\%\times1\%)-(3\%\times3\%)-(3\%\times2\%)}-1$$

(4) 实行营业税改增值税的，按纳税地点现行税率计算。

2. 建筑安装工程计价参考公式

1) 分部分项工程费

$$\text{分部分项工程费}=\sum(\text{分部分项工程量}\times\text{综合单价})$$

式中：综合单价包括人工费、材料费、施工机具使用费、企业管理费和利润以及一定范围的风险费用(下同)。

2) 措施项目费

(1) 国家计量规范规定应予计量的措施项目，其计算公式为：

$$\text{措施项目费}=\sum(\text{措施项目工程量}\times\text{综合单价})$$

(2) 国家计量规范规定不宜计量的措施项目计算方法如下。

① 安全文明施工费。

$$\text{安全文明施工费}=\text{计算基数}\times\text{安全文明施工费费率}(\%)$$

计算基数应为定额基价(定额分部分项工程费＋定额中可以计量的措施项目费)、定额人工费或(定额人工费＋定额机械费)，其费率由工程造价管理机构根据各专业工程的特点综合确定。

② 夜间施工增加费。

$$\text{夜间施工增加费}=\text{计算基数}\times\text{夜间施工增加费费率}(\%)$$

③ 二次搬运费。

二次搬运费＝计算基数×二次搬运费费率(%)

④ 冬雨季施工增加费。

冬雨季施工增加费＝计算基数×冬雨季施工增加费费率(%)

⑤ 已完工程及设备保护费。

已完工程及设备保护费＝计算基数×已完工程及设备保护费费率(%)

上述②～⑤项措施项目的计费基数应为定额人工费或(定额人工费＋定额机械费)，其费率由工程造价管理机构根据各专业工程特点和调查资料综合分析后确定。

3）其他项目费

(1) 暂列金额由建设单位根据工程特点，按有关计价规定估算，施工过程中由建设单位掌握使用、扣除合同价款调整后如有余额，归建设单位。

(2) 计日工由建设单位和施工企业按施工过程中的签证计价。

(3) 总承包服务费由建设单位在招标控制价中根据总包服务范围和有关计价规定编制，施工企业投标时自主报价，施工过程中按签约合同价执行。

4）规费和税金

建设单位和施工企业均应按照省、自治区、直辖市或行业建设主管部门发布标准计算规费和税金，不得作为竞争性费用。

3. 相关问题的说明

(1) 各专业工程计价定额的编制及其计价程序，均按本通知实施。

(2) 各专业工程计价定额的使用周期原则上为5年。

(3) 工程造价管理机构在定额使用周期内，应及时发布人工、材料、机械台班价格信息，实行工程造价动态管理，如遇国家法律、法规、规章或相关政策变化以及建筑市场物价波动较大时，应适时调整定额人工费、定额机械费以及定额基价或规费费率，使建筑安装工程费能反映建筑市场实际。

(4) 建设单位在编制招标控制价时，应按照各专业工程的计量规范和计价定额以及工程造价信息编制。

(5) 施工企业在使用计价定额时除不可竞争费用外，其余仅作参考，由施工企业投标时自主报价。

6.2 定额计价模式下的计费程序

引　言

了解了以上建筑安装工程费用项目组成的内容后，我们需要对其每项内容进行相关费率的计算，以此来得出总造价，因此在本节我们需要学习不同模式下的计费程序。

6.2.1 概述

定额计价模式下装饰工程总造价的内容是以6.1.1节中按照费用构成要素来划分的。因此通过第5章已经掌握的内容，在计算出人工费、材料费、施工机具使用费后，其他相关内容要具体分别计算。

6.2.2 定额计价模式下的计算方法

1. 一般性说明

(1) 定额计价是以某地区单位估价表中的人工费、材料费(含未计价材料)、施工机具使用费为基础，依据本定额计算出工程所需的全部费用，包括人工费、材料费、施工机具使用费、企业管理费、利润、规费、税金。

(2) 材料的市场价格是指承发包方双方认定的价格，也可以是当地建设工程造价管理机构发布的市场信息价。

(3) 人工发布价、材料市场价格、机械台班价格进入定额基价。

(4) 施工过程中发生的索赔与现场签证等费用，承发包方在双方办理竣工结算时按照以实物量形式和费用形式分别计算。实物量形式发生的索赔与签证，按照基价表金额，计算总价措施费，企业管理费、规费、利润、税金。

以费用形式表示的索赔与签证，列入不含税工程造价，另有说明的除外。

(5) 由发包人提供的材料(俗称甲供材)，按当期价格进入定额基价，按计价程序记取各项费用以及税金，支付工程款时扣除费用为$\sum$(发包人提供的材料数量×当期信息价)。

2. 计算程序

定额计价计算程序表，见表6-1。

表6-1 定额计价计算程序表

序号	费用项目		计算方法
1	分部分项工程费		1.1+1.2+1.3
1.1	其中	人工费	$\sum$(人工费)
1.2		材料费	$\sum$(材料费)
1.3		施工机具使用费	$\sum$(施工机具使用费)
2	措施项目费		2.1+2.2
2.1	单价措施项目费		2.1.1+2.1.2+2.1.3
2.1.1	其中	人工费	$\sum$(人工费)
2.1.2		材料费	$\sum$(材料费)
2.1.3		施工机具使用费	$\sum$(施工机具使用费)
2.2	总价措施项目费		2.2.1+2.2.2
2.2.1	其中	安全文明施工费	(1.1+1.3+2.1.1+2.1.3)×费率
2.2.2		其他总价措施项目费	(1.1+1.3+2.1.1+2.1.3)×费率

续表

序号	费用项目	计算方法
3	总包服务费	项目价值×费率
4	企业管理费	(1.1+1.3+2.1.1+2.1.3)×费率
5	利润	(1.1+1.3+2.1.1+2.1.3)×费率
6	规费	(1.1+1.3+2.1.1+2.1.3)×费率
7	索赔与现场签证	据实
8	不含税工程造价	1+2+3+4+5+6+7
9	税金	8×费率
10	含税工程造价	8+9

6.3 清单计价模式下的计费程序

6.3.1 概述

清单计价模式下装饰工程总造价的内容是以6.1.2节中按照造价形成来划分的，因此相关内容的记取要具体分别计算。

需要说明的是，在后续第7章我们会具体学习清单模式下具体的装饰工程分项的计量计价的过程。在这里我们只是针对已经计算好的清单量和相关费用组成的内容来学习，以此来和定额计价进行对比，学习如何根据清单计算程序计算出总价。

后续在第7章我们还会用具体实例来实践。

6.3.2 清单计价模式下的计算方法

1. 一般性说明

(1) 清单计价模式下的费用组成由分部分项工程费、措施项目费、其他项目费、规费、税金组成，其中分部分项工程费、措施项目费、其他项目费中包含人工费、材料费、施工机具使用费、企业管理费和利润以及有限的风险费用，俗称综合单价。

(2) 人工费、材料费、施工机具使用费通过消耗量定额和市场信息价算出，企业管理费和利润以及有限的风险费用通过相关基数乘以费率形式计算得出。

(3) 单价措施项目费和总价措施项目费的计算中，单价措施项目费与分部分项工程费计算方法一样，总价措施项目费以人工费或人工费和机械费之和乘以相关费率计算得出。

2. 计算程序

由于在招投标过程中承发包方都会进行费用组成的计价，因此，其表格有表6-2～表6-4几种。

表 6-2 建设单位工程招标控制价计价程序

工程名称：　　　　　　　　　　　　　　　标段：

序号	内 容	计算方法	金额/元
1	分部分项工程费	按计价规定计算	
1.1			
1.2			
1.3			
1.4			
1.5			
2	措施项目费	按计价规定计算	
2.1	其中：安全文明施工费	按规定标准计算	
3	其他项目费		
3.1	其中：暂列金额	按计价规定估算	
3.2	其中：专业工程暂估价	按计价规定估算	
3.3	其中：计日工	按计价规定估算	
3.4	其中：总承包服务费	按计价规定估算	
4	规费	按规定标准计算	
5	税金(扣除不列入计税范围的工程设备金额)	(1+2+3+4)×规定税率	
招标控制价合计=1+2+3+4+5			

表 6-3 施工企业工程投标报价计价程序

工程名称：　　　　　　　　　　　　　　　标段：

序号	内 容	计算方法	金额/元
1	分部分项工程费	自主报价	
1.1			
1.2			
1.3			

续表

序号	内　　容	计算方法	金额/元
1.4			
1.5			
2	措施项目费	自主报价	
2.1	其中：安全文明施工费	按规定标准计算	
3	其他项目费		
3.1	其中：暂列金额	按招标文件提供金额计列	
3.2	其中：专业工程暂估价	按招标文件提供金额计列	
3.3	其中：计日工	自主报价	
3.4	其中：总承包服务费	自主报价	
4	规费	按规定标准计算	
5	税金(扣除不列入计税范围的工程设备金额)	(1+2+3+4)×规定税率	
投标报价合计=1+2+3+4+5			

表 6-4　竣工结算计价程序

工程名称：　　　　　　　　　　　　　　　　标段：

序号	汇总内容	计算方法	金额/元
1	分部分项工程费	按合同约定计算	
1.1			
1.2			
1.3			
1.4			
1.5			

续表

序号	汇总内容	计算方法	金额/元
2	措施项目	按合同约定计算	
2.1	其中：安全文明施工费	按规定标准计算	
3	其他项目		
3.1	其中：专业工程结算价	按合同约定计算	
3.2	其中：计日工	按计日工签证计算	
3.3	其中：总承包服务费	按合同约定计算	
3.4	索赔与现场签证	按发承包双方确认数额计算	
4	规费	按规定标准计算	
5	税金(扣除不列入计税范围的工程设备金额)	(1+2+3+4)×规定税率	
竣工结算总价合计=1+2+3+4+5			

本章小结

本章对装饰工程定额计价的费用组成和清单计价的费用组成作了较详细的阐述，包括费用构成、计算方法、计价程序等。重点在定额计价模式下的费用组成和计算方法；清单计价模式下的费用组成及计算方法。

值得具体说明的是两者的区别。

1. 定额计价

(1) 定额计价是以某地区单位估价表中计价表中的人工费、材料费(含未计价材料)、施工机具使用费为基础，依据本定额计算出工程所需的全部费用，包括人工费、材料费、施工机具使用费、企业管理费、利润、规费、税金。

(2) 材料的市场价格是指承发包方双方认定的价格，也可以是当地建设工程造价管理机构发布的市场信息价。

(3) 人工发布价、材料市场价格、机械台班价格进入定额基价。

2. 清单计价

(1) 清单计价模式下的费用组成由分部分项工程费、措施项目费、其他项目费、规费、税金组成，其中分部分项工程费、措施项目费、其他项目费中包含人工费、材料费、施工机具使用费、企业管理费和利润以及有限的风险费用。

(2) 人工费、材料费、施工机具使用费通过消耗量定额和市场信息价算出，企业管理费和利润以及有限的风险费用通过相关基数乘以费率形式计算得出。

（3）单价措施费和总价措施费的计算中，单价措施费与分部分项工程费计算一样，总价措施费以人工费或人工费和机械费之和乘以相关费率计算得出。

习题

一、填空题

1. 日工资单价内容包括：________。

2. 材料运杂费是指材料自来源地运至________所发生的全部费用。

3. 工具用具使用费是指管理使用的________的生产工具、器具、家具、交通工具和检验、试验、测绘、消防用具等的________费。

4. 工程量清单项目的划分是以 ________来划分的，其工程内容包含预算定额中的多个子目，所以综合单价反映的是一个“综合实体”所包含的工程内容的单价。

5. 在《房屋建筑与装饰工程量计算规范》(GB 50854—2013)中，各附录中包含项目编码、项目名称、项目特征、计量单位、工程量计算规则及工程内容，其中________、________、________、________、________为五个统一的内容，要求招标人在编制清单时必须执行。

6. 暂列金额因尚未确定或者不可预见的因素引起的价格调整而设立，由招标人根据工程特点，按相关规定估算确定，一般可以分部分项工程量清单费的________作为参考。投标人在报价中暂列金额应按________金额填写，不得变动。

二、选择题

1. 根据我国现行建筑安装工程费用项目组成的规定，工地现场材料采购人员的工资应计入(　　)。

A. 人工费　　B. 材料费　　C. 现场经费　　D. 企业管理费

2. 根据我国现行建筑安装工程费用项目组成的规定，直接从事建筑安装工程施工的生产工人的劳动保护费应计入(　　)。

A. 人工费　　B. 规费　　C. 企业管理费　　D. 现场管理费

3. 施工机械台班单价包括(　　)。

A. 折旧费及修理费　　B. 安拆运输费

C. 机上人员工资　　D. 燃料动力费及各种税费

4. 在清单费用组成中，以下(　　)属于其他项目费。

A. 暂估价　　B. 暂列金额　　C. 计日工　　D. 准备金

5. 装饰工程清单计价中利润的计价基数可以为(　　)。

A. 人工费＋材料费　　B. 直接工程费

C. 直接费　　D. 人工费

6. 下面(　　)不属于清单计价法中的“五个统一”。

A. 项目编码　　B. 项目名称　　C. 项目描述　　D. 计量单位

7. 清单项目名称原则上由(　　)命名。

A. 主管部门的规定　　B. 工程实体

C. 工程发包方　　D. 工程承包方

8. 招标控制价通常由(　　)编制。

A. 投标方　　B. 招标方　　C. 政府部门　　D. 工程建设惯例

9. 清单“计价规范中”贯穿的原则是(　　)。

A. 政府宏观调控，企业自主报价，市场竞争形成价格

B. 经济调节，市场监管

C. 社会管理，公共服务

D. 量价合一，规定取费

10. 在措施清单的编写中，有(　　)。

A. 二次搬运费　　B. 单价措施费

C. 总价措施费　　D. 安全文明施工费

11. 装饰工程清单计价中规费的计价基数为(　　)。

A. 人工费＋机械费　　B. 直接工程费

C. 直接费　　D. 直接费＋间接费＋利润

三、思考题

1. 定额体系下的费用组成有哪些?

2. 清单体系下的费用包含哪些内容? 它与定额计价的区别在哪里?

第7章

清单模式下的装饰工程计量计价

教学目标

1. 通过对本章的学习，要了解建筑装饰工程清单的概念、意义，以及清单计价的作用和特点。

2. 熟悉工程量清单计价主要内容的分类。

3. 掌握工程量清单的编制，工程量清单计价的方法。

能力要求

1. 能熟练识读并填写工程量清单及计价的各种表格。

2. 能够根据施工图编制工程量清单。

3. 能够根据工程量清单，运用工程量清单计价方法，准确确定工程造价。

章节导读

工程量清单招标报价方式，是国际上通行的招标投标方式，已有百年以上历史。应我国工程造价管理改革的迫切需求，原建设部于2003年2月以119号令公布颁布了《建设工程工程量清单计价规范》(GB 50500—2003)，并于2003年7月开始实施。2008年7月，住房和城乡建设部又以63号令公告发布了《建设工程工程量清单计价规范》(GB 50500—2008)，自2008年12月起实施。2013年7月，在原有的2008年清单计价规范基础上，重新进行了修订，发布了《建设工程工程量清单计价规范》(GB 50500—2013)，并通过《房屋建筑与装饰工程工程量计算规范》(GB 50584—2013)的国家新标准进行清单编制指导，体现了我国政府深化工程造价改革，推进工程量清单招投标方式的决心，同时，对健全和完善工程量清单计价与工程招投标制度，强化工程造价管理体制，不断提高工程建设总体效益必将起到巨大的推动作用。

7.1 装饰工程工程量清单计量计价概述

引 言

在工程进行承揽阶段，我们都会在招标环节接触到“工程量清单”，发包方通过“工程量清单”可以使承包方在一个公开、公正的平台进行清单项目的报价，最终形成投标报价。同时发包方还会根据“工程量清单”编制一份招标控制价，以控制建设投资。那么什么是“工程量清单”?“工程量清单”又需要遵循什么样的规范和表格进行报价呢?这将是我们本章学习的内容。

从表面上看，“工程量清单”虽然只是招标文件中的文件之一，是“一纸之功”，但是我们必须认识到，它涉及人们对建设体制、建设制度、法规的理解，对清单的编制原则、清单的审定，对清单报价的熟知，对评标方式与结果、合同管理过程、索赔与结算的执行等诸多环节。因此，无论是编制工程量清单，还是准确地对其报价，都是工程造价人员必须学会的技能。

7.1.1 工程量清单计价的含义与意义

1. 工程量清单计价的含义

随着建设工程市场的快速发展，项目法人制、招投标制、合同管理制的逐步推行，以及加入WTO后与国际建设市场接轨的需求，工程量清单计价办法已得到各级造价管理部门、建设单位、施工单位的广泛赞同与认可，建设主管部门按照市场形成价格，企业自主报价的市场管理模式，颁布并修订了《建设工程工程量清单计价规范》(GB 50500—2013)(以下简称《计价规范》)。

根据《计价规范》的规定，工程量清单是载明建设工程分部分项工程项目、措施项目、其他项目的名称和相应数量以及规费、税金项目等内容的明细清单。

这些明细清单不仅标注有项目名称、计量单位与工程数量，还包含了项目编码、项目特征描述；不仅能反映工程量的多少，还能通过项目特征来描述工程任务的相关特性与要求，加深承包商对发包的各分项工程特征、计量单位与数量的理解，显然，工程量清单是发包与承包工程任务、进行工程交易活动的基础性数据信息文件，是发包和承包双方招投标活动中传递与沟通工程信息的重要工具，也是形成工程量清单报价与计价方式的决定性因素。简而言之，工程量清单是具有特定内涵的描述工程量与数据信息特性的表单。

工程量清单计价，是指投标人完成由招标人提供的工程量清单所需的全部费用，包含分部分项工程费、措施项目费、其他项目费和规费、税金。其中分部分项工程费是完成该分部分项工程实体的费用，以综合单价的形式来计算，它不仅包含人工费、材料费、施工机具使用费，还包含了企业管理费、利润以及一定范围内的有限的风险费用。

2. 工程量清单计价的意义

1）实行工程量清单计价是工程造价管理体制全面深化改革的需要

改革开放以来，我国工程建设成就巨大，但是资源浪费也极为严重，重复建设和“三超”现象仍较为严重。其根本问题在于政府(包括制度、法律、法规)、建设行业(包括业主、监理、咨询、工程承包商和银行、保险、材料与设备配套供应与租赁行业等)与市场之间没有形成良性工程造价管理与控制的有效市场运行机制。为了改变工程建设中存在的种种问题，推行工程量清单计价是充分发挥市场价值与竞争机制的作用，形成和完善工程造价政府宏观调控，市场竞争决定价格，将工程造价管理纳入法治的轨道，是规范建设市场经济秩序的一项治本之策。随着《计价规范》的实施，必将会给我国建设市场和工程建设与行业的发展带来更大的活力。

2）工程量清单计价能有效地规范建设市场，适应社会主义市场经济发展

真正实现建设市场的良性发展，除了法律、法规和行政监管以外，还必须充分发挥“竞争”与“价格”机制的作用，利用“看不见的手”来有效地分配社会资源，合理进行利益分配，使发承包双方各得其所才是根本之策。坚持工程造价管理制度和体制改革，推广工程量清单计价，有利于充分发挥政府、社会公众、业主、承包商之间的协调作用，创造政府宏观调控、企业自主定价的市场环境，在政府引导下完善法律法规，健全和规范市场。

3）实行工程量清单计价是建设企业健康发展的需要

工程量清单是招标文件的重要组成部分，招标单位(或工程造价咨询单位)必须编制出准确的工程量清单，并要承担相应的风险，从而提高招标单位的社会责任感和工程管理水平。工程量清单具有公开性特征，对避免工程招标中弄虚作假、暗箱操作等起着节制的作用。报价单位必须对单位工程成本、利润进行认真分析和研究，精心编制和优化施工方案，根据企业定额合理确定人工、材料、机械、智力和方法等要素的投入与配置，优化组合项目部成员和施工技术措施等因素，最后决策投标报价。促使企业不断创新，提高企业整体素质，在激烈的市场竞争中立于不败之地。

此外，建设市场计价行为和市场秩序的规范，将有利于控制建设项目投资，合理利用资源，提高工程质量，加快工程建设周期，从根本上提高建设业整体即设计、咨询、监理、承包等企业的整体素质和企业间的协调能力，改善协作条件。

4）实行工程量清单计价有利于我国工程造价管理政府职能的转变

按照政府部门真正履行“经济调节、市场监管、社会管理和公共服务”的职能要求，政府职能转变是我国全面改革工程造价管理制度和体制，全面推行工程量清单计价最根本

的原动力。所谓工程造价管理的革命，首先是政府工程造价管理职能的革命。由过去行政直接干预转向依法监管，强化政府对工程造价管理的宏观调控，政府必须改革相应的管理体制，加强廉政建设，加大执法力度，做到依德行政，依法行政。

5）实行工程量清单计价是融入全球大市场的需要

随着我国改革开放的进一步加快，中国经济日益融入全球市场。国外的企业以及投资的项目也会越来越多地进入中国国内市场，我国企业走出国门在海外投资和经营的项目也在增加。为了适应这种对外开放建设市场和与国际市场接轨的形势要求，推行工程量清单计价方式，将更有利于尽快与国际通行的计价方法相适应，为建设市场主体创造与国际惯例接轨的市场竞争条件和环境。

我国建筑企业对工程量清单计价信息和经验的不断积累和更新，为我们进一步开拓国际工程承包市场，创造具有中国特色的工程总承包品牌，增强在国际工程承包市场中的竞争力，推动我国工程承包的全面进步与发展创造了有利条件。

7.1.2 工程量清单计价的主要内容与作用

1. 工程量清单计价的主要内容

《建设工程工程量清单计价规范》(GB 50500—2013)共分 16 章，分为总则、术语、一般规定、工程量清单编制、招标控制价、投标报价、合同价款约定、工程计量、合同价款调整、合同价款期中支付、竣工结算与支付、合同解除的价款结算与支付、合同价款争议的解决、工程造价鉴定、工程计价资料与档案、工程计价表格。2013 规范与原 2008 规范相比，对建设全过程有关的造价管理进行了具体的修订和增减。

2013 版《计价规范》，在政府宏观调控方面，一是规定了全部使用国有资金或国有资金投资控股为主的大中型建设项目必须严格执行《计价规范》，为建立全国统一建设市场和规范计价行为提供了依据。二是《计价规范》里没有人工、材料、机械的消耗量，必然促进企业提高企业管理水平，引导企业编制企业消耗量定额，适应市场需求。在企业自主报价，市场竞争形成价格方面，由于《计价规范》不规定人工、材料、机械的消耗量，为企业报价提供了自主的空间，投标企业可以结合自身的生产效率、消耗水平、管理能力，按照《计价规范》规定的原则、方法投标报价。工程造价的最终确定，由承发包双方在市场竞争中按照价值规律，通过合同确定。

2.《建设工程工程量清单计价规范》(GB 50500—2013)相关内容的解读

1）总则部分

(1) 为规范建设工程造价计价行为，统一建设工程计价文件的编制原则和计价方法，根据《中华人民共和国建筑法》《中华人民共和国合同法》《中华人民共和国招标投标法》等法律法规，制定本规范。

(2) 本规范适用于建设工程发承包及实施阶段的计价活动。

(3) 建设工程发承包及实施阶段的工程造价应由分部分项工程费、措施项目费、其他项目费、规费和税金组成。

(4) 招标工程量清单、招标控制价、投标报价、工程计量、合同价款调整、合同价款结算与支付以及工程造价鉴定等工程造价文件的编制与核对，应由具有专业资格的工程造价人员承担。

(5) 承担工程造价文件的编制与核对的工程造价人员及其所在单位，应对工程造价文件的质量负责。

(6) 建设工程发承包及实施阶段的计价活动应遵循客观、公正、公平的原则。

(7) 建设工程发承包及实施阶段的计价活动，除应符合本规范外，尚应符合国家现行有关标准的规定。

2) 术语部分

(1) 工程量清单。

载明建设工程分部分项工程项目、措施项目、其他项目的名称和相应数量以及规费、税金项目等内容的明细清单。

(2) 招标工程量清单。

招标人依据国家标准、招标文件、设计文件以及施工现场实际情况编制的，随招标文件发布供投标报价的工程量清单，包括其说明和表格。

(3) 已标价工程量清单。

构成合同文件组成部分的投标文件中已标明价格，经算术性错误修正(如有)且承包人已确认的工程量清单，包括其说明和表格。

(4) 分部分项工程。

分部工程是单项或单位工程的组成部分，是按结构部位、路段长度及施工特点或施工任务将单项或单位工程划分为若干分部的工程；分项工程是分部工程的组成部分，是按不同施工方法、材料、工序及路段长度等将分部工程划分为若干个分项或项目的工程。

(5) 措施项目。

为完成工程项目施工，发生于该工程施工准备和施工过程中的技术、生活、安全、环境保护等方面的项目。

(6) 项目编码。

分部分项工程和措施项目清单名称的阿拉伯数字标识。

(7) 项目特征。

构成分部分项工程项目、措施项目自身价值的本质特征。

(8) 综合单价。

完成一个规定清单项目所需的人工费、材料和工程设备费、施工机具使用费和企业管理费、利润以及一定范围内的风险费用。

(9) 风险费用。

隐含于已标价工程量清单综合单价中，用于化解发承包双方在工程合同中约定内容和范围内的市场价格波动风险的费用。

(10) 工程成本。

承包人为实施合同工程并达到质量标准，在确保安全施工的前提下，必须消耗或使用的人工、材料、工程设备、施工机械台班及其管理等方面发生的费用和按规定缴纳的规费和税金。

(11) 单价合同。

发承包双方约定以工程量清单及其综合单价进行合同价款计算、调整和确认的建设工程施工合同。

(12) 总价合同。

发承包双方约定以施工图及其预算和有关条件进行合同价款计算、调整和确认的建设工程施工合同。

(13) 成本加酬金合同。

承包双方约定以施工工程成本再加合同约定酬金进行合同价款计算、调整和确认的建设工程施工合同。

(14) 工程造价信息。

工程造价管理机构根据调查和测算发布的建设工程人工、材料、工程设备、施工机械台班的价格信息，以及各类工程的造价指数、指标。

(15) 工程造价指数。

反映一定时期的工程造价相对于某一固定时期的工程造价变化程度的比值或比率。包括按单位或单项工程划分的造价指数，按工程造价构成要素划分的人工、材料、机械等价格指数。

(16) 工程变更。

合同工程实施过程中由发包人提出或由承包人提出经发包人批准的合同工程任何一项工作的增、减、取消或施工工艺、顺序、时间的改变；设计图纸的修改；施工条件的改变；招标工程量清单的错、漏从而引起合同条件的改变或工程量的增减变化。

(17) 工程量偏差。

承包人按照合同工程的图纸(含经发包人批准由承包人提供的图纸)实施，按照现行国家计量规范规定的工程量计算规则计算得到的完成合同工程项目应予计量的工程量与相应的招标工程量清单项目列出的工程量之间出现的量差。

(18) 暂列金额。

招标人在工程量清单中暂定并包括在合同价款中的一笔款项。用于工程合同签订时尚未确定或者不可预见的所需材料、工程设备、服务的采购，施工中可能发生的工程变更、合同约定调整因素出现时的合同价款调整以及发生的索赔、现场签证确认等的费用。

(19) 暂估价。

招标人在工程量清单中提供的用于支付必然发生但暂时不能确定价格的材料、工程设备的单价以及专业工程的金额。

(20) 计日工。

在施工过程中，承包人完成发包人提出的工程合同范围以外的零星项目或工作，按合同中约定的单价计价的一种方式。

(21) 总承包服务费。

总承包人为配合协调发包人进行的专业工程发包，对发包人自行采购的材料、工程设备等进行保管以及施工现场管理、竣工资料汇总整理等服务所需的费用。

(22) 安全文明施工费。

在合同履行过程中，承包人按照国家法律、法规、标准等规定，为保证安全施工、文明施工，保护现场内外环境和搭拆临时设施等所采用的措施而发生的费用。

(23) 索赔。

在工程合同履行过程中，合同当事人一方因非己方的原因而遭受损失，按合同约定或法律法规规定承担责任，从而向对方提出补偿的要求。

（24）现场签证。

发包人现场代表(或其授权的监理人、工程造价咨询人)与承包人现场代表就施工过程中涉及的责任事件所做的签认证明。

（25）提前竣工(赶工)费。

承包人应发包人的要求而采取加快工程进度措施，使合同工程工期缩短，由此产生的应由发包人支付的费用。

（26）误期赔偿费。

承包人未按照合同工程的计划进度复施工，导致实际工期超过合同工期(包括经发包人批准的延长工期)，承包人应向发包人赔偿损失的费用。

（27）不可抗力。

发承包双方在工程合同签订时不能预见的，对其发生的后果不能避免，并且不能克服的自然灾害和社会性突发事件。

（28）工程设备。

指构成或计划构成永久工程一部分的机电设备、金属结构设备、仪器装置及其他类似的设备和装置。

（29）缺陷责任期。

指承包人对已交付使用的合同工程承担合同约定的缺陷修复责任的期限。

（30）质量保证金。

发承包双方在工程合同中约定，从应付合同价款中预留，用以保证承包人在缺陷责任期内履行缺陷修复义务的金额。

（31）费用。

承包人为履行合同所发生或将要发生的所有合理开支，包括管理费和应分摊的其他费用，但不包括利润。

（32）利润。

承包人完成合同工程获得的盈利。

（33）企业定额。

施工企业根据本企业的施工技术、机械装备和管理水平而编制的人工、材料和施工机械台班等消耗标准。

（34）规费。

根据国家法律、法规规定，由省级政府或省级有关权力部门规定施工企业必须缴纳的，应计入建筑安装工程造价的费用。

（35）税金。

国家税法规定的应计入建筑安装工程造价内的营业税、城市维护建设税、教育费附加和地方教育附加。

（36）发包人。

具有工程发包主体资格和支付工程价款能力的当事人以及取得该当事人资格的合法继承人，本规范有时又称招标人。

(37) 承包人。

被发包人接受的具有工程施工承包主体资格的当事人以及取得该当事人资格的合法继承人，本规范有时又称投标人。

(38) 工程造价咨询人。

取得工程造价咨询资质等级证书，接受委托从事建设工程造价咨询活动的当事人以及取得该当事人资格的合法继承人。

(39) 造价工程师。

取得造价工程师注册证书，在一个单位注册、从事建设工程造价活动的专业人员。

(40) 造价员。

取得全国建设工程造价员资格证书，在一个单位注册、从事建设工程造价活动的专业人员。

(41) 单价项目。

工程量清单中以单价计价的项目，即根据合同工程图纸(含设计变更)和相关工程现行国家计量规范规定的工程量计算规则进行计量，与已标价工程量清单相应综合单价进行价款计算的项目。

(42) 总价项目。

工程量清单中以总价计价的项目，即此类项目在相关工程现行国家计量规范中无工程量计算规则，以总价(或计算基础乘费率)计算的项目。

(43) 工程计量。

发承包双方根据合同约定，对承包人完成合同工程的数量进行的计算和确认。

(44) 工程结算。

发承包双方根据合同约定，对合同工程在实施中、终止时、已完工后进行的合同价款计算、调整和确认。包括期中结算、终止结算、竣工结算。

(45) 招标控制价。

招标人根据国家或省级、行业建设主管部门颁发的有关计价依据和办法，以及拟定的招标文件和招标工程量清单，结合工程具体情况编制的招标工程的最高投标限价。

(46) 投标价。

投标人投标时响应招标文件要求所报出的对已标价工程量清单汇总后标明的总价。

(47) 签约合同价(合同价款)。

发承包双方在工程合同中约定的工程造价，即包括了分部分项工程费、措施项目费、其他项目费、规费和税金的合同总金额。

(48) 预付款。

在开工前，发包人按照合同约定，预先支付给承包人用于购买合同工程施工所需的材料、工程设备，以及组织施工机械和人员进场等的款项。

(49) 进度款。

在合同工程施工过程中，发包人按照合同约定对付款周期内承包人完成的合同价款给予支付的款项，也是合同价款期中结算支付。

(50) 合同价款调整。

在合同价款调整因素出现后，发承包双方根据合同约定，对合同价款进行变动的提出、计算和确认。

(51) 竣工结算价。

发承包双方依据国家有关法律、法规和标准规定，按照合同约定确定的，包括在履行合同过程中按合同约定进行的合同价款调整，是承包人按合同约定完成了全部承包工作后，发包人应付给承包人的合同总金额。

(52) 工程造价鉴定。

工程造价咨询人接受人民法院、仲裁机关委托，对施工合同纠纷案件中的工程造价争议，运用专门知识进行鉴别、判断和评定，并提供鉴定意见的活动，也称为工程造价司法鉴定。

3) 一般性规定计价方式部分

(1) 使用国有资金投资的建设工程发承包，必须采用工程量清单计价。

(2) 非国有资金投资的建设工程，宜采用工程量清单计价。

(3) 不采用工程量清单计价的建设工程，应执行本规范除工程量清单等专门性规定外的其他规定。

(4) 工程量清单应采用综合单价计价。

(5) 措施项目中的安全文明施工费必须按国家或省级、行业建设主管部门的规定计算，不得作为竞争性费用。

(6) 规费和税金必须按国家或省级、行业建设主管部门的规定计算，不得作为竞争性费用。

2. 工程量清单计价的作用

工程量清单是工程量清单计价的有效工具，是国际工程承包招标投标中的流行方式，对招标投标和工程造价全过程管理起着重要的作用，是招标人与投标人建立和实现“要约”与“承诺”需求的信息载体，由于形式简单统一，也为网上招标提供了有效工具。同时因为它具有公开性，也为投标者提供了一个公开、公平、公正竞争的环境。由于工程量清单是统一由招标人计算和发布的，特别是由专业水平高的咨询人员即第三者编制工程量清单，一是立场公正，二是可以避免由于项目分项不一致、漏项、多项、工程量计算不准确等人为因素的影响，同时方便了投标者将主要人力和精力集中于报价决策上，提高了投标工作的效率和中标的可能性。此外，工程量清单是工程合同的重要文件之一，因而又是招标标底、投标报价、询价、评标、工程进度款支付的依据。与合同结合，工程量清单又是施工过程中的进度款支付(即施工过程中的工程结算)、索赔、竣工结算、竣工决算的重要依据。总之，它对从招标投标开始的全过程工程造价管理起着重要的作用。作为承包商应有充分准备，以不断降低工程成本，创造低价中标的潜力和优势。

7.1.3 工程量清单计价表格的规定

《建设工程工程量清单计价规范》(GB 50500—2013)中对清单计价表格作了严格的规定，以此来规范造价文件的编制过程。

我们在学习过程中，不妨配备一本规范和教材共同学习。

《计价规范》规定，工程计价表宜采用统一格式。

各省、自治区、直辖市建设行政主管部门和行业建设主管部门可根据本地区、本行业的实际情况，在《计价规范》附录B至附录L计价表格的基础上补充完善。

工程计价表格的设置应满足工程计价的需要，方便使用。

1. 工程量清单编制应符合的规定

(1) 工程量清单编制使用的表格包括：封-1、扉-1、表-01、表-08、表-11、表-12(不含表-12-6～表-12-8)、表-13、表-20、表-21或表-22。

(2) 扉页应按规定的内容填写、签字、盖章，由造价员编制的工程量清单应有负责审核的造价工程师签字、盖章。受委托编制的工程量清单，应有造价工程师签字、盖章以及工程造价咨询人盖章。

(3) 总说明应按下列内容填写。

① 工程概况：建设规模、工程特征、计划工期、施工现场实际情况、自然地理条件、环境保护要求等。

② 工程招标和专业工程发包范围。

③ 工程量清单编制依据。

④ 工程质量、材料、施工等的特殊要求。

⑤ 其他需要说明的问题。

2. 招标控制价、投标报价、竣工结算编制应符合的规定

(1) 使用表格。

① 招标控制价使用的表格包括：封-2、扉-2、表-01、表-02、表-03、表-04、表-08、表-09、表-11、表-12(不含表-12-6～表-12-8)、表-13、表-20、表-21或表-22。

② 投标报价使用的表格包括：封-3、扉-3、表-01、表-02、表-03、表-04、表-08、表-09、表-11、表-12(不含表-12-6～表-12-8)、表-13、表-16、招标文件提供的表-20、表-21或表-22。

③ 竣工结算使用的表格包括：封-4、扉-4、表-01、表-05、表-06、表-07、表-08、表-09、表-10、表-11、表-12、表-13、表-14、表-15、表-16、表-17、表-18、表-19、表-20、表-21或表-22。

(2) 扉页应按规定的内容填写、签字、盖章，除承包人自行编制的投标报价和竣工结算外，受委托编制的招标控制价、投标报价、竣工结算，由造价员编制的应有负责审核的造价工程师签字、盖章以及工造价咨询人盖章。

(3) 总说明应按下列内容填写。

① 工程概况：建设规模、工程特征、计划工期、合同工期、实际工期、施工现场及变化情况、施工织设计的特点、自然地理条件、环境保护要求等。

② 编制依据等。

3. 工程造价鉴定应符合的规定

(1) 工程造价鉴定使用的表格包括：封-5、扉-5、表-01、表-05～表-20、表-21或表-22。

(2) 扉页应按规定内容填写、签字、盖章，应有承担鉴定和负责审核的注册造价工程师签字、盖执业专用章。

(3) 说明应按《计价规范》第 14.3.5 条第 1 款至第 6 款的规定填写。

4. 投标人应按招标文件的要求，附工程量清单综合单价分析表

在整个建设项目的造价文件编制中，现附如下表格以供学习(表 7-1～表 7-7)。

表 7-1 建设项目招标控制价/投标报价汇总表

工程名称： 第 页 共 页

序号	单项工程名称	金额/元	其中		
			暂估价/元	安全文明施工费/元	规费/元
合计					

注：本表适用于建设项目招标控制价或投标报价的汇总。

表7-2 单项工程招标控制价/投标报价汇总表

工程名称： 第 页 共 页

序号	单位工程名称	金额/元	其中		
			暂估价/元	安全文明施工费/元	规费/元
	合计				

注：本表适用于单项工程招标控制价或投标报价的汇总。暂估价包括分部分项工程中的暂估价和专业工程暂估价。

表7-3 单位工程招标控制价/投标报价汇总表

工程名称： 标段： 第 页 共 页

序号	汇总内容	金额/元	其中：暂估价/元
1	分部分项工程		
1.1			
1.2			

续表

序号	汇总内容	金额/元	其中：暂估价/元
1.3			
1.4			
1.5			
2	措施项目		
2.1	安全文明施工费		
3	其他项目		
3.1	暂列金额		
3.2	专业工程暂估价		
3.3	计日工		
3.4	总承包服务费		
3.5	索赔与签证		
4	规费		
5	税金		
	招标控制价合计＝1＋2＋3＋4＋5		

注：本表适用于单位工程招标控制价或投标报价的汇总，如无单位工程划分，单项工程也使用本表汇总。

表7-4　分部分项工程和单价措施项目清单与计价表

工程名称：　　　　　　　　　　　　标段：　　　　　　　　　　　第　页　共　页

序号	项目编码	项目名称	项目特征描述	计量单位	工程量	金额/元		
						综合单价	合价	其中：暂估价

续表

序号	项目编码	项目名称	项目特征描述	计量单位	工程量	金额/元		
						综合单价	合价	其中：暂估价
本页小计								
合　计								

注：根据住房和城乡建设部、财政部发布的规定，为计取规费等的使用，可在表中增设“人工费”。

表 7-5　工程量清单综合单价分析表

工程名称：　　　　　　　　　　　　　标段：　　　　　　　　　　　　第　页　共　页

项目编码		项目名称		计量单位	

清单综合单价组成明细

定额编号	定额项目名称	定额单位	数量	单价/元				合价/元			
				人工费	材料费	机械费	管理费和利润	人工费	材料费	机械费	管理费和利润
人工单价	小　计										
元/工日	未计价材料费										
清单项目综合单价											

材料费明细	主要材料名称、规格、型号	单位	数量	单价/元	合价/元	暂估单价/元	暂估合价/元
	其他材料费			—		—	
	材料费小计			—		—	

注：① 如不使用省级或行业建设主管部门发布的计价依据，可不填定额项目、编号等。

② 招标文件提供了暂估单价的材料，按暂估的单价填入表内“暂估单价”栏及“暂估合价”栏。

表7-6　总价措施项目清单与计价表

工程名称：　　　　　　　　　　　　　　标段：　　　　　　　　　　　　　第　页　共　页

序号	项目编码	项目名称	计算基础	费率/%	金额/元	调整费率/%	调整后金额/元	备注
		安全文明施工费						
		夜间施工增加费						
		二次搬运费						
		冬雨季施工增加费						
		已完工程及设备保护						
		各专业工程的措施项目						
	合　计							

注：① 计算基础上安全文明施工费可为“定额基价或定额人工费或人工费＋机械费”，其他项目可为“人工费或人工费＋机械费”。

② 按照施工方案计算的措施费，若无计算基础和费率的数值，也可只填金额数值，但应在备注栏说明施工方案出处和计算方法。

表7-7　其他项目清单与计价汇总表

工程名称：　　　　　　　　　　　　　　标段：　　　　　　　　　　　　　第　页　共　页

序号	项目名称	计量单位	金额/元	备注
1	暂列金额			
2	暂估价			
2.1	材料暂估价		—	
2.2	专业工程暂估价			
3	计日工			
4	总承包服务费			
5	索赔与现场签证			
	合　计			

注：材料暂估单价进入清单项目综合单价，此处不汇总，只是注明。

计价规范中还有其他相关表格，我们在课后可以进一步熟悉，在这里不一一列出。

7.1.4 工程量清单编制

引 言

前面已经学习了相关的工程量清单计价规范和相应的表格，知道先要有工程量清单的编制，然后才能进入清单计价程序。

工程量清单的编制，是招标方(业主)进行招标之前的一项重要的准备工作，是招标文件中不可缺少的十分重要的招标文件之一，是工程造价合同管理与系统控制的一个重要依据。实行工程量清单招标是推行工程量清单计价模式的前提。

“工程量清单”虽然是招标文件中的文件内容，但也是从事预算岗位的专业造价人员编制的，因此如何进行工程量清单的编制，是工程造价人员必须学会的技能。

本节将从介绍工程量清单编制的一般概念开始，使读者对工程量清单编制方法有较全面的认识和理解，进而掌握工程量清单编制的方法。目前我国发布了最新的工程量清单编制的规范——《房屋建筑与装饰工程工程量计算规范》(GB 50854—2013)(以下简称《计算规范》)，后续章节我们会具体学习。

1. 工程量清单编制的原则

(1) 符合国家《计价规范》的原则。项目分项类别、分项名称、清单分项编码、计量单位分项项目特征、工作内容等，都必须符合《计价规范》的规定和要求。

(2) 符合工程量实物分项与描述准确的原则。工程量清单是对招标人和投标人都有很强约束力的重要文件，专业性强，内容复杂，对编制人的业务技术水平和能力要求高，能否编制出完整、严谨、准确的工程量清单，是招标成败的关键。工程量清单是传达招标人要求，便于投标人响应和完成招标工程实体、工程任务目标及相应分项工程数量，全面反映投标报价要求的直接依据。因此，招标人向投标人所提供的清单，必须与设计的施工图纸相符合，能充分体现设计意图，充分反映施工现场的现实施工条件，为投标人能够合理报价创造有利条件，贯彻互利互惠的原则。

(3) 工作认真审慎的原则。应当认真学习《计价规范》、相关政策法规、工程量计算规则、施工图纸、工程地质与水文资料和相关的技术资料等，熟悉施工现场情况，注重现场施工条件分析。对初定的工程量清单的各个分项，按有关的规定进行认真核对、审核，避免错漏项、少算或多算工程数量等现象发生，对措施项目与其他措施工程量项目清单也应当认真反复核实，最大限度地减少人为因素所造成的错误。重要的问题在于不留缺口，防止日后追加工程投资，增加工程造价。

2. 工程量清单编制的依据

(1) 本规范(《计价规范》)和相关工程的国家计量规范。

(2) 国家或省级、行业建设主管部门颁发的计价定额和办法。

(3) 建设工程设计文件及相关资料。

(4) 与建设工程有关的标准、规范、技术资料。

(5) 拟定的招标文件。

(6) 施工现场情况、地勘水文资料、工程特点及常规施工方案。

(7) 其他相关资料。

3. 工程量清单的组成

工程量清单由分部分项工程量清单、措施项目清单、其他项目清单、规费项目清单、税金项目清单做成。

工程量清单编制程序与步骤如图 7.1 所示。

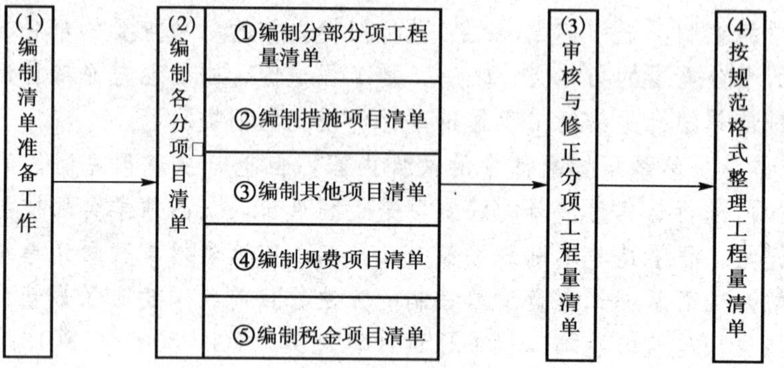

图 7.1　工程量清单编制程序与步骤示意图

4. 分部分项工程量清单的编制

在表 7-4 中，我们需要填写分部分项的项目编码，描述项目特征，写出项目名称，计算出清单量。因此我们需要学习各类相关内容的编制。

1) 工程量清单项目编码

工程量清单的项目编码，主要是指分部分项工程工程量清单的编码。由于建筑产品的多样性，构成建筑物的构件与材料消耗品种多、类型复杂，因此施工技术、施工工艺、施工现场及施工条件也是复杂多变的，使得工程施工对象的分部分项实体产品的类别也会存在较大差别。

此外，信息技术已在工程造价软件中得到广泛运用，若无统一的编码则无法让公众接受、识别并得到信息技术的支持。没有清单分项的科学编码，招标响应、企业定额的制定就缺乏统一的依据。《计算规范》以上述因素为前提，对分部分项工程量清单编码做了严格科学的规定，并作为必须遵循的规定条款。

《计算规范》规定："分部分项工程量清单的项目编码应采用十二位阿拉伯数字表示。一至九位按附录规定设置，十至十二位应根据拟建工程的工程量清单项目名称设置，同一招标工程项目编码不得有重码，一个项目编码由五级组成。"

在《计算规范》中对清单项目编码规定了表示方式，十二位阿拉伯数字及其设置规定如下。

各位数字的含义是：一、二位为专业工程代码(01—房屋建筑与装饰工程；02—仿古建筑工程；03—通用安装工程；04—市政工程；05—园林绿化工程；06—矿山工程；07—构筑物工程；08—城市轨道交通工程；09—爆破工程。以后进入国标的专业工程代码以此类推)；三、四位为附录分类顺序码；五、六位为分部工程顺序码；七、八、九位为分项工程项目名称顺序码(十至十二位为清单项目名称顺序码。十至十二位根据拟建工程的工程量清单项目名称设置，从 001 开始顺序设置)。

当同一标段(或合同段)的一份工程量清单中含有多个单位工程且工程量清单是以单位工程为编制对象时，在编制工程量清单时应特别注意对项目编码十至十二位的设置不得有重码的规定。

如图 7.2 所示为清单项目编码示意图。

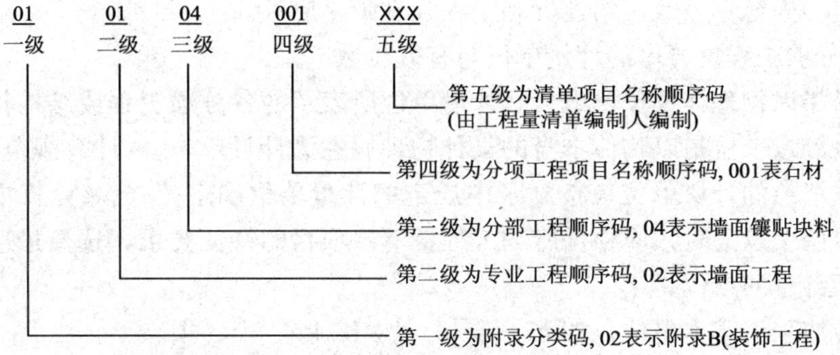

图 7.2 清单项目编码示意图

上述四级代码即前九位编码，是《计算规范》中根据工程分项在附录 A、B、C、D、E、F…中分别明确规定的编码，供编制清单时查询，不得做任何调整。

第五级为清单项目名称顺序码，由工程量清单编制人编制，确定第五级编码时，应注意与实际工程对象结合，同时还应满足后续编制综合单价的要求。

2) 分部分项工程量清单项目名称、项目特征、工程内容

(1) 项目名称。《计算规范》规定：“项目名称应按附录中规定的项目名称，并结合拟建工程实际确定。”

项目名称原则上以形成工程实体而命名，不得变动。例如：拼花石材楼地面，编码为 011102001，在清单项目设置时，项目名称仍为石材楼地面，而不应编为拼花石材楼地面，拼花可在项目特征中予以描述。

由于工程建设的复杂性，技术发展日新月异，新材料、新技术、新设备、新工艺不断涌现，工程分项可能超出规范规定范围，如出现规范中未包括的项目，编制人可以按相应原则进行补充，并报当地工程造价管理部门备案。补充项目应填写在工程量清单相应分部分项工程项目之后，补充项目的编码由附录的顺序码与 B 和三位阿拉伯数字组成，并应从×B001 起顺序编制，同一招标工程的项目不得有重码。工程量清单中需附有项目名称、项目特征、计量单位、工程量计算规则、工程内容。

(2) 项目特征。《计算规范》规定：“分部分项工程量清单项目特征应按附录中规定的项目特征，结合拟建工程实际予以描述。”分部分项工程量清单项目特征是确定其综合单价的重要依据，同一个项目名称，由于材料品种、型号、规格、材料特性不同，直接导致综合单价差别甚大，同样，项目特征的描述也是对承包商确定综合单价、采用施工材料和施工方法及其相应辅助措施工作的指引，并与施工质量、消耗、效率有着密切关系。但是，有些在《计算规范》规定中未涉及的其他独有特征，由清单编制人视项目具体情况确定，以准确描述清单项目为准。还有的项目特征用文字往往难以确定和全面地描述清楚，为达到规范、简洁、准确、全面描述项目特征的要求，可采用详见××标准图集或施工图纸××图进行补充。

(3) 工程内容。由于清单项目是按实体设置的，而每个实体又由多个工程子目组成，《计算规范》对各清单项目可能发生的组合项目均作了提示，并列在“工程内容”一栏中，供清单编制人根据具体工程进行特征描述时参考。对附录中没有列出的工程内容，项目特征中可以补充，绝不可以《计算规范》中没有为理由不予描述，描述不清容易引起投标人报价(综合单价)内容不一致，给评标和工程管理带来麻烦。

3) 分部分项工程量清单的计量单位与有效位数

工程量是指以物理计量单位或自然计量单位所表示的各分项工程或结构构件的具体数量。所谓物理计量单位是以物体本身的某种物理属性为计量单位。《计算规范》规定：“分部分项工程量清单的计量单位应按附录中规定的计量单位确定。”当《计算规范》中计量单位有两个或两个以上时，应根据所编工程量清单项目的特征要求，选择最适宜表现该项目特征并方便计量的单位。

计量单位应采用基本单位，如 m、m^2、m^3、t、kg、个、项。

《计价规范》还对工程量的有效位数作如下规定。

(1) 以 t 为单位，应保留小数点后三位，第四位四舍五入。

(2) 以 m、m^2、m^3、kg 为单位，应保留小数点后二位，第三位四舍五入。

(3) 以个、项等为单位，应取整数。

工程量清单中所列的工程量应按照附录中的计算规则来计算。

5. 措施项目清单的编制

1) 措施项目清单的含义

措施项目清单是指“为完成项目施工，发生于该工程施工准备和施工过程中的技术、生活、安全、环境保护等方面的非工程实体项目”的列项明细。

2) 措施项目的设置依据

(1) 拟建工程的施工组织设计。

(2) 拟建工程的施工技术方案。

(3) 拟建工程相关的施工技术规范与验收方案。

(4) 招标文件。

(5) 设计文件。

3) 措施项目的设置

措施项目应根据拟建工程的具体情况列项，项目清单以“项”为计量单位的，也称为总价措施项目，如表 7-6 所示，总价措施项目清单若出现规范未列的项目，可根据实际情况补充。

措施项目中可以计算工程量的项目清单，也称为单价措施项目，宜采用分部分项工程量清单的方式编制，列出项目编码、项目名称、项目特征、计量单位，遵循工程量计算规则计算工程量。

综上所述，编制措施项目清单应注意以下几点。

(1) 要求编者熟悉施工组织设计、施工技术方案，理解施工规范、验收规范，且具备丰富的实践经验，熟悉和掌握《计算规范》对措施项目的划分规定和要求。

(2) 编制措施项目清单应与编制分部分项工程量清单综合考虑，与分部分项工程量紧密相连的措施项目可同步进行编制。

(3) 编制措施项目清单应与拟定的重难点分部分项施工方案结合，以保证所拟措施项目划分和描述的可行性。

6. 其他项目清单的编制

《计价规范》规定：其他项目清单应根据工程具体情况，参照下列内容列项：暂列金额、暂估价、计日工、总承包服务费等，见表7－7。

(1) 暂列金额是指招标人在工程量清单中暂定并包括在合同价款中的一笔款项。用于施工合同签订时尚未确定或者不可预见的所需材料、设备、服务的采购，施工中可能发生的工程变更、合同约定调整因素出现时的工程价款调整以及发生的索赔、现场签证确认等的费用。暂列金额是包括在合同价之内，但并不直接属承包人所有，而是由发包人暂定并掌握使用的一笔款项。

(2) 暂估价是指招标人在工程量清单中提供的用于支付必然发生但暂时不能确定价格的材料的单价以及专业工程的金额。

(3) 计日工是指在施工过程中，完成发包人提出的施工图纸以外的零星项目或工作，按合同中约定的综合单价计价，是对零星项目或工作采取的一种计价方式。

(4) 总承包服务费

总承包人为配合协调发包人进行的工程分包、对甲方自行采购的设备和材料等进行管理、服务以及施工现场管理、竣工资料汇总整理等服务所需的费用。

总承包服务费的计取应遵循以下规定。

① 总承包单位有能力承担的分部分项工程，由建设单位分包给其他施工单位的，总承包单位应向建设单位收取此项费用。

② 总承包单位未向分包单位提供服务的，或由总承包单位分包给其他施工单位的，不应收取此项费用。

7. 规费项目清单的编制

《计价规范》规定：规费是根据国家法律、法规的规定，由省级政府和省级有关权力部门规定必须缴纳的，应计入建筑安装工程造价的费用。规费为不可竞争性费用。

规费清单按下列内容列项。

(1) 工程排污费。

(2) 社会保障费：包括养老保险费、失业保险费、医疗保险费 、生育保险费、工伤保险费。

(3) 住房公积金。

若出现《计价规范》未列项目，应根据省级政府和省级有关权力部门规定列项。

8. 税金项目清单的编制

《计价规范》规定：税金项目清单按下列内容列项。

(1) 营业税。

(2) 城市维护建设税。

(3) 教育费附加。

（4）地方教育费附加。

若出现《计价规范》未列项目，应根据税务部门规定列项。

7.2 装饰工程工程量清单项目计算规则

引　言

7.1节我们学习了相关规范中对清单计量和计价的相关内容，明确了在清单计价过程中，首先是有工程量清单，才有报价。因此我们在进行清单计价过程中，需要计算“工程量”，而算“工程量”，需要列出项目名称，描述出项目特征，进而根据《计算规范》的计算规则计算出工程量。

行业内有“五统一”的说法，即统一的项目编码、统一的项目特征、统一的项目名称、统一的计算规则、统一的计量单位。而清单工程量的计算规则是“五个统一”中最为关键的一个，直接影响工程量计算结果的准确性，同时也是指导招标人或招标代理人编制清单的科学依据，因此读者必须全面理解清单编制原理，并结合工程实际特点，才能准确计算出清单工程量，进而完成计价。

在进行工程量计算之前，清单编制人需要依据《计算规范》的要求进行项目编码的设置，列出项目编码，描述出项目特征，计算出工程量。

根据规范规定，项目编码由5级12位阿拉伯数字组成。前9位为全国统一编码，应按《计算规范》中的相应编码来设置，不得变动；后3位是清单项目名称编码，由清单编制人根据设置的清单项目自行编制。具体举例如图7.3所示。

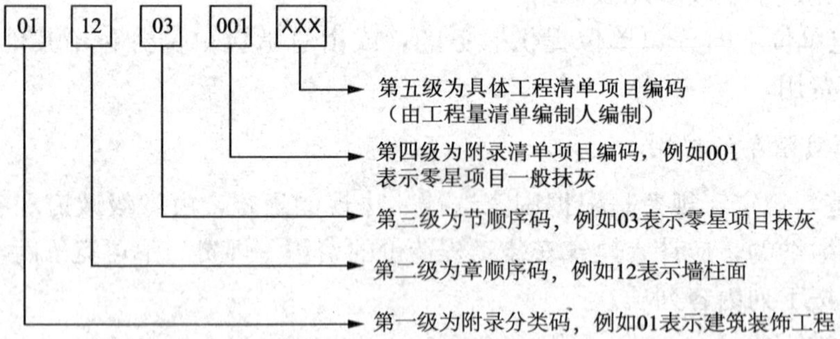

图7.3　清单项目编码举例

7.2.1　楼地面工程

楼地面工程一般由下列构造层次组成。

（1）基层。地面基层为夯实地基，楼面基层为楼板。进行装饰施工时，一般需先对基层进行清理。

（2）垫层。承受并传递荷载。按材料分，常见的有混凝土垫层、砂石垫层、碎石垫层、三合土垫层。

（3）找平层。在楼板或垫层、填充层上起找平、找坡和加强作用的构造层。常见的有水泥砂浆找平层、细石混凝土找平层、沥青砂浆找平层、沥青混凝土找平层。

（4）隔离层。起防水、防潮作用的构造层，一般有卷材、防水砂浆、沥青砂浆和防水涂料等隔离层。

（5）填充层。在建筑楼地面起隔声、保温、找坡、敷暗管线等作用的构造层。可以采用轻质的松散材料、块体材料或整体材料进行填充。

（6）面层。直接承受各种荷载作用的表面层，分为整体面层和块料面层。

1. 清单设置规则

楼地面工程清单包含8个分部43个分项，项目设置明细见表7-8。

表7-8 楼地面清单设置明细

序号	清单名称	分项数量
01	整体面层及找平层	6
02	块料面层	3
03	橡塑面层	4
04	其他材料面层	4
05	踢脚线	7
06	楼梯面层	9
07	台阶装饰	6
08	零星装饰项目	4
合计		43

有关项目特征描述的具体含义。

（1）防护材料主要是指石材等背面、侧面为防酸、防碱涂刷的处理剂；木材做防火、防油的防火涂料，防腐剂。

（2）嵌条材料是用于水磨石分隔、作图案的嵌条，主要材料有玻璃条，铜条、不锈钢条。

（3）防滑条是指楼梯、台阶踏步的防滑设施，如水泥防滑条、玻璃防滑条、铜质防滑条。

（4）地毯楼梯面的固定配件是指踏步阴角的压毡杆，常见的材料有铝合金压毡杆、铜质压毡杆。

（5）压线条主要起固定和分隔的作用，主要有塑料压条、铜条、铝合金条。

2. 清单列项指导及计算规则解读

1）整体面层及找平层(编码：011101)

清单项目中，整体面层包含6个分项，分别是水泥砂浆楼地面(011101001)、现浇水磨石楼地面(011101002)、细石混凝土楼地面(011101003)、菱苦土楼地面(011101004)、自流坪楼地面(011101005)、平面砂浆找平层(011101006)，其项目设置要求见表7-9。

表 7-9　整体面层及找平层(011101)

项目编码	项目名称	项目特征	计量单位	工程量计算规则	工程内容
011101001	水泥砂浆楼地面	1. 找平层厚度、砂浆配合比 2. 素水泥砂浆遍数 3. 面层厚度、砂浆配合比 4. 面层做法要求	m^2	按设计图示尺寸以面积计算。扣除凸出地面构筑物、设备基础、室内地道、地沟等所占面积，不扣除间壁墙及＜0.3m^2柱、垛、附墙烟囱及孔洞所占面积。门洞、空圈、暖气包槽、壁龛的开口部分不增加面积	1. 基层清理 2. 抹找平层 3. 抹面层 4. 材料运输
011101002	现浇水磨石楼地面	1. 找平层厚度、砂浆配合比 2. 面层厚度、水泥石子浆配合比 3. 嵌条材料种类、规格 4. 石子种类、规格、颜色 5. 颜料种类、颜色 6. 图案要求 7. 磨光、酸洗、打蜡要求			1. 基层清理 2. 抹找平层 3. 面层铺设 4. 嵌缝条安装 5. 磨光、酸洗打蜡 6. 材料运输
011101003	细石混凝土楼地面	1. 找平层厚度、砂浆配合比 2. 面层厚度、混凝土强度等级			1. 基层清理 2. 抹找平层 3. 面层铺设 4. 材料运输
011101004	菱苦土楼地面	1. 找平层厚度、砂浆配合比 2. 面层厚度 3. 打蜡要求			1. 基层清理 2. 抹找平层 3. 面层铺设 4. 打蜡 5. 材料运输
011101005	自流坪楼地面	1. 找平层砂浆配合比、厚度 2. 界面剂材料种类 3. 中层漆材料种类 4. 面漆材料种类、厚度 5. 面层材料种类			1. 基层处理 2. 抹找平层 3. 涂界面剂 4. 涂刷中层漆 5. 打磨吸尘 6. 镘自流坪面漆(浆) 7. 拌和自流坪浆料 8. 铺面层
011101006	平面砂浆找平层	找平层厚度、砂浆配合比			1. 基层清理 2. 抹找平层 3. 材料运输

注：① 水泥砂浆面层处理是拉毛还是提浆压光应在面层做法要求中描述。

② 平面砂浆找平层只适用于仅做找平层的平面抹灰。

③ 间壁墙指墙厚＜120mm 的墙。

④ 楼地面混凝土垫层另按规范表 E.1 垫层项目编码列项，除混凝土外的其他材料垫层按规范表 D.4 垫层项目编码列项。

2）块料面层(编码：011102)

清单项目中，块料面层包含3个分项，分别是石材楼地面(011102001)、碎石材楼地面(011102002)、块料楼地面(011102003)，其项目设置要求见表7-10。

表7-10　块料面层(011102)

项目编码	项目名称	项目特征	计量单位	工程量计算规则	工程内容
011102001	石材楼地面	1. 找平层的厚度、砂浆的配合比 2. 结合层厚度、砂浆的配合比 3. 面层材料品种、规格、颜色 4. 嵌缝材料种类 5. 防护层材料种类 6. 酸洗、打蜡要求	m^2	按设计图示尺寸以面积计算。门洞、空圈、暖气包槽、壁龛的开口部分并入相应的工程量内	1. 基层清理 2. 抹找平层 3. 面层铺设、磨边 4. 嵌缝 5. 刷防护材料 6. 酸洗、打蜡 7. 材料运输
011102002	碎石材楼地面				
011102003	块料楼地面				

注：① 在描述碎石材项目的面层材料特征时可不用描述规格、颜色。
② 石材、块料与黏结材料的结合面刷防渗材料的种类在防护层材料种类中描述。
③ 本表工作内容中的磨边指施工现场磨边，后面章节工作内容中涉及的磨边含义同。

3）橡塑面层(编码：011103)

清单项目中，橡塑面层包含4个分项，分别是橡胶板楼地面(011103001)、橡胶卷材楼地面(011103002)、塑料板楼地面(011103003)、塑料卷材楼地面(011103004)，其项目设置要求见表7-11。

表7-11　橡塑面层(011103)

项目编码	项目名称	项目特征	计量单位	工程量计算规则	工程内容
011103001	橡胶板楼地面	1. 黏结层的厚度，材料种类 2. 面层材料品种、规格、颜色 3. 压线条种类	m^2	按设计图示尺寸以面积计算。门洞、空圈、暖气包槽、壁龛的开口部分并入相应的工程量内	1. 基层清理 2. 面层铺贴 3. 压缝条装订 4. 材料运输
011103002	橡胶卷材楼地面				
011103003	塑料板楼地面				
011103004	塑料卷材楼地面				

注：本表项目中如涉及找平层，另按本规范表L.1找平层项目编码列项。

4）其他材料面层(编码：011104)

清单项目中，其他材料面层包含4个分项，分别是地毯楼地面(011104001)、竹木(复合)地板(011104002)、金属复合地板(011104003)、防静电活动地板(011104004)，其设置要求见表7-12。

5）踢脚线(编码：011105)

清单项目中，踢脚线包含7个分项，分别是水泥砂浆踢脚线(011105001)、石材踢脚线(011105002)、块料踢脚线(011105003)、塑料板踢脚线(011105004)、木质踢脚线

表 7 - 12　其他材料面(011104)

项目编码	项目名称	项目特征	计量单位	工程量计算规则	工作内容
011104001	地毯楼地面	1. 面层材料品种、规格、颜色 2. 防护材料种类 3. 黏结材料种类 4. 压线条种类	m²	按设计图示尺寸以面积计算。门洞、空圈、暖气包槽、壁龛的开口部分并入相应的工程量内	1. 基层清理 2. 铺贴面层 3. 刷防护材料 4. 装订压条线 5. 材料运输
011104002	竹木(复合)地板	1. 龙骨种类、规格、铺设间距 2. 基层材料的种类、规格 3. 面层材料品种、规格、颜色 4. 防护材料的种类			1. 基层清理 2. 龙骨铺设 3. 基层铺设 4. 面层铺贴 5. 刷防护材料 6. 材料运输
011104003	金属复合地板				
011104004	防静电活动地板	1. 找平层的厚度、砂浆的配合比 2. 填充材料种类、厚度 3. 龙骨种类、规格、铺设间距 4. 基层材料的种类、规格 5. 面层材料品种、规格、品牌 6. 防护材料的种类			1. 基层清理 2. 固定支架安装 3. 活动面层安装 4. 刷防滑材料 5. 材料运输

(011105005)、金属踢脚线(011105006)、防静电踢脚线(011105007),其项目设置要求见表 7 - 13。

表 7 - 13　踢脚线(011105)

项目编码	项目名称	项目特征	计量单位	工程量计算规则	工程内容
011105001	水泥砂浆踢脚线	1. 踢脚线的高度 2. 底层的厚度、砂浆的配合比 3. 面层的厚度、砂浆的配合比	m²	1. 以平方米计量,按设计图示长度乘高度以面积计算 2. 以米计量,按延长米计算	1. 基层清理 2. 底层和面层抹灰 3. 材料运输

续表

项目编码	项目名称	项目特征	计量单位	工程量计算规则	工程内容
011105002	石材踢脚线	1. 踢脚线的高度 2. 黏结层的厚度、材料的种类 3. 面层材料的品种、规格、颜色 4. 防护材料种类	m^2	1. 以平方米计量，按设计图示长度乘高度以面积计算 2. 以米计量，按延长米计算	1. 基层清理 2. 底层抹灰 3. 面层铺贴、磨边 4. 擦缝 5. 磨光、酸洗、打蜡 6. 刷防护材料
011105003	块料踢脚线				
011105004	塑料板踢脚线	1. 踢脚线的高度 2. 底层的厚度、砂浆的配合比 3. 黏结层厚度、材料种类 4. 面层材料种类、规格、颜色			1. 基层清理 2. 基层铺贴 3. 面层铺贴 4. 材料运输
011105005	木质踢脚线	1. 踢脚线的高度 2. 基层材料的种类、规格 3. 面层材料种类、规格、颜色			
011105006	金属踢脚线				
011105007	防静电踢脚线				

注：石材、块料与黏结材料的结合面刷防渗材料的种类在防护层材料种类中描述。

6）楼梯面层(编码：011106)

清单项目中，楼梯装饰分项包含9个分项，分别是石材楼梯面层(011106001)、块料楼梯面层(011106002)、拼碎块料面层(011106003)、水泥砂浆楼梯面层(011106004)、现浇水磨石楼梯面层(011106005)、地毯楼梯面层(011106006)、木板楼梯面层(011106007)、橡胶板楼梯面层(011106008)、塑料板楼梯面层(011106009)其项目设置要求见表7-14。

表7-14 楼梯面层(011106)

项目编码	项目名称	项目特征	计量单位	工程量计算规则	工程内容
011106001	石材楼梯面层	1. 找平层的厚度、砂浆的配合比 2. 黏结层的厚度、材料的种类 3. 面层材料的品种、规格、颜色 4. 防滑条材料的种类、规格 5. 勾缝材料的种类 6. 防护层材料的种类 7. 酸洗、打蜡要求	m^2	按设计图示尺寸以楼梯（包含踏步、休息平台及500mm以内的楼梯井）水平投影面积计算。楼梯与楼地面相连时，算至梯口梁内侧边沿；无梯口梁者，算至最上一层踏步边沿加300mm	1. 基层清理 2. 抹找平层 3. 面层铺贴、磨边 4. 贴嵌防滑条 5. 勾缝 6. 刷防护材料 7. 酸洗、打蜡 8. 材料运输
011106002	块料楼梯面层				
011106003	拼碎块料面层				

续表

项目编码	项目名称	项目特征	计量单位	工程量计算规则	工程内容
011106004	水泥砂浆楼梯面层	1. 找平层的厚度、砂浆的配合比 2. 面层的厚度、水泥石子浆配合比 3. 防滑条材料的种类、规格	m^2	按设计图示尺寸以楼梯（包含踏步、休息平台及500mm以内的楼梯井）水平投影面积计算。楼梯与楼地面相连时，算至梯口梁内侧边沿；无梯口梁者，算至最上一层踏步边沿加300mm	1. 基层清理 2. 抹找平层 3. 抹面层 4. 抹防滑条 5. 材料运输
011106005	现浇水磨石楼梯面层	1. 找平层的厚度、砂浆的配合比 2. 面层厚度、水泥石子浆配合比 3. 防滑条材料种类、规格 4. 石子种类、规格、颜色 5. 颜料种类、颜色 6. 磨光、酸洗、打蜡要求			1. 基层清理 2. 抹找平层 3. 抹面层 4. 贴嵌防滑条 5. 磨光、酸洗、打蜡 6. 材料运输
011106006	地毯楼梯面层	1. 基层材料种类 2. 面层材料的品种、规格、颜色 3. 防护材料的种类 4. 黏结材料的种类 5. 固定配件材料种类、规格			1. 基层清理 2. 铺贴面层 3. 固定配件安装 4. 刷防护材料 5. 材料运输
011106007	木板楼梯面层	1. 基层材料种类 2. 面层材料的品种、规格、颜色 3. 黏结层材料种类 4. 防护层材料种类			1. 基层清理 2. 基层铺贴 3. 面层铺贴 4. 刷防护材料 5. 材料运输
011106008	橡胶板楼梯面层	1. 黏结层厚度、材料种类 2. 面层材料品种、规格、颜色 3. 压线条种类			1. 基层清理 2. 面层铺贴 3. 压缝条装订 4. 运输材料
011106009	塑料板楼梯面层				

注：① 在描述碎石材项目的面层材料特征时可不用描述规格、颜色。

② 石材、块料与黏结材料的结合面刷防渗材料的种类在防护层材料种类中描述。

7）台阶装饰(编码：011107)

清单项目中，台阶装饰分项包含6个分项，分别是石材台阶面(011107001)、块料台阶面(011107002)、拼碎块料台阶面(011107003)、水泥砂浆台阶面(011107004)、现浇水磨石台阶面(011107005)、剁假石台阶面(011107006)其项目设置要求见表7-15。

表 7－15　台阶装饰(011107)

项目编码	项目名称	项目特征	计量单位	工程量计算规则	工程内容
011107001	石材台阶面	1. 找平层厚度、砂浆配合比 2. 黏结材料种类 3. 面层材料品种、规格、颜色 4. 勾缝材料种类 5. 防滑条材料种类、规格 6. 防护材料种类	m^2	按设计图示尺寸以台阶(包括最上层踏步边沿加300mm)水平投影面积计算	1. 基层清理 2. 抹找平层 3. 面层铺贴 4. 贴嵌防滑条 5. 勾缝 6. 刷防护材料 7. 材料运输
011107002	块料台阶面				
011107003	拼碎块料台阶面				
020107004	水泥砂浆台阶面	1. 找平层的厚度、砂浆的配合比 2. 面层厚度、砂浆配合比 3. 防滑条材料种类			1. 基层清理 2. 抹找平层 3. 抹面层 4. 抹防滑条 5. 材料运输
020107005	现浇水磨石台阶面	1. 找平层的厚度、砂浆的配合比 2. 面层的厚度、水泥石子浆的配合比 3. 防滑条材料种类、规格 4. 石子种类、规格、颜色 5. 颜料的种类、颜色 6. 磨光、酸洗、打蜡要求			1. 清理基层 2. 抹找平层 3. 抹面层 4. 贴嵌防滑条 5. 打磨、酸洗、打蜡 6. 材料运输
020107006	剁假石台阶面	1. 找平层的厚度、砂浆的配合比 2. 面层的厚度、砂浆的配合比 3. 剁假石要求			1. 清理基层 2. 抹找平层 3. 抹面层 4. 剁假石 5. 材料运输

注：① 在描述碎石材项目的面层材料特征时可不用描述规格、颜色。
② 石材、块料与黏结材料的结合面刷防渗材料的种类在防护层材料种类中描述。

8) 零星装修项目(编码：011108)

清单项目中，零星装饰项目分项包含 4 个分项，分别是石材零星项目(011108001)、碎拼石材零星项目(011108002)、块料零星项目(011108003)、水泥砂浆零星项目(011108004)，其项目设置要求见表 7－16。

7.2.2　墙柱面工程

在墙柱面工程项目设置时要注意以下几点。

(1) 零星装修适用于面积在 $0.5m^2$ 以内的少量分散的面层。

(2) 柱面装饰适用于矩形柱、异形柱(包含圆柱、半圆柱)附墙柱一般合并到墙面中。

表 7-16　零星装修(020109)

项目编码	项目名称	项目特征	计量单位	工程量计算规则	工程内容
011108001	石材零星项目	1. 工程部位 2. 找平层厚度、砂浆配合比 3. 黏结层厚度、材料种类 4. 面层材料品种、规格、颜色 5. 勾缝材料种类 6. 防护材料种类 7. 酸洗、打蜡要求	m^2	按设计图示尺寸面积计算	1. 基层清理 2. 抹找平层 3. 面层铺贴 4. 勾缝 5. 刷防护材料 6. 酸洗、打蜡 7. 材料运输
011108002	碎拼石材零星项目				
011108003	块料零星项目				
011108004	水泥砂浆零星项目	1. 工程部位 2. 找平层的厚度、砂浆的配合比 3. 面层的厚度，砂浆厚度			1. 基层清理 2. 抹找平层 3. 抹面层 4. 材料运输

注：① 楼梯、台阶牵边和侧面镶贴块料面层，不大于 $0.5m^2$ 的少量分散的楼地面镶贴块料面层，应按本表执行。
② 石材、块料与黏结材料的结合面刷防渗材料的种类在防护材料种类中描述。

(3) 隔断、幕墙上的门窗可以在隔断、幕墙内体现报价，也可以单独编码列项。

1. 清单设置规则

墙柱面工程清单包含 10 个分部 35 个分项，包括墙面抹灰、柱(梁)面抹灰、零星抹灰、墙面块料面层、柱(梁)面镶贴块料、镶贴零星块料、墙饰面、柱(梁)饰面、幕墙工程、隔断。项目设置明细见表 7-17。

表 7-17　墙柱面清单设置明细

序号	清单名称	分项数量
01	墙面抹灰	4
02	柱(梁)面抹灰	4
03	零星抹灰	3
04	墙面块料面层	4
05	柱(梁)面镶贴块料	5
06	镶贴零星块料	3
07	墙饰面	2
08	柱(梁)饰面	2
09	幕墙工程	2
10	隔断	6
合计		35

有关项目特征描述的具体含义如下。

(1) 墙体类型是指砖墙、石墙、混凝土墙、砌块墙或者内墙、外墙等类型，在不同的墙体上做装饰，工料机的消耗也不同。

(2) 勾缝材料是指清水砖(石)墙的加浆勾缝类型，如平缝或凹缝等。

(3) 嵌缝材料是指嵌缝砂浆、嵌缝油膏、玻璃胶、密封胶等材料。

(4) 装饰板墙面是指金属板墙面、木质饰面板墙面、各种软包及硬包墙面。

(5) 墙面压条主要起装饰和分隔的作用，主要有铝合金压条、木质线条等。

2. 清单列项指导及计算规则解读

1) 墙面抹灰(编码：011201)

清单项目中，墙面抹灰分项包含 4 个分项，分别是墙面一般抹灰(011201001)、墙面装饰抹灰(011201002)、墙面勾缝(011201003)、立面砂浆找平(011201004)，其项目设置要求见表 7－18。

表 7－18 墙面抹灰(011201)

<table>
<tr><th>项目编码</th><th>项目名称</th><th>项目特征</th><th>计量单位</th><th>工程量计算规则</th><th>工程内容</th></tr>
<tr><td>011201001</td><td>墙面一般抹灰</td><td rowspan="2">1. 墙体类型
2. 底层厚度、砂浆的配合比
3. 面层厚度、砂浆的配合比
4. 装饰面材料种类
5. 分格缝宽度，材料种类</td><td rowspan="4">m^2</td><td rowspan="4">按设计图示尺寸以面积计算。扣除墙裙、门窗洞口及单个大于 $0.3m^2$ 的孔洞面积，不扣除踢脚线、挂镜线和墙与构件交接处的面积，门窗洞口和孔洞的侧壁及顶面不增加面积。附墙柱、梁、垛、烟囱侧壁并入相应的墙面面积内
1. 外墙抹灰面积按外墙垂直投影面积计算
2. 外墙裙抹灰面积按其长度乘以高度计算
3. 内墙抹灰面积按主墙间的净长乘以高度计算
(1) 无墙裙的，高度按室内楼地面至天棚底面计算
(2) 有墙裙的，高度按墙裙顶至天棚底面计算
(3) 有吊顶天棚抹灰的，高度算至天棚底
4. 内墙裙抹灰面按内墙净长乘以高度计算</td><td rowspan="2">1. 基层清理
2. 砂浆制作、运输
3. 底层抹灰
4. 抹面层
5. 抹装饰面
6. 勾分格缝</td></tr>
<tr><td>011201002</td><td>墙面装饰抹灰</td></tr>
<tr><td>011201003</td><td>墙面勾缝</td><td>1. 勾缝类型
2. 勾缝材料种类</td><td>1. 基层清理
2. 砂浆制作、运输
3. 勾缝</td></tr>
<tr><td>011201004</td><td>立面砂浆找平</td><td>1. 基层类型
2. 找平层砂浆厚度、配合比</td><td>1. 基层清理
2. 砂浆制作、运输
3. 抹灰找平</td></tr>
</table>

注：① 立面砂浆找平项目适用于仅做找平层的立面抹灰。

② 柱(梁)面抹石灰砂浆、水泥砂浆、混合砂浆、聚合物水泥砂浆、麻刀石灰砂浆、石膏灰浆等按本表中墙面一般抹灰列项，墙面水刷石、斩假石、干粘石、假面砖等按本表装饰抹灰列项。

③ 飘窗凸出外墙面增加的抹灰并入外墙工程量内。

④ 有吊顶天棚的内墙抹灰，抹至吊顶以上部分在综合单价中考虑。

2）柱(梁)面抹灰(编码：011202)

清单项目中，柱（梁）面抹灰分项包含 4 个分项，分别是柱（梁）面一般抹灰(011202001)、柱(梁)面装饰抹灰(011202002)、柱(梁)面砂浆找平(011202003)、柱面勾缝(011202004)，其项目设置要求见表 7－19。

表 7－19　柱(梁)面一般抹灰(011202)

项目编码	项目名称	项目特征	计量单位	工程量计算规则	工程内容
011202001	柱(梁)面一般抹灰	1. 柱(梁)体类型 2. 底层厚度、砂浆的配合比 3. 面层厚度、砂浆的配合比 4. 装饰面材料种类 5. 分格缝宽度，材料种类	m²	1. 柱面抹灰：按设计图示 柱断面周长乘高度以面积计算 2. 梁面抹灰：按设计图示 梁断面周长乘长度以面积计算	1. 基层清理 2. 砂浆制作、运输 3. 底层抹灰 4. 抹面层 5. 勾分格缝
011202002	柱(梁)面装饰抹灰				
011202003	柱(梁)面砂浆找平	1. 柱(梁)体类型 2. 找平的砂浆厚度、配合比			1. 基层清理 2. 砂浆制作、运输 3. 抹灰找平
011202004	柱面勾缝	1. 勾缝类型 2. 勾缝材料种类		按设计图示柱断面周长乘高度以面积计算	1. 基层清理 2. 砂浆制作、运输 3. 勾缝

注：① 立面砂浆找平项目适用于仅做找平层的立面抹灰。

② 墙面抹石灰砂浆、水泥砂浆、混合砂浆、聚合物水泥砂浆、麻刀石灰砂浆、石膏灰浆等按本表中墙面一般抹灰列项，墙面水刷石、斩假石、干粘石、假面砖等按本表装饰抹灰列项。

3）零星项目抹灰(编码：011203)

清单项目中，零星项目抹灰分项包含 3 个分项，分别是零星项目一般抹灰(011203001)、零星项目装饰抹灰(011203002)、零星项目砂浆找平(011203003)，其项目设置要求见表 7－20。

表 7－20　零星抹灰(011203)

项目编码	项目名称	项目特征	计量单位	工程量计算规则	工程内容
011203001	零星项目一般抹灰	1. 基层类型、部位 2. 底层厚度、砂浆配合比 3. 面层厚度、砂浆配合比 4. 装饰面材料种类 5. 分格缝宽度、材料种类	m²	按设计图示尺寸以面积计算	1. 基层清理 2. 砂浆制作、运输 3. 底层抹灰 4. 抹面层 5. 抹装饰面 6. 勾分格缝
011203002	零星项目装饰抹灰				

续表

项目编码	项目名称	项目特征	计量单位	工程量计算规则	工程内容
011203003	零星项目砂浆找平	1. 基层类型、部位 2. 找平的砂浆厚度、配合比	m^2	按设计图示尺寸以面积计算	1. 基层清理 2. 砂浆制作、运输 3. 抹灰找平

注：① 零星项目抹石灰砂浆、水泥砂浆、混合砂浆、聚合物水泥砂浆、麻刀石灰砂浆、石膏灰浆等按本表中墙面一般抹灰列项，墙面水刷石、斩假石、干粘石、假面砖等按本表装饰抹灰列项。

② 墙、柱(梁)面≤$0.5m^2$的少量分散的抹灰按本表中零星抹灰项目编码列项。

4）墙面块料面层(编码：011204)

清单项目中，墙面块料面层分项包含 4 个分项，分别是石材墙面(011204001)、碎拼石材墙面(011204002)、块料墙面(011204003)、干挂石材钢骨架(011204004)，其项目设置要求见表 7-21。

表 7-21　墙面块料面层(011204)

项目编码	项目名称	项目特征	计量单位	工程量计算规则	工程内容
011204001	石材墙面	1. 墙体类型 2. 安装方式 3. 面层材料品种、规格颜色 4. 缝宽、嵌缝材料种类 5. 防护材料种类 6. 磨光、酸洗、打蜡要求	m^2	按镶贴表面积计算	1. 基层清理 2. 砂浆制作、运输 3. 黏结层铺贴 4. 面层安装 5. 嵌缝 6. 刷防护材料 7. 磨光、酸洗、打蜡
011204002	碎拼石材墙面				
011204003	块料墙面				
011204004	干挂石材钢骨架	1. 骨架种类、规格 2. 防锈油漆的品种遍数	t	按设计图示尺寸以质量计算	1. 骨架制作、运输、安装 2. 刷漆

注：① 在描述碎块项目的面层材料特征时可不描述规格、颜色。

② 石材、块料与黏结材料的结合面刷防渗材料的种类在防护层材料种类中描述。

③ 安装方式可描述为砂浆或黏结剂粘贴、挂贴、干挂等，不论哪种安装方式，都要详细描述与组价相关的内容。

5）柱(梁)面镶贴块料(编码：011205)

清单项目中，柱(梁)面镶贴块料分项包含 5 个分项，分别是石材柱面(011205001)、块料柱面(011205002)、拼碎块柱面(011205003)、石材梁面(011205004)、块料梁面(011205005)，其项目设置要求见表 7-22。

表 7－22 柱(梁)面镶贴块料(011205)

<table>
<tr><th>项目编码</th><th>项目名称</th><th>项目特征</th><th>计量单位</th><th>工程量计算规则</th><th>工程内容</th></tr>
<tr><td>011205001</td><td>石材柱面</td><td rowspan="3">1. 柱截面类型、尺寸
2. 安装方式
3. 面层材料品种、规格、颜色
4. 缝宽、嵌缝材料种类
5. 防护材料种类
6. 磨光、酸洗、打蜡要求</td><td rowspan="5">m^2</td><td rowspan="5">按镶贴表面积计算</td><td rowspan="5">1. 基层清理
2. 砂浆制作、运输
3. 黏结层铺贴
4. 面层安装
5. 嵌缝
6. 刷防护材料
7. 磨光、酸洗、打蜡</td></tr>
<tr><td>011205002</td><td>块料柱面</td></tr>
<tr><td>011205003</td><td>拼碎块柱面</td></tr>
<tr><td>011205004</td><td>石材梁面</td><td rowspan="2">1. 安装方式
2. 面层材料品种、规格、颜色
3. 缝宽、嵌缝材料种类
4. 防护材料种类
5. 磨光、酸洗、打蜡要求</td></tr>
<tr><td>011205005</td><td>块料梁面</td></tr>
</table>

注：① 在描述碎块项目的面层材料特征时可不描述规格、颜色。

② 石材、块料与黏结材料的结合面刷防渗材料的种类在防护层材料种类中描述。

③ 梁柱面干挂石材的钢骨架按规范表 M. 4 相应项目编码列项。

6) 镶贴零星块料(编码：011206)

清单项目中，镶贴零星块料分项包含 3 个分项，分别是石材零星项目(011206001)、块料零星项目(011206002)、碎拼块料零星项目(011206003)，其项目设置要求见表 7－23。

表 7－23 零星镶贴块料(011206)

<table>
<tr><th>项目编码</th><th>项目名称</th><th>项目特征</th><th>计量单位</th><th>工程量计算规则</th><th>工程内容</th></tr>
<tr><td>011206001</td><td>石材零星项目</td><td rowspan="3">1. 基层类型、部位
2. 安装方式
3. 面层材料品种、规格、颜色
4. 缝宽、嵌缝材料种类
5. 防护材料种类
6. 磨光、酸洗、打蜡要求</td><td rowspan="3">m^2</td><td rowspan="3">按镶贴表面积计算</td><td rowspan="3">1. 基层清理
2. 砂浆制作、运输
3. 面层安装
4. 嵌缝
5. 刷防护材料
6. 磨光、酸洗、打蜡</td></tr>
<tr><td>011206002</td><td>块料零星项目</td></tr>
<tr><td>011206003</td><td>碎拼块料零星项目</td></tr>
</table>

注：① 在描述碎块项目的面层材料特征时可不描述规格、颜色。

② 石材、块料与黏结材料的结合面刷防渗材料的种类在防护层材料种类中描述。

③ 零星项目干挂石材的钢骨架按规范表 M. 4 相应项目编码列项。

④ 墙、柱(梁)面≤$0.5m^2$的少量分散的镶贴块料面层按本表中零星项目编码列项。

7) 墙饰面(编码：011207)

清单项目中，墙饰面包含 2 个分项，墙面装饰板(011207001)、墙面装饰浮雕

(011207002)，在装饰工程中应用非常广泛，其项目设置要求见表 7-24。

表 7-24 墙饰面(011207)

项目编码	项目名称	项目特征	计量单位	工程量计算规则	工程内容
011207001	墙面装饰板	1. 龙骨材料种类、规格、中距 2. 隔离层材料种类、规格 3. 基层材料种类、规格 4. 面层材料品种、规格、颜色 5. 压条材料种类、规格	m^2	按设计图示墙净长乘净高以面积计算。扣除门窗洞口及单个＞$0.3m^2$ 的孔洞所占面积	1. 基层清理 2. 龙骨制作、运输、安装 3. 钉隔离层 4. 基层铺钉 5. 面层铺贴
011207002	墙面装饰浮雕	1. 基层类型 2. 浮雕材料种类 3. 浮雕样式		按设计图示尺寸以面积计算	1. 基层清理 2. 材料制作、运输 3. 安装成型

8）柱(梁)饰面(编码：011208)

清单项目中，柱(梁)饰面包含 2 个分项，柱(梁)面装饰(011208001)、成品装饰柱(011208002)，在装饰工程中应用非常广泛，其项目设置要求见表 7-25。

表 7-25 柱(梁)饰面(011208)

项目编码	项目名称	项目特征	计量单位	工程量计算规则	工程内容
011208001	柱（梁）面装饰	1. 龙骨材料种类、规格、中距 2. 隔离层材料种类 3. 基层材料种类、规格 4. 面层材料品种、规格、颜色 5. 压条材料种类、规格	m^2	按设计图示饰面外围尺寸 以面积计算。柱帽、柱墩并入相应柱饰面工程量内	1. 清理基层 2. 龙骨制作、运输、安装 3. 钉隔离层 4. 基层铺钉 5. 面层铺贴
011208002	成品装饰柱	1. 柱截面、高度尺寸 2. 柱材质	1. 根 2. m	1. 以根计量，按设计数量计算 2. 以米计量，按设计长度计算	柱运输、固定、安装

9）幕墙工程(编码：011209)

清单项目中，幕墙工程包含 2 个分项，带骨架幕墙(011209001)、全玻(无框玻璃)幕墙(011209002)，在大型建筑外墙装饰中应用非常广泛，其项目设置要求见表 7-26。

表 7-26　幕墙工程(011209)

项目编码	项目名称	项目特征	计量单位	工程量计算规则	工程内容
011209001	带骨架幕墙	1. 骨架材料种类、规格、中距 2. 面层材料品种、规格、颜色 3. 面层固定方式 4. 隔离带、框边封闭材料品种、规格 5. 嵌缝、塞口材料种类	m^2	按设计图示框外围尺寸以面积计算。与幕墙同种材质的窗所占面积不扣除	1. 骨架制作、运输、安装 2. 面层安装 3. 隔离带、框边封闭 4. 嵌缝、塞口 5. 清洗
011209002	全玻(无框玻璃)幕墙	1. 玻璃品种、规格、颜色 2. 黏结塞口材料种类 3. 固定方式		按设计图示尺寸以面积计算。带肋全玻幕墙按展开面积计算	1. 幕墙安装 2. 嵌缝、塞口 3. 清洗

注：幕墙钢骨架按本规范表 M.4 干挂石材钢骨架编码列项。

10）隔断(编码：011210)

清单项目中，隔断包含 6 个分项，木隔断(011210001)、金属隔断(011210002)、玻璃隔断（011210003）、塑料隔断（011210004）、成品隔断（011210005）、其他隔断(011210006)，在大型办公室装饰中应用非常广泛，其项目设置要求见表 7-27。

表 7-27　隔断(011210)

项目编码	项目名称	项目特征	计量单位	工程量计算规则	工程内容
011210001	木隔断	1. 骨架和边框材料种类、规格 2. 隔板材料种类、规格品牌、颜色 3. 嵌缝、塞口材料品种 4. 压条材料种类	m^2	按设计图示框外围尺寸以面积计算。不扣除单个≤$0.3m^2$的孔洞所占面积；浴厕门的材质与隔断相同时，门的面积并入隔断面积内	1. 骨架及边框制作、运输、安装 2. 隔板制作、运输、安装 3. 嵌缝、塞口 4. 装订压条
011210002	金属隔断	1. 骨架和边框材料种类、规格 2. 隔板材料种类，规格品牌、颜色 3. 嵌缝、塞口材料品种	m^2		1. 骨架及边框制作、运输、安装 2. 隔板制作、运输、安装 3. 嵌缝、塞口
011210003	玻璃隔断	1. 边框材料种类、规格 2. 玻璃品种、规格、颜色 3. 嵌缝、塞口材料品种		按设计图示框外围尺寸以面积计算。不扣除单个≤$0.3m^2$的孔洞所占面积	1. 边框制作、运输、安装 2. 玻璃制作、运输、安装 3. 嵌缝、塞口

续表

项目编码	项目名称	项目特征	计量单位	工程量计算规则	工程内容
011210004	塑料隔断	1. 边框材料种类、规格 2. 隔板材料品种、规格、颜色 3. 嵌缝、塞口材料品种	m^2	按设计图示框外围尺寸以面积计算。不扣除单个≤$0.3m^2$的孔洞所占面积	1. 骨架及边框制作、运输、安装 2. 隔板制作、运输、安装 3. 嵌缝、塞口
011210005	成品隔断	1. 隔断材料品种、规格、颜色 2. 配件品种、规格	1. m^2 2. 间	1. 以平方米计量，按设计图示框外围尺寸以面积计算 2. 以间计量，按设计间的数量计算	1. 隔断运输、安装 2. 嵌缝、塞口
011210006	其他隔断	1. 边框材料种类、规格 2. 隔板材料品种、规格、颜色 3. 嵌缝、塞口材料品种	m^2	按设计图示框外围尺寸以面积计算。不扣除单个≤$0.3m^2$的孔洞所占面积	1. 骨架及边框安装 2. 隔板安装 3. 嵌缝、塞口

7.2.3 天棚工程

天棚工程项目设置时要注意：

(1) 天棚的检修孔、天棚内的走道、灯槽等不需要单独列项，费用包含在清单项目内。

(2) 天棚内设置保温、隔热、吸声层时，按规范附录A相应项目编码列项。

1. 清单设置规则

天棚工程包含4个分部10个分项，包括天棚抹灰、天棚吊顶、采光天棚、天棚其他装饰等项目，项目设置明细见表7－28。

表7－28 天棚工程项目设置明细

序号	清单名称	项目数量
01	天棚抹灰	1
02	天棚吊顶	6
03	采光天棚	1
04	天棚其他装饰	2
合计		10

2. 清单列项指导及计算规则解读

1）天棚抹灰(编码：011301)

清单项目中，天棚抹灰只包含天棚抹灰(011301001)1 个分项，设置要求见表 7-29。

表 7-29 天棚抹灰(011301)

项目编码	项目名称	项目特征	计量单位	工程量计算规则	工程内容
011301001	天棚抹灰	1. 基层类型 2. 抹灰厚度、材料种类 3. 砂浆的配合比	m^2	按设计图示尺寸以水平投影面积计算。不扣除间壁墙、柱、垛、附墙烟囱、检查口和管道所占面积，带梁的天棚，梁两侧抹灰面积并入天棚面积内，板式楼梯底面抹灰按斜面积计算，锯齿形楼梯底板抹灰按展开面积计算	1. 基层清理 2. 底层抹灰 3. 抹面层

2）天棚吊顶(编码：011302)

清单项目中，天棚抹灰包含 6 个分项，分别是天棚吊顶(011302001)、格栅吊顶(011302002)、吊筒吊顶(011302003)、藤条造型悬挂吊顶(011302004)、织物软雕吊顶(011302005)、装饰网架吊顶(011302006)，项目设置要求见表 7-30。

表 7-30 天棚吊顶(011302)

项目编码	项目名称	项目特征	计量单位	工程量计算规则	工程内容
0113022001	天棚吊顶	1. 吊顶形式、吊杆规格、高度 2. 龙骨材料种类、规格、中距 3. 基层材料种类、规格 4. 面层材料品种、规格 5. 压条材料种类、规格 6. 嵌缝材料种类 7. 防护材料种类	m^2	按设计图示尺寸以水平投影面积计算。天棚面中的灯槽及跌级、锯齿形、吊挂式、藻井式天棚面积不展开计算。不扣除间壁墙、检查口、附墙烟囱、柱垛和管道所占面积，扣除单个＞$0.3m^2$ 的孔洞、独立柱及与天棚相连的窗帘盒所占的面积	1. 基层清理、吊杆安装 2. 龙骨安装 3. 基层板铺贴 4. 面层铺贴 5. 嵌缝 6. 刷防护材料
011302002	格栅吊顶	1. 龙骨材料种类、规格、中距 2. 基层材料种类、规格 3. 面层材料品种、规格 4. 防护材料种类		按设计图示尺寸以水平投影面积计算	1. 基层清理 2. 安装龙骨 3. 基层板铺贴 4. 面层铺贴 5. 刷防护材料

续表

项目编码	项目名称	项目特征	计量单位	工程量计算规则	工程内容
011302003	吊筒吊顶	1. 吊筒形状、规格 2. 吊筒材料种类 3. 防护材料种类	m^2	按设计图示尺寸以水平投影面积计算	1. 基层清理 2. 吊筒制作安装 3. 刷防护材料
011302004	藤条造型吊顶	1. 骨架种类、规格 2. 面层材料品种、规格			1. 基层清理 2. 龙骨安装 3. 铺贴面层
011302005	织物软雕吊顶				
011302006	装饰网架吊顶	网架材料品种、规格			1. 基层清理 2. 网架制作安装

3）采光天棚(编码：011303)

清单项目中，采光天棚分项只包含1个，采光天棚(011303001)，项目设置要求见表7－31。

表7－31 采光天棚(011303)

项目编码	项目名称	项目特征	计量单位	工程量计算规则	工作内容
011303001	采光天棚	1. 骨架类型 2. 固定类型、固定材料品种、规格 3. 面层材料品种、规格 4. 嵌缝、塞口材料种类	m^2	按框外围展开面积计算	1. 清理基层 2. 面层制安 3. 嵌缝、塞口 4. 清洗

注：采光天棚骨架不包括在本节中，应单独按本规范附录F相关项目编码列项。

4）天棚其他装饰(编码：011304)

清单项目中，天棚其他装饰包含2个分项，分别是灯带(槽)(011304001)、送风口、回风口(011304002)，项目设置要求见表7－32。

表7－32 天棚其他装饰(011304)

项目编码	项目名称	项目特征	计量单位	工程量计算规则	工程内容
011304001	灯带(槽)	1. 灯带形式、尺寸 2. 格栅片材料品种、规格 3. 安装固定方式	m^2	按设计图示尺寸以框外围面积计算	安装、固定
011304002	送风口、回风口	1. 风口材料品种、规格 2. 安装固定方式 3. 防护材料种类		按设计图示数量计算	1. 安装、固定 2. 刷防护材料

7.2.4 门窗工程

项目设置时要注意：

(1) 木门窗五金、铝合金门窗五金包括范围(费用一般包含在制作与安装内)。

(2) 其他五金单独列项，包括范围(门锁、门磁吸、拉手)，特征描述要清楚。

1. 清单设置规则

门窗工程包含10个分部55个分项，包括木门，金属门，金属卷帘(闸)门，厂库房大门、特种门，其他门，木窗，金属窗，门窗套，窗台板，窗帘盒、窗帘轨等项目，项目设置明细要求见表7－33。

表7－33 门窗工程项目设置明细

序号	清单名称	项目数量
01	木门	6
02	金属门	4
03	金属卷帘(闸)门	2
04	厂库房大门、特种门	7
05	其他门	7
06	木窗	4
07	金属窗	9
08	门窗套	7
09	窗台板	4
10	窗帘盒、窗帘轨	5
合计		55

2. 清单列项指导及计算规则解读

1) 木门(编码：010801)

清单项目中，木门包含6个分项，分别是木质门(010801001)、木质门带套(010801002)、木质连窗门(010801003)、木质防火门(010801004)、木门框(010801005)、门锁安装(010801006)，项目设置要求见表7－34。

表7－34 木门(010801)

项目编码	项目名称	项目特征	计量单位	工程量计算规则	工程内容
010801001	木质门	1. 门代号及洞口尺寸 2. 镶嵌玻璃品种、厚度	1. 樘 2. m^2	1. 以樘计量，按设计图示数量计算 2. 以平方米计量，按设计图示洞口尺寸以面积计算	1. 门安装 2. 玻璃安装 3. 五金安装
010801002	木质门带套				
010801003	木质连窗门				
010801004	质防火门				

续表

项目编码	项目名称	项目特征	计量单位	工程量计算规则	工程内容
010801005	木门框	1. 门代号及洞口尺寸 2. 框截面尺寸 3. 防护材料种类	1. 樘 2. m	1. 以樘计量，按设计图示数量计算 2. 以米计量，按设计图示框的中心线以延长米计算	1. 木门框制作、安装 2. 运输 3. 刷防护材料
0108011006	门锁安装	1. 锁品种 2. 锁规格	1. 个 2. 套	按设计图示数量计算	安装

注：① 木质门应区分镶板木门、企口木板门、实木装饰门、胶合板门、夹板装饰门、木纱门、全玻门(带木质框扇)、木质半玻门(带木质框扇)等项目，分别编码列项。

② 木门五金包括：折页、插销、门碰珠、弓背拉手、搭机、木螺钉、弹簧折页(自动门)、管子拉手(自由门、地弹门)地弹簧、(地簧门)角铁、门轧头(地弹门、自由门)等。

③ 木质门带套计量按洞口尺寸以面积计算，不包括门套的面积，但门套应计算在综合单价中。

④ 以樘计量，项目特征应描述洞口尺寸；以平方米计量，项目特征可不描述洞口尺寸。

⑤ 单独制作安装木门框按木门框项目编码列项。

2) 金属门(编码：010802)

清单项目中，金属门包含 4 个分项，分别是金属(塑钢)门 (010802001)、彩板门(010802002)、钢质防火门(010802003)、防盗门(010802004)，项目设置要求见表 7-35。

表 7-35 金属门(010802)

项目编码	项目名称	项目特征	计量单位	工程量计算规则	工程内容
010802001	金属（塑钢)门	1. 门代号及洞口尺寸 2. 门框或扇外围尺寸 3. 门框、扇材质	1. 樘 2. m^2	1. 以樘计量，按设计图示数量计算 2. 以平方米计量，按设计图示洞口尺寸以面积计算	1. 门安装 2. 五金安装 3. 玻璃安装
010802002	彩板门	1. 门代号及洞口尺寸 2. 门框或扇外围尺寸			
010802003	钢质防火门	1. 门代号及洞口尺寸 2. 门框或扇外围尺寸 3. 门框、扇材质			
010802004	防盗门				1. 门安装 2. 五金安装

注：① 金属门应区分金属平开门、金属推拉门、金属地弹门、全玻门(带金属框扇)、金属半玻门(带金属框扇)等项目，分别编码列项。

② 铝合金门五金包括：地弹簧、门锁、拉手、门铰、螺钉等。

③ 金属门五金包括：L形势手插锁(双舌)、球形执手锁(单舌)、门轧头、地锁、防盗门扣、门眼(猫眼)、门碰珠、电子锁(磁卡锁)、闭门器、装饰拉手等。

④ 以樘计量，项目特征应描述洞口尺寸，没有洞口尺寸的必须描述门框或扇外围尺寸；以平方米计量，项目特征可不描述洞口尺寸及框、扇的外围尺寸。

⑤ 以平方米计量，无设计图示洞口尺寸，按门框、扇外围以面积计算。

3) 金属卷帘(闸)门(编码：010803)

清单项目中，金属卷帘门包含 2 个分项，分别是金属卷(帘)闸门 (010803001)、防火卷帘(闸)门(010803002)，项目设置要求见表7－36。

表7－36 金属卷帘(010803)

<table>
<tr><th>项目编码</th><th>项目名称</th><th>项目特征</th><th>计量单位</th><th>工程量计算规则</th><th>工程内容</th></tr>
<tr><td>010803001</td><td>金属卷帘(闸)门</td><td rowspan="2">1. 门代号及洞口尺寸
2. 门材质
3. 启动装置品种、规格</td><td rowspan="2">1. m^2
2. 樘</td><td rowspan="2">1. 以樘计量，按设计图示数量计算
2. 以平方米计量，按设计图示洞口尺寸以面积计算</td><td rowspan="2">1. 门运输、安装
2. 启动装置、活动小门、五金安装</td></tr>
<tr><td>010803003</td><td>防火卷帘(闸)门</td></tr>
</table>

4）厂库房、特种门(编码：010804)

清单项目中，其他门包含7个分项，分别是木质大门(010804001)、钢木大门(010804002)、全钢板大门(010804003)、防护铁丝门(010804004)、金属格栅门(010804005)、钢制花饰大门(010804006)、特种门(010804007)，项目设置要求见表7－37。

表7－37 厂库房、特种门(编码：010804)

<table>
<tr><th>项目编码</th><th>项目名称</th><th>项目特征</th><th>计量单位</th><th>工程量计算规则</th><th>工程内容</th></tr>
<tr><td>010804001</td><td>木质大门</td><td rowspan="4">1. 门代号及洞口尺寸
2. 门框或扇外围尺寸
3. 门框、扇材质
4. 五金种类、规格
5. 防护材料种类</td><td rowspan="7">1. 樘
2. m^2</td><td rowspan="4">1. 以樘计量，按设计图示数量计算
2. 以平方米计量，按设计图示洞口尺寸以面积计算</td><td rowspan="4">1. 门(骨架)制作、运输
2. 门、五金配件安装
3. 刷防护材料</td></tr>
<tr><td>010804002</td><td>钢木大门</td></tr>
<tr><td>010804003</td><td>全钢板大门</td></tr>
<tr><td>010804004</td><td>防护铁丝门</td></tr>
<tr><td>010804005</td><td>金属格栅门</td><td>1. 门代号及洞口尺寸
2. 门框或扇外围尺寸
3. 门框、扇材质
4. 启动装置的品种、规格</td><td>1. 以樘计量，按设计图示数量计算
2. 以平方米计量，按设计图示门框或扇以面积计算</td><td>1. 门安装
2. 启动装置、五金配件件安装</td></tr>
<tr><td>010804006</td><td>钢制花饰大门</td><td rowspan="2">1. 门代号及洞口尺寸
2. 门框或扇外围尺寸
3. 门框、扇材质</td><td>1. 以樘计量，按设计图示数量计算
2. 以平方米计量，按设计图示门框或扇以面积计算</td><td rowspan="2">1. 门安装
2. 五金配件安</td></tr>
<tr><td>010804007</td><td>特种门</td><td>1. 以樘计量，按设计图示数量计算
2. 以平方米计量，按设计图示洞口尺寸以面积计算</td></tr>
</table>

注：① 特种门应区分冷藏门、冷冻间门、保温门、变电室门、隔声门、防射线门、人防门、金库门等项目，分别编码列项。

② 以樘计量，项目特征应描述洞口尺寸，没有洞口尺寸必须描述门框或扇外围尺寸；以平方米计量，项目特征可不描述洞口尺寸及框、扇的外围尺寸。

③ 以平方米计量，无设计图示洞口尺寸，按门框、扇外围以面积计算。

5）其他门(编码：010805)

清单项目中，木窗包含7个分项，分别是电子感应门(010805001)、旋转门(010805002)、电子对讲门(010805003)、电动伸缩门(010805004)、全玻自由门(010805005)、镜面不锈钢饰面门(010805006)、复合材料门(010805007)，项目设置要求见表7－38。

表7－38　其他门(010805)

<table>
<tr><th>项目编码</th><th>项目名称</th><th>项目特征</th><th>计量单位</th><th>工程量计算规则</th><th>工程内容</th></tr>
<tr><td>010805001</td><td>电子感应门</td><td rowspan="2">1. 门代号及洞口尺寸
2. 门框或扇外围尺寸
3. 门框、扇材质
4. 玻璃品种、厚度
5. 启动装置的品种、规格
6. 电子配件品种、规格</td><td rowspan="7">1. 樘
2. m^2</td><td rowspan="7">1. 以樘计量，按设计图示数量计算
2. 以平方米计量，按设计图示洞口尺寸以面积计算</td><td rowspan="4">1. 门安装
2. 启动装置、五金、电子配件安装</td></tr>
<tr><td>010805002</td><td>旋转门</td></tr>
<tr><td>010805003</td><td>电子对讲门</td><td rowspan="2">1. 门代号及洞口尺寸
2. 门框或扇外围尺寸
3. 门材质
4. 玻璃品种、厚度
5. 启动装置的品种、规格
6. 电子配件品种、规格</td></tr>
<tr><td>010805004</td><td>电动伸缩门</td></tr>
<tr><td>010805005</td><td>全玻自由门</td><td>1. 门代号及洞口尺寸
2. 门框或扇外围尺寸
3. 框材质
4. 玻璃品种、厚度</td><td rowspan="3">1. 门安装
2. 五金安装</td></tr>
<tr><td>010805006</td><td>镜面不锈钢饰面门</td><td rowspan="2">1. 门代号及洞口尺寸
2. 门框或扇外围尺寸
3. 门框、扇材质</td></tr>
<tr><td>010805007</td><td>复合材料门</td></tr>
</table>

注：① 以樘计量，项目特征应描述洞口尺寸，没有洞口尺寸必须描述门框或扇外围尺寸；以平方米计量，项目特征可不描述洞口尺寸及框、扇的外围尺寸。

② 以平方米计量，无设计图示洞口尺寸，按门框、扇外围以面积计算。

6）木窗(编号：010806)

清单项目中，木窗包含4个分项，分别是木制窗(010806001)、木飘(凸)窗(010806002)、木橱窗(010806003)、木纱窗(010806004)，项目设置要求见表7－39。

7）金属窗(编码：010807)

清单项目中，金属窗包含9个分项，分别是金属(塑钢、断桥)窗(010807001)、金属防火窗(010807002)、金属百叶窗(010807003)、金属纱窗(010807004)、金属格栅窗(010807005)、金属(塑钢、断桥)橱窗(010807006)、金属(塑钢、断桥)飘(凸)窗(010807007)、彩板窗(010807008)、复合材料(010807009)，项目设置要求见表7－40。

表 7－39　木窗(010806)

项目编码	项目名称	项目特征	计量单位	工程量计算规则	工程内容
010806001	木制窗	1. 窗代号及洞口尺寸 2. 玻璃品种、厚度	1. 樘 2. m^2	1. 以樘计量，按设计图示数量计算 2. 以平方米计量，按设计图示洞口尺寸以面积计算	1. 窗安装 2. 五金、玻璃安装
010806002	木飘(凸)窗				
010806003	木橱窗	1. 窗代号 2. 框截面及外围展开面积 3. 玻璃品种、厚度 4. 防护材料种类		1. 以樘计量，按设计图示数量计算 2. 以平方米计量，按设计图示尺寸以框外围展开面积计算	1. 窗制作、运输、安装 2. 五金、玻璃安装 3. 刷防护材料
010806004	木纱窗	1. 窗代号及框的外围尺寸 2. 纱窗材料的品种、规格		1. 以樘计量，按设计图示数量计算 2. 以平方米计量，按设计图示尺寸以框外围面积计算	1. 窗安装 2. 五金、玻璃安装

注：① 木质窗应区分木百叶窗、木组合窗、木天窗、木固定窗、木装饰空花窗等项目，分别编码列项。

② 以樘计量，项目特征必须描述洞口尺寸，没有洞口尺寸必须描述窗框外围尺寸；以平方米计量，项目特征可不描述洞口尺寸及框的外围尺寸。

③ 以平方米计量，无设计图示洞口尺寸，按窗框外围以面积计算。

④ 木橱窗、木飘(凸)窗以樘计量，项目特征必须描述框截面及外围展开面积。

⑤ 木窗五金包括：折页、插销、风钩、木螺钉、滑轮滑轨(推拉窗)等。

表 7－40　金属窗(010807)

项目编码	项目名称	项目特征	计量单位	工程量计算规则	工程内容
010807001	金属(塑钢、断桥)窗	1. 窗代号及洞口尺寸 2. 框、扇材质 3. 玻璃品种、厚度	1. 樘 2. m^2	1. 以樘计量，按设计图示数量计算 2. 以平方米计量，按设计图示洞口尺寸以面积计算	1. 窗安装 2. 五金、玻璃安装
010807002	金属防火窗				
010807003	金属百叶窗	1. 窗代号及洞口尺寸 2. 框、扇材质 3. 玻璃品种、厚度		1. 以樘计量，按设计图示数量计算 2. 以平方米计量，按设计图示洞口尺寸以面积计算	1. 窗安装 2. 五金安装

续表

<table>
<tr><th>项目编码</th><th>项目名称</th><th>项目特征</th><th>计量单位</th><th>工程量计算规则</th><th>工程内容</th></tr>
<tr><td>010807004</td><td>金属纱窗</td><td>1. 窗代号及框的外围尺寸
2. 框材质
3. 窗纱材料品种、规格</td><td rowspan="6">1. 樘
2. m^2</td><td>1. 以樘计量，按设计图示数量计算
2. 以平方米计量，按框外围尺寸以面积计算</td><td rowspan="2">1. 窗安装
2. 五金安装</td></tr>
<tr><td>010807005</td><td>金属格栅窗</td><td>1. 窗代号及洞口尺寸
2. 框外围尺寸
3. 框、扇材质</td><td>1. 以樘计量，按设计图示数量计算
2. 以平方米计量，按设计图示洞口尺寸以面积计算</td></tr>
<tr><td>010807006</td><td>金属（塑钢、断桥）橱窗</td><td>1. 窗代号
2. 框外围展开面积
3. 框、扇材质
4. 玻璃品种、厚度
5. 防护材料种类</td><td rowspan="2">1. 以樘计量，按设计图示数量计算
2. 以平方米计量，按设计图示尺寸以框外围展开面积</td><td>1. 窗制作、运输、安装
2. 五金、玻璃安装
3. 刷防护材料</td></tr>
<tr><td>010807007</td><td>金属（塑钢、断桥）飘（凸）窗</td><td>1. 窗代号
2. 框外围展开面积
3. 框、扇材质
4. 玻璃品种、厚度</td><td rowspan="3">1. 窗安装
2. 五金、玻璃安装</td></tr>
<tr><td>010807008</td><td>彩板窗</td><td rowspan="2">1. 窗代号及洞口尺寸
2. 框外围尺寸
3. 框、扇材质
4. 玻璃品种、厚度</td><td rowspan="2">1. 以樘计量，按设计图示数量计算
2. 以平方米计量，按设计图示洞口尺寸或框外围以面积计算</td></tr>
<tr><td>010807009</td><td>复合材料</td></tr>
</table>

注：① 金属窗应区分金属组合窗、防盗窗等项目，分别编码列项。

② 以樘计量，项目特征必须描述洞口尺寸，没有洞口尺寸的必须描述窗框外围尺寸；以平方米计量，项目特征可不描述洞口尺寸及框的外围尺寸。

③ 以平方米计量，无设计图示洞口尺寸，按窗框外围以面积计算。

④ 金属橱窗、飘(凸)窗以樘计量，项目特征必须描述框外围展开面积。

⑤ 金属窗五金包括：折页、螺钉、执手、卡锁、铰拉、风撑、滑轮、滑轨、拉把、拉手、角码、牛角制等。

8）窗套(编码：010808)

清单项目中，门窗套包含 7 个分项，分别是木门窗套(010808001)、木筒子板(010808002)、饰面夹板筒子板(010808003)、金属门窗套(010808004)、石材门窗套(010808005)、门窗木贴脸(010808006)、成品木门窗套(010808007)，项目设置要求见表 7－41。

表7-41　门窗套(010808)

<table>
<tr><th>项目编码</th><th>项目名称</th><th>项目特征</th><th>计量单位</th><th>工程量计算规则</th><th>工程内容</th></tr>
<tr><td>010808001</td><td>木门窗套</td><td>1. 窗代号及洞口尺寸
2. 门窗套展开宽度
3. 基层材料种类
4. 面层材料品种、规格
5. 线条品种、规格
6. 防护材料种类</td><td rowspan="5">1. 樘
2. m^2
3. m</td><td rowspan="5">1. 以樘计量，按设计图示数量计算
2. 以平方米计量，按设计图示尺寸以展开面积计算
3. 以米计量，按设计图示中心以延长米计算</td><td rowspan="3">1. 清理基层
2. 立筋制作、安装
3. 基层板安装
4. 面层铺贴
5. 线条安装
6. 刷防护材料</td></tr>
<tr><td>010808002</td><td>木筒子板</td><td rowspan="2">1. 筒子板宽度
2. 基层材料种类
3. 面层材料品种、规格
4. 线条品种、规格
5. 防护材料种类</td></tr>
<tr><td>010808003</td><td>饰面夹板筒子板</td></tr>
<tr><td>010808004</td><td>金属门窗套</td><td>1. 窗代号及洞口尺寸
2. 门窗套展开宽度
3. 基层材料种类
4. 面层材料品种、规格
5. 防护材料种类</td><td>1. 清理基层
2. 立筋制作、安装
3. 基层板安装
4. 面层铺贴
5. 刷防护材料</td></tr>
<tr><td>010808005</td><td>石材门窗套</td><td>1. 窗代号及洞口尺寸
2. 门窗套展开宽度
3. 黏结层厚度、砂浆配合比
4. 面层材料品种、规格
5. 线条品种、规格</td><td>1. 清理基层
2. 立筋制作、安装
3. 基层抹灰
4. 面层铺贴
5. 线条安装</td></tr>
<tr><td>010808006</td><td>门窗木贴脸</td><td>1. 门窗代号及洞口尺寸
2. 贴脸板宽度
3. 防护材料种类</td><td>1. 樘
2. m</td><td>1. 樘计量，按设计图示数量计算
2. 以米计量，按设计图示尺寸以延长米计算</td><td>安装</td></tr>
<tr><td>010808007</td><td>成品木门窗套</td><td>1. 门窗代号及洞口尺寸
2. 门窗套展开宽度
3. 门窗套材料品种、规格</td><td>1. 樘
2. m^2
3. m</td><td>1. 以樘计量，按设计图示数量计算
2. 以平方米计量，按设计图示尺寸以展开面积计算
3. 以米计量，按设计图示中心以延长米计算</td><td>1. 清理基层
2. 立筋制作、安装
3. 板安装</td></tr>
</table>

注：① 以樘计量，项目特征必须描述洞口尺寸、门窗套展开宽度。

② 以平方米计量，项目特征可不描述洞口尺寸、门窗套展开宽度。

③ 以米计量，项目特征必须描述门窗套展开宽度、筒子板及贴脸宽度。

④ 木门窗套适用于单独门窗套的制作、安装。

9）窗台板(编码：010809)

清单项目中，窗台板包含4个分项，分别是木窗台板(010809001)、铝塑窗台板(010809002)、金属窗台板(010809003)、石材窗台板(010809004)，项目设置要求见表7－42。

表7－42 窗台板(010809)

项目编码	项目名称	项目特征	计量单位	工程量计算规则	工程内容
010809001	木窗台板	1. 基层材料种类 2. 面板材质、规格、颜色 3. 防护材料种类	m^2	按设计图示尺寸以展开面积计算	1. 基层清理 2. 基层制作、安装 3. 窗台板制作、安装 4. 刷防护材料
010809002	铝塑窗台板				
010809003	金属窗台板				
010809004	石材窗台板	1. 结层厚度、砂浆配合比 2. 窗台板材质、规格、颜色			1. 基层清理 2. 抹找平层 3. 窗台板制作、安装

10）窗帘、窗帘盒、窗帘轨(编码：010810)

清单项目中，窗帘、窗帘盒、窗帘轨包含5分项，分别是窗帘(010810001)、木窗帘盒(010810002)、饰面夹板、塑料窗帘盒(010810003)、铝合金窗帘盒(010810004)、窗帘轨(010810005)，项目设置要求见表7－43。

表7－43 窗帘、窗帘盒、轨 (010810)

项目编码	项目名称	项目特征	计量单位	工程量计算规则	工程内容
010810001	窗帘	1. 窗帘材质 2. 窗帘高度、宽度 3. 窗帘层数 4. 带幔要求	1. m 2. m^2	1. 以米计量，按设计图示尺寸以成活后长度计算 2. 以平方米计量，按图示尺寸以成活后展开面积计算	1. 制作、运输 2. 安装
010810002	木窗帘盒	1. 窗帘盒材质、规格 2. 防护材料种类	m	按设计图示尺寸以长度计算	1. 制作、运输、安装 2. 刷防护材料
010810003	饰面夹板、塑料窗帘盒				
010810004	铝合金窗帘盒				
010810005	窗帘轨	1. 窗帘轨材质、规格 2. 轨的数量 3. 防护材料种类			

注：① 窗帘若是双层，项目特征必须描述每层材质。

② 窗帘以米计量，项目特征必须描述窗帘高度和宽。

3. 相关问题

(1) 玻璃、百叶面积占其门扇面积一半以内者为半玻门或半百叶门，超过一半时为全玻门或全百叶门。

(2) 木门窗五金、铝合金门窗五金包括范围(此部分费用一般包含在门窗制作与安装内)。

7.2.5 油漆、涂料、裱糊工程

油漆、涂料、裱糊工程项目设置时要注意：

(1) 已包含油漆涂料的项目不在单独按本章列项，如墙面饰面板装饰、实木装饰门等。

(2) 连窗门按门油漆列项。

(3) 木扶手区别带托板和不带托板分别编码列项。

1. 清单设置规则

油漆、涂料、裱糊工程共有8分部36项，包含门油漆，窗油漆，木扶手及其他条板、线条油漆，木材面油漆，金属面油漆，抹灰面油漆，喷刷涂料，裱糊等项目。项目设置明细见表7-44。

表7-44 油漆、涂料、裱糊工程项目设置明细

序号	清单名称	分项数量
01	门油漆	2
02	窗油漆	2
03	木扶手及其他板条、线条油漆	5
04	木材面油漆	15
05	金属面油漆	1
06	抹灰面油漆	3
07	喷刷涂料	6
08	裱糊	2
合计		36

2. 清单列项指导及计算规则解读

1) 门油漆(编码：011401)

清单项目中，门油漆项目包含2个分项，木门油漆(011401001)、金属门油漆(011401002)，项目设置见表7-45。

2) 窗油漆(编码：011402)

清单项目中，窗油漆项目包含2个分项，木窗油漆(011402001)、金属窗油漆(011402002)，项目设置见表7-46 。

表 7-45 门油漆(011401)

项目编码	项目名称	项目特征	计量单位	工程量计算规则	工程内容
011401001	木门油漆	1. 门类型 2. 门代号及洞口尺寸 3. 腻子种类 4. 刮腻子遍数 5. 防护材料种类 6. 油漆品种、刷漆遍数	1. 樘 2. m^2	1. 以樘计量，按设计图示数量计量 2. 以平方米计量，按设计图示洞口尺寸以面积计算	1. 基层清理 2. 刮腻子 3. 刷防护材料、油漆
011401002	金属门油漆				1. 除锈、基层清理 2. 刮腻子 3. 刷防护材料、油漆

注：① 木门油漆应区分木大门、单层木门、双层(一玻一纱)木门、双层(单裁口)木门、全玻自由门、半玻自由门、装饰门及有框门或无框门等项目，分别编码列项。

② 金属门油漆应区分平开门、推拉门、钢制防火门等项目，分别编码列项。

③ 以平方米计量，项目特征可不必描述洞口尺寸。

表 7-46 窗油漆(011402)

项目编码	项目名称	项目特征	计量单位	工程量计算规则	工程内容
011402001	木窗油漆	1. 门类型 2. 门代号及洞口尺寸 3. 腻子种类 4. 刮腻子遍数 5. 防护材料种类 6. 油漆品种、刷漆遍数	1. 樘 2. m^2	1. 以樘计量，按设计图示数量计量 2. 以平方米计量，按设计图示洞口尺寸以面积计算	1. 基层清理 2. 刮腻子 3. 刷防护材料、油漆
011402002	金属窗油漆				1. 基层清理 2. 刮腻子 3. 刷防护材料、油漆

注：① 木窗油漆应区分单层木窗、双层(一玻一纱)木窗、双层框扇(单裁口)木窗、双层框三层(二玻一纱)木窗、单层组合窗、双层组合窗、木百叶窗、木推拉窗等项目，分别编码列项。

② 金属窗油漆应区分平开窗、推拉窗、固定窗、组合窗、金属隔栅窗等项目，分别编码列项。

③ 以平方米计量，项目特征可不必描述洞口尺寸。

3) 木扶手及其他板条线条油漆(编码：011403)

清单项目中，木扶手及其他板条线条油漆包含 5 个分项，分别是木扶手油漆(011403001)，窗帘盒油漆(011403002)，封檐板、顺水板油漆(011403003)，挂衣板、黑板框油漆(011403004)，挂镜线、窗帘棍、单独木线条油漆(011403005)，项目设置见表 7-47。

4) 木材面油漆(编码：011404)

清单项目中，木材面油漆包含 15 个分项，分别是木护墙、木墙群油漆(011404001)，窗台板、筒子板、盖板、门窗套、踢脚线油漆(011404002)，清水板条天棚、檐口油漆(011404003)，木方格吊顶、天棚油漆(011404004)，吸音板墙面、天棚面油漆(011404005)，暖气罩油漆(011404006)，其他木材面(011404007)，木间壁、木隔断油漆

表 7-47　木扶手及其他板条线条油漆(011403)

项目编码	项目名称	项目特征	计量单位	工程量计算规则	工程内容
011403001	木扶手油漆	1. 断面尺寸 2. 腻子种类 3. 刮腻子遍数 4. 防护材料种类 5. 油漆品种、刷漆遍数	m	按设计图示尺寸以长度计算	1. 基层清理 2. 刮腻子 3. 刷防护材料、油漆
011403002	窗帘盒油漆				
011403003	封檐板、顺水板油漆				
011403004	挂衣板、黑板框油漆				
011403005	挂镜线、窗帘棍、单独木线油漆				

注：木扶手应区分带托板与不带托板，分别编码列项，若是木栏杆带扶手，木扶手不应单独列项，应包含在木栏杆油漆中。

(011404008)，玻璃间壁露明强筋油漆(011404009)，木栅栏、木栏杆(带扶手)油漆(011404010)，衣柜、壁柜油漆(011404011)，梁柱饰面油漆(011404012)，零星木装油漆(011404013)，木地板油漆(011404014)，木地板烫硬蜡面(011404015)，项目设置见表 7-48。

表 7-48　木材面油漆表(011404)

项目编码	项目名称	项目特征	计量单位	工程量计算规则	工程内容
011404001	木护墙、木墙群油漆	1. 腻子种类 2. 刮腻子遍数 3. 防护材料种类 4. 油漆品种、刷漆遍数	m^2	按设计图示尺寸以面积计算	1. 基层清理 2. 刮腻子 3. 刷防护材料、油漆
011404002	窗台板、筒子板、盖板、门窗套、踢脚线油漆				
011404003	清水板条天棚、檐口油漆				
011404004	木方格吊顶、天棚油漆				
011404005	吸音板墙面、天棚面油漆				
011404006	暖气罩油漆				
011404007	其他木材面				
011404008	木间壁、木隔断油漆	1. 腻子种类 2. 刮腻子遍数 3. 防护材料种类 4. 漆品种、刷漆遍数		按设计图示尺寸以单面外围面积计算	
011404009	玻璃间壁露明强筋油漆				
011404010	木栅栏、木栏杆(带扶手)油漆				

续表

项目编码	项目名称	项目特征	计量单位	工程量计算规则	工程内容
011404011	衣柜、壁柜油漆	1. 腻子种类 2. 刮腻子遍数 3. 防护材料种类 4. 漆品种、刷漆遍数	m²	按设计图示尺寸以油漆部分展开面积计算	1. 基层清理 2. 刮腻子 3. 刷防护材料、油漆
011404012	梁柱饰面油漆				
011404013	零星木装修油漆				
011404014	木地板油漆			按设计图示尺寸以面积计算。空洞、空圈、暖气包槽、壁龛的开口部分并入相应的工程量内	
011404015	木地板烫硬蜡面	1. 硬蜡品种 2. 面层处理要求			1. 基层清理 2. 烫蜡

5）金属面油漆(编码：011405)

清单项目中，金属面油漆包含1个分项，金属面油漆(011405001)，项目设置见表7-49。

表7-49 金属面油漆(011405)

项目编码	项目名称	项目特征	计量单位	工程量计算规则	工程内容
011405001	金属面油漆	1. 腻子种类 2. 刮腻子要求 3. 防护材料种类 4. 油漆品种、刷漆遍数	1. t 2. m²	1. 按设计图示尺寸以质量计算 2. 按设计展开面积计算	1. 基层清理 2. 刮腻子 3. 刷防护材料、油漆

6）抹灰面油漆(编码：011406)

清单项目中，抹灰面油漆包含3个分项，分别是抹灰面油漆(020506001)、抹灰线条油漆(020506002)、满刮腻子(011406003)，项目设置见表7-50。

表7-50 抹灰面油漆(011406)

项目编码	项目名称	项目特征	计量单位	工程量计算规则	工程内容
011406001	抹灰面油漆	1. 基层类型 2. 腻子种类 3. 刮腻子遍数 4. 防护材料种类 5. 油漆品种、刷漆遍数 6. 部位	m²	按设计图示尺寸以面积计算	1. 基层清理 2. 刮腻子 3. 刷防护材料、油漆

续表

项目编码	项目名称	项目特征	计量单位	工程量计算规则	工程内容
011406002	抹灰线条油漆	1. 线条宽度、道数 2. 腻子种类 3. 刮腻子遍数 4. 防护材料种类 5. 油漆品种、刷漆遍数	m	按设计图示尺寸以长度计算	1. 基层清理 2. 刮腻子 3. 刷防护材料、油漆
011406003	满刮腻子	1. 基层类型 2. 腻子种类 3. 刮腻子遍数	m^2	按设计图示尺寸以面积计算	1. 基层清理 2. 刮腻子

7）喷刷、涂料(编码：011407)

清单项目中，喷涂、涂料包含 6 个分项，墙面喷刷涂料(011407001)，天棚喷刷涂料(011407002)，空花格、栏杆刷涂料(011407003)，线条刷涂料(011407004)，金属构件刷防火涂料(011407005)，木构件刷防火涂料(011407006)，项目设置细则见表 7－51。

表 7－51　喷刷、涂料(011407)

项目编码	项目名称	项目特征	计量单位	工程量计算规则	工程内容
011407001	墙面喷刷涂料	1. 基层类型 2. 喷刷涂料部位 3. 腻子种类 4. 刮腻子要求 5. 涂料品种、喷刷遍数	m^2	按设计图示尺寸以面积计算	1. 基层清理 2. 刮腻子 3. 刷、喷涂料
011407002	天棚喷刷涂料				
011407003	空花格、栏杆刷涂料	1. 腻子种类 2. 刮腻子遍数 3. 涂料品种、刷嗔遍数		按设计图示尺寸以单面外围面积计算	
011407004	线条刷涂料	1. 基层清理 2. 线条宽度 3. 刮腻子遍数 4. 刷防护材料、油漆	m	按设计图示尺寸以长度计算	
011407005	金属构件刷防火涂料	1. 喷刷防火涂料构件名称 2. 防火等级要求 3. 涂料品种、喷刷遍数	1. m 2. t	1. 以吨计量，按设计图示尺寸以质量计算 2. 以平方米计量，按设计展开面积计算	1. 基层清理 2. 刷防护材料、油漆
011407006	木构件刷防火涂料		m^2	以平方米计量，按设计图示尺寸以面积计算	1. 基层清理 2. 刷防火材料

注：喷刷墙面涂料部位要注明内墙或外墙。

8）裱糊(编码：011408)

清单项目中，裱糊包含 2 个分项，分别是强制裱糊(011408001)、织棉缎裱糊(011408002)，项目设置见表 7-52。

表 7-52 裱糊(011408)

项目编码	项目名称	项目特征	计量单位	工程量计算规则	工程内容
011408001	强制裱糊	1. 基层类型 2. 裱糊构件部位 3. 腻子种类 4. 刮腻子要求 5. 粘接材料种类 6. 防护材料种类 7. 面层材料品种、规格、颜色	m^2	按设计图示尺寸以面积计算	1. 基层清理 2. 刮腻子 3. 面层铺粘 4. 刷防护材料
011408002	织锦缎裱糊				

7.2.6 其他装饰工程

其他装饰工程项目设置时要注意：

(1) 压条、装饰线等项目已包括在门扇、墙柱面、天棚的相应项目中，不单独列项。

(2) 美术字不分字体，按大小规格分类。

(3) 壁柜和吊柜以嵌入墙内为壁柜，以支架固定在墙上为吊柜。

1. 项目设置规则

其他工程共有 8 个分部 62 项，包含柜类、货架，压条、装饰线，扶手、栏杆、栏板装饰，暖气罩，浴厕配件，雨篷、旗杆，招牌、灯箱，美术字等项目，见表 7-53。

表 7-53 其他装饰工程

序号	清单名称	分项数量
01	柜类、货架	20
02	压条、装饰线	8
03	扶手、栏杆、栏板装饰	8
04	暖气罩	3
05	浴厕配件	11
06	雨篷、旗杆	3
07	招牌、灯箱	4
08	美术字	5
合计		62

2. 清单列项指导及计算规则解读

1）柜类、货架(编码：011501)

清单项目中，柜类、货架包含 20 个分项，分别是柜台(011501001)、酒柜(011501002)、衣柜(011501003)、存包柜(011501004)、鞋柜(011501005)、书柜(011501006)、厨房壁柜

(011501007)、木壁柜(011501008)、厨房低柜(011501009)、厨房吊柜(011501010)、矮柜(011501011)、吧台背柜(011501012)、酒吧吊柜(011501013)、酒吧台(011501014)、展台(011501015)、收银台(011501016)、试衣间(011501017)、货架(011501018)、书架(011501019)、服务台(011501020)，项目设置见表7-54。

表7-54 柜类、货架(011501)

项目编码	项目名称	项目特征	计量单位	工程量计算规则	工程内容
011501001	柜台	1. 台柜规格 2. 材料种类、规格 3. 五金种类、规格 4. 防护材料种类 5. 油漆品种、刷漆遍数	1. 个 2. m 3. m^3	1. 以个计量，按设计图示数量计量 2. 按设计图示尺寸以延长米计算 3. 以立方米计量，按设计图示尺寸以体积计算	1. 台柜制作、运输、安装(安放) 2. 刷防护材料、油漆 3. 五金件安装
011501002	酒柜				
011501003	衣柜				
011501004	存包柜				
011501005	鞋柜				
011501006	书柜				
011501007	厨房壁柜				
011501008	木壁柜				
011501009	厨房低柜				
011501010	厨房吊柜				
011501011	矮柜				
011501012	吧台背柜				
011501013	酒吧吊柜				
011501014	酒吧台				
011501015	展台				
011501016	收银台				
011501017	试衣间				
011501018	货架				
011501019	书架				
011501020	服务台				

2）压条、装饰线(编码：011502)

清单项目中，压条装饰线包含8个分项，分别是金属装饰线(011502001)、质装饰线(011502002)、石材装饰线(011502003)、石膏装饰线(011502004)、镜面玻璃线(011502005)、铝塑装饰线(011502006)、塑料装饰线(011502007)、GRC装饰线条(011502008)，项目设置见表7-55。

3）扶手、栏杆、栏板装饰(编码：011503)

清单项目中，扶手、栏杆、栏板装饰分项包含8个分项，分别是金属扶手、栏杆、栏板(011503001)，硬木扶手、栏杆、栏板(011503002)，塑料扶手带栏杆、栏板(011503003)，GRC栏杆、扶手(011503004)，金属靠墙扶手(020106005)，硬木靠墙扶手

表 7-55 压条、装饰线(011502)

项目编码	项目名称	项目特征	计量单位	工程量计算规则	工程内容
011502001	金属装饰线	1. 基层类型 2. 线条材料品种、规格、颜色 3. 防护材料种类 4. 油漆品种、刷漆遍数	m	按设计图示尺寸以长度计算	1. 线条制作、安装 2. 刷防护材料
011502002	木质装饰线				
011502003	石材装饰线				
011502004	石膏装饰线				
011502005	镜面玻璃线				
011502006	铝塑装饰线				
011502007	塑料装饰线				
011502008	GRC 装饰线条	1. 栏杆的规格 2. 安装间距 3. 扶手类型规格 4. 填充材料种类			线条制作、安装

(020106006)，塑料靠墙扶手(011503007)，玻璃栏板(011503008)，其项目设置要求见表 7-56。

表 7-56 扶手、栏杆、栏板装饰

项目编码	项目名称	项目特征	计量单位	工程量计算规则	工程内容
011503001	金属扶手、栏杆、栏板	1. 扶手材料种类、规格 2. 栏杆材料种类、规格 3. 栏板材料的品种、规格、颜色 4. 固定配件的种类 5. 防护材料的种类	m	按设计图示尺寸以扶手中心线长度(包括弯头长度)计算	1. 制作 2. 运输 3. 安装 4. 刷防护材料
011503002	硬木扶手、栏杆、栏板				
011503003	塑料扶手带栏杆、栏板				
011503004	GRC 栏杆、扶手	1. 栏杆的规格 2. 安装间距 3. 扶手类型规格 4. 填充材料的种类			
011503005	金属靠墙扶手	1. 扶手材料种类、规格 2. 固定配件的种类 3. 防护材料的种类			
011503006	硬木靠墙扶手				
011503007	塑料靠墙扶手				
011503008	玻璃栏板	1. 栏杆、玻璃的种类、规格、颜色 2. 固定方式 3. 固定配件的种类			

4）暖气罩(编码：011504)

清单项目中，暖气罩包含 3 个分项，分别是饰面板暖气罩(011504001)、塑料板暖气罩(011504002)、金属暖气罩(011504003)，项目设置见表 7－57。

表 7－57　暖气罩(011504)

项目编码	项目名称	项目特征	计量单位	工程量计算规则	工程内容
011504001	饰面板暖气罩	1. 暖气罩材质 2. 防护材料种类	m^2	按设计图示尺寸以垂直投影面积(不展开)计算	1. 暖气罩制作、运输、安装 2. 刷防护材料
011504002	塑料板暖气罩				
011504003	金属暖气罩				

5）浴厕配件(编码：011505)

清单项目中，浴厕项目包含 11 分项，分别是洗漱台(011505001)、晒衣架(011505002)、帘子杆(011505003)、浴缸拉手(011505004)、卫生间扶手(011505005)、毛巾杆(架)(011505006)、毛巾环(架)(011505007)、卫生纸盒(011505008)、肥皂盒(011505009)、镜面玻璃(011505010)、镜箱(011505011)，项目设置见表 7－58。

表 7－58　浴厕配件(011505)

项目编码	项目名称	项目特征	计量单位	工程量计算规则	工程内容
011505001	洗漱台	1. 材料品种、规格、颜色 2. 支架、配件品种、规格	1. m^2 2. 个	按设计图示尺寸以台面外接矩形面积计算。不扣除孔洞、挖弯、削角所占面积，挡板、吊沿板面积并入台面面积内	1. 台面及支架制作、运输、安装 2. 杆、环、盒、配件安装 3. 刷油漆
011505002	晒衣架		个	按设计图示数量计算	
011505003	帘子杆				
011505004	浴缸拉手				
011505005	卫生间扶手				
011505006	毛巾杆(架)		套		
011505007	毛巾环		副		
011505008	卫生纸盒		个		
011505009	肥皂盒				

续表

项目编码	项目名称	项目特征	计量单位	工程量计算规则	工程内容
011505010	镜面玻璃	1. 镜面玻璃品种、规格 2. 框材质、断面尺寸 3. 基层材料种类 4. 防护材料种类	m^2	按设计图示尺寸以边框外围面积计算	1. 基层安装 2. 玻璃及框制作、运输、安装 3. 刷防护材料、油漆
011505011	镜箱	1. 箱材质、规格 2. 玻璃品种、规格 3. 基层材料种类 4. 防护材料种类 5. 油漆品种、刷漆遍数	个	按设计图示数量计算	1. 基层安装 2. 箱体制作、运输、安装 3. 玻璃安装 4. 刷防护材料、油漆

6）雨篷、旗杆(编码：011506)

清单项目中，雨篷、旗杆包含 3 个分项，分别是雨篷吊挂饰面(011506001)、金属旗杆(011506002)、玻璃雨篷(011506003)，项目设置见表 7－59。

表 7－59 雨篷、旗杆(011506)

项目编码	项目名称	项目特征	计量单位	工程量计算规则	工程内容
011506001	雨篷吊挂饰面	1. 基层类型 2. 龙骨材料种类、规格、中距 3. 面层材料品种、规格 4. 吊顶（天棚）材料、品种、规格 5. 嵌缝材料种类 6. 防护材料种类	m^2	按设计图示尺寸以水平投影面积计算	1. 底层抹灰 2. 龙骨基层安装 3. 面层安装 4. 刷防护材料、油漆
011506002	金属旗杆	1. 旗杆材料、种类、规格 2. 旗杆高度 3. 基础材料种类 4. 基座材料种类 5. 基座面层材料、种类、规格	根	按设计图示数量计算	1. 土石挖填 2. 基础混凝土浇筑 3. 旗杆制作、安装 4. 旗杆台座制作、饰面
011506003	玻璃雨篷	1. 玻璃雨篷固定方式 2. 龙骨材料种类、规格、中距 3. 玻璃材料品种、规格 4. 嵌缝材料种类 5. 防护材料种类	m^2	按设计图示尺寸以水平投影面积计算	1. 龙骨基层安装 2. 面层安装 3. 刷防护材料、油漆

7）招牌、灯箱(编码：011507)

清单项目中，招牌、灯箱包含4个分项，分别是平面、箱式招牌(011507001)，竖式标箱(011507002)，灯箱(011507003)，信报箱(011507004)，项目设置见表7-60。

表7-60　招牌、灯箱(011507)

<table>
<tr><th>项目编码</th><th>项目名称</th><th>项目特征</th><th>计量单位</th><th>工程量计算规则</th><th>工程内容</th></tr>
<tr><td>011507001</td><td>平面、箱式招牌</td><td rowspan="3">1. 箱体规格
2. 基层材料种类
3. 面层材料种类
4. 防护材料种类</td><td>m²</td><td>按设计图示尺寸以正立面边框外围面积计算。复杂形的凸凹造型部分不增加面积</td><td rowspan="4">1. 基层安装
2. 箱体及支架制作、运输、安装
3. 面层制作、安装
4. 刷防护材料、油漆</td></tr>
<tr><td>011507002</td><td>竖式标箱</td><td rowspan="3">个</td><td rowspan="3">按设计图示数量计算</td></tr>
<tr><td>011507003</td><td>灯箱</td></tr>
<tr><td>011507004</td><td>信报箱</td><td>1. 箱体规格
2. 基层材料种类
3. 面层材料种类
4. 保护材料种类
5. 户数</td></tr>
</table>

8）美术字(编码：011508)

清单项目中，美术字包含5个分项，分别是泡沫塑料字(011508001)、有机玻璃字(011508002)、木质字(011508003)、金属字(011508004)、吸塑字(011508005)，项目设置见表7-61。

表7-61　美术字(011508)

<table>
<tr><th>项目编码</th><th>项目名称</th><th>项目特征</th><th>计量单位</th><th>工程量计算规则</th><th>工程内容</th></tr>
<tr><td>011508001</td><td>泡沫塑料字</td><td rowspan="5">1. 基层类型
2. 镌字材料品种、颜色
3. 字体规格
4. 固定方式
5. 油漆品种、刷漆遍数</td><td rowspan="5">个</td><td rowspan="5">按设计图示数量计算</td><td rowspan="5">1. 字制作、运输、安装
2. 刷油漆</td></tr>
<tr><td>011508002</td><td>有机玻璃字</td></tr>
<tr><td>011508003</td><td>木质字</td></tr>
<tr><td>011508004</td><td>金属字</td></tr>
<tr><td>011508005</td><td>吸塑字</td></tr>
</table>

特别提示

上面我们掌握的计算规则，可以帮助我们进行工程项目的列项和计算，但在实际列项过程中，如何根据装饰工程计算规则熟练地进行项目的划分，做到所列项目不漏项、不错项、不重项，我们还需要熟练识读施工图以及相关节点构造，因此我们在学习过程中可以配套使用相关装饰施工图图例，加强训练、强化记忆，才能更好地掌握并灵活运用计算规则。

7.3 装饰工程清单计价

引 言

工程量清单计价是按照造价形成来划分内容进行逐次报价的，这在第 4 章我们已经学习过。工程量清单计价由于其组价要素的特征不同，在工程招投标过程中不仅需要用单位工程费用汇总的总价进行投标报价，同时分部分项工程的费用和单价措施项目费用构成也要通过完成分部分项工程实体和单价措施实体的综合费用组合来进行报价，一般我们称为综合单价。

工程量清单计价其优点在于：承包商不仅要报出工程总价，还要分别说明构成工程造价的各分部分项工程的价格构成。本节我们具体来学习组价过程。

7.3.1 工程量清单计价原理

工程量清单计价的基本过程，是在统一的工程量计算规则的基础上，根据具体工程的施工图纸计算出各个对应的清单项目的工程量，结合工程实际、市场因素、企业实际，充分考虑各种风险后，提出包含工程成本、利润、管理费在内的综合单价，并由此提出工程造价的过程，如图 7.4 所示。

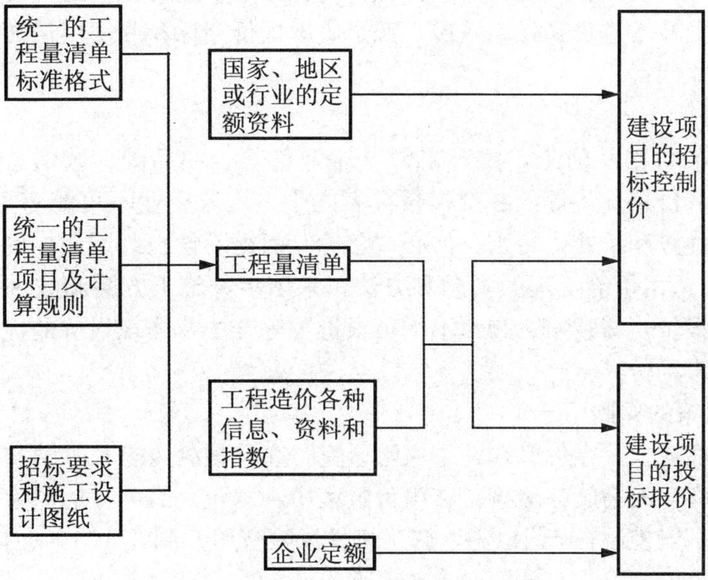

图 7.4 工程量清单计价过程

建设工程造价采用工程量清单计价，由分部分项工程费、措施项目费、其他项目费、规费和税金组成，其中分部分项工程费采用综合单价计价。

1. 工程量清单计价原则

编制工程量清单各分项综合单价和总价以及工程造价管理的全过程，应遵循下列原则。

1）质量效益原则

“质量第一”对于任何产品生产和企业来说是一项永恒的原则。企业在市场经济条件下既要保证产品质量，又要不断提高经济效益，是企业长期发展的基本目标和动力。只有运用和实施优秀的管理和科学合理的施工方案，才能有效地将质量、效益统一起来，而求得长期的发展。质量、进度、资金(或成本)、安全、环境、方法等因素与工程造价密切相关，决策者和编制者必须坚持施工管理、施工方案的科学性，从始至终贯彻质量效益原则。

2）竞争原则和不低于成本原则

从市场学角度讲，竞争是市场经济的一个重要规律，有商品生产就会有竞争。建筑业市场是买方市场，队伍庞大，企业众多，市场竞争更加激烈多变，加之我国市场规则还不够健全和完善，整治尚需一个过程，况且规范的市场也少不了竞争。这里讲竞争原则，就是要求造价编制者，在考虑合理因素的同时使确定的清单价格具有竞争性，提高中标的可能性与可靠度。提倡坚持竞争原则与合理低价中标的同时，必须认真坚持不低于成本的原则。《中华人民共和国招标投标法》第三十三条规定：“投标人不得以低于成本的报价竞标。”因而，坚持竞争原则与低价中标，有利于促进建筑业和建筑企业加强科学管理和技术进步，促进企业从长计议，坚持长期可持续发展。我国建筑市场长期处于恶性竞争状况，虽说原因是多方面的，但有一个很重要的原因是少数企业决策者只顾眼前利益，存在“公司有工程，职工有事做”的错误指导思想，以低于成本的价格竞标，其结果是做一个工程亏一个工程，不仅工程质量得不到保证，而且由于亏损的积累最终使企业面临破产的境地，根本谈不上技术进步和长期发展。低于成本报价夺标和非法层层转包是发生这种结果的十分重要的原因。

3）优势原则

具有竞争性的价格从何来，关键来源于企业优势，如品牌、诚信、管理、营销、技术、专利、质量、价格优势等。在众多投标者之中，一家企业不可能有方方面面的优势，但也会有自己的优势和长处，否则，何必“赔标”而得不偿失。因而，确定价格时必须善于“扬长避短”，运用价值工程的观念和方法，采用多种施工方案和技术措施比价，采用“合理低价”“低报价，高索赔”和“不平衡报价”等方法，体现报价的优势，不断提高中标率，不断提高市场份额。

4）风险与对策的原则

编制招标标底或投标报价必须注重风险研究，充分预测风险，脚踏实地地进行充分的调查研究，采取有效的措施与对策。在报价过程中，承包人需要考虑风险因素时，建议材料价格风险费用一般控制在5%以内，施工机械风险费用控制在10%以内，不得有意加大风险费用。

2. 工程量清单计价的编制依据

工程量清单计价的编制依据主要如下。

(1)《房屋建筑与装饰工程工程量计算规范》(GB 505854—2013)、《建设工程工程量清单计价规范》(GB 50500—2013)及相关政策、法规、标准、规范以及操作规程等。

(2) 招标文件和施工图纸、地质与水文资料、施工组织设计、施工作业方案和技术，以及技术专利、质量、环保、安全措施方案及施工现场资料等。

(3) 市场劳力、材料、设备等价格信息和造价主管部门公布的价格信息及其相应价差调整的文件规定等信息与资料。

(4) 承包商投标营销方案与投标策略意向、施工企业消耗与费用定额、企业技术与质量标准、企业"工法"资料、新技术与新工艺标准，以及过去存档的同类与类似工程资料等。

(5) 全国及省、市、地区建筑工程综合单价定额，或相关消耗与费用定额，或地区综合估价表(或基价表)。

3. 工程项目总价的编制程序和步骤

工程量清单计价方式编制工程项目总价的程序和步骤，如图 7.5 所示。关于工程量清单的编制已在前面做了较详细的讨论，对其他编制步骤如编制清单分项综合单价及工程量清单计价汇总等，将在以下各节中介绍。

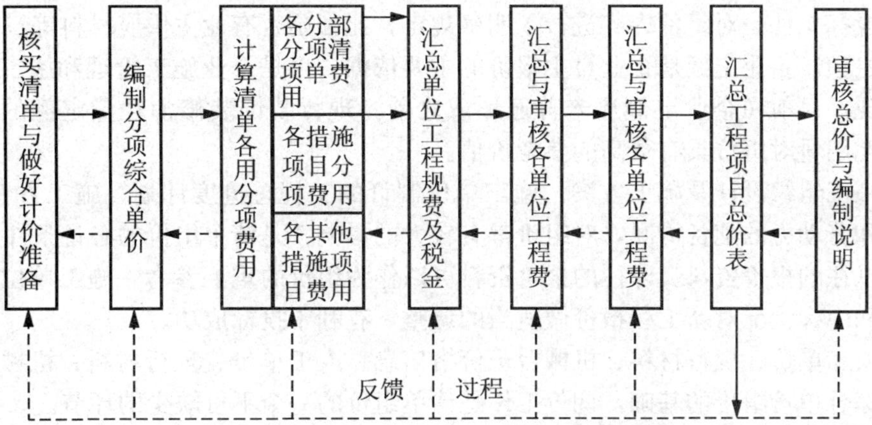

图 7.5　编制工程项目总价的程序和步骤

工程量清单各分项综合单价是计算分部分项工程量清单费用和措施项目清单费用的基础。《计价规范》对分部分项工程量清单费用、措施项目清单费用和其他项目清单费用的计算、统计、归纳和整理都有相应规定，并规定了统一的表述格式，必须严格执行。规范所规定的计价格式的计价对象是一个建设项目，所给定的计价系列表用于单位工程计价时基本能满足要求。

其具体编制工作首先是以工程量清单规定的分项工程量、陈述的工程特征和工程内容为依据，结合设计图纸的要求，以分部分项工程量清单和相对应的施工方案为主要依据，并结合相应的措施项目工程量清单分项综合考虑，编制分部分项综合单价。在总体程序上，首先确定分部分项工程量清单分项综合单价，然后按工程量清单编码排序，依次计算清单分项费用，按规范规定的分部分项工程量清单综合单价分析表、分部分项工程量清单计价表进行填写与汇总。然后考虑和编制相关措施项目的综合单价。分别计算和确定措施项目工程量清单分项、其他项目工程量清单的单价和费用，再分别统计和确定其他分项的费用，最后汇总和计算规费、税金，进行单位工程计价汇总，最终由招标人或投标人分别综合决策，形成单位工程的招标控制价或投标报价。

7.3.2 综合单价的编制

1. 综合单价的含义

《计价规范》规定：综合单价是指完成一个规定计量单位的分部分项工程量清单项目或措施项目所需的人工费、材料费、机械费、企业管理费和利润，以及一定范围内的风险的费用总和。

在清单计价模式下，由于工程量清单是由建设方提供的，因此承包方的工作是审核清单，研究项目特征，并合理报价。从清单计价格式中可以看出，综合单价组价分析是清单计价的首要工作，综合单价的确定是工程投标报价是否成功的关键。

2. 综合单价的组价依据

(1) 工程量清单。清单中全面提供了相应清单项目所包含的特征，它是组价的内容。

(2) 投标文件。对组价内容进行了明确规定，比如是否有业主供应材料等。

(3) 定额。企业定额是企业自主报价的主要依据，也是企业施工管理和施工技术水平的具体表现。目前在企业定额还未普遍形成之前，现行装饰装修消耗量定额的人工、材料、机械耗用量对组价具有很高的参考价值。

(4) 施工组织设计及施工方案。施工单位制订的工程总进度计划、施工方案的选择、施工机械和劳动力的配备情况，对组价都有较大的影响，是清单组价的必备条件。

(5) 以往的报价资料。以往的报价资料可以作为组价的重要参考，施工单位能够根据以往报价和中标情况对新工程报价做适当的调整，有利于投标成功。

(6) 人工单价、现行材料、机械台班价格信息。人工单价、现行材料、机械台班价格信息都是综合单价组价的基础，询价工作是清单组价的一个不可缺少的环节。

3. 综合单价的组价思路

工程量清单项目的划分是以“综合实体”来划分的，由于其工程内容包含预算定额中的多个子目，因此在业主方描述特征的同时，我们还需要根据图纸和招标文件，具体研究工作内容，找出定额子目，这样我们的报价组合才会更为科学。所以综合单价反映的是一个“综合实体”所包含的所有工程内容的单价。

根据不同的子目分析，套用不同的定额，计算定额的工程量，根据工程量计算人工费、材料费、施工机具使用费，根据相关费率计算管理费、利润、记取有限风险费用，得到每个子目的综合总价，汇总多个子目，再除以清单工程量，就可以得到清单的综合单价。

综合单价计算表，见表7-62。

4. 综合单价的组价案例

由于《计算规范》与消耗量定额之间可能在计算规则、计量单位、工程实体项目内容上存在差异，使综合单价的组价增加了复杂性和多样性。综合单价的组价一般有三种常用的方法：直接套用定额组价、套用定额合并组价和重新计算工程量组价。

1) 直接套用定额组价

当《计算规范》的工程内容、计量单位及工程量计算规则与《装饰装修工程消耗量定

表 7-62 综合单价计算表

序号	费用项目	计算方法
1	人工费	$\sum$（人工费）
2	材料费	$\sum$（材料费）
3	施工机具使用费	$\sum$（施工机具使用费）
4	企业管理费	(1+3)×费率
5	利润	(1+3)×费率
6	有限风险因素	按照招标文件或约定
7	综合单价	1+2+3+4+5+6

额》一致，且只与一个定额项目相对应时，清单项目综合单价直接套用定额的人工、材料、机械用量，再与当时当地的人工、材料、机械单价相乘得到清单组价项目基价，以此为基础计取管理费、利润和风险费，最终得到综合单价，其计算公式如下：

清单项目综合单价 ＝ ($\sum$ 定额人工消耗量 × 人工单价 + $\sum$ 定额材料消耗量 × 材料单价 + $\sum$ 定额机械消耗量 × 机械单价) + 管理费 + 利润 + 风险费

其中　　管理费＝清单组价项目$\sum$(人工费 + 机械费) × 管理费费率

利润＝清单组价项目$\sum$(人工费 + 机械费) × 利润率

注意：公式中的人工单价、材料单价、机械单价皆为市场价。

【例 7.1】 ××酒店装饰工程的水泥砂浆楼面，根据某省装饰装修工程消耗量定额的人工、材料、机械消耗量见表 7-63，假设管理费费率为 13.47%，利润率为 15.8%，计费基数均为人工费与机械费之和，风险暂不考虑，试计算其综合单价。

【解】 计算结果见表 7-64。

表 7-63 水泥砂浆楼地面定额消耗量基价表

工作内容：清理基层、调运砂浆、刷素水泥浆、抹面、压光、养护。

定额编号	**A13-30**						
项目名称	**20mm 水泥砂浆楼地面**						
人工、材料、机械名称、规格及单位	人工		材料				机械
	普工/工日	技工/工日	1∶2 水泥砂浆/m³	水泥浆/m³	水/m³	草袋/m²	灰浆搅拌机 200L/台班
人工、材料、机械定额消耗量	3.39	6.88	2.02	0.10	3.80	22.00	0.34
人工、材料、机械单价/元	60.00	92.00	370.86	692.87	3.15	2.15	110.40
人工、材料、机械费用小计/(元/100m²)	203.4	630.96	749.14	69.29	11.97	47.3	37.54
	836.36		877.69				
	1751.59						

表 7-64　工程量清单综合单价分析表

工程名称：×× 酒店装饰工程　　　　标段：

项目编码	011101001001			项目名称	水泥砂浆楼地面					计量单位		m²	
清单综合单价组成明细													
定额编码	定额名称	定额单位	数量	单价/元					合价/元				
				人工费	材料费	机械费	管理费	利润	人工费	材料费	机械费	管理费	利润
A13-30	20mm 水泥砂浆楼地面	100m²	1	836.36	877.69	37.54	117.71	138.08	836.36	877.69	37.54	117.71	138.08
人工单价		小　计							836.36	877.69	37.54	117.71	138.08
元/工日		未计价材料费											
清单项目综合单价									20.07				
材料费明细	主要材料名称、规格、型号		单位	数量					单价/元	合价/元	暂估单价/元		暂估合价/元
	其他材料费												
	材料费小计												

注：① 表中数量＝定额工程量/清单工程量。

② 招标文件提供了暂估单价的材料，按暂估的单价填入表内“暂估单价”栏及“暂估合价”栏。

管理费＝人工费机械费之和×管理费率＝(836.36＋37.54)×13.47%＝117.71(元/100m^2)

利润＝直接工程费×利润率＝(836.36＋37.54)×15.8%＝138.08(元/100m^2)

综合单价＝直接工程费＋管理费率＋利润＋风险系数
＝(1751.59＋117.71＋138.08)/100＝20.07(元/m^2)

2）套用定额合并组价

当《计算规范》的计量单位及工程量计算规则与《装饰装修工程消耗量定额》一致、工程内容不一致时，需要由几个定额项目组合而成，其计算公式如下：

清单项目综合单价＝($\sum$ 定额子目＋$\sum$ 管理费＋$\sum$ 利润＋风险系数)/清单工程量

【例 7.2】 某酒店室内装饰，地面设计为基层 30×40@300 单向木龙骨，面层为成品条形实木地板，参考某地区装饰装修工程消耗量定额及统一基价表(表 7－65 和表 7－66)，假设管理费、利润均以人工费机械费之和为基数，管理费费率为 13.47%，利润率为 15.8%，风险暂不考虑，计算该地面分项工程的综合单价。

【解】 该清单项目需套用两个定额子目 A13－158 、A13－166，并分别计算管理费、利润，计算结果见表 7－65～表 7－67。

表 7－65 地面木龙骨定额消耗量基价表

工作内容：地面修补调平、防腐处理、放线、钻孔、安装膨胀螺栓、钉木楔、下料、涂胶、拼装、安装、调平、固定。

单位：100m^2

定额编号	A13－158							
项目名称	单向单层@300 地面木龙骨							
人工、材料、机械名称、规格及单位	人工		材料					机械
	技工/工日	高级技工/工日	30×40木龙骨/m	1：2水泥砂浆/m^3	铁钉/kg	膨胀螺栓/套	零星材料	木工圆锯500mm/台班
人工、材料、机械定额消耗量	5.45	2.69	372.7	2.00	1.75	140		0.30
人工、材料、机械单价/元	92.00	138.00	2.60	370.86	6.92	0.47		29.36
人工、材料、机械费用小计/(元/100m^2)	501.4	371.22	969.02	741.72	12.11	65.8	63.30	8.81
	872.62		1851.95					
	2733.38							

管理费＝(872.62＋8.81)×13.47%＝118.73(元/100m^2)

利润＝(872.62＋8.81)×15.8%＝139.27(元/100m^2)

表7-66　木地板定额消耗量基价表

工作内容：基层清理、定位弹线、选配料、铺垫或刷胶、安装、净面。　　　　单位：100m^2

定额编号	A13-166					
项目名称	成品条形实木地板安装(铺在龙骨上)					
人工、材料、机械名称、规格及单位	人工		材料			机械
	技工/工日	高级技工/工日	普通成品企口实木地板/m^3	铁钉/kg	聚乙烯泡沫塑料垫/m^3	
人工、材料、机械定额消耗量	9.41	4.46	105.00	15.9	108.00	
人工、材料、机械单价/元	92.00	138.00	360.00	6.92	1.72	
人工、材料、机械费用小计/(元/100m^2)	865.72	615.48	37800	110.03	185.76	
	1481.20		38095.79			
	39576.99					

管理费=1481.20×13.47%=199.52(元/100m^2)

利润=1481.20×15.8%=234.03(元/100m^2)

3) 重新计算工程量进行组价

当《计算规范》的工程内容、计量单位及工程量计算规则与《计价定额》不一致时，其计算公式为：

清单项目综合单价=∑(综合单价人工费+综合单价材料费+综合单价机械费+管理费+利润)×(1+风险系数)

或：综合单价=(清单组价项目合价+管理费+利润+风险费)/清单工程量

【例7.3】 如图7.6所示为某单位活动中心的吊顶平面布置图，假设管理费、利润均以人工费机械费之和为基数，管理费费率为13.47%，利润率为15.8%，风险暂不考虑，计算该吊顶天棚清单综合单价。

【解】 据题意，吊顶天棚分项工程项目编码设置为011302001001，根据清单计算规则，按图示尺寸以水平投影面积计算，工程量计算结果如下：

综合单价=(1.2+5.26+1.2)×(0.9+3.9+0.9)=7.66×5.7=43.66(m^2)

该清单项目需套用五个定额子目A16-46、A16-108、A16-151、A16-159、A16-160，并分别计算管理费、利润，最终汇总形成综合单价。其定额套用和计算过程见表7-68。

表 7-67 工程量清单综合单价分析表

工程名称：×× 酒店装饰工程　　　　标段：

项目编码	011104002001	项目名称		竹木地板				计量单位		m²			
	清单综合单价组成明细												
定额编码	定额名称	定额单位	数量	单价/元					合价/元				
				人工费	材料费	机械费	管理费	利润	人工费	材料费	机械费	管理费	利润
A13-158	地面木龙骨	100m²	1	872.62	1851.95	8.81	118.73	139.27	872.62	1851.95	8.81	118.73	139.27
A13-166	条形实木地板	100m²	1	1481.20	38095.79		199.52	234.03	1481.20	38095.79		199.52	234.03
人工单价		小　计							2353.82	39947.74	8.81	318.25	373.3
元/工日		未计价材料费											
清单项目综合单价									430.02				
材料费明细	主要材料名称、规格、型号		单位		数量				单价/元	合价/元	暂估单价/元	暂估合价/元	
	其他材料费												
	材料费小计												

注：① 表中数量＝定额工程量/清单工程量。

② 招标文件提供了暂估单价的材料，按暂估的单价填入表内“暂估单价”栏及“暂估合价”栏。

综合单价＝人工费＋材料费＋机械费＋管理费＋利润＝(2733.38＋118.73＋139.27＋39576.99＋199.52＋234.03)/100＝430.02(元/m²)

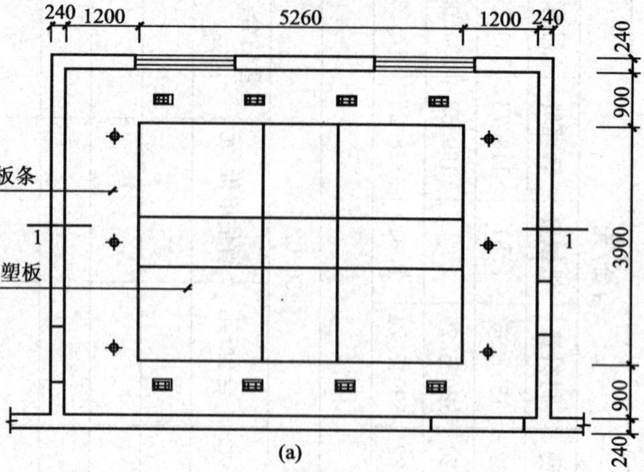

(a)

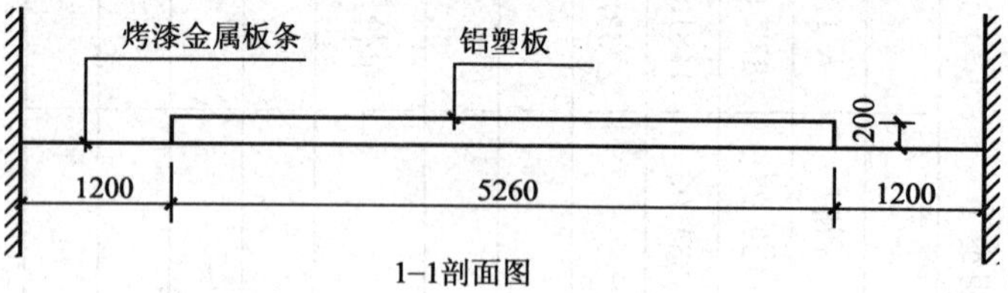

1-1剖面图

(b)

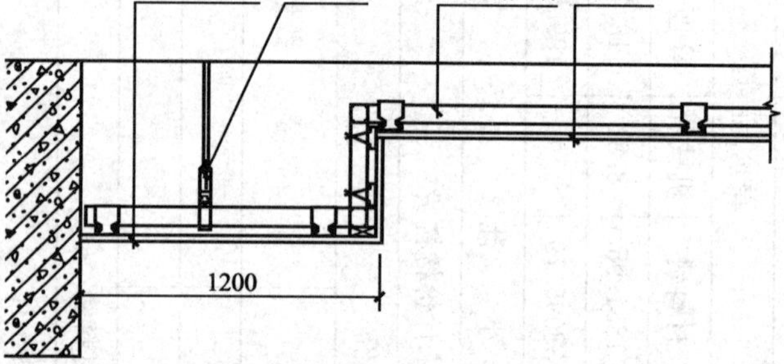

(c)

图 7.6 天棚吊顶平面及构造图

表 7-68 定额套用和计算过程分析表

吊顶天棚分项工程		项目编码：011302001001	43.66m² (清单工程量)
序号	定额编号	定额名称	备注(定额工程量)
1	A16-46	U形轻钢龙骨	43.66m²
2	A16-108	铝塑板天棚面层	20.51m²
3	A16-151	烤漆金属板条天棚面层	26.81m²
4	A16-159	开格式灯孔	8个
5	A16-160	开筒灯孔	6个

其具体计算思路如下(表 7-69～表 7-74)。

(1) A16－46。U形轻钢龙骨，根据定额计算规则，按投影面积计算，工程量为 43.66m^2，清单综合单价分析表中数量为 43.66/43.66＝1。

(2) A16－108。铝塑板天棚面层，根据定额计算规则，按实铺面积计算，工程量为 5.26×3.9＝20.51(m^2)，清单综合单价分析表中数量为 20.51/43.66＝0.47。

(3) A16－151。烤漆金属板条天棚面层，根据定额计算规则，按实铺面积计算，工程量为 43.66－21.51＋(5.26＋3.9)×0.2＝26.81(m^2)，清单综合单价分析表中数量为 26.81/43.66＝0.61。

(4) A16－159。开格式灯孔，根据定额计算规则，按个计算，工程量为 8 个，清单综合单价分析表中数量为 8/43.66＝0.18。

(5) A16－160。开筒灯孔，根据定额计算规则，按个计算，工程量为 6 个，清单综合单价分析表中数量为 6/43.66＝0.14。

表 7－69 某 U 形轻钢龙骨定额消耗量基价表

工作内容：1. 吊件加工、安装。
2. 定位、弹线、射钉、焊接。
3. 选料、下料、定位控制高度、平整度、安装龙骨。

定额编号	A16－46										
项目名称	U形轻钢龙骨(不上人型跌级天棚)										
人工、材料、机械名称、规格及单位	人工			材料							机械
	普工	技工	高级技工	轻钢大龙骨	轻钢中龙骨	轻钢小龙骨	各类横撑	各类连接件	吊筋	其他材料	
人工、材料、机械定额消耗量	5.04	13.52	1.61	178.06	145.2	33.97			33.9		0
人工、材料、机械单价/元	60	92.00	138.0	4.74	3.23	2.98			3.91		0
人工、材料、机械费用小计/(元/100m^2)	302.4	1243.84	222.18	844.0	469.0	101.23	619.98	871.65	132.55	682	0
	1768.42			3720.40							
	5488.82										

$$管理费＝1768.42×13.47\%＝238.21(元/100m^2)$$

$$利润＝1768.42×15.8\%＝279.41(元/100m^2)$$

表 7-70　铝塑板天棚面层定额消耗量基价

工作内容：安装天棚面层。　　　　单位：$100m^2$

定额编号	A16-108						
项目名称	铝塑板天棚面层贴在龙骨底						
人工、材料、机械名称、规格及单位	人工			材料			机械
	普工	技工	高级技工	铝塑板/m^2	胶粘剂	其他材料费	
人工、材料、机械消耗量	3.75	10.05	1.2	105	5.8		0
人工、材料、机械单价/元	60	92	138	71	13.39		0
人工、材料、机械费用小计/(元/$100m^2$)	225	924.6	165.6	7455	77.66	18.08	0
	1315.20			7550.74			
	8865.94						

$$管理费=1315.20\times13.47\%=177.16(元/100m^2)$$

$$利润=1315.20\times15.8\%=207.80(元/100m^2)$$

表 7-71　金属烤漆板条天棚面层定额消耗量基价

工作内容：安装天棚面层。　　　　单位：$100m^2$

定额编号	A16-151						
项目名称	金属烤漆板条天棚面层						
人工、材料、机械名称、规格及单位	人工			材料			机械
	普工	技工	高级技工	金属烤漆条板	角铝	其他材料费	
人工、材料、机械消耗量	3.00	8.04	0.96	102	180		0
人工、材料、机械单价/元	60	92	138	55	2.55		0
人工、材料、机械费用小计/(元/$100m^2$)	180	739.68	132.48	5610	459	9.1	0
	1052.16			6078.10			
	7130.26						

$$管理费=1052.16\times13.47\%=141.73(元/100m^2)$$

$$利润=1052.16\times15.8\%=166.24(元/100m^2)$$

表 7-72 格式灯孔定额消耗量基价表

工作内容：截料、制框、安装、清理等全部操作过程。　　　　单位：10个

定额编号	A16-159					
项目名称	吊顶天棚面层开格式灯孔					
人工、材料、机械名称、规格及单位	人工			材料		机械
	普工	技工	高级技工	轻钢龙骨	其他材料费	
人工、材料、机械消耗量	0.2	0.54	0.06	8.00		0
人工、材料、机械单价/元	60	92	138	3.23		0
人工、材料、机械费用小计/(元/100m²)	12	49.68	8.28	25.84	0.26	0
	69.96			26.10		
	96.06					

$$管理费=69.96\times13.47\%=9.42(元/100m^2)$$

$$利润=69.96\times15.8\%=11.05(元/100m^2)$$

表 7-73 筒灯孔定额消耗量基价表

工作内容：截料、制框、安装、清理等全部操作过程。　　　　单位：10个

定额编号	A16-160					
项目名称	吊顶天棚面层开筒灯孔					
人工、材料、机械名称、规格及单位	人工			材料		机械
	普工	技工	高级技工	轻钢龙骨	其他材料费	
人工、材料、机械消耗量	0.05	0.13	0.02	2.00		0
人工、材料、机械单价/元	60	92	138	3.23		0
人工、材料、机械费用小计/(元/100m²)	3	11.96	2.76	6.46	0.06	0
	17.72			6.52		
	24.24					

$$管理费=17.72\times13.74\%=2.39(元/100m^2)$$

$$利润=17.71\times15.8\%=2.80(元/100m^2)$$

7.3.3 工程量清单计价的基本程序

在进行了分部分项工程量清单的综合单价的计价程序后，我们可以遵照已经学习过的工程量清单费用组成内容及计算方法，按照清单的计费步骤，依次计算措施项目费、其他项目费、规费、税金，最后汇总出最终的单位工程总价。

1. 清单计价的基本思路

在清单计价的过程中，我们根据所学清单的计价特点和理论知识，再结合评标原则的一些改变，就可以明确工程量清单计价应遵循的思路和过程。

表 7-74　工程量清单综合单价分析表

工程名称：×× 酒店装饰工程　　　　　　　　标段：

项目编码	011302001001			项目名称	吊顶天棚					计量单位		m^2	
清单综合单价组成明细													
定额编码	定额名称	定额单位	数量	单价/元					合价/元				
				人工费	材料费	机械费	管理费	利润	人工费	材料费	机械费	管理费	利润
A16-46	天棚U形轻钢龙骨	100m^2	1	1768.42	3720.40	0	238.21	279.41	1768.42	3720.40	0	238.21	279.41
A16-108	铝塑板天棚面层	100m^2	0.47	1315.2	7550.74	0	177.16	207.80	618.14	3548.85	0	83.27	97.67
A16-151	金属烤漆板条天面层	100m^2	0.61	1052.16	6078.10	0	141.73	166.24	641.82	3707.64		86.46	101.41
A16-159	格式灯孔	10个	0.18	69.96	26.10	0	9.42	11.05	12.59	4.7		1.70	1.99
A16-160	筒灯孔	10个	0.14	17.72	6.52	0	2.39	2.8	2.48	0.91		0.33	0.39
人工单价		小　计							3043.45	10982.5		409.97	480.87
元/工日		未计价材料费											
清单项目综合单价									149.16				
材料费明细	主要材料名称、规格、型号		单位	数量					单价/元	合价/元	暂估单价/元		暂估合价/元
	其他材料费												
	材料费小计												

注：① 表中数量=定额工程量/清单工程量。

② 招标文件提供了暂估单价的材料，按暂估的单价填入表内“暂估单价”栏及“暂估合价”栏。

1）列出拟建工程的工程量表(即工程量清单)

工程量清单应按清单项目划分和计算规则计算，具有一定的综合性(表现为项目较少，但特征描述具体)，同时要列出措施项目清单、其他项目清单等，为投标人提供共同的报价基础。

2）企业自主报价

企业自主报价即企业根据招标文件、工程量表、工程现场情况、施工方案、有关计价依据自行报价。企业报价包括两部分：一是措施项目和其他项目费用，按招标文件列出的项目、施工现场条件、工期要求和企业自身情况报出一笔金额，如招标文件项目不全可以自行补充列项；二是各分项工程的综合单价，综合单价一定要认真填报，考虑各分项应包括的内容，因为报出的单价被视为包括了应有的内容。企业报价是一个重要的计价环节，是形成个别工程造价的过程。

3）合理低报价中标

招标投标法规定评标有综合评标价法、经评审的最低标价法两种，实行工程量清单招标工程应采用后一种办法，即经评审的最低标价中标，但这一最低标价应该是经说明不低于企业成本的。报价是否低于成本按原建设部 89 号令、国家计委等七部委联合发布的 12 号令规定由评标委员会认定，如果投标人能够对较低的报价说明理由，即可认为其报价有效。低价中标是清单招标计价的一个重要原则。

4）签订工程承包合同

确定中标人后，"招标人和中标人应按招标文件和中标人的投标文件订立书面合同"，这是招标投标法的要求。合同中当然包括造价条款。合同一般使用示范文本，示范文本未尽之处可以另行约定。

5）施工过程中一般调量不调价

招标文件中列出的工程数量表是招标人报价的共同基础，如工程量有误或施工中发生变化，工程量可以按实调整，但综合单价和准备与措施费一般不调整。如果变更工程项目清单中未包括，双方可以根据计价规范的规定来执行。

6）业主按完成工程量支付工程款

由于约定了项目单价，工程款支付及调整比较简单，只要业主对已完成工程量及调整工程量认定后，按中标单价支付即可。

7）工程结算价等于合同价加变更和索赔

这里将所有的工程造价变更、调整、费用补偿都视为索赔，那么工程结算等于合同价加索赔，这时的工程结算已无须审查，按合同中所定单价、已认定工程量计算即可。工程量清单计价使工程款支付、造价调整、工程结算都变得相对简单。

2. 清单计价的基本程序

1）分部分项工程及单价措施项目综合单价计算程序(表 7－75)。

这在前面一节综合单价的组价中已经学习过，因此只需要填入相应表格中汇总即可。

投标人在填写分部分项工程量清单计价表时，应按清单报价要求，提供分部分项综合单价分析表和单价措施项目费表，标准格式见表 7－4 和表 7－5。

表 7－75　分部分项工程及单价措施项目综合单价计算表

序号	费用项目	计算方法
1	人工费	$\sum$（人工费）
2	材料费	$\sum$（材料费）
3	施工机具使用费	$\sum$（施工机具使用费）
4	企业管理费	(1＋3)×费率
5	利润	(1＋3)×费率
6	有限风险因素	按照招标文件或约定
7	综合单价	1＋2＋3＋4＋5＋6

下面是一份分部分项工程量清单和单价措施项目费计价汇总后的填表案例(表 7－76 和表 7－77)，可供我们实际操作参考。

表 7－76　分部分项工程量清单计价表(案例)

工程名称：某办公室室内装饰工程

序号	项目编码	项目名称	项目特征描述	计量单位	工程量	金额/元		
						综合单价	合价	其中：暂估价
1	011104001001	楼地面地毯	1. 找平层厚度、砂浆配合比：1∶2 水泥砂浆 20mm 2. 填充层：5mm 橡胶波垫 3. 四周倒刺板固定	m^2	91.82	335.43	30799.56	
2	011102003001	块料楼地面	1. 走道地面：白色马可波罗 800×800 玻化砖 2. 结合层厚度、配合比：1∶2 水泥砂浆 20mm	m^2	393.47	226.92	89286.21	
3								
4								
			本页小计					
			合　计					

表 7-77 单价措施项目清单与计价表(案例)

工程名称：某办公室室内装饰工程

序号	项目编码	项目名称	项目特征描述	计量单位	工程量	金额/元	
						综合单价	合价
1	011707007001	楼地面成品保护	旧麻袋覆盖大理石楼地面	m^2	500	0.92	460
3	011701006001	满堂脚手架		m^2	298	12.23	3644.54
4							
本页小计						4104.54	
合　　计						4104.54	

2）总价措施项目费计算程序(表 7-78)

表 7-78 总价措施项目费计算表

序号	费用项目		计算方法
1	分部分项工程费		∑(分部分项工程费)
1.1	其中	人工费	∑(人工费)
1.2		施工机具使用费	∑(施工机具使用费)
2	单价措施项目费		∑(单价措施项目费)
2.1	其中	人工费	∑(人工费)
2.2		施工机具使用费	∑(施工机具使用费)
3	总价措施项目费		3.1+3.2
3.1	安全文明施工费		(1.1+1.2+2.1+2.2)×费率
3.2	其他总价措施项目费		(1.1+1.2+2.1+2.2)×费率

在总价措施项目费计价过程中，投标人应按照招标人提供的措施项目清单，根据拟建工程实际、施工方案、施工组织设计，结合企业实际情况计算措施项目费，措施项目费用的计算可以针对不同措施项目采用不同的方法。在本书 6.1.2 节具体介绍了总价措施项目费的组成内容，而在不同建设项目计价中，具体项目应具体选取[具体有实物计价、参数(系数)计价、分包计价等方法]。

以下是计价案例，可供我们在学习中参考。

【例 7.4】 某综合办公大楼工程大门室外雨篷装修，此大门为大楼的唯一通道，正大门雨篷高 4.5m，施工方搭设钢管扣件和安全维护网，共需钢管 600m，安全网 120m^2，钢管摊销费为 0.25 元/m，安全网摊销费为 8.8 元/m^2，人工费 750 元，试计算其安全措施费用。

【解】 根据题意，安全措施费＝600×0.25＋120×8.8＋750＝1956(元)

【例 7.5】 某装饰工程招标文件中规定文明施工并进行环境保护，根据当地费用定额规定，文明施工费和环境保护费都以直接工程费及施工技术措施费中人工费机械费之和为计费基础，该工程中直接工程费及施工技术措施费中人工费与机械费之和为150万元，文明施工费与环境保护费率为9.45％，试计算该工程文明施工及环境保护费。

【解】 根据题意，文明施工与环境保护费＝150×9.45％＝14.18(万元)

计算完项目中的所有措施费后，依此填入表7－6中。

3）其他项目费计算程序(表7－79)

表7－79 其他项目费计算表

序号	费用项目		计算方法
1	暂列金额		按招标文件
2	暂估价		2.1＋2.2
2.1	其中	材料暂估价/结算价	∑(材料暂估价×暂估数量)/∑(材料结算价×结算数量)
2.2		专业工程暂估价/结算价	按招标文件/结算价
3	计日工		3.1＋3.2＋3.3＋3.4＋3.5
3.1	其中	人工费	∑(人工价格×暂定数量)
3.2		材料费	∑(材料价格×暂定数量)
3.3		施工机具使用费	∑(机械台班价格×暂定数量)
3.4		企业管理费	(3.1＋3.3)×费率
3.5		利润	(3.1＋3.3)×费率
4	总包服务费		4.1＋4.2
4.1	其中	发包人发包专业工程	∑(项目价值×费率)
4.2		发包人提供材料	∑(项目价值×费率)
5	索赔与现场签证		∑(价格×数量)/∑费用
6	其他项目费		1＋2＋3＋4＋5

其他项目费用在计算过程中，具体需要注意的有如下内容。

(1) 暂列金额：因尚未确定或者不可预见的因素引起的价格调整而设立，由招标人根据工程特点，按相关规定估算确定，一般可以分部分项工程量清单费的10％～15％作为参考。投标人在报价中暂列金额应按招标人在清单中列出的金额填写，不得变动。

(2) 暂估价：招标人在工程量清单中提供的用于支付必然发生但暂时不能确定价格的材料的单价以及另行发包的专业工程的金额。

材料暂估价：发包方列出暂估的材料单价，承包方按照此单价进行组价，并进入到综合单价中。此项费用只列项，不计入其他项目合计。

专业工程暂估价：按项列取，如塑钢门窗、防水、成品木门等，价格中包含除规费、税金外的所有费用，此项费用计入其他项目合计中。

(3) 计日工：计日工包括计日工人工、材料、机械。报价时应按招标人在其他项目清单中列出的项目和数量，投标人自主确定综合单价，计算计日工费用。

(4) 总承包服务费：参考《计价规范》规定，招标人仅要求对分包的专业工程进行总承包管理与协调时，按分包的专业工程估算造价的1.5%计算；招标人要求对分包的专业工程进行总承包管理与协调，并要求提供配合服务时，按分包的专业工程估算造价的3%～5%计算；招标人自行供应材料的，按供应材料价值的1%计算甲供材料管理费。

(5) 索赔与现场签证费：参考《计价规范》规定，投标人与招标人具体协商，据实结算。

4) 规费、税金项目费计算程序(表7-80)

表7-80 规费、税金项目清单计算表

工程名称：某办公室室内工程

序号	项目名称	计算基础	费率%	金额
1	规费			
1.1	工程排污费	人工费＋机械费		
1.2	社会保障费			
(1)	养老保险费	人工费＋机械费		
(2)	失业保险费	人工费＋机械费		
(3)	医疗保险费	人工费＋机械费		
(4)	生育保险费			
(5)	工伤保险费			
1.3	住房公积金	人工费＋机械费		
2	税金			
合计				

(1) 规费是各省建设厅颁发的费用定额中规定的有关行政性收费，是不可竞争性费用，包括工程排污费、社会保障费、住房公积金等，费用的计取按照国家和建设主管部门发布的计取办法和费率计取。

规费＝(分部分项工程费人工费与机械费之和＋措施项目费人工费与机械费之和＋其他项目费人工费与机械费之和)×规费费率

(2) 税金是按照国家税法规定计入建筑安装工程造价的各种税金，包括营业税、城市维护建设税、教育费附加、地方教育费附加。税金的计取以不含税造价为基数，乘以综合税率。

税金＝(分部分项工程量＋措施项目费＋其他项目费)×综合税率

完成上述各步骤之后，即可分别完成规范计价格式系列表中的分部分项工程量清单计价表、措施项目清单计价表、其他项目计价表中所需的数据，如编码(或项号)、项目名称、计量单位、工程数量、综合单价(金额)、合价，包括规费和税金等。然后就可完成单位工程汇总表，计算出项目总价。

5) 单位工程造价计算程序(表7-81)

工程量清单计价的基本程序如上所述。相对于定额预结算的计价形式，工程量清单招标计价形式在计价程序、计价依据、评标原则等方面都是有不同的，是一种新的计价形

表 7-81 单位工程造价计算表

序号	费用项目		计算方法
1	分部分项工程费		∑(分部分项工程费)
1.1	其中	人工费	∑(人工费)
1.2		施工机具使用费	∑(施工机具使用费)
2	单价措施项目费		∑(单价措施项目费)
2.1	其中	人工费	∑(人工费)
2.2		施工机具使用费	∑(施工机具使用费)
3	总价措施项目费		∑(总价措施项目费)
4	其他项目费		∑(其他项目费)
4.1	其中	人工费	∑(人工费)
4.2		施工机具使用费	∑(施工机具使用费)
5	规费		(1.1+1.2+2.1+2.2+4.1+4.2)×费率
6	税金		(1+2+3+4+5)×费率
7	含税工程造价		1+2+3+4+5+6

式，其主要特点在于体现出工程计价的个别性、竞争性。当然工程量清单计价需要统一很多规则，这也是我们在学习预算时，需要不断地更新费用内容的原因。但是不论怎样变化，其清单计价程序在基本思路上是一致的。造价管理部门和各计价主体都要了解、掌握、运用这种计价形式，尽快建立、完善市场定价的运行机制。

值得注意的是，规范所提出的计价格式和工程量清单格式，只是针对计价编制的主要环节提供了一种示范性应用表式。在编制某些规模、技术、施工变化因素较复杂的工程时，可根据实际情况和需要，增加一些相应的必要文件和表格。招标人应对工程量清单的某些较为复杂的或有特殊要求的清单项目，另行编制相应的补充说明，详细地说明工程特征和工作内容，以及特殊的施工条件和要求等，必要时应编制工程量清单项目细目表，以便于投标人准确地报价和承诺。否则，不仅会造成投标报价的困难，而且会造成因人为因素而使报价出现不应出现的差距和混乱的报价现象，有碍于招标投标的公正性。投标人应对某些关键的或技术条件复杂的分部分项清单项目或措施项目的报价回应，补充施工方案或文件说明，或编制综合单价分析表等，对补充的项目说明应在计价相应的表式项目名称中给予标明“见某某补充附件”，以引起招标者与评标者的注意。

本章小结

本章对装饰工程清单编制中工程量的计算和综合单价的形成及单位工程清单费用的计算程序的形成等作了较详细的阐述，包括分部分项工程量清单计价表中的项目特征描述、清单工程量计算规则的理解与应用、综合单价的分析等。具体内容包括如下。

楼地面工程清单编制规定及工程量计算规则。
墙柱面工程清单编制规定及工程量计算规则。
天棚工程清单编制规定及工程量计算规则。
门窗工程清单编制规定及工程量计算规则。
油漆、涂料、裱糊工程清单编制规定及工程量计算规则。
其他装饰工程清单编制规定及工程量计算规则。
综合单价的组价方法以及实例讲解。
单位工程清单计价程序中各类费用形成的过程。

习题

一、选择题

1. 块料面层楼地面清单工程量按(　　)计算。
A. 主墙间净面积　B. 建筑面积　C. 实铺面积　D. 找平面积
2. 柱面饰面板装饰清单工程量按(　　)计算。
A. 柱体积　B. 柱饰面周长乘以高度
C. 柱截面面积　D. 柱截面面积乘以高度
3. 011108001 中加下画线的“08”指的是(　　)。
A. 楼梯面　B. 地面零星装修　C. 台阶面　D. 踢脚线
4. 清单项目编码 01 11 01002001 中加下画线的“11”表示的是(　　)。
A. 建筑安装工程　B. 楼地面工程
C. 墙柱面工程　D. 整体面层
5. 综合单价的组成中不包含(　　)。
A. 有限风险费　B. 人工费　C. 管理费　D. 税金
6. 下面(　　)不属于清单计价法中的“五个统一”。
A. 项目编码　B. 项目名称　C. 项目特征描述　D. 计量单位
7. 清单项目名称原则上由(　　)命名。
A. 主管部门的规定　B. 工程实体
C. 工程发包方　D. 工程承包方
8. 窗台板的清单工程量的单位采用(　　)。
A. 米(m)　B. 平方米(m^2)　C. 项　D. 樘
9. 吊顶天棚工程清单工程量不扣除的有(　　)。
A. 独立柱　B. 与之相连的窗帘盒
C. 0.3m^2以外的孔洞　D. 间壁墙
10. 板式楼梯底板的装饰工程量按(　　)计算。
A. 水平投影面积　B. 水平投影面积乘以 1.15
C. 展开面积　D. 斜面积
11. 衣柜、壁柜木材面油漆清单工程量按(　　)计算。

A. 衣柜垂直投影面积　　B. 油漆部位展开面积
C. 设计图示尺寸以面积　　D. 外围面积

二、思考题

1. 综合单价的组价依据有哪些？
2. 简述工程量清单计价的步骤。
3. 简述工程量计价的基本思路。

三、实践训练题

根据教师拟定的装饰工程施工图，编写一份装饰工程工程量清单，并结合本地区的清单计价的费率计算单位工程总价。

第8章

装饰工程招标投标及投标报价

教学目标

1. 了解装饰工程招标投标的概念。
2. 熟悉装饰工程招投标程序。
3. 掌握装饰工程投标报价的技巧和策略。

能力要求

1. 能够判断装饰工程招标投标。
2. 能够描述装饰工程招投标程序。
3. 能够运用报价的技巧和策略。

章节导读

一政府某办公楼计划装修，业主如何选取施工单位？施工单位又如何取得施工资格？施工单位是否需要进行装饰工程投标？投标工作如何进行？投标报价如何决策？

8.1 装饰工程招标投标概述

引 言

在现实的生活和工作当中，我们经常会看到或听到某工程项目进行招标，某些单位进行投标，某某单位中标，那么什么是招标投标呢？

8.1.1 装饰工程招标投标的概念

装饰工程招标是建设单位在《中华人民共和国招标投标法》的相关规定下对拟建的装饰工程完成项目发包的过程；建设单位通过发布公告，按照法定的程序和方式吸引装饰项目的承包单位合理竞争并从中选择条件优越者来完成装饰工程建设任务的法律行为。

装饰工程投标是指在《中华人民共和国招标投标法》的相关规定下施工单位完成项目承揽的过程；施工单位必须具有合法的资格和能力，按照招标者的意图和要求，按照规定的投标程序和投标方式，提出投标报价并愿意承包，供招标单位选择。

招标投标是订立合同的一种法律程序。在建设装饰项目中，这种方式得到了广泛应用。招标和投标是组织和签订一项承包合同的两个方面，包含招标发包和投标承包两个内容。招标投标对于打破垄断，促进竞争，提高企业自身素质，推动市场经济的发展，均有重要作用。

招标投标双方应遵循自愿公平、等价有偿和诚实信用原则，讲求职业道德。招标投标作为一种制度，受到国家法律的约束和保护。

小知识

建设工程招标投标的内容

建设工程招标投标的内容，可以是整个项目建设过程，也可以是某个阶段的工作，主要包括以下内容。

1. 工程总承包招标投标

也即建设实施全过程的招标投标。从项目建议书开始，包括设计任务书、勘察设计、材料设备询价与采购、工程施工、生产准备、投料试车，直至竣工投产、交付使用，实行全面的招标投标。投标者必须是具有总承包能力的工程承包企业。

2. 勘察设计招标投标

勘察设计招标投标是为了优化勘察设计方案，而择优选定勘察设计单位。勘察设计招标一般采取可行性研究方案或设计方案招标，可以是一次性总招标，也可以分单项、分专业招标。勘察设计招标单位是主持开发建设工程项目的建设单位或工程总承包单位。

3. 材料设备供应招标投标

为了择优选择供应建设项目的各种材料和设备，由建设单位向材料设备制造供应单位招标，也可以委托工程承包公司或设备成套机构招标。投标者应当是具有法人资格，符合投标条件的材料设备制造单位和设备成套公司。

4. 工程施工招标投标(包括装饰工程施工招标投标)

为了保证建设工程质量优、工期短、造价合理，由建设单位对投标者的报价、工期、质量保证措施、社会信誉等进行综合评价，择优选定施工单位。工程施工招标投标的标的可以是全部工程，也可以是单项工程、部分工程或专项工程。

5. 国内工程国际招标投标

经住房和城乡建设部、对外经济贸易部和上级有关部门批准后，建设单位可委托有对外贸易资格的公司发出招标公告或招标邀请函，进行国内工程国际招标投标。参加投标的外国公司须接受招标单位的资格审查，如果中标，应按《中华人民共和国涉外经济合同法》及国际惯例与招标单位签订承包合同。

8.1.2 装饰工程施工招标投标程序

引　言

在了解了什么情况下需要进行施工招标投标后，那么在装饰装修工程中建设单位是如何进行招标的？施工单位又是如何进行投标的呢？它们的工作过程是如何的呢？我们需要进一步了解其流程。

装饰工程施工招标投标程序，一般来说包括以下主要程序。

(1) 工程项目报建。

(2) 招标人自行办理招标或委托招标备案。

(3) 编制招标文件。

(4) 发布招标公告或发出投标邀请书。

(5) 投标人资格审查。

(6) 招标文件的发放。

(7) 勘查现场。

(8) 招标文件的澄清、修改、答疑。

(9) 投标文件的编制与递交。

(10) 工程招标控制价的编制。

(11) 开标、评标、中标。

(12) 合同签订。

1. 工程项目报建

(1) 工程项目的立项批准文件或年度投资计划下达后，建设单位须按规定及时向招投标管理机构报建。

(2) 工程项目报建内容主要包括：工程名称、建设地点、投资规模、资金来源、当年投资额、工程规模、结构类型、发包方式、计划开竣工日期、工程筹建情况等。

(3) 建设单位填写报建登记表，连同应交验的立项批准等文件资料一并报招投标管理机构审批。

2. 招标人自行办理招标或委托招标备案

1）工程施工招标应当具备的条件

（1）按照国家有关规定需要履行项目审批手续的，已经履行审批手续。

（2）工程资金或者资金来源已经落实。

（3）有满足施工招标需要的设计文件及其他技术资料。

（4）法律、法规、规章规定的其他条件。

2）招标人自行办理施工招标事宜的，应当具备编制招标文件和组织评标的能力

（1）是法人或依法成立的其他组织。

（2）有专门的施工招标组织机构。

（3）有与工程规模、复杂程度相适应并具有同类工程施工招标经验、熟悉有关工程施工招标法律法规的工程技术、概预算及工程管理的专业人员。

不具备上述2)条件的，招标人应当委托具有相应资格的招标代理机构代理其组织招标。招标代理机构是自主经营、自负盈亏，依法在建设主管部门取得工程招标代理资质证书，在资质证书许可的范围内从事工程招标代理业务并提供相关服务，享有民事权力、承担民事责任的社会中介组织。

3. 编制招标文件

1）招标文件内容

招标人应根据招标工程的特点和需要，参照国家或地方范本，自行或者委托招标代理机构编制招标文件。招标文件应包括以下内容。

（1）投标须知。

（2）招标工程的技术要求和设计文件。

（3）采用工程量清单招标的，应当提供工程量清单。

（4）投标文件的格式及附录。

（5）拟签订合同的主要条款、合同格式及合同条件。

（6）要求投标人提交的其他材料。

2）招标文件内容编写说明

（1）投标须知。在投标须知中应载明：招标工程的基本概况、招标范围、资金来源或者落实情况(包括银行出具的资金证明)，对投标人的资格要求及资格审查标准，标段划分，工期要求，现场勘察和答疑安排，投标文件编制、提交、修改、撤回的要求，投标报价要求，投标有效期，投标担保，履约担保的规定，开标的时间和地点，评标的方法和标准等。

（2）评标原则和评标、定标办法，原则上依据国家相关规范制定，并在招标文件中明确。

（3）投标价格的分类。

① 固定价格。工程价格在实施期间不因价格变化而调整。在工程价格中应考虑价格风险因素并在招标文件中明确固定价格包括的范围。

② 可调价格。工程价格在实施期间随价格变化而调整。价格的调整方法及调整范围应在招标文件中明确。

③ 工程成本加酬金确定的价格。工程成本按现行计价依据以招标文件规定的办法计算，酬金按工程成本乘以通过投标竞争确定的费率计算，从而确定工程竣工结算价。

具体采用哪种投标价格应在招标文件中明确。

(4) 质量标准必须达到国家现行建筑工程质量检验评定标准合格等级。

(5) 投标准确时间。招标文件应明确投标准备时间，即从开始发放招标文件之日起，至提交投标文件截止时间的期限。招标人应根据工程项目的具体情况，确定投标准备时间为不少于20天。

(6) 材料或设备采购供应。材料或设备采购、运输、保管的责任应在招标文件中明确，如招标人提供材料或设备，应列明材料或设备的名称、品种或型号、数量及提供日期和交货地点等；还应在招标文件中明确招标人提供的材料或设备计价或结算退款的方法。

(7) 工程量清单(采用工程量清单招标的)。要引导企业在国家和地方定额的指导下，依据企业自身技术和管理情况建立企业内部定额，提高投标报价的技巧和水平，并积极推进工程担保制度、索赔制度的开展，最终实现在国家和地方宏观调控下由市场确定工程价格。

采用工程量清单招标的，招标人应当根据施工图纸及有关资料，按国家颁布的统一工程项目划分、统一计算单位和统一的工程量计算规则计算出实物量后，向投标人提供工程量清单。

工程项目招标的标底和投标人的投标报价，均不计劳动保险费，待工程项目中标后，再按省有关规定计取劳动保险费。

(8) 拟签订合同的主要条款。招标人在编制招标文件时，应根据《中华人民共和国合同法》《建设工程施工合同管理办法》的规定和工程具体情况确定“招标文件合同主要条款”的内容。

4. 发布招标公告、发出投标邀请书

实行公开招标的，招标人应通过国家指定的报刊、信息网络或者其他媒介发布工程“招标公告”，并同时在中国工程建设和建筑业信息网络上以及有形建筑市场内发布。任何认为自己符合招标公告要求的施工单位都有权报名并索取资格审查文件。招标人不得以任何借口拒绝符合条件的投标人报名。采用邀请招标的，招标人应当向3个以上具备承担招标工程的能力、资信良好的施工单位发出投标邀请书。招标公告和投标邀请书，均应载明招标人的名称和地址，招标工程的性质、规模、地点、质量要求、开工竣工日期、对投标人的要求、投标报名时间和报名截止时间，以及获取资格预审文件、招标文件的办法等事项，并在发出3日前由招标人向招投标管理机构备案，不符合要求的，招投标管理机构应当自收到备案材料之日起3日内责令招标人改正。

5. 投标人资格审查

(1) 招标人可以根据招标工程的需要，对投标申请人进行资格预审，也可以委托工程招标代理机构对投标申请人进行资格预审。实行资格预审的，招标人应当在招标公告或投标邀请书中明确对投标人资格预审的条件和获取资格预审文件的办法，并按照规定的条件和办法对报名或邀请投标人进行资格预审。

(2) 资格预审文件包括资格预审须知和资格预审申请书。投标申请人应在规定的时间内向招标人报送资格预审申请书和资格证明材料。资格预审申请书的主要内容应包括：企业名称、地址、资质等级、法定代表人姓名、企业所有制性质及隶属关系、联系人姓名等有关文件资料。资格证明材料主要包括：企业营业执照、企业资质等级证书、资信证明、外地企业进省施工登记材料、企业安全资质证书、拟投入的项目经理资质证书、工程技术人员职称证书、管理人员岗位证书和施工机械设备目录等(如以联营体投标，投标申请人应填报联营体每一成员的资料)。

招标人在对投标申请人资格进行审查时，还可以考察投标申请人承担过的同类工程质量、安全生产、工期及合同履约情况，企业的财务状况、社会信誉、市场行为、经营管理水平、质量保证体系等。

(3) 经资格预审后，招标人应当向资格预审合格的投标申请人发出资格预审合格通知书，告之获取招标文件的时间、地点和方法，并同时向资格预审不合格的投标申请人告之资格预审结果。

在资格预审合格的投标申请人过多时，可以由招标人综合考虑投标申请人工程建设业绩和获奖情况，按照择优的原则，从中选择不少于7家资格预审合格的投标申请人参加投标竞争。

6. 招标文件的发放

招标人应当在招标文件发出的同时，将招标文件报招投标管理机构备案；招投标管理机构发现招标文件有违反法律、法规内容的，应当自收到备案材料之日起3日内责令招标人改正，招标日程可以顺延。

(1) 招标人应在招标公告、投标邀请书或资格预审合格通知书中载明获取招标文件的办法。

(2) 投标人收到招标文件、图纸和有关资料后，应认真核对，无误后应以书面形式予以确定。

(3) 招标人在发放招标文件时，可以酌收工本费。其中的设计文件，招标人可以酌收押金；对于开标后将设计文件退还的，招标人应当退还押金。

(4) 招标人不得向他人透露已获取招标文件的潜在投标人的名称、数量以及可能影响公平竞争的有关招标投标的其他情况。

7. 勘查现场

(1) 招标人根据项目具体情况可以安排投标人和标底编制人员进行勘查现场。勘查现场的目的在于了解工程场地和周围环境情况，以获取投标人认为有必要的信息，并据此作出关于投标策略和投标报价的决定。勘查现场费用由各单位自行承担。

(2) 招标人可以向投标人介绍有关现场的以下情况。

① 施工现场是否达到招标文件规定的条件。

② 施工现场的地理位置和地形、地貌。

③ 施工现场的地质、土质、地下水位、水文等情况。

④ 施工现场气候条件，如气温、湿度、风力、年雨雪量等。

⑤ 现场环境，如交通、供水、污水排放、生活用电、通信等。

⑥ 工程在施工现场的位置或布置。

⑦ 临时用地、临时设施搭建等。

8. 招标文件的澄清、修改、答疑

(1) 招标人对已发出的招标文件确需进行澄清或者修改的，应当在招标文件规定的提交投标文件截止时间至少15日前，以书面形式(包括信函、电报、电传、传真、电子数据交换和电子邮件)通知所有获取招标文件的单位。

(2) 投标人和标底编制人员在领取招标文件、图纸和有关技术资料及勘查现场后有疑问的，应以书面形式提出，招标人应于投标截止时间至少15日前，以书面形式解答，并将解答同时送达所有获取招标文件的单位。

(3) 不论招标人以书面形式向投标人发出的任何资料文件，还是投标人以书面形式提出的问题，均应以书面形式予以签收确认。任何口头上的修改、澄清、答疑一律视为无效。

(4) 澄清、修改、答疑等补充文件作为招标文件的组成部分，与招标文件具有同等效力。当招标文件、修改补充通知、澄清、答疑纪要的内容相矛盾时，以最后发出的通知(或纪要)或修改文件为准。

(5) 为了使投标人在编写投标文件时，充分响应招标文件的澄清、修改以及答疑纪要的内容，招标人可根据情况适当延长投标截止时间，具体时间修改应当在修改补充通知中明确。

9. 投标文件的编制与递交

1) 投标文件的编制

投标人应当按照招标文件的要求编制投标文件，对招标文件提出的实质性要求和条件作出响应。

(1) 投标文件的组成。

投标文件应当由商务标、技术标两部分文件组成。

① 商务标包括的内容：投标函及其附录；法定代表人资格证明书，法定代表人授权委托书；投标报价汇总表，具有标价的工程量与报价表，工程量清单报价表(工程量清单采用综合单价时)或工程量清单报价汇总及取费表(工程量清单采用工料单价时)，设备清单及报价表，现场因素、施工技术措施及赶工措施费用报价表，投标保证金或投标保函，招标文件要求提交的其他资料。

② 技术标主要包括的内容：施工组织设计或施工方案；拟投入项目管理班子配备；拟分包项目名称和分包商情况；项目经理资质证书；如以联合体投标，应附联营协议书；联合体各方承包合同，明确各方拟承担的工作和责任(同一专业的联合体应以资质等级低的一方确认资格)；近两年来的工程业绩、获得的各种荣誉(提供证书复印件，必要时验证原件)；对招标文件中的合同条款内容的确认和响应；按招标文件规定提交的其他资料。

(2) 编制投标文件准备工作。

① 投标人领取招标文件、图纸和有关技术资料后，应仔细阅读“投标须知”，投标须知是投标人投标时应注意和遵守的事项。

② 投标人应根据图纸核对招标人提供的工程量清单中的工程项目和工程量，如发现项目或数量有误时应以书面形式向招标人提出。

③ 组织投标班子，确定参加投标文件编制人员，为编制好投标文件和投标报价，应收集现行定额标准、取费标准及各类规范和标准图集。收集掌握政策性调价文件，以及材料和设备价格情况。

（3）投标文件的编制。

① 投标人依据招标文件和工程技术标准、规范要求，并根据施工现场情况编制施工方案或施工组织设计。施工组织设计包括主要工程的施工方法，技术措施，主要机具设备及人员专业构成，质量保证体系及措施，工期进度安排及保证措施，安全生产及文明施工保证措施，施工平面布置图等。

② 投标人应根据招标文件的要求编制投标文件和计算投标预算价、投标报价，投标预算价和投标报价应按招标文件中规定的各种因素和依据进行计算；应仔细核对，以保证投标报价的准确无误。

③ 按招标文件要求提交投标担保。

④ 投标文件编制完成后，应仔细整理、核对、装订，并按招标文件的规定准备投标文件副本。

（4）项目经理资质。

① 凡在我省境内进行工程建设活动的省内外建筑企业，在参加工程投标活动中，除应持有企业资质证书外，还必须持有与工程规模相适应的项目经理资质证书。

② 一个项目经理原则上只能负责一项与其资质等级相适应的工程，不得同时兼管多项工程。凡中标人的项目经理资料应记入工程交易工作档案。为保证其工作到位，对国家在鄂和省、市(州)重点项目，应将项目经理资质证书押在招投标管理机构，直到工程结束时返还。

③ 工程实施中，因特殊原因需要更换项目经理的，施工单位须提出符合工程等级资质的项目经理人选，并征得建设单位的同意后，报原招投标管理机构备案。

④ 项目经理资质证书不准转借、出让，任何人不得冒名使用项目经理资质证书承接工程，违反规定者一经发现即没收其证书，并取消该企业参与该工程投标资格。

⑤ 招投标管理机构要切实加强对投标人项目经理资质核验，质量、安全监督管理部门必须将受监工程的质量安全鉴定意见如实填写在负责该工程的项目经理资质证书副本上，作为项目经理资质复查的依据。

2）投标文件的递交与接收

（1）投标文件的递交。投标人应将投标文件的正本和所有副本按照招标文件的规定进行密封和标记，并在投标截止时间前按规定递交至招标文件规定的地点。

（2）投标文件的接收。

① 在投标截止时间前，招标人应做好投标文件的接收工作和保密保管工作，在接收中应注意核对投标文件是否按招标文件的规定进行密封和标志，做好接收时间的记录并出具收条等工作。

② 投标人在递交投标文件以后，在规定的投标截止时间之前，可以以书面形式补充、修改或撤回已提交的投标文件，并通知招标人。补充、修改的内容为投标文件的组成部分。但所递交的补充、修改或撤回通知必须按招标文件的规定进行编制、密封和标志。

③ 在开标前，招标人应妥善保管好投标文件、补充修改和撤回通知等投标资料。投标截止时间之后至投标有效期满之前，投标人不得补充、修改投标文件；投标人不得撤回投标文件。

④ 在招标文件要求提交投标文件截止时间后送达的投标文件，招标人应当拒收。

完成接受投标文件工作后，招标人应当在投标截止时间的同一时间，在有形建筑市场准时举行开标会。

10. 工程招标控制价的编制

招标工程的招标控制价应作为招标文件一起发放给投标人，招标控制价的编制工作应按规定进行。

(1) 确定招标控制价的编制单位。

① 必须由具有资质的招标人自行编制或委托具有相应资质的工程造价咨询单位、招标代理机构等单位代理编制。

② 招标控制价的编制人员须持有执业注册造价师资格证书。

(2) 编制招标控制价应提供以下资料。

① 全套施工图纸及现场地质、水文、地上情况的有关资料。

② 其他文件(包括补充、修改、施工方案要求等)，现行工程预算定额、基价表、工期定额、工程项目计价类别及取费标准、国家或地方有关价格调整文件规定等。

(3) 掌握招标文件的修改、澄清、答疑及现场勘察等资料和情况。

(4) 招标控制价的编制原则。

① 根据国家公布的统一工程项目划分、统一计量单位、统一计算规则，以及施工图纸、招标文件，并参照国家、省制订的基础定额和与之配套的文件和国家、行业、地方规定的技术标准规范，以及生产要素市场的价格确定工程量和编制标底价格。

②招标控制价应由成本、利润、税金等组成，一般应控制在批准的总概算(或修正概算)及投资包干的限额内。

11. 开标、评标、中标

1) 开标

应当在招标文件规定的提交投标文件截止时间的同一时间，在有形建筑市场公开进行，并邀请所有投标人代表参加开标会议。投标人法定代表人或法定代表人的委托代理人未按时参加开标会议，作为弃权处理。

2) 评标

(1) 开标会议结束后，召开评标会议。招标人应当采取必要的措施，保证评标在严格保密的情况下进行。任何单位和个人不得非法干预、影响评标的过程和结果。

(2) 评标原则及办法。评标应坚持客观、公正、平等、科学、合理、自主和注重信誉的原则。

评标办法可以采用综合评估法、经评审的最低投标价法或者法律、法规允许的其他评标办法。招标人应根据招标工程的具体情况结合国家及地方评标标准、办法，评标标准、办法为招标文件的组成部分。

（3）定标办法。招标人根据评标委员会提出的书面评标报告为依据，对评标委员会推荐的中标候选人进行比较，从中择优确定中标人。

3）中标

（1）在确定中标人之前，招标人不得与投标人就投标价格、投标方案等实质性内容进行谈判。

（2）依法必须进行施工招标的工程，招标人应当自确定中标人之日起 15 日内，向招投标管理机构提交施工招标投标情况的书面报告。

（3）中标通知书发出后，招标人改变中标结果的，或者中标人放弃中标项目的，应当依法承担法律责任。

12. 合同签订

招标人应当自中标通知书发出之日起 30 日内，与中标人在约定的时间，按照《中华人民共和国合同法》《建设工程施工合同管理办法》等规定和《建设工程施工合同(示范文本)》(GF—1999—0201)，依据招标文件、中标人的投标文件订立书面合同；招标人和中标人不得再行订立背离合同实质性内容的其他协议。订立书面合同 7 日内，中标人应当将合同报招投标管理机构备案。

中标人不与招标人订立合同的，投标保证金不予退还并取消其中标资格，给招标人造成的损失超过投标保证金数额的，应当对超过部分予以赔偿，没有提交投标保证金的，应当对招标人的损失承担赔偿责任。招标人无正当理由不与中标人签订合同，给中标人造成损失的，招标人应当赔偿。

8.2 装饰工程投标报价的编制

引　言

在某个工程项目进行招标中，我们最为关心的是工程价款的高低，中标价格的多少。哪家报价高？哪家报得低？在装饰装修工程中，施工单位是如何进行投标报价的？业主又将如何选取适宜的报价？

8.2.1 装饰工程投标报价编制程序

建筑装饰工程中投标报价工作是个复杂的系统工程，会涉及多部门、多人员的合作，是一种团队工作，任何一方的失误都有可能造成失标。但在现行的工程量清单计价模式下，投标报价的编制也有一定的规律可循，投标报价应遵循下列程序：分析研究招标文件；进行市场调查；现场勘察及答疑；复核工程量；制订进度计划与施工方案；明细单价计算与分包询价；综合单价及费税计算；工程量清单项目计价表计算与汇总；投标报价分析与确定报价决策；编制正式的工程量清单项目报价表；投标保函、装订及办理担保和递标等。本节就以上部分内容进行说明。

1. 分析招标文件

单位报名参加或接受邀请参加某一工程的投标，取得招标文件之后，首要的工作就是认真仔细地研究招标文件，充分理解招标文件和建设单位的意图，使投标文件满足招标文件要求，确保投标有效。招标文件是整个招标过程所遵循的基础文件，是投标与评标的基础，也是合同的重要组成部分。一般情况下，招标人与投标人之间不进行或进行有限的面对面交流，投标人只能根据招标文件的要求编写投标文件，因此，招标文件是招标人与投标人联系、沟通的桥梁。

1）招标文件的内容

招标文件是招标人向投标人提供的为进行投标工作所必需的文件。招标文件应包含的内容通常有三类：第一类是关于编写和提交投标书的规定；第二类是合同条款和条件；第三类是评标标准，通常在投标须知中和技术规定中明确下来。具体的招标文件一般包括投标邀请书，投标人须知，合同主要条款，投标文件格式，工程量清单，技术条款，设计图纸，评标标准与办法和投标辅助材料等。

招标文件除了明确招标工程的范围、内容、技术要求等技术问题之外，还反映建设单位在经济、合同等方面的要求或意愿，是施工单位投标的主要依据。因此，对招标文件进行分析研究是投标报价工作中不可忽视的重要环节。

由于招标文件内容很多，应由各专业人员对各方面的专业知识进行研究，各专业人员应相互配合、及时交换意见。

2）对投标须知的分析

投标人通过须知需要了解的问题应该包括：工程概况以及招标人情况，招标文件和投标文件的组成，投标文件的编制要求及密封和递交要求，应当提交的资格、资信证明文件，投标保证金的有关规定，招标文件和投标文件的澄清和修改事项。工程量清单、合同条款、图纸也都要结合投标人须知一起阅读。

(1) 投标保证金、履约保证金。要注意招标文件对投标保证金数额、履约保证金形式（银行保函、履约担保书、履约担保金即现金）、担保人、担保数额和担保有效期的规定，其中任何一项不符合要求，均可能被视为对招标文件未作出实质性响应而确定为废标。投标保证金、履约保证金是对招标人的一种保护。

(2) 投标文件的编制。投标文件的格式、签名或盖章、投标文件的正副本组成及份数，密封方式和要求，改动处必须签名或盖章，投标文件的每一页是否均需要签字，工程量清单计价表的每一页页末写明合计金额、最后一页页末写明总计金额等。必须注意每一个细节，确保标书有效。

(3) 对合同条款的分析。对合同条款的分析主要是分析与估价有直接关系的条款，分清双方的经济责任，特别需要弄清暂列金额、材料暂估价、风险费及有争议之处。

① 施工单位承包范围和责任。这是投标报价最基本的依据，通常由工程量清单、图纸、工程说明和技术规范等所规定。在分项承包时，要注意与其他施工单位，尤其是工程范围相邻或工序相衔接的其他施工单位之间的工程范围界限和责任界限。如果是施工总包或主包，要注意在现场管理和协调方面的责任。另外，要注意是否有为建设单位管理人员或监理工程师提供现场工作和生活条件方面的责任。这些都会影响报价。

② 工程变更及相应的合同价款调整。一般来说，工程变更是不可避免的，但一定要协调好变更后的价格。工程量的增减所引起的合同价格调整的关键在于如何确定调整幅度，但这在合同条款中并无明确规定。因此，应预先估计哪些分项工程的工程量可能发生

变化，增加还是减少，幅度如何，并拟定相应的合同价格以调整计算方式和幅度。合同内容变化引起的合同价格调整，应注意合同条款中有关工程变更程序、合同价格调整的前提等规定。

③ 工期、质量、安全、文明施工。合同条款中关于合同工期、质量、安全、文明施工等规定，是制订施工进度计划的依据，也是投标报价的重要依据。要注意合同条款中有无工期奖的规定，报价要求中有无赶工措施费的规定等。要注意质量、安全、文明施工目标等规定。要尽可能做到在工期、质量、安全、文明施工符合要求的前提下，报价有竞争力，或在报价合理的前提下，工期、质量、安全、文明施工有竞争力。

④ 付款方式、时间。应注意合同条款中有无工程预付款、材料预付款的规定，如注意数额、支付时间、起扣时间和方式；注意工程进度款的支付时间及比例、每月保留金扣留的比例、质保金总额及退还时间和条件。根据这些规定和预计的施工进度计划，可绘出工程现金流量图，计算出占用资金的数额和时间，从而计算出资金占用的利息并计入估价。虽然国家标准合同中有工程预付款、材料预付款的规定，但在现行买方市场环境下，工程预付款、材料预付款的条款有待施工单位的争取。

(4) 对技术规范的分析。工程技术规范描述工程技术和工艺的内容和特点，以及对设备、材料、施工和安装方法等的规定技术要求，有的则是描述对工程质量进行检验、试验和验收所规定的方法和要求。招标文件中所规定的技术规范反映了建设单位对招标工程质量的要求。工程估价应注意的事项如下。

① 应了解技术标准对投标报价的影响。任何一个分项工程的消耗量都直接受设计、施工与验收规范所决定。当对招标文件规定的技术规范不够熟悉或与习惯的施工操作方法差异较大时，在投标报价时要谨慎行事。

② 要特别注意技术规范有无特殊施工技术要求，有无特殊材料和设备的技术要求，有无允许选择代用材料和设备的规定。若有，则要分析其与常规方法的区别，合理估算可能引起的额外费用。

③ 当某一技术规范不能完全覆盖招标工程的所有内容，或建设单位认为某一技术规范不能准确反映其对工程质量的要求时，在招标文件中甚至在工程施工过程中会提出要求。应在准确理解建设单位要求的基础上对有关工程内容进行投标报价。

工程造价是建立在一定技术标准和质量要求上的造价。任何忽视技术规范的投标报价都是不完整、不可靠的，有时可能导致工程承包的重大失误和亏损。

(5) 施工图纸分析。施工图纸是确定工程范围、内容和技术要求的重要文件，也是施工单位确定施工方法等施工方案的主要依据。图纸的详细程度即设计深度决定所采用的合同类型。图纸的详细程度对投标报价方法和结果有相当大的影响。

图纸分析要注意设计构造的明确性。当发现有矛盾之处，应及时要求建设单位予以澄清。图纸分析通常由技术人员和预算人员共同完成，应将分析结果及其意见汇总给预算人员。

2. 调查、现场勘察及答疑

1) 调查建设单位

调查建设单位本身及其委托的设计、咨询单位。调查了解的内容包括以下几方面。

(1) 招标工程的各项审批手续是否齐全，是否符合工程所在地政府关于工程建设管理和各项规定。如调查工程是否有《国有土地使用证》《建设用地规划许可证》、工程立项批准文件等。

(2) 招标工程的资金来源、限额。了解项目资金是自筹资金、财政划拨或银行贷款等。具有可靠的工程进度款、结算款，是施工单位保证顺利完成工程的重要条件。

(3) 建设单位是第一次组织工程建设，还是长期有建设任务。若是后者，要了解该建设单位在已建工程和在建工程招标、评标上的习惯做法，对施工单位的基本态度，履行建设单位责任的可靠程度，尤其是能否及时支付工程款，能否合理对待施工单位的索赔要求。

(4) 建设单位项目管理的组织和人员，其主要人员的工作方式和习惯，工程建设技术和管理方面的知识和经验，性格和爱好等个人特征。

(5) 调查设计单位尤其是该项目设计人员的能力、水平及习惯，以及对施工单位的基本态度，对合理设计变更的态度等。

2) 现场勘察

现场勘察是招标投标过程中不可或缺的一环。凡是不能直接从招标文件中了解和确定而对投标报价结果有影响的内容，都要尽可能通过工程现场勘察来了解和确定。投标报价前，必须认真、全面地对工程现场进行勘察，了解工地及其周围的经济、地理、地质、气候等方面的情况。这些内容在招标文件中是不可能全部明确的，也是招标文件所不能替代的，但对投标报价和报价的结果却有着至关重要的影响，所以必须慎重对待现场勘察。

建设单位在招标文件中明确注明投标人进行工程现场勘察的时间和地点。按照国际惯例，投标者所提出的报价一般被认为是在审核招标文件后并在现场勘察的基础上编制出来的。一旦提出报价，投标人就无权因为现场勘察不周或其他因素考虑不全面而提出修改报价、调整报价或给予补偿等要求。现场勘察的费用由投标单位自行承担。

(1) 工程现场勘察之前的准备。

① 应仔细研究招标文件。工程现场调查所安排的时间往往不容许全面、深入地研究招标文件，这就要求对招标文件的研究应分两阶段进行。第一阶段针对工程现场勘察所要了解的情况对招标文件的内容进行研究，主要是工作范围、合同专用条款、设计图纸和说明等。第二阶段再对招标文件进行全面的研究和分析。

② 为使工程现场勘察有针对性，防止遗漏并提高效率，应拟订详细的勘察问题。勘察问题应尽可能表格化，以减少工程现场勘察的随意性，选派有经验的预算人员进行现场勘察，避免选派人员的经验不足而造成勘察结果的明显失误。

(2) 自然条件调查。

① 气象资料，包括年平均气温、年最高气温和最低气温，年平均湿度、最高和最低湿度，其中尤其要分析全年不能或不宜施工的天数(如气温超过或低于某一温度持续的天数，雨量和风力大于某一数值的天数，台风频发季节及天数等)。

② 水文资料，包括地下水位、潮汐、风浪等。

③ 地震、洪水及其他自然灾害情况。

④ 地质情况，包括地质构造及特征，承载能力，地基是否有大孔土、膨胀土，冬季冻土层厚度等。

(3) 施工条件调查。

① 工程现场的用地范围、地形、地貌、地物、标高，地上或地下障碍物，现场的三通一平情况（是否可能按时达到开工要求）。

② 工程现场周围的道路、进出场条件（材料运输、大型施工机具）、有无特殊交通限制（如单向行驶，夜间行驶，转弯方向限制，货载重量、高度、长度限制等规定）。

③ 工程现场施工临时设施、大型施工机具、材料堆放场地安排的可能性，是否需要二次搬运。

④ 工程现场邻近建筑物与招标工程的间距、结构形式、基础埋深、新旧程度和高度。

⑤ 市政给水、污水及雨水排放管线位置、标高、管径、压力，废水、污水处理方式，市政消防供水管道管径、压力、位置等。

⑥ 当地供电方式、方位、距离、电压等。

⑦ 工程现场通信线路的连接和铺设。

⑧ 政府有关部门对施工现场管理的一般要求、特殊要求及规定，是否允许节假日和夜间施工等。

（4）其他条件调查。

① 建筑构件和半成品的加工、制作和供应条件，商品混凝土的供应能力和价格。

② 是否可以在工程现场安排工人住宿，对现场住宿条件有无特殊规定和要求。

③ 是否可以在工程现场或附近搭建食堂，自己供应施工人员伙食，若不可能，通过什么方式解决施工人员餐饮问题，其费用如何。

④ 工程现场附近治安情况如何，是否需要采用特殊措施加强施工现场保卫工作。

⑤ 工程现场附近的单位和居民的一般情况，本工程施工可能对他们所造成的不利影响及其程度。

⑥ 工程现场附近各种社会服务设施和条件，如当地的卫生、医疗、保健和通信。公共交通、文化、娱乐设施情况，其技术水平、服务水平和费用情况，有无特殊的地方病、传染病等。

另外，也应考虑与项目有关的政府管理部门的情况和态度，与项目有关的各部门的协作情况等。

3）竞争对手调查

要了解参与本工程投标竞争的有哪些公司。这些公司的规模和实力、经营状态和经营方式、管理水平和技术水平，特别是报价的习惯。要对竞争对手的能力进行综合分析，特别要注意主要竞争对手从事工程承包的历史和近年来所承包的工程，尤其是与招标工程类似的工程以及他们与当地政府和建设单位的关系等问题。

4）答疑会议

召开答疑会议的目的是使建设单位澄清投标施工单位的疑问，回答投标施工单位提出的各类问题。招标文件应规定会议的时间和地点，一般在考察现场后进行。标前会议要解决三个方面的疑问：一是现场考察的问题；二是设计图纸及与报价有关的问题；三是有关施工合同的问题。

如果投标施工单位有问题要提出，应在召开答疑会议前在规定的时间内以书面或电传形式发出。建设单位将对提出的问题以及答疑会议的记录用书面答复的形式发给每个投标施工单位，并作为正式招标文件的一部分。

施工单位应根据各种调查结果和答疑会议的内容，进一步分析招标文件。

3. 复核工程量

工程量清单的粗细程度主要取决于设计深度，与图纸相对应，也与合同类型有关。

工程量清单的最重要的作用之一是供投标施工单位报价用，为投标者提供一个共同的竞争性投标的基础，也是评标的基础。从某种意义上说，确定好工程量清单报价是投标书的最重要的部分。

1）工程量的复核

工程量清单中的各分部分项工程量并不一定准确，若设计深度不够则可能有较大的误差。在单价合同下，工程量清单的工程量仅作为投标报价的基础，并不作为工程结算的依据，工程结算是以经监理工程师审核的实际工程量为依据。复核工程量是因为工程量的多少是选择施工方法、安排人力和机械、准备材料必须考虑的因素，也自然影响分项工程的单价。如果工程量不准确、偏差太大，就会影响投标报价的准确性。若采用固定总价合同，对施工单位的影响就更大。所以一定要复核工程量。若发现误差太大，应要求建设单位澄清，但不得擅自改动工程量。

工程量的复核，还需要视建设单位是否允许对工程量清单内所列工程量的误差进行调整来决定校核办法。如果允许调整，就要详细审核工程量清单内所列各工程项目的工程量，对有较大误差的，通过建设单位答疑会提出调整意见，取得建设单位同意后进行调整。不允许调整工程量的，无须对工程量进行详细的复核，只需对主要项目或工程量大的项目进行复核，发现这些项目有较大误差时，可以利用调整这些项目单价的方法解决。

2）暂定金额、计日工报价的复核

暂定金额是招标人为可能发生的工程量变更而预留的金额，不会损害施工单位利益。但预先了解其内容、要求，有利于施工单位统筹安排施工，可能降低其他分项工程的实际成本。应当认识到，暂定金额不仅仅是一笔预留的金额，更是有关承包范围的一个界限扩大。

计日工，是指在工程实施过程中，建设单位有一些临时性的或新增的但未列入工程量清单的工作，这些工作需要使用人工、材料、机械。投标者应对计日工报出单价和总价。应注意工作费用包括哪些内容，工作时间如何计算。一般来说，计日工单价可报得较高，但不宜太高。

4. 投标报价分析与计算汇总

在投标报价计算的准备工作完成后，要进行综合单价及费税计算；工程量清单项目计价表计算与汇总；投标报价分析与确定报价决策；编制正式的工程量清单项目报价表等工作。其中，有关综合单价的内容构成与表示方式、工程量清单报价表的填写等必须遵照《建设工程工程量清单计价规范》和招标文件的要求执行。投标报价计算与分析需要特别认清投标报价的本质及其形成机理。

1）投标报价原则

施工单位在建筑市场中的工程承包运作分为两大过程：一是对建设单位的招标作出响应，即投标；二是中标及签订合同后在建设单位委托的监理工程师监督下的施工过程。施工单位的竞争力表现为能以比较合理的低价格在招标时中标，并在工程监理制下有效地施工，实现投标时的预期效益。因此，施工承包运作就是争取合同与履行合同。

在市场经济条件下，按照“政府宏观调控、市场形成造价”的原则，确定承包工程造价，是在满足招标文件要求的前提下，实行人工、材料、机械消耗量自定，价格费用自选，全面竞争，自主报价的方式。建筑工程招标投标，确定合理的低价，使价格反映市场供求情况，真实显示企业的实际消耗和工作效率，使实力强、素质高、经营好的企业更具有竞争性，能够更快地发展，实现资源的优化配置，促使企业自觉降低消耗，挖掘潜力，提高效率，提高全社会的生产力水平。

投标报价应根据本企业的管理水平、装备能力、技术力量、劳动效率、技术措施及企业定额，计算出由本企业完成该工程的预计直接工程费用，再分摊实际可能发生的一切间接费，即实际预测的工程成本，根据投标中竞争的情况，进行盈亏分析，确定利润和考虑适当的风险费，作出竞争决策的原则之后，最后提出报价书。报价是工程施工投标的关键。

报价的原则首先是保本，即在保本的前提下，根据竞争条件来考虑利润率。选择采取“保本有利”或“保本薄利”的原则参加报价竞争。

2）影响合理报价的因素

一个合理的报价不仅需要准确反映企业成本，有可靠的计算依据资料，具有较高的竞争力等，还需要充分考虑以下因素。

(1) 招标工程范围。工程量清单及施工图纸只是报价的一个依据，不一定反映完整的全部招标工程范围，还需要结合施工合同的规定。例如，水电等其他一般应由建设单位承担的任务，招标文件中可能要求由施工单位完成，则投标人要将完成全部工程和履行承包人责任的全部费用正确合理计入报价。

(2) 目标工期的要求，对提前工期因素有所反映。招标工程的目标工期往往低于国家颁布的工期定额，要缩短工期。施工单位要切实考虑赶工措施，增加人员和设备数量，加班加点，付出比正常工期更多的人力、物力、财力，这样就会提高工程成本。

(3) 质量目标要求，对高于国家验收规范的质量因素有所反映。一般工程按国家相关的施工验收规范的要求来检查验收。但建设单位如果提出高于国家验收规范的质量要求，施工单位可能就要付出比合格水平更多的费用。

(4) 建筑材料市场价格的变化，材料价格风险因素。市场经济条件下，建设单位为了控制工程造价，更愿意采用固定价格合同，并且由施工单位包工包料。投标报价需要认真研究市场价格的变化，合适地考虑有关风险因素。

(5) 现场施工条件和合理的施工方案。不同的施工现场的条件，对工程造价影响较大，报价时应对现场实际情况认真了解，要考虑由于自然条件导致的施工不利因素。报价要有比较先进、切合实际的施工规划，包括合理的施工方案、施工进度安排、施工总平面布置和施工资源估算，尤其是工程量清单的措施费用项目，施工单位务必需要精心考虑。

小知识

《工程建设项目施工招标投标办法》

第三十二条　招标人根据招标项目的具体情况，可以组织潜在投标人踏勘项目现场，向其介绍工程场地和相关环境的有关情况。潜在投标人依据招标人介绍情况作出的判断和决策，由投标人自行负责。招标人不得单独或者分别组织任何一个投标人进行现场踏勘。

第三十三条　对于潜在投标人在阅读招标文件和现场踏勘中提出的疑问，招标人可以书面形式或召开投标预备会的方式解答，但需同时将解答以书面方式通知所有购买招标文件的潜在投标人。该解答的内容为招标文件的组成部分。

招标人组织勘查现场投标人可以自愿去，也可以不去，不是强制性的，但是一般招标人组织勘查现场，可能现场情况会影响投标报价，所以还是建议参加为好。

8.2.2　装饰工程投标报价的技巧和策略

在工程量清单实行后，投标人在投标报价时必须显示自己不同于别的竞争对手的核心优势，在报价降低的情况下如何获得最大的利润是每个投标人关注的焦点。投标人在工程投标报价时，首先主要应该在先进合理的技术方案和较低的投标价格上下功夫。同时投标人在利润和风险之间作出正确的决策，但是还有其他一些策略和投标技巧对投标报价起辅助性作用。投标人应当运用这些策略和技巧尽可能地规避及防范风险。投标人可采用不平衡报价法、多方案报价法、突然降价法、先亏后盈法、无利润算标和争取评标奖励等方法来帮助中标。

1. 不平衡报价法

不平衡报价法是相对通常的平衡报价(正常报价)而言的，是在工程项目的投标总价确定后，根据招标文件的付款条件，合理地调整投标文件中子项目的报价，在不抬高总价以免影响中标(商务得分)的前提下，实施项目时能够尽早、更多地结算工程款，并能够赢得更多利润的一种投标报价方法。这种方法在工程项目中运用得比较普遍，是一种投标策略；对于工程项目应根据工程项目的不同特点及施工条件等来考虑采用不平衡报价法。不平衡报价法的前提是工程量清单报价，它在国际工程承包市场已经运用了多年，现在已经正式在全国范围内推广。它强调量价分离，即工程量和单价分开，投标时承包商报的是单价而不是总价，总价等于单价乘以招标文件中的工程量(估算量，仅仅用于招标)，最终结算量以实际发生量为准。而这个总价是理念上的东西，或者说只是评标委员会在比较各家标价的高低时提供的一个总的大致参考值，实际上承包商拿回的总收入等于在履约过程中通过验收的工程量与相应单价的乘积。由于建筑市场信息的不对称，有经验的承包商可能比业主更清楚工程量实际会发生的数量，当发现有缺项、漏项或两者之间有较大差别时，在大多数情况下，就会采用不平衡报价法。应用不平衡报价法时应遵循以下原则。

(1) 单价在合理范围内可提高的子项目有：能够早日结算的项目，如开办费、营地设施、土方、基础工程等；通过现场勘察或设计不合理、清单项目错误，预计今后实际工程量大于清单工程量的项目；支付条件良好的政府项目或银行项目。

(2) 单价在合理范围内可以降低的子项目有：后期的工程项目，如粉刷、外墙装饰、电气、零散清理和附属工程等；预计今后实际工程量小于清单工程量的项目。

(3) 图纸不明确或有错误，估计今后会有修改的；或工程内容说明不清楚，价格可降低，待澄清后可再要求提高价格。

(4) 计日工资和零星施工机械台班小时单价报价时，可稍高于工程单价中的相应单价。因为这些单价不包括在投标价格中，发生时按实计算，利润增加。

(5) 无工程量而只报单价的项目，如土木工程中挖湿土或岩石等备用单价，单价宜高些，这样不影响投标总价，而一旦项目实施就可多得利润。

（6）暂定工程或暂定数额的报价。这类项目要具体分析，如果估计今后肯定要做的工程，价格可定得高一些，反之价格可低一些。

（7）如项目业主要求投标报价一次报定不予调整时，则宜适度抬高标价，因为其中风险难以预料。由于不平衡报价法没有考虑到实际施工中经常会出现的工程变更问题和投标竞争环境的影响，所以在使用时必须掌握好尺度，否则会弄巧成拙。总之，不平衡报价是建立在对业主招标书内具体条款的分析之上的一种合理价目配置，投标人应以自己的估价为基础，结合自身在投标竞争环境中的地位和自己对预期利润的期望值来合理确定自己的报价，以免引起业主或评标委员会的反感，致使事与愿违。

不平衡报价就是在招投标中，施工企业首先确定最终投标总报价，然后在总报价不变的前提下，调整其中部分项目的报价，以获得理想的经济效益。是什么原因导致施工企业可以运用不平衡报价法呢？简而言之，是各施工企业之间的差异。在投标报价时，各施工企业一般都是依据现行的概(预)算定额及取费标准编制标书，并对其进行调整。由于调整幅度的不同(多数情况是调低)，造成各施工企业对同一个项目的报价各异：各施工企业不相同的施工组织设计决定了所采用的施工方法、施工机械设备、材料、人工数量等的不同，有时报价会相差很大；各施工企业管理水平导致了工程成本存在差异，水平高的可以降低工程成本，并加快工程进度，使业主能尽早发挥经济效益，这样的施工企业往往中标率也较高。由于编标时间短、招标文件所提供的内容一般较粗略，施工企业在投标报价时往往凭借施工经验和编标经验，在这种情况下，各个施工企业的投标报价就会有差异：工程建设的周期、市场的供求变化等因素会影响人工、材料、机械等价格的变化。因此，在报价时应充分考虑这部分因素。不平衡报价法主要是指在同一工程项目中，在总价不变的情况下，对分部分项报价做适当调整，以争取最多的盈利，具体做法见表 8－1。

表 8－1　常见的不平衡报价法

序号	信息类型	变动趋势	不平衡结果
1	资金收入的时间	早	单价高
		晚	单价低
2	工程量估算不准确	增加	单价高
		减少	单价低
3	图纸不明确	增加工程量	单价高
		减少工程量	单价低
4	暂定工程	自己承包的可能性大	单价高
		自己承包的可能性小	单价低
5	议标时业主要求压低单价	工程量大的项目	单价高
		工程量小的项目	单价低
6	报单价的项目	没有工程量	单价小幅度降低
		有假定的工程量	单价较大幅度降低

(1) 能够早收到钱款的项目，如吊顶、墙面工程等，其单价可定得高一些，以利于资金周转。后期的工程项目单价，如粉刷、油漆、电气等，可适当降低。

【例 8.1】 某拟建工程由三分部分项工程组成，资料见表 8-2。投标人为了尽早得到工程价款，采用了不平衡报价法。

表 8-2 拟建工程资料表 单位：元

方式	天棚工程	墙面工程	柱面工程	总报价
投标估价	1280	6500	7000	14780
正式报价	1400	7100	6280	14780

【解】 根据工程经济学的原理，资金是有时间价值的，正式报价的现金流量现值大于投标估价，对投标人来说是有利的，可以达到早收钱的目的。

(2) 估计今后会增加工程量的项目，单价可提高些；反之，估计工程量将会减少的项目单价可降低些。

(3) 图纸不明确或有错误，估计今后会有修改的；或工程内容说明不清楚，价格可降低，待今后索赔时提高价格。

(4) 计日工资和零星施工机械台班小时单价报价，可稍高于工程单价中的相应单价。因为这些单价不包括在投标价格中，发生时按实计算，可多得利。

(5) 无工程量而只报单价的项目，如土木工程中挖湿土或岩石等备用单价，单价宜高些。这样，既不影响投标总价，以后发生此种施工项目时也可多得利。

(6) 暂定工程或暂定数额的估价，如果估计今后会发生的工程，价格可定得高一些，反之价格可低一些。

作为承包商，工程开工以后，除预付款外，做每件事情都要争取提前拿钱，由于工程款项的结算一般都是按照工程施工的进度进行的，不平衡报价法是把工程量清单中先做的工作内容的单价调高，后干的活单价调低。这样由于先收回了资金或工程款，有利于施工流动资金的周转，提高了财务应变能力，还有适量的利息收入，如果一直保持收入比支出多，当出现对方违约或不可控制因素时，主动权就掌握在承包商手中，使承包商在工程发生争议时处于有利地位，缩小投资风险。在投标过程中承包商根据以往的经验判断标书中的工程量是否合理或是否存在缺陷，承包商的报价水平尤其重要，要认真分析，把标书中工程量比实际工程量少的项目单价定得稍高一些，把标书中工程量比实际工程量要多的项目单价定得稍低一些。总的结果是：履约时数量少的工作单价较低赔了一点；履约时数量多的项目单价较高利润丰厚，但整个项目最终赚钱还是增加了，这是不平衡报价法的主要原则之一。当然，这里面也有风险，要看承包商的判断和决策准确与否。即使判断准确，业主也可通过发变更令减少施工时的工程数量，甚至变更设计。这就需要经验和技巧。承包商必须根据不同设计单位和业主的习惯和喜好，以及当地的建筑文化风格等具体情况作出充分的调研和分析后形成决策，还有在项目实施过程中的交涉能力、沟通能力以及公共关系的运用也非常重要，它对工程量的确认至关重要。单价的不平衡要有适当的尺度，要在合理的范畴内进行调整，不能畸高或畸低。评标委员有可能会要求投标人对那些被认为是明显偏高或明显偏低的项目单价提交单价分析。如果投标人能够对此作出令人信服的解释，比如说有闲置的设备、有现成的临时设施或可供利用的库存材料或拥有特别优惠的采购渠道、拟采用的施工工艺可使相关的单项工程的成本大幅度降低等，业主一般不会在此类问题上过分计较。但如果个别单项工程的成本在整个工程项目中所占比重较大，其投标价严重背离市场价格，而投标人又无法自圆其说时，则不排除评标委员会判定投标书“未作出实质性响应”或“单位分析不合理”。

2. 多方案报价法

多方案报价法一般在两种情况下使用：第一种是在招标文件中规定，允许投标人另行提出自己的建议时使用；第二种是在对于一些招标文件，如果发现工程范围不很明确，条款不清楚或很不公正，或技术规范要求过于苛刻时，承包商将会承担较大风险，为了减少风险就必须扩大工程单价，增加“不可预见费”，但这样做又会因为报价过高增加被淘汰的可能性时使用。第二种情况也可叫“推荐方案报价法”或建筑市场“新增方案报价法”。其具体做法是在标书上报两个价格，既按照原招标文件报一个价，然后再提出“如果技术说明书或招标文件某条款做某些改动时，则本报价人的报价可降低……”，这样可以降低总价，吸引业主。若遇这种情况，投标者应组织一批有经验的设计和施工工程师，对原招标文件的设计和施工方案仔细研究，提出更理想的方案以吸引业主，促进自己的方案中标。这种新的建议可以降低总造价或提前竣工或使工程运用更合理。增加建议方案时，不宜将方案写得太具体，要保留方案的关键技术，以防止业主将此方案交给其他承包商。同时要强调的是，建议方案一定要比较成熟，或过去有这方面的实践经验。因为投标时间往往较短，如果仅为中标而匆忙提出一些没有把握的建议方案，可能会引起很多后患。

3. 突然降价法

突然降价法是指先按一般情况报价或表现出自己对该工程兴趣不大，到快要投标截止时，再突然降价。采用这种方法时，一定要在准备投标的过程中考虑好降低系数。降价系数是指投标人在投标报价时，预先考虑的一个未来可能降低报价的比率，如果考虑在报价方面增加竞争能力有必要时，在临近投标截止日期前，根据情报信息分析再作出决策。采用这种报价的好处是：可以根据最后的信息，在递交投标文件的最后时刻，提出自己的竞争价格，使竞争对手措手不及。在最后审查已编好的投标文件时，如果发现某些个别失误或计算错误，可以采用调整系数来进行弥补，而不必全部重新计算和修改。由于最终的降低价格是由少数人在最后时刻决定的，可以避免自己真实的报价向外泄露，而导致投标竞争失利。降低投标价格可以从两方面入手：一方面是降低计划利润。投标时确定计划利润既要考虑自己企业承建任务饱满程度的情况，又要考虑竞争对手的情况。适当地降低利润和收益目标，从而降低报价会提高中标的概率。另一方面是降低经营管理费。为了竞争的需要，可降低这部分费用，可以在施工中加强组织管理予以弥补。如果采用突然降价法而中标，因为开标只降总价，在签订合同后可采用不平衡报价的思想调整工程量表内的各项单价或价格，以期取得更高的效益。

4. 先亏后盈法

对大型分期建设工程，在第一期工程投标时，可以将部分间接费分摊到第二期中去，少计算利润以争取中标。这样在第二期工程投标时，凭借第一期工程的经验、临时设施以及创立的信誉，比较容易拿到第二期工程。

5. 无利润算标

缺乏竞争优势的承包商，在不得已的情况下，只好在算标中根本不考虑利润去夺标。这种办法一般是处于以下条件时采用。

（1）有可能在得标后，将大部分工程分包给索价较低的一些分包商。

（2）对于分期建设的项目，先以低价获得首期工程，而后赢得机会创造第二期工程中的竞争优势，并在以后的实施中赚得利润。

（3）较长时期内，承包商没有在建的工程项目，如果再不得标就难以维持生存。因此，虽然本工程无利可图，只要能有一定的管理费维持公司的日常运转，就可设法度过暂时的困难，以图将来东山再起。

6. 争取评标奖励

有时招标文件规定，对某些技术指标的评标，若投标人提供的指标优于规定指标值时，给予适当的评标奖励，有利于竞争中取胜。但要注意技术性能优于招标规定，将导致报价相应上涨，如果投标报价过高，即使获得评标奖励，也难以与报价上涨的部分相抵，这样评标奖励也就失去了意义。

总之，报价技巧并非千篇一律，在实施过程中具体采用何种技巧，应视具体情况而定。但无论怎么变化，投标人应根据自身情况，确定合理科学的施工方案，制定合理的工期，并根据企业定额编制出合理的报价，增强企业市场的占有量。只有在投标工作中认真总结这方面的经验和教训，深刻剖析，不断探索才能在以后的投标中取得胜利。

本章小结

装饰工程施工招标投标程序：工程项目报建；招标人自行办理招标或委托招标备案；编制招标文件；发布招标公告或发出投标邀请书；投标人资格审查；招标文件的发放；勘查现场；招标文件的澄清、修改、答疑；投标文件的编制与递交；工程标底价格的编制（设有标底的）；开标；评标；中标；合同签订。

投标报价程序：分析研究招标文件；进行市场调查；现场勘察及答疑；复核工程量；制订进度计划与施工方案；明细单价计算与分包询价；综合单价及费税计算；工程量清单项目计价表计算与汇总；投标报价分析与确定报价决策；编制正式的工程量清单项目报价表；投标保函、装订及办理担保和递标等。

投标报价技巧：不平衡报价法、多方案报价法、突然降价法、先亏后盈法、无利润算标和争取评标奖励等方法来帮助中标。但是每种方法的运用一定要具体项目具体对待，运用不当反而会产生相反的效果。

习题

一、填空题

1. 建筑装饰装修工程投标是________________________。

2. 投标报价程序有：________________________。

3. 投标报价技巧包括________________________。

4. 不平衡报价法是________________________。

5. 多方案报价法是________________________。

二、选择题

1. 招标投标是一种(　　)的法律程序。

A. 订立合同　　B. 合同要约　　C. 签订合同　　D. 建设工程

2. 招标投标双方应遵循(　　)原则。

A. 自愿公平　　B. 等价有偿　　C. 诚实信用　　D. 公平公正

3. 招标文件应包括的内容有(　　)。

A. 投标须知　　B. 技术要求和设计文件

C. 工程量清单　　D. 合同

4. 召开答疑会议时间一般(　　)进行。

A. 考察现场前　　B. 考察现场中　　C. 考察现场后　　D. 开标前

5. 在工程项目的投标总价确定后，根据招标文件的付款条件，合理地调整投标文件中子项目的报价，在不抬高总价以免影响中标(商务得分)的前提下，实施项目时能够尽早、更多地结算工程款，并能够赢得更多利润的一种投标报价方法是(　　)。

A. 不平衡报价法　　B. 多方案报价法

C. 突然降价法　　D. 先亏后盈法

三、思考题

1. 简述装饰工程招标投标的过程。

2. 在什么情况下需要进行投标报价？

四、实践训练题

利用一份已经做过施工图预算的图纸，运用至少三种报价技巧来进行投标报价。

第 9 章

装饰工程竣工结算和决算

教学目标

1. 通过对本章的学习，了解建筑装饰工程价款结算的概念、意义、分类、方式与组成。

2. 熟悉工程预付款与进度款、工程预付款结算、工程进度款结算、工程竣工结算。

3. 了解工程计价争端处理和工程竣工结算的审核等规定内容。

能力要求

1. 能够描述建筑装饰工程结算和竣工决算的概念、意义、分类、方式及组成。

2. 能够描述工程结算、索赔、竣工决算的流程和编制的过程。

3. 能够运用本章的内容编制工程结算和竣工决算文件。

章节导读

建筑装饰工程结算，是指在装饰工程项目建设过程中，发、承包双方依据国家有关法律、法规和标准规定，按照合同约定确定最终的工程造价。

随着装饰行业的迅猛发展，工程造价结算的争议和纠纷不断，而作为一名造价人员，如何运用所学的基本知识和技能，熟练编制结算文件和减少纠纷，是我们应该在理论和实践中不断学习和完善的。

9.1 装饰工程竣工结算

引　言

建筑装饰工程建设周期长、投资大，施工单位一般难以承受建设期间的资金支出。因此，必须通过工程价款的定期或分期结算，补充施工单位在建设过程中消耗的生产资料、支付工人的报酬及所需的其他周转资金。那么什么是工程价款结算？工程价款结算该如何进行呢？

9.1.1 工程价款结算的概念和意义

1. 工程价款结算的概念

根据《计价规范》的定义，竣工结算价是发、承包双方依据国家有关法律、法规和标准规定，按照合同约定确定的最终工程造价。

单项工程、单位工程、分部分项工程完工，并经建设单位及有关部门验收或验收点交后，发、承包双方的财务往来通过工程结算来结清。招投标文件中的工程量清单标明的工程量是投标人投标报价的共同基础，而竣工结算的工程数量是按发、承包双方在合同中约定应予计量且实际完成的工程量来确定。

2. 工程价款结算的意义

工程价款结算，是指承包人在工程施工过程中，依据承包合同中关于价款的规定和已经完成的工程，以预付备料款和工程进度款的形式，按照规定的程序向业主收取工程价款的一项经济活动。工程价款结算是工程项目承包中一项十分重要的工作，主要表现为以下两方面。

(1) 工程价款结算是反映工程进度的主要指标。在施工过程中，工程价款结算的依据之一就是已完成的工程量。承包人完成的工程量越多，所应结算的工程价款就越多，根据累计已结算的工程价款占合同总价款的比例，能够反映出工程的进度情况，有利于准确掌握工程进度。

(2) 工程价款结算是加速资金周转的重要环节。对于承包人来说，只有当工程价款结算完毕，才意味着其获得了工程成本和相应的利润，实现了既定的经济效益目标。

9.1.2 工程价款结算的分类

建筑安装工程建设周期长、投资大，若等工程全部完工再结算，施工单位一般难以承受建设期间的资金支出。因此，必须通过工程价款的定期或分期结算，补充施工单位在建设过程中消耗的生产资料、支付工人的报酬及所需的其他周转资金。根据工程建设的不同时期以及结算对象的不同，工程结算分为工程预付款结算、中间结算和竣工结算。

1. 工程预付款结算

工程预付款又称为工程备料款，是指由施工单位自行采购建筑材料，根据工程承包合同(协议)，建设单位在工程开工前按年度工程量的比例预付给施工单位的备料款。工程预付款的结算是指在工程后期随工程所需材料储备逐渐减少，预付款以抵冲工程价款的方式陆续扣回。

2. 中间结算

中间结算是指在工程建设过程中，施工单位根据实际完成的工程数量计算工程价款与建设单位办理的价款结算。中间结算分按月结算和分段结算两种。

3. 竣工结算

竣工结算是指施工单位按合同(协议)规定的内容全部完工、交工后，施工单位与建设单位按照合同(协议)约定的合同价款及合同价款调整内容进行的最终工程价款结算。

9.1.3 工程价款结算的方式和组成

1. 工程价款的结算方式

根据工程性质、规模大小、资金来源、工期长短以及承包方式的不同，工程结算采用的方式也不同。按现行规定，我国建设工程价款的结算主要有5种，即按月结算、竣工后一次结算、分段结算、目标结算及结算双方约定的其他结算方式。

(1) 按月结算。这是一种以分部分项工程为对象，实行旬末或月中预交、月中结算、竣工后清单的结算办法。我国现行建筑安装工程价款结算中，相当一部分是实行这种按月结算方式。实行按月结算的工程会造成业主资金的大量占压。

(2) 竣工后一次结算。建设项目或单项工程全部建筑安装工程建设期在12个月以内，或者工程承包价值在100万元以下的，可以实行工程价款每月月中预支，竣工后一次结算。对于规模较小的项目，可实行工程价款每月预支，竣工后一次结算的方式。

(3) 分段结算。分段结算是指对于当年开工，当年不能竣工的单项工程或单位工程按照工程形象进度，划分不同的阶段进行结算。分段结算可以按月预支工程款。

(4) 目标结算。即在工程合同中，将承包工程的内容分解成不同的控制界面，以业主验收控制界面作为支付工程款的前提条件。也就是说，将合同中的工程内容分解成不同的验收单元，当施工单位完成单元工程内容并经业主验收后，业主支付构成单元工程内容的工程价款。

在目标结算方式下，施工单位要想获得工程价款，必须按照合同约定的质量标准完成界面内的工程内容，要想尽早获得工程价款，施工单位必须充分发挥自己的组织实施能力，在保证质量的前提下，加快施工进度。

(5) 结算双方约定的其他结算方式。如实行预收备料款的工程项目，在承包合同或协议中应明确发包单位(甲方)在开工前拨付给承包单位(乙方)工程备料款的预付数额、预付时间，开工后扣还备料款的起扣点、逐次扣还的比例，以及办理的手续和方法。

2. 工程价款的结算方法

工程价款结算应按照合同约定办理，合同未作约定或约定不明的，发、承包双方应依照下列规定与文件协商处理。

(1) 国家有关法律、法规和规章制度。

(2) 国务院建设行政主管部门、省、自治区、直辖市或有关部门发布的工程造价计价规范、标准、计价办法等有关规定。

(3) 建设项目的合同、补充协议、变更签证和现场签证，以及经发、承包人认可的其他有效文件。

(4) 其他可依据的材料。

3. 工程结算价款的组成和计算

(1) 分部分项工程量清单价款。

(2) 措施项目清单价款。

(3) 其他项目清单价款。

(4) 工程量的变更而调整的价款。

① 分部分项工程量清单漏项，或设计变更新增加的工程量清单项目，应调整的价款，计算式为

$$调整价款=\sum(漏项、新增项目工程量\times相应新编综合单价)$$

② 分部分项工程量清单多余项目，或设计变更减少了原有分部分项工程量清单项目，应调减的价款，计算式为

$$调减价款=\sum(多余项目原有价款+设计变更减少的项目原有价款)$$

③ 分部分项工程量清单有误而调整的工程量，或设计变更引起的分部部分项工程量清单工程量减少，应调增的价款，计算式为

$$调增价款=\sum[某工程量清单项目调增工程量(工程量10\%或工程费0.1\%以内部分)\times相应原综合单价]+\sum[某工程量清单项目调增工程量(工程量10\%或工程费0.1\%以内部分)\times相应新综合单价]$$

④ 分部分项工程量清单有误而增减的工程量，或设计变更引起分部分项工程量清单工程量减少，应调整的价款，计算式为

$$调整价款=\sum(某工程量清单项目调减的工程量\times相应原综合单价)$$

⑤ 索赔费用。

⑥ 规费项目清单价款。规费计算式为

$$规费=(分部分项工程量清单价款+措施项目清单价款+其他项目清单价款+工程变更调整价款+索赔费用+实际发生的发包人自行采购材料的价款)\times规费率$$

其中，建筑、装饰装修、安装工程的“规费”不包括社会保障费、意外伤害保险费。

⑦ 税金项目清单价款。

税金=[(分部分项工程量清单价款+措施项目清单价格+其他项目清单价格+工程变更调

整价款＋索赔费用＋实际发生的发包人自行采购材料的价款)×(1＋社会保障费率＋意外伤害保险费率)＋规费]×税金

4. 工程价款结算与支付框架

工程价款结算与支付框架图如图 9.1 所示。

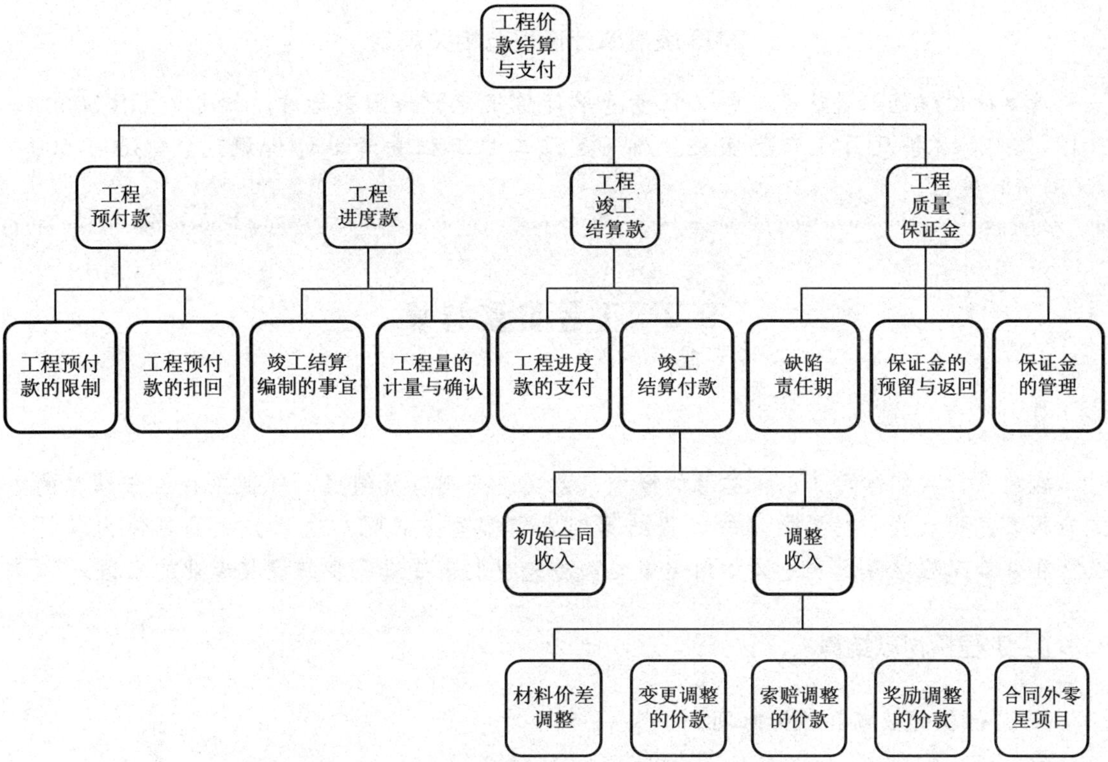

图 9.1 工程价款结算与支付框架图

5. 竣工结算文件的组成

根据《计价规范》规定，工程竣工结算文件由 198 种表格组成。

(1) 竣工结算总价表(封面)。

(2) 总说明。

(3) 工程项目竣工结算汇总表。

(4) 单项工程竣工结算汇总表。

(5) 单位工程竣工结算汇总表。

(6) 分部分项工程量清单与计价表。

(7) 工程量清单综合单价分析表。

(8) 措施项目清单与计价表(一)。

(9) 措施项目清单与计价表(二)。

(10) 其他项目清单与计价汇总表。

(11) 索赔与现场签证计价汇总表。

(12) 费用索赔申请(核准)表。

(13) 现场签证表。

(14) 规费、税金项目清单与计价表。

(15) 工程款支付申请(核准)表。

特别提示

2013版清单计价规范相关规定

清单计价规范以《建设工程工程量清单计价规范》为国家标准，编号为GB 50500—2013，自2013年9月1日起实施。原《建设工程工程量清单计价规范》(GB 50500—2008)同时废止。

9.2 工程价款结算

引　言

在前面，我们学习了工程结算的概念、意义、分类以及组成，知道工程价款结算的方式有很多，那么我们所要学习的工程结算到底有哪些方式呢？这些方式的具体内容是什么？在装饰工程结算过程中又如何运用呢？首先我们需要进一步掌握其专业的术语。

9.2.1 工程预付款结算

1. 预付款的数额和拨付时间

预付款的数额和拨付时间，以合同专用条款第24条中的约定为准。

《建设工程价款结算暂行办法》(以下简称《价款结算暂行办法》)第十二条第(一)款规定：包工包料工程的预付款按合同约定拨付，原则上预付比例不低于合同金额的10%，不高于合同金额的30%，对重大工程项目，按年度工程计划逐年预付。实行工程量清单计价的，实体性消耗和非实体性消耗部分应在合同中分别约定预付款比例。

《价款结算暂行办法》第十二条第(二)款规定：在具备施工条件前提下，业主应在双方签订合同后的一个月内或不迟于约定的开工日期前的7天内预付工程款。

所以，在签订合同时与业主与承包商可根据工程实际和价款结算办法的这一原则，确定具体的数额和拨付时间。

2. 预付款的拨付及违约责任

业主应该在合同约定的时间拨付约定金额的预付款，否则，按《价款结算暂行办法》办法的规定处理。《价款结算暂行办法》第十二条第(二)款规定：业主不按约定预付，承包商应在预付时间到期后10天内向业主发出要求预付的通知，业主收到通知后仍不按要求预付，承包商可在发出通知14天后停止施工，业主应从约定应付之日起向承包商支付应付款的利息(利率按同期银行贷款利率计)，并承担违约责任。

注意：合同通用条款第24条中预付款的拨付及违约责任，与上述《价款结算暂行办法》的规定有出入。根据《价款结算暂行办法》第二十八条的规定，应该以《价款结算暂行办法》为准。

3. 预付款的扣回

双方应该在合同专用条款第 24 条中约定预付款的扣回时间、比例。

《价款结算暂行办法》第十二条第(三)款规定：预付的工程款必须在合同中约定抵扣方式，并在工程进度款中进行抵扣。

4. 其他

《价款结算暂行办法》第十二条第(四)款规定：凡是没有签订合同或不具备施工条件的工程，业主不得预付工程款，不得以预付款为名转移资金。

特别提示

2013 版清单计价规范相关规定

在《建设工程施工合同(示范文本)》中，对工程预付款作如下约定：实行工程预付款的，双方应当在专用条款内约定发包人向承包人预付工程款的时间和数额，开工后按约定的时间和比例逐次扣回。预付时间不迟于约定的开工日期前 7 天。发包人不按约定预付，承包人在预定预付时间 10 天后向发包人发出要求预付的通知，发包人收到通知后仍然不能按要求预付的，承包人可以在发出通知后 14 天停止施工。发包人应从约定应付之日起向承包人支付应付款的利息，并承担违约责任。

9.2.2 工程进度款结算

1. 工程进度款结算方式

合同双方应该在合同专用条款第 26 条中选定以下两种结算方式中的一种，作为进度款的结算方式。

(1) 按月结算与支付。即实行按月支付进度款，竣工后清算的办法。合同工期在两个年度以上的工程，在年终进行工程盘点，办理年度结算。

(2) 分段结算与支付。即当年开工、当年不能竣工的工程按照工程实际进度，划分不同阶段支付工程进度款。具体划分在合同中明确。

2. 工程量计算

(1) 承包商应当按照合同约定的方法和时间，向业主提交已完成工程量的报告。业主接到报告后 14 天内核实已完成工程量，并在核实前 1 天通知承包商，承包商应提供条件并派人参加核实，承包商收到通知后不参加核实，以业主核实的工程量作为工程价款支付的依据。业主不按约定时间通知承包商，致使承包商未能参加核实，核实结果无效。

(2) 业主收到承包商报告后 14 天内未核实已完工程量，从第 15 天起，承包商报告中的工程量即视为被确认，作为工程价款支付的依据。双方合同另有约定的，按合同执行。

(3) 对承包商超出设计图纸(含设计变更)范围和承包商原因造成返工的工程量，业主不予计量。

注意：合同通用条款第25条的内容与上述《价款结算暂行办法》的规定有出入。根据《价款结算暂行办法》第二十八条规定，应该以《价款结算暂行办法》的规定为准。

3. 工程进度款支付

工程量核实以后，业主应该按照合同专用条款中约定的拨付比例或数额向承包商支付工程进度款。《价款结算暂行办法》规定如下。

(1) 根据确定的工程量计量结果，承包商向业主提出支付工程进度款申请，14天内，业主应以不低于工程价款的60%，不高于工程价款的90%向承包商支付工程进度款。按预定时间业主应扣回的预付款，与工程进度款同期结算抵扣。

(2) 确认增(减)的工程变更价款作为追加(减)合同价款与工程进度款同期支付。

(3) 业主超过约定的支付时间不支付工程进度款，承包商应及时向业主发出要求付款通知，业主收到承包商通知后仍不能按要求付款，可与承包商协商签订延期付款协议，经承包商同意后可延期支付，协议应明确延期支付的时间和从工程量计量结果确认后第15天起计算应付款的利息(利率按同期银行贷款利率计)。

(4) 业主不按合同约定支付工程进度款，双方又未达成延期付款协议，导致施工无法进行，承包商可停止施工，由业主承担违约责任。

注意：合同通用条款第26条的内容与上述《价款结算暂行办法》的规定有出入，根据《价款结算暂行办法》第二十八条规定，应该以《价款结算暂行办法》的规定为准。

特别提示

2013版清单计价规范相关规定

《建设工程施工合同(示范文本)》关于工程款的支付约定，“在确认计算结果后14天内，发包人应向承包人支付工程款(进度款)”；“发包人超过约定支付时间不支付工程进度款，承包人可向发包人发出要求付款的通知，发包人接到承包人通知后仍不能按要求付款，可与承包人协商签订延期付款协议，经承包人同意后可延期支付。协议应明确延期支付的时间，并从工程计量结果确认后的第15天起计算应付款的利息”；“发包人不按合同约定支付工程款（进度款)，双方又未达成延期付款协议，导致工程施工无法进行，承包人可停止施工，由发包人承担违约责任”。

9.2.3 工程竣工结算

1. 工程竣工结算的概念

工程竣工结算是指承包单位按照合同约定全部完成所承包的工程内容，并经质量验收合格，符合合同约定要求，由承包方提供完整的结算资料，包括施工图及在施工过程中的变更记录，监理验收签单及工程变更签证、必要的分包合同及采购凭证、工程结算书等交由发包单位，进行审核后的工程最终工程款的结算。

工程完工后，发、承包双方应在合同约定时间内办理工程竣工结算。竣工结算应该按照合同有关条款和价款结算办法的有关规定进行，合同通用条款中有关条款的内容与价款结算办法的有关规定有出入时，以价款结算办法的规定为准。

2. 工程竣工结算的分类

工程竣工结算分为单位工程竣工结算、单项工程竣工结算和建设项目竣工总结算。

3. 工程竣工结算的依据

(1) 办理竣工结算价款的依据资料如下。

①《计价规范》。

② 施工合同。

③ 工程竣工图纸及资料。

④ 双方确认的工程量。

⑤ 双方确认追加(减)的工程价款。

⑥ 双方确认的索赔、现场签证事项及价款。

⑦ 投标文件。

⑧ 招标文件。

⑨ 其他依据。

(2) 办理竣工结算时，分部分项工程费中工程量应依据发、承包双方确认的工程量，综合单价应依据合同约定的单价计算。如发生调整时，以发、承包双方确认调整后的综合单价计算。

(3) 措施项目费应依据合同约定的项目和金额计算；如发生调整时，以发、承包双方确认调整的金额计算，其中安全文明施工费应按《计价规范》第 4.1.5 条的规定计算。

① 明确采用综合单价计价的措施项目，应依据发、承包双方确认的工程量和综合单价计算。

② 明确采用“项”计价的措施项目，应依据合同约定的措施项目和金额或发、承包双方确认调整后的措施项目费金额计算。

③ 措施项目费中的安全文明施工费应按照国家或省级、行业建设主管部门的规定计算。在施工过程中，国家或省级、行业建设主管部门对安全文明施工费进行调整的，措施项目费中的安全文明施工费应作相应调整。

(4) 其他项目费在办理结算时的要求。其他项目费用应按下列规定计算如下。

① 计日工应按发包人实际签证确认的事项计算，即计日工的费用应按发包人实际签证确认的数量和合同约定的相应单价计算。

② 暂估价中的材料单价应按发、承包双方最终确认价在综合单价中调整；专业工程暂估价应按中标价或发包人、承包人与分包人最终确认价计算。

当暂估价中的材料是招标采购的，其单价按中标价在综合单价中调整。当暂估价中的材料为非招标采购的，其单价按发、承包双方最终确认的金额计算。

③ 总承包服务费应依据合同约定金额计算，如发生调整的，以发、承包双方确认调整的金额计算，即发、承包双方依据合同约定对总承包服务费进行调整的，应按调整后的金额计算。

④ 索赔事件产生的费用在办理竣工结算时应在其他项目费中反映。索赔费用的金额应依据发、承包双方确认的索赔项目和金额计算。

⑤ 现场签证费用应依据发、承包双方签证资料确认的金额计算。现场签证发生的费用在办理竣工结算时应在其他项目费中反映。

⑥ 暂列金额应减去工程价款调整与索赔、现场签证金额计算，如有余额归发包人。合同价款中的暂列金额在用于各项价款调整、索赔与现场签证后，若有余额，则余额归发包人，若出现差额，则由发包人补足并反映在相应的工程价款中。

(5) 规费和税金的计取依据。规费和税金应按《计价规范》第 4.1.8 条的规定计算。竣工结算中应按照国家或省级、行业建设主管部门对规费和税金的计取标准计算。

4. 竣工结算的编审

(1) 单位工程竣工结算由承包商编制，由业主审查；实行总承包的工程，由具体的承包商编制，在总承包商审查的基础上，由业主审查。业主也可以委托具有相应资质的工程造价咨询企业审查。

(2) 单项工程竣工结算或建设项目竣工总结算由总承包商编制，业主可直接进行审查，也可以委托具有相应资质的工程造价咨询机构进行审查。单项工程竣工结算或建设项目竣工总结算经业主、承包商签字盖章后有效。

5. 竣工结算报告的递交时限要求及违约责任

竣工结算报告的递交时限，合同专用条款中有约定的从其约定，无约定的按《价款结算暂行办法》的规定。

《价款结算暂行办法》第十四条第(三)款规定：单项工程竣工后，承包商应在提交竣工验收报告的同时，向业主递交竣工结算报告及完整的结算资料。

承包商应该在合同约定期限内完成项目竣工结算编制工作，未在规定期限内完成的并且提不出正当理由延期的，责任自负。

如果未能在约定的时间内提供完整的工程竣工结算资料，经业主催促后 14 天内仍未提供或没有明确答复，业主有权根据已有资料进行审查，责任由承包商自负。

6. 竣工结算报告的审查时限要求及违约责任

竣工结算报告的审查时限，合同专用条款有约定的从其约定，无约定的按下列《价款结算暂行办法》的规定执行：单项工程竣工结算报告的审查时限见表 9-1。建设项目竣工总结算在最后一个单项工程竣工结算确认后 15 天内汇总，送业主后 30 天内审查完成。

表 9-1 单项工程竣工结算报告的审查时限

序号	工程竣工结算报告金额	审查时限
1	500 万元以下	从接到竣工结算报告和完整的竣工结算资料之日起 20 天
2	500 万～2000 万元	从接到竣工结算报告和完整的竣工结算资料之日起 30 天
3	2000 万～5000 万元	从接到竣工结算报告和完整的竣工结算资料之日起 45 天
4	5000 万元以上	从接到竣工结算报告和完整的竣工结算资料之日起 60 天

业主应该按照规定时限进行竣工结算报告的审查，给予确认或者提出修改意见。如果没有在规定时限内对结算报告及资料提出意见，则视同认可。

7. 竣工结算价款的支付及违约责任

根据确认的竣工结算报告，承包商向业主申请支付工程竣工结算款。业主应在收到申请后15天内支付结算款，到期没有支付的应承担违约责任。承包商可以催告业主支付结算款，如达成延期支付协议，业主应按照同期银行贷款利率支付拖欠工程价款的利息。

如未达成延期支付协议，承包商可以与业主协商将该工程折价，或申请人民法院将工程依法拍卖，承包商就该工程折价或拍卖的价款优先受偿。

8. 竣工结算编制的依据

(1) 工程合同的有关条款。

(2) 全套竣工图纸及相关资料。

(3) 设计变更通知单。

(4) 承包商提出，由业主和设计单位会签的施工技术问题核定单。

(5) 工程现场签订单。

(6) 材料代购核定单。

(7) 材料价格变更文件。

(8) 合同双方确认的工程量。

(9) 经双方协商同意并办理了签证的索赔。

(10) 投标文件、招标文件及其他依据。

9. 竣工结算的编制

在工程进度款结算的基础，根据所收集的各种设计变更资料和修改图纸，以及现场签证、工程量核定单、索赔等资料进行合同价款的增减调整计算，最后汇总为竣工结算造价。

10. 工程竣工结算的审核

工程竣工结算审核是竣工结算阶段的一项重要工作。经审核确定的工程竣工结算是核定建设工程造价的依据，也是建设项目验收后编制竣工决算和核定新增固定资产价值的依据。因此，业主、造价咨询单位都应十分关注竣工结算的审核把关。一般从以下几个方面入手。

(1) 核对合同价款。首先，竣工工程内容是否符合合同条件要求，工程是否竣工验收合格，只有按合同要求完成全部工程并验收合格后才能列入竣工结算。其次，应按合同约定的结算办法，对工程竣工结算进行审核，若发现合同有漏洞，应请业主与承包商认真研究，明确结算要求。

(2) 落实设计变更签证。设计修改变更应由原设计单位出具设计变更通知单和修改设计图纸，设计、校审人员签字并加盖公章，经业主和监理工程师审查同意，签证才能列入结算。

(3) 按图核实工程数量、竣工结算的工程量应依据设计变更和现场签证等进行核算，并按国家统一的计算规则计算工程量。

(4) 严格按合同约定计价。结算单价应按合同约定、招标文件规定的计价原则或投标报价执行。

(5) 注意各项费用计取。工程的取费标准应按合同要求或项目建设期间有关费用计取规定执行，先审核各项费率、价格指数或换算系数是否正确，价格调整计算是否符合要求，再审核特殊费用和计算程序。要注意各项费用的计取基础，是以人工费为基础还是以定额基价为基础。

(6) 防止各种计算误差。工程竣工结算子目多、篇幅大，往往有计算误差，应认真核算，防止因计算误差多计或少算。

【例 9.1】 某装饰工程业主与某施工单位签订了该项目建设工程施工合同，合同中含两个子项工程，估计工程量子项甲为 2300m²，子项乙为 3200m²，合同工期为 4 个月。经双方协议合同单价甲项为 180 元/m²，乙项为 160 元/m²。建设工程施工合同规定如下。

(1) 开工前业主向施工单位支付合同价 20%的预付款。

(2) 业主自第一个月起从施工单位的工程进度款中按 5%的比例扣留保留金。

(3) 当子项实际工程量超过估算工程量的 10%时，其超过部分工程量可进行调价，调价系数为 0.9。

(4) 根据市场情况规定价格(单价)调整系数平均按 1.2 计算。

(5) 监理工程师签发月度付款最低额度为 25 万元人民币。

(6) 预付款最后两个月扣回，每月扣 50%。

施工单位各月实际完成并经监理工程师签证确认的工程见表 9－2。

表 9－2　施工单位各月实际完成并经监理工程师签证确认的工程

子项名称 完成工程量/m	1 月	2 月	3 月	4 月
甲	500	800	800	600
乙	700	900	800	600

(1) 请计算预付款是多少？

(2) 计算每月工程价款为多少？监理工程师应签证的工程款是多少？实际签发付款凭证的金额是多少？

【解】 根据合同规定：预付款为合同价的 20%。

(1) 预付款＝(2300×180＋3200×160)×20%＝18.52(万元)。

(2) 每月工程量价款、监理工程师应签证的工程款及实际签发付款凭证的金额见表 9－3。

表 9－3　每月工程量价款、监理工程师应签证的工程款及实际签发付款凭证的金额

项目	第一个月	第二个月	第三个月	第四个月
本月工程价款 /万元	500×180＋700× 160＝20.2	800×180＋900× 160＝28.8	800×180＋800× 160＝27.2	(600－170)× 180＋170×180× 0.9＋600× 160＝20.094

续表

项目	第一个月	第二个月	第三个月	第四个月
本月应签证工程价款/万元	20.2×1.2×0.95=23.028	28.8×1.2×0.95=32.832	27.2×1.2×0.95−18.52/2=21.748	20.094×1.2×0.95−18.52/2=13.647
本月实际签发的工程价款/万元	23.028<25，故本月不签发，并入下月	23.028+32.832=55.86	21.748<25，故本月不签发，并入下月	21.748+13.647=35.395

注明：① 第四个子项甲累计工程量 2700m^2＞2300×1.1(m^2)，超过部分的工程量为 2700−2300×1.1=170(m^2)，其单价调整为 180×0.9=162(元/m^2)。

② 0.95=1−0.05，扣留保留金 5%，1.2 为单价调整系数。

③ 18.25/2 为最后两个月扣预付款。

9.3 工程变更与索赔

引　　言

在国际工程承包市场上，工程索赔是承包人和发包人保护自身正当权益、弥补工程损失的重要而有效的手段。当前，建设工程施工中的索赔与反索赔问题，已经引起工程管理者们的高度重视。索赔是合同履行中的调节器，用以调节合同双方的责任、权力和利益，使合同在内外客观情况变化的条件下仍符合平等互利、等价有偿的原则。在结算过程中就需要我们做好变更和索赔签证，了解变更和索赔的具体内容和操作方法。

9.3.1 工程变更概述

1. 工程变更的分类

由于工程建设的周期长、涉及的经济关系和法律关系复杂、受自然条件和客观因素的影响大，导致项目的实际情况与项目招标投标时的情况相比会发生一些变化。因此，工程的实际施工情况与招标投标时的工程情况相比往往会有一些变化。

工程变更包括工程量变更、工程项目的变更(如发包人提出增加或者删减原项目的内容)、进度计划的变更、施工条件变更等。

考虑到设计变更在工程变更中的重要性，往往将工程变更分为设计变更和其他变更两大类。

(1) 设计变更。在施工过程中如果发生设计变更，将对施工进度产生很大的影响。因此，应尽量减少设计变更，如果必须对设计进行变更，必须严格按照国家的规定和合同约定的程序进行。

(2) 其他变更。合同履行中发包人要求变更工程质量标准及发生其他实质性变更，由双方协商确定。

2. 工程变更的处理要求

(1) 如果出现了必须变更的情况，应当尽快变更。如果变更不可避免，无论是停止施工等待变更指令，还是继续施工，无疑都会增加损失。

（2）工程变更后，应当尽快落实变更。工程变更指令发出后，应当迅速落实指令，全面修改相关的各种文件。承包人也应当抓紧落实，如果承包人不能全面落实变更指令，则扩大的损失应当由承包人承担。

（3）对工程变更的影响应当作进一步分析。

9.3.2 施工合同文本条件下的工程变更

1. 工程变更的程序

1）设计变更的程序

（1）发包人对原设计进行变更。施工中发包人如果需要对原工程设计进行变更，应不迟于变更前 14 天以书面形式向承包人发出变更通知。承包人对发包人的变更通知没有拒绝的权利，这是合同赋予发包人的一项权利。

（2）承包人对原设计进行变更。承包人应当严格按照图纸施工，不得随意变更设计。施工中承包人提出的合理化建议涉及对设计图纸或者施工组织设计的更改，以及对原材料、设备的更换，须经工程师同意。工程师同意变更后，也须经原规划管理部门和其他有关部门审查批准，并由原设计单位提供变更的相应图纸和说明。承包人未经工程师同意擅自更改或换用的，由承包人承担由此发生的费用，并赔偿发包人的有关损失，延误的工期不予顺延。

（3）设计变更的事项。能够构成设计变更的事项包括以下变更：更改有关部分的标高、基线、位置和尺寸；增减合同中约定的工程量；改变有关工程的施工时间和顺序；其他有关工程变更需要的附加工作。

2）其他变更的程序

除设计变更外，其他能够导致合同内容变更的都属于其他变更。

2. 变更后合同价款的确定

（1）变更后合同价款的确定程序。设计变更发生后，承包人在工程设计变更确定后 14 天内提出变更工程价款的报告，经工程师确认后调整合同价款。工程设计变更确认后 14 天内，如承包商未提出适当的变更价格，则发包人可根据所掌握的资料决定是否调整合同价款和调整的具体金额。重大工程变更涉及工程价款变更报告和确认的时限由发承包双方协商确定。收到变更工程价款报告的一方，应在收到之日起 14 天内予以确认或提出协商意见，自变更工程价款报告送达之日起 14 天内，对方未确认也未提出协商意见时，视为变更工程价款报告已被确认。

（2）变更后合同价款的确定方法。在工程变更确定后 14 天内，设计变更涉及工程价款调整的，由承包人向发包人提出，经发包人审核同意后调整合同价款。变更合同价款按照下列方法进行。

① 合同中已有适用于变更工程的价格，按合同已有的价格变更合同价款。

② 合同中只有类似于变更工程的价格，可以参考类似价格变更合同价款。

③ 合同中没有适用或类似于变更工程的价格，由承包人或发包人提出适当的变更价格，经对方确认后执行。如双方不能达成一致的，双方可提请工程所在地工程造价管理机

构进行咨询或按合同约定的争议或纠纷解决程序办理。

3. 工程索赔的概念、原因和分类

1) 工程索赔的概念

工程索赔是在工程承包合同履行中，当事人一方由于另一方未履行合同所规定的义务或者出现了应当由对方承担的风险而遭受损失时，向另一方提出赔偿要求的行为。在实际工作中，“索赔”是双向的。通常情况下，索赔是指承包人(施工单位)在合同实施过程中，对非自身原因造成的工程延期、费用增加而要求发包人给予补偿损失的一种权利要求。

索赔有较广泛的含义，可以概括为以下三个方面。

(1) 一方违约使另一方蒙受损失，受损方向对方提出赔偿损失的要求。

(2) 发生应由业主承担责任的特殊风险或遇到不利自然条件等情况，使承包商蒙受较大损失而向业主提出补偿损失要求。

(3) 承包商本人应当获得的正当利益，由于没能及时得到监理工程师的确认和业主应给予的支付，而以正式函件向业主索赔。

2) 工程索赔产生的原因

(1) 当事人违约。当事人违约常常表现为没有按照合同约定履行自己的义务。

(2) 不可抗力。不可抗力又可以分为自然事件和社会事件。自然事件主要是不利的自然条件和客观障碍，如在施工过程中遇到了经现场调查无法发现、业主提供的资料中也未提到的、无法预料的情况，如地下水、地质断层等。社会事件则包括国家政策、法律、法令的变更，战争，罢工等。

(3) 合同缺陷。合同缺陷表现为合同文件规定不严谨甚至矛盾、合同中的遗漏或错误。在这种情况下，工程师应当给予解释，如果这种解释将导致成本增加或工期延长，发包人应当给予补偿。

(4) 合同变更。合同变更表现为设计变更、施工方法变更、追加或者取消某些工作、合同规定的其他变更等。

(5) 工程师指令。工程师指令有时会产生索赔，如工程师指令承包人加速施工、进行某项工作、更换某些材料、采取某些措施等。

(6) 其他第三方面的原因。

3) 工程索赔的类型

(1) 按索赔的合同依据分类。按索赔的合同依据分为合同中明示的索赔和合同中默示的索赔。合同中明示的索赔是指承包人所提出的索赔要求，在该工程项目的合同文件中有文字依据，承包人可以据此提出索赔要求，并取得经济补偿；合同中默示的索赔，即承包人的该项索赔要求，虽然在工程项目的合同条款中没有专门的文字叙述，但可以根据该合同的某些条款的含义，推论出承包人有索赔权。

(2) 按索赔目的分类。按索赔目的可以将工程索赔分为工期索赔和费用索赔。工期索赔是指由于非承包人责任的原因而导致施工进程延误，要求批准顺延合同工期的索赔；费用索赔的目的是要求经济补偿。当施工的客观条件改变导致承包人增加开支，要求对超出计划成本的附加开支给予补偿，以挽回不应由他承担的经济损失。

(3) 按索赔事件的性质分类。按索赔事件的性质可以将工程索赔分为工期延误索赔、工程变更索赔、合同被迫终止索赔、工程加速索赔、意外风险和不可预见因素索赔和其他索赔。工程延误索赔，因发包人未按合同要求提供施工条件，如未及时交付设计图纸、施工现场、道路等，或因发包人指令工程暂停，或不可抗力事件等原因造成工期拖延的，承包人对此提出索赔，这是工程中常见的两类索赔；工程变更索赔，由于发包人或监理工程师指令增加或减少工程量或增加附加工程、修改设计、变更工程顺序等，造成工期延长和费用增加，承包人对此提出索赔；合同被迫终止索赔，由于发包人或承包人违约以及不可抗力事件等原因造成合同非正常终止，无责任的受害方因其蒙受经济损失而向对方提出索赔；工程加速索赔，由于发包人或工程师指令承包人加快施工速度、缩短工期，引起承包人的人、财、物的额外开支而提出的索赔；意外风险和不可预测因素索赔；其他索赔，如因货币贬值、汇率变化、物价、工资上涨、政策法令变化等原因引起的索赔。

4. 工程索赔的处理原则、程序、依据和计算

1）工程索赔的处理原则

（1）索赔必须以合同为依据。在不同的合同条件下，这些依据可能不一样。如因为不可抗力导致的索赔，在国内《建筑工程施工合同(示范文本)》条件下，承包人机械设备损坏的损失，是由承包人承担的，不能向发包人索赔；但在FIDIC合同条件下，不可抗力事件一般都列为业主承担的风险，损失都应当由业主承担。

（2）及时、合理地处理索赔。

（3）加强主动控制，减少工程索赔。

2）索赔的程序

当合同当事人一方向另一方提出索赔时，要有正当的索赔理由，且有索赔事件发生时的有效证据。发包人未能按合同约定履行自己的各项义务或发生错误以及第三方原因，给承包人造成延期支付合同价款、延误工期或其他经济损失，包括不可抗力延误的工期，均属于索赔理由。

（1）承包人提出索赔申请。索赔事件发生28天内，向工程师发出索赔意向通知书。

（2）发出索赔意向通知书后28天内，向工程师提出补偿经济损失(或)延长工期的索赔报告及有关资料。

（3）工程师审核承包人的索赔申请，28天内给予答复。

（4）当索赔事件持续进行时，承包人应当阶段性向工程师发出索赔意向，在索赔事件终了后28天内，向工程师提供索赔的有关资料和最终索赔报告。

（5）工程师与承包人谈判。

（6）发包人审批工程师的索赔处理证明。

（7）承包人是否接受最终的索赔决定。

3）索赔的依据

提出索赔的依据有以下几个方面。

（1）招标文件、施工合同文本及附件，其他双方签字认可的文件，经认可的工程实施计划、各种工程图纸、技术规范等。

（2）双方的往来信件及各种会议纪要。

（3）进度计划和具体的进度，以及项目现场的有关文件。

（4）气象资料、工程检查验收报告和各种技术鉴定报告。

（5）国家有关法律、法令、政策文件，官方的物价指数、工资指数，各种会计核算资

料，材料的采购、订货、运输、进场、使用方面的凭据。

可见索赔要有证据，证据是索赔报告的重要组成部分，证据不足或没有证据，索赔就不可成立。

4）索赔的计算

(1) 可索赔的费用。费用内容一般可以包括以下几个方面。

① 人工费。包括增加工作内容的人工费、停工损失费和工作效率降低的损失费等累计，其中增加工作内容的人工费应按照计日工费计算，而停工损失费和工作效率降低的损失费按窝工费计算，窝工费按人工单价×60%计算。

② 设备费。当工作内容增加引起的设备费索赔时，设备费的标准按照机械台班费计算。因窝工引起的设备费索赔，当施工机械属于施工企业自有时，按照机械台班×40%计算索赔费用。当施工机械是施工企业从外部租赁时，索赔费用的标准按照设备租赁费计算。

③ 材料费。

④ 保函手续费。工程延期时，保函手续费相应增加。反之，取消部分工程且发包人与承包人达成提前竣工协议时，承包人的保函金额相应折减，则计入合同价内的保函手续费也应扣减。

⑤ 贷款利息。

⑥ 保险费。

⑦ 管理费。

⑧ 利润。

(2) 费用索赔的计算。

① 实际费用法。

② 修正总费用法。

(3) 工期索赔中应当注意的问题。在工期索赔中特别应当注意以下问题：划清施工进度拖延的责任；被延误的工作应当是处于施工进度计划关键线路上的工作。

(4) 工期索赔的计算。工期索赔的计算主要有网络图分析和比例计算法两种：①网络图分析法是利用进度计划的网络图，分析其关键线路。如果延误的工作为关键线路，则总延误的时间为批准顺延的工期；如果延误的工作为非关键工作，当该工作由于延误超过时差限制而成为关键工作时，可以批准延误时间与时差的差值；若该工作延误仍为非关键工作，则不存在工期索赔问题。②比例计算法主要应用于工程量有增加时工期索赔的计算，其计算公式为

$$\text{工期索赔值}=\frac{\text{额外增加的工作量的价格}}{\text{原合同总价}}\times\text{原合同工期}$$

5. 共同延误的处理

(1) 首先判断造成延期的哪些原因是最先发生的，即确定“初始延误”者，它应对工程延期负责。在初始延误发生作用期间，其他并发的延误者不承担延期责任。

(2) 如果初始延误者是发包人原因，则在发包人原因造成的延误期内，承包人既可得到工期补偿，又可得到费用补偿。

(3) 如果初始延误者是客观原因，则在客观因素发生影响的延误期内，承包人可以得

到工期补偿，但很难得到费用补偿。

(4) 如果初始延误者是承包人原因，则在承包人原因造成的延误期内，承包人既不能得到工期补偿，也不能得到费用补偿。

6. 索赔报告的内容

索赔报告的内容包括：总论部分、根据部分、计算部分和证据部分。

7. 工程价款结算争议的处理

当事人对工程造价发生合同纠纷时，可通过下列办法解决。

(1) 双方协商确定。

(2) 按合同条款约定的办法提请调解。

(3) 向有关仲裁机构申请仲裁或向人民法院起诉。

【例 9.2】 某建设项目业主与施工单位签订了可调价格合同。合同中约定：主导施工机械为施工单位自有设备，台班单价 800 元/台班，人工工资单价为 27.72 元/工日，合同履行后第 30 天，因场外停电全场停工 2 天，造成人员窝工 20 个工日；合同履行后的第 50 天业主指定增加一项新工作，完成该工作需要 5 天时间，机械 5 台班，人工 20 个工日，材料费 5000 元，求施工单位可获得的直接工程费的补偿额。

【解】 因场外停电导致的直接工程费索赔额：

$$人工费=20\times27.72\times60\%=332.64(元)$$

$$机械费=2\times800\times40\%=640(元)$$

因业主指令增加新工作导致的直接工程费索赔额：

$$人工费=20\times27.72=554.4(元)$$

$$材料费=5000(元)$$

$$机械费=5\times800=4000(元)$$

9.4 装饰工程竣工决算

引　言

随着市场经济的发展、竞争机制的引进，如何快速准确地编制工程决算，目前已成为管理企业和施工企业日益关注的问题，且在工程决算审核中显得日益重要，这也要求我们了解竣工决算的概念、编制依据以及竣工验收后的工程保修的内容。

9.4.1 竣工决算的概念和作用

1. 竣工决算的概念

建设项目竣工决算是指所有建设项目竣工后，建设单位按照国家有关规定在新建、改建和扩建工程建设项目竣工验收阶段编制的竣工决算报告。

2. 竣工决算的作用

(1) 可作为正确核定固定资产价值、办理交付使用、考核和分析投资效果的依据。

(2) 及时办理竣工决算，并据此办理新增固定资产移交转账手续，可缩短工程建设周期，节约建设投资。对已完并具备交付使用条件或验收并投产使用的工程项目，如不及时办理移交手续，不仅不能提取固定资产折旧，而且发生的维修费和职工的工资等，都要在建设投资中支付，这样既增加了建设投资支出，也不利于生产管理。

(3) 对完工并验收的工程项目，及时办理竣工决算及交付手续，可使建设单位对各类固定资产做到心中有数。工程移交后，建设单位掌握所有工程竣工图，便于对地下管线进行维护与管理。

(4) 办理竣工决算后，建设单位可以正确地计算已投入使用的固定资产折旧费，合理计算生产成本和利润，便于经济核算。

(5) 通过编制竣工决算，可以全面清理建设项目财务，做到工完账清；便于及时总结经验，积累各项技术经济资料，提高建设项目管理水平和投资效果。

(6) 正确编制竣工决算，有利于正确地进行“三算”对比，即设计概算、施工图预算和竣工决算的对比。

9.4.2 竣工决算的内容和编制

项目建设单位应在项目竣工后3个月内完成竣工财务决算的编制工作，并报主管部门审核。主管部门收到竣工财务决算报告后，对于按规定由主管部门审批的项目，应及时审核批复，并报财政部备案；对于按规定报财政部审批的项目，一般应在收到决算报告后1个月内完成审核工作，并将经其审核后的决算报告报财政部审批。以前年度已竣工尚未编报竣工财务决算的基建项目，主管部门应督促项目建设单位抓紧编报。

竣工决算是由竣工财务决算说明书、竣工财务决算报表、工程竣工图和工程竣工造价对比分析四部分组成。前两部分又称为建设项目竣工财务决算，是竣工决算的核心内容。

1. 竣工财务决算说明书

竣工财务决算说明书包括：建设项目概况；资金来源及运用等财务分析；基本建设投入、投资包干结余、竣工结余资金的上交分配情况；各项经济技术指标的分析；工程建设的经验及项目管理和财务管理工作以及竣工财务决算中有待解决的问题；需要说明的其他事项。

2. 竣工财务决算报表

大型、中型建设项目竣工决算报表包括：建设项目竣工财务决算审批表；大型、中型建设项目概况表；大型、中型建设项目竣工财务决算表；大型、中型建设项目交付使用资产总表；建设项目交付使用资产明细表。小型建设项目竣工财务决算报表包括：建设项目竣工财务决算审批表、竣工财务决算总表、建设项目交付使用资产明细表。

3. 建设工程竣工图

编制竣工图的形式和深度，应根据不同情况区别对待，其具体包括如下要求。

(1) 凡按图施工没有变动的，由承包人(包括总包人和分承包人，下同)在原施工图上加盖“竣工图”标志后，即作为竣工图。

(2) 凡在施工过程中，虽有一般性设计变更，但能将原施工图加以修改补充作为竣工图的，可不重新绘制，由承包人负责在原施工图(必须是新蓝图)上注明修改的部分，并附以设计变更通知单和施工说明，加盖“竣工图”标志后，作为竣工图。

(3) 凡有重大改变，不宜再在原施工图上修改、补充时，应重新绘制改变后的竣工图。由原设计原因造成的，由建设单位自行绘制或委托设计单位绘制。承包人负责在新图上加盖“竣工图”标志，并附以有关记录和说明，作为竣工图。

(4) 工程造价比较分析。主要分析以下内容：主要实物工程量；主要材料消耗量；考核建设单位管理费、措施费和间接费的取费标准。

9.4.3 竣工决算的编制依据

建设单位项目竣工决算的编制依据主要如下。

(1) 建设工程计划任务书。

(2) 建设工程总概算书和单项工程综合概预算书。

(3) 建设工程项目竣工图及说明。

(4) 单项(单位)工程竣工结算文件。

(5) 设备购置费用结算文件。

(6) 工器具及生产用具购置费用结算文件。

(7) 工程建设其他费用的结算文件。

(8) 国家和地方主管部门颁发的有关建设工程竣工决算的文件。

(9) 招投标文件与合同。

9.4.4 建设单位项目竣工决算的组成

建设单位项目竣工决算文件主要由文字说明和一系列报表组成。

1. 文字说明

文字说明主要包括以下内容。

(1) 建设工程概况。

(2) 建设工程概算和计划的执行情况。

(3) 各项技术经济指标完成情况和各项拨款的使用情况。

(4) 建设成本和投资效果分析，以及建设中的主要经验。

(5) 存在的问题和解决的建议。

2. 建设单位项目竣工决算的主要表格

建设单位项目竣工决算的主要内容是通过表格形式表达的。根据建设项目的规模和竣工决算内容繁简的不同，表的数量和格式也不同。

9.4.5 建设单位项目竣工决算编制的程序

1. 收集、整理和分析有关依据资料

在编制建设单位项目竣工决算文件前，必须准备一套完整、齐全的资料。尤其在工程的竣工验收阶段，应注意收集资料，系统地整理所有的技术资料、工程结算的经济文件、施工图纸和各种变更与签证资料，并分析它们的准确性。这样做能准确、迅速地编制出建

设单位项目竣工决算文件。

2. 清理各项账务、债务和结余物资

在收集、整理和分析有关资料中，要特别注意建设工程从筹建到竣工投产(或使用)的全部费用的各项账务、债权和债务的清理，做到工完账清。对结余的各种材料、工器具和设备，要逐项清点核实、妥善管理，并按规定及时处理、收回资金，对各种往来款项要及时进行全面清理，为编制竣工决算提供准确的数据和结果。

3. 填写竣工决算报表

按照竣工决算有关表格中的内容和有关依据资料，进行统计或计算各个项目的数量，并将其结果填到相应表格的栏目内，完成所有的报表填写。这是编制建设单位项目竣工决算的主要工作。

4. 编写建设工程竣工决算书说明

根据编制依据材料和填写在报表中的结果，按照文字说明的内容要求，编写竣工决算文字说明。

5. 上报主管部门审查

将上述编写的文字说明和填写的表格经核对无误后，装订成册，即为建设单位项目竣工决算文件，将其上报主管部门审查，并把其中财务成本部分送交开户银行签证。大中型建设项目的竣工决算应抄送财政部、建设银行总行、省(市、自治区)的财政局和建设银行分行各一份。在上报主管部门的同时，还应抄送有关设计单位。

9.4.6 建设工程质量保证(保修)金的处理

1. 建设工程质量保证(保修)金

1) 保证金的含义(以下简称保证金)

建设工程质量保证(保修)金是指发包人与承包人在建设工程承包合同中约定，从应付工程款中预留，用以保证承包人在缺陷责任期(即质量保修期)内对建设工程出现的缺陷进行维修的资金。

缺陷是指建设工程质量不符合工程建设强制标准、设计文件，以及承包合同的约定。

2) 缺陷责任期及其计算

发包人与承包人应该在工程竣工之前(一般在签订合同的同时)签订质量保修书，作为合同的附件。保修书中应该明确约定缺陷责任期的期限。

缺陷责任期从工程通过竣(交)工验收之日起计算。由于承包人原因导致工程无法按规定期限进行竣工验收的，缺陷责任期从实际通过竣(交)工验收之日起计算。由于发包人原因导致工程无法按规定期限竣(交)工验收的，在承包人提交竣(交)工验收报告 90 天后，工程自动进入缺陷责任期。

3) 保证金预留比例及管理

(1) 保证金预留比例。全部或者部分使用政府投资的建设项目，按工程价款结算总额5%左右的比例预留保证金。社会投资项目采用预留保证金方式的，预留保证金的比例可以参照执行。发包人与承包人应该在合同中约定保证金的预留方式及预留比例。

（2）保证金预留。建设工程竣工结算后，发包人应按照合同约定及时向承包人支付工程结算借款并预留保证金。

（3）保证金管理。缺陷责任期内，实行国库集中支付的政策投资项目，保证金的管理应按国库集中支付的有关规定执行。其他政府投资项目，保证金可以预留在财政部门或发包方。缺陷责任期内，如发包方被撤销，保证金随交付使用资产一并移交使用单位，由使用单位代行发包人职责。

社会投资项目采用预留保证金方式，发、承包双方可以约定将保证金交由金融机构托管；采用工程质量保证担保、工程质量保险等其他方式的，发包人不得再预留保证金，并按照有关规定执行。

2. 工程质量保修内容和责任期

1）工程质量保修范围和内容

发、承包双方在工程质量保修书中约定的建设工程的保修范围包括：地基基础工程、主体结构工程、屋面防水工程、有防水要求的卫生间、房间和外墙的防渗漏，供热与供冷系统，电气管线、给排水管道、设备安装和装修工程，以及双方约定的其他项目。具体保修的内容，双方在工程质量保修书中约定。

由于用户使用不当或自行装饰装修、改动结构、擅自添置设施或设备而造成建筑功能不良或损坏者，以及对因自然灾害等不可抗力造成的质量损害，不属于保修范围。

2）缺陷责任期

缺陷责任期为发、承包双方在工程质量保修书中约定的期限，但不能低于《建设工程质量管理条例》要求的最低保修期限。

《建设工程质量管理条例》对建设工程在正常使用条件下的最低保修期限的要求如下。

（1）地基基础工程和主体结构工程，为设计文件规定的该工程的合理使用年限。

（2）屋面防水工程、有防水要求的卫生间、房间和外墙面的防渗漏为 5 年。

（3）供热与供冷系统为 2 个采暖期和供热期。

（4）电气管线、给排水管道、设备安装和装修工程为 2 年。

3. 缺陷责任期内的维修及费用承担

1）保修责任

在缺陷责任期内，属于保修范围、内容的项目，承包人应当在接到保修通知之日起 7 天内派人保修。发生紧急抢修事故的，承包人在接到事故通知后，应当立即到达事故现场抢修。对于涉及结构安全的质量问题，应当按照《房屋建设工程质量保修办法》的规定，立即向当地建设行政主管部门报告，采取安全防范措施；由原设计单位或者具有相应资质等级的设计单位提出保修的方案，承包人实施保修。

质量保修完成后，由发包人组织验收。

2）费用承担

在缺陷责任期内，由承包人原因造成的缺陷，承包人应负责维修，并承担鉴定及维修费用。如承包人不维修也不承担费用，发包人可按合同约定扣除保证金，并由承包人承担违约责任。承包人维修并承担相应的费用后，不免除对工程的一半损失赔偿责任。

由他人及不可抗力原因造成的缺陷，发包人负责维修，承包人不承担费用，且发包人不得从保证金中扣除费用。如发包人委托承包人维修的，发包人应该支付相应的维修费用。

发、承包双方就缺陷责任有争议时，可以请有资质的单位进行鉴定，责任方承担鉴定费用并承担维修费用。

3）保证金返还

在缺陷责任期内，承包人认真履行合同约定的责任，到期后，承包人向发包人申请返还保证金。

发包人在接到承包人返还保证金申请后，应于14日内会同承包人按照合同约定的内容进行核实。如无异议，发包人应当在核实后14日内将保证金返还承包人，逾期支付的，从逾期之日起，按照同期银行贷款利率计付利息，并承担违约责任。发包人在接到承包人返还保证金申请后14日内不予答复，经催告后14日内仍不予答复，视同认可承包人的返还保证金申请。

如果承包人没有认真履行合同约定的保修责任，则发包人可以按照合同约定扣除保证金并要求承包人赔偿相应的损失。

4. 其他

发包人和承包人对保证金预留、返还，以及工程维修质量、费用有争议，按照合同约定的争议和纠纷解决程序处理。

涉外工程的保修问题，除了参照上述办法进行处理外，还应依照原合同条款的有关规定执行。

【例9.3】 某大型建设项目2001年开工建设，2002年底有关财务核算资料如下。

(1) 已经完成部分单项工程，经验收合格后，已经交付使用的资产包括以下内容。

① 固定资产价值45230万元，其中房屋建筑物价值18200万元，折旧年限为40年，机器设备价值27030万元，折旧年限为12年。

② 为生产准备的使用期限在一年以内的备品备件、工具、器具等流动资产价值13500万元，期限在一年以上单位价值在800～2000元的工具40万元。

③ 建造期间购置的专利权、非专利权等无形资产1800万元，摊销期5年。

④ 筹建期间发生的开办费68万元。

(2) 基本建设支出的项目包括以下几方面。

① 建筑安装工程支出12400万元。

② 设备工具器具投资34000万元。

③ 建设单位管理费、勘察设计费等待摊投资1400万元。

④ 通过出让方式购置的土地使用权形成的其他投资120万元。

(3) 非经营项目发生待核销基建支出40万元。

(4) 应收生产单位投资借款1200万元。

(5) 购置需要安装的器材33万元，其中待处理器材9万元。

(6) 货币资金380万元。

(7) 预付工程款及应收有偿调出器材款 12 万元。

(8) 建设单位自用的固定资产价值 54600 万元，累计折旧 8200 万元。

反映在资金平衡表上的各类资金来源的期末余额是：46400 万元。

(9) 预算拨款 32000 万元。

(10) 国家资本金 28000 万元。

(11) 其他拨款 320 万元。

(12) 建设单位向商业银行借入的借款 10800 万元。

(13) 建设单位当年完成交付生产单位使用的资产价值中，200 万元属于利用投资借款形成的待冲基建支出。

(14) 应付器材销售商 20 万元贷款和尚未支付的应付工程款 1324 万元。

(15) 未交税金 20 万元。

(16) 其余为自筹资金。

问题：

(1) 填制资金平衡表中的有关数据。

(2) 填制大、中型建设项目竣工财务决算表。

(3) 说明交付使用资产中各项资产的构成项目。

【解】 问题 1：资金平衡表见表 9－4。

表 9－4　资金平衡表　　单位：万元

资金项目	金额	资金项目	金额
一、交付使用资产	51490	二、在建项目	47920
1. 固定资产	45230	1. 建筑安装	12400
2. 流动资产	13540	2. 设备安装	34000
3. 无形资产	1800	3. 待摊投资	1400
4. 递延资产	68	4. 其他投资	120

问题 2：大、中型建设项目竣工财务决算表见表 9－5。

表 9－5　大、中型建设项目竣工财务决算表

建设项目名称：×××建设项目　　单位：万元

资金来源	金额	资金占用	金额	补充资料
一、基建拨款	63917	一、基本建设支出	108598	1. 基建投资借款期末余额
1. 预算拨款	32000	1. 交付使用资产	60638	
2. 基建基金拨款		2. 在建工程	47920	2. 应收生产单位投资借款期末余额
3. 进口设备转账拨款		3. 待核销基建支出	40	
4. 器材转账款		4. 非经营项目转出投资		3. 基建结余资金
5. 煤代油专用基金拨款		二、应收生产单位投资借款	1200	

续表

资金来源	金额	资金占用	金额	补充资料
6. 自筹资金拨款	31597	三、拨款所属投资借款		
7. 其他拨款	320	四、器材	33	
二、项目资金	80000	其中：待处理器材损失	9	
1. 国家资本	80000	五、货币资金	38	
2. 法人资本		六、预付及应收款	12	
3. 个人资本		七、有价证券		
三、项目资本公积金		八、固定资产	46400	
四、基建借款	10800	固定资产原值	54600	
五、上级拨入投资借款		减：累计折旧	8200	
六、企业偿债资金		固定资产净值	46400	
七、待冲基建支出	200	固定资产清理		
八、应付款	1344	待处理固定资产损益		
九、未交款	20			
1. 未交税金	20			
2. 未交基建收入				
3. 未交基建包干节余				
4. 其他未交款				
十、上级拨入资金				
十一、留存收入				
合计	156281	合计	156281	

问题 3：

(1) 固定资产价值包括：建筑安装工程造价；达到固定资产标准的设备和工器具的购置费；增加固定资产价值的其他费用(土地征用及土地补偿费、试运转费、勘察设计费、可行性研究费、施工机构迁移费、报废工程损失)等。

(2) 流动资产价值包括：达不到固定资产标准的设备、工器具购置费，现金、存货、应收及应付款等价值。

(3) 无形资产价值包括：专利费、著作权费、商标费、土地使用权出让费、商誉等价值。

(4) 递延资产价值包括：主要指开办费、未计入固定资产的其他费用、生产职工培训费等价值。

小知识

工程结算与竣工决算的区别

工程结算是指一个单项或者单位工程竣工后的工程造价的计算；而竣工决算则是指整个建设项目竣工验收后的工程及财务等所有费用的计算。

结算是发生在施工、建设及监理之间，而决算则发生在项目的法人和他的所有上级主管部门和国家之间。

最后的决算资料是要上报给上级部门和国家主管部门的；而结算只上报给上级主管部门，不必要上报给国家相关主管部门。

工程结算：是指在工程施工阶段，根据合同约定、工程进度、工程变更与索赔等情况，通过编制工程结算书对已完施工价格进行计算的过程，计算出来的价格称为工程结算价。结算价是该结算工程部分的实际价格，是支付工程款项的凭据。

竣工决算：是指整个建设工程全部完工并经验收以后，通过编制竣工决算书计算整个项目从立项到竣工验收、交付使用全过程中实际支付的全部建设费用、核定新增资产和考核投资效果的过程，计算出的价格称为竣工决算价。竣工决算价是整个建设工程的最终实际价格。

1. 两者包含的范围不同

工程竣工结算是指按工程进度、施工合同、施工监理情况办理的工程价款结算，以及根据工程实施过程中发生的超出施工合同范围的工程变更情况，调整施工图预算价格，确定工程项目最终结算价格。它分为单位工程竣工结算、单项工程竣工结算和建设项目竣工总结算。竣工结算工程价款等于合同价款加上施工过程中合同价款调整数额减去预付及已结算的工程价款再减去保修金。

竣工决算包括从筹集到竣工投产全过程的全部实际费用，即包括建筑工程费、安装工程费、设备工器具购置费用及预备费和投资方向调解税等费用。按照财政部、国家发改委和住房和城乡建设部的有关文件规定，竣工决算是由竣工财务决算说明书、竣工财务决算报表、工程竣工图和工程竣工造价对比分析四部分组成。前两部分又称为建设项目竣工财务决算，是竣工决算的核心内容。

2. 编制人和审查人不同

单位工程竣工结算由承包人编制，由发包人审查；实行总承包的工程，由具体承包人编制，在总承包人审查的基础上，由发包人审查。单项工程竣工结算或建设项目竣工总结算由总(承)包人编制，发包人可直接审查，也可以委托具有相应资质的工程造价咨询机构进行审查。

建设工程竣工决算的文件，由建设单位负责组织人员编写，上报主管部门审查，同时抄送有关设计单位。大中型建设项目的竣工决算还应抄送财政部、建设银行总行和省、市、自治区的财政局和建设银行分行各一份。

3. 两者的目标不同

结算是在施工完成已经竣工后编制的，反映的是基本建设工程的实际造价。

决算是竣工验收报告的重要组成部分，是正确核算新增固定资产价值，考核分析投资效果，建立健全经济责任的依据，是反映建设项目实际造价和投资效果的文件。竣工决算要正确核定新增固定资产价值，考核投资效果。

知识链接

2013版清单计价规范相关规定

竣工决算是建设工程经济效益的全面反映，是项目法人核定各类新增资产价值，办理其交付使用的依据。通过竣工决算，一方面能够正确反映建设工程的实际造价和投资结果；另一方面可以通过竣工决算与概算、预算的对比分析，考核投资控制的工作成效，总结经验教训，积累技术经济方面的基础资料，提高未来建设工程的投资效益。

本章小结

本章对工程结算和工程决算作了较详细的阐述，包括工程价款结算、工程签证与索赔和竣工决算的作用和基本要求及组成等。

具体内容包括：

工程价款结算是指承包人在工程施工过程中，依据承包合同中关于价款的规定和已经完成的工程，以预付备料款和工程进度款的形式，按照规定的程序向业主收取工程价款的一项经济活动。

根据工程建设的不同时期及结算对象的不同，工程结算分为工程预付款结算、中间结算和竣工结算。

按现行规定，我国建设工程价款的结算主要有五种，即按月结算、竣工后一次结算、分段结算、目标结算及结算双方约定的其他结算方式。

工程竣工结算是指承包单位按照合同约定全部完成所承包的工程内容，并经质量验收合格，符合合同约定要求，由承包方提供完整的结算资料，包括施工图及在施工过程中的变更记录、监理验收签单及工程变更签证、必要的分包合同及采购凭证、工程结算书等交由发包单位，进行审核后的工程最终工程款的结算。

工程变更包括工程量变更、工程项目的变更(如发包人提出增加或删减原项目的内容)、进度计划的变更、施工条件变更等。

工程索赔是在工程承包合同履行中，当事人一方由于另一方未履行合同所规定的义务或者出现了应当由对方承担的风险而遭受损失时，向另一方提出赔偿要求的行为。

竣工决算是指建设项目竣工决算是指所有建设项目竣工后，建设单位按照国家有关规定在新建、改建和扩建工程建设项目竣工验收阶段编制的竣工决算报告。

建设工程质量保证(保修)金的处理。

习　题

一、填空题

1. 根据工程建设的不同时期以及结算对象的不同，工程结算分为______________、中间结算和________________。

2. 按现行规定，我国建设工程价款的结算主要有五种，即________________、________________、分段结算、________________和________________。

3. 承包商应当按照合同约定的方法和时间，向业主提交已完成工程量的报告。业主接到报告后__________天内核实已完成工程量。

4. 根据确定的工程量计量结果，承包商向业主提出支付工程进度款申请，14 天内，业主应不低于工程价款的________________，工程价款的________________向承包商支付工程进度款。按预定时间业主应扣回的预付款，与工程进度款同期结算抵扣。

5. 工程竣工结算分为________________、________________和建设项目竣工总结算。

6. 现场签证费用应依据________________金额计算。现场签证发生的费用在办理竣工结算时应在其他项目费中反映。

7. 经审核确定的工程竣工结算是________________，也是建设项目验收后编制竣工决算和核定新增固定资产价值的依据。

8. 工程变更包括________________、工程项目的变更(如发包人提出增加或删减原项目的内容)、________________、施工条件变更等。

9. 竣工决算是由________________、________________、________________和工程竣工造价对比分析四部分组成。

10. 发包人在接到承包人返还保证金申请后，应于__________内会同承包人按照合同约定的内容进行核实。

二、选择题

1. 在按月结算方式下，若合同工期在两个年度以上的工程应(　　)。

A. 在年终进行盘点，办理年度结算　　B. 按工程形象进度办理结算

C. 在竣工后一次性结算　　D. 按合同中约定的验收单元结算

2. 下列有关工程价款结算的事项中，不需要由发、承包人双方在合同中约定的是(　　)。

A. 预付工程款的数额、支付时限及抵扣方式

B. 工程进度款的支付、数额及时限

C. 总包商对分包商的款项支付

D. 安全措施和意外伤害保险费用

3. 按《建设工程工程量清单计价规范》的规定，下列有关索赔的处理环节正确的是(　　)。

A. 承包人未在索赔事件发生后 28 天内发出索赔意向通知书的，可以重新提出二次索赔，要求追加付款和(或)延长工期

B. 人应在发出索赔意向通知书后 28 天内，向发包人正式递交索赔通知书

C. 引起索赔的事件具有连续影响，承包人应按月递交进一步的中间索赔报告，说明索赔的金额。承包人应在索赔事件产生的影响结束后 42 天内，递交一份最终索赔报告

D. 发包人在收到最终索赔报告 28 天内，未向承包人做出答复，视为该项索赔报告已经被拒绝

4. 按建设部规定，工程项目总造价中，应预留(　　)的尾留款作为质量保修费，待工程项目保修期结束后最后拨付。

A. 5%　　B. 10%

C. 15%　　D. 30%

5. 承包人向发包人申请返还质量保证金的时间是(　　)。

A. 缺陷通知期满　　B. 缺陷责任期满

C. 竣工结算办理完毕　　D. 缺陷责任期满后 14 天

三、思考题

1. 工程预付款与工程进度款有何区别？其各自作用有哪些？

2. 简述竣工决算文件的编制程序。

四、实践训练题

根据自己走访的已竣工的工地，编写一份装饰工程竣工决算书。

参 考 文 献

[1] 袁建新．建筑装饰工程预算[M]．北京：科学出版社，2003.
[2] 梁庚贺，王和平．造价工程师继续教育培训教材[M]．天津：天津人民出版社，2004.
[3] 邢莉燕．工程量清单的编制[M]．济南：山东科学技术出版社，2004.
[4] 代学灵，林家农．建筑工程计量与计价[M]．郑州：郑州大学出版社，2007.
[5] 肖伦斌．建筑装饰工程计价[M]．武汉：武汉理工大学出版社，2004.
[6] 但霞．建筑装饰工程预算[M]．北京：中国建筑工业出版社，2004.
[7] 卢谦．建设工程招标投标与合同管理[M]．2版．北京：中国水利水电出版社，2005.
[8] 李春亭．工程招投标与合同管理[M]．北京：中国建筑工业出版社，2004.
[9] 全国建设工程招标投标从业人员培训教材编写委员会．建设工程招标实务[M]．北京：中国计划出版社，2002.
[10] 王俊安．招标投标案例分析[M]．北京：中国建材工业出版社，2005.
[11] 王永胜．建设工程招标文件示范文本[M]．沈阳：东北大学出版社，2002.
[12] 柯红．工程造价计价与控制[M]．北京：中国计划出版社，2003.
[13] 赵延军．建筑装饰装修预算[M]．北京：机械工业出版社，2003.
[14] 夏清东，刘钦．工程造价管理[M]．北京：科学出版社，2004.
[15] 闫谨．建筑工程计价[M]．北京：地震出版社，2004.
[16] 吴贤国．建筑工程概预算[M]．2版．北京：中国建筑工业出版社，2007.
[17] 中国建设工程造价管理协会．图释建筑工程建筑面积计算规范[M]．北京：中国计划出版社，2007.
[18] 工程造价员网校．建筑工程工程量清单计价实例答疑与评析[M]．北京：中国建筑工业出版社，2009.
[19] 姚斌．建筑工程工程量清单计价实例指南[M]．北京：中国电力出版社，2009.
[20] 田永复．编制装饰装修工程量清单与定额[M]．北京：中国建筑工业出版社，2004.
[21] 许焕新．土建工程计价[M]．北京：中国建筑工业出版社，2005.
[22] 吴锐．建筑装饰工程计量与计价[M]．北京：机械工业出版社，2009.
[23] 吴锐．建筑装饰装修工程预算[M]．北京：人民交通出版社，2009.
[24] 李瑞峰．建筑装饰工程造价与招投标[M]．上海：东方出版中心，2008.
[25] 中华人民共和国国家标准．建设工程工程量清单计价规范(GB 50500—2013)[S]．北京：中国计划出版社，2013.
[26] 中华人民共和国国家标准．房屋建筑与装饰工程工程量计算规范(GB 50854—2013)[S]．北京：中国计划出版社，2013.

北京大学出版社高职高专土建系列规划教材

序号	书名	书号	编著者	定价	出版时间	印次	配套情况
基础课程							
1	工程建设法律与制度	978-7-301-14158-8	唐茂华	26.00	2012.7	6	ppt/pdf
2	建设法规及相关知识	978-7-301-22748-0	唐茂华等	34.00	2014.9	2	ppt/pdf
3	建设工程法规(第2版)	978-7-301-24493-7	皇甫婧琪	40.00	2014.12	2	ppt/pdf/答案/素材
4	建筑工程法规实务	978-7-301-19321-1	杨陈慧等	43.00	2012.1	4	ppt/pdf
5	建筑法规	978-7-301-19371-6	董伟等	39.00	2013.1	4	ppt/pdf
6	建设工程法规	978-7-301-20912-7	王先恕	32.00	2012.7	3	ppt/ pdf
7	AutoCAD 建筑制图教程(第2版)	978-7-301-21095-6	郭　慧	38.00	2014.12	6	ppt/pdf/素材
8	AutoCAD 建筑绘图教程(第2版)	978-7-301-24540-8	唐英敏等	44.00	2014.7	1	ppt/pdf
9	建筑 CAD 项目教程(2010版)	978-7-301-20979-0	郭　慧	38.00	2012.9	2	pdf/素材
10	建筑工程专业英语	978-7-301-15376-5	吴承霞	20.00	2013.8	8	ppt/pdf
11	建筑工程专业英语	978-7-301-20003-2	韩薇等	24.00	2014.7	2	ppt/ pdf
12	★建筑工程应用文写作(第2版)	978-7-301-24480-7	赵立等	50.00	2014.7	1	ppt/pdf
13	建筑识图与构造(第2版)	978-7-301-23774-8	郑贵超	40.00	2014.12	2	ppt/pdf/答案
14	建筑构造	978-7-301-21267-7	肖　芳	34.00	2014.12	4	ppt/ pdf
15	房屋建筑构造	978-7-301-19883-4	李少红	26.00	2012.1	4	ppt/pdf
16	建筑识图	978-7-301-21893-8	邓志勇等	35.00	2013.1	2	ppt/ pdf
17	建筑识图与房屋构造	978-7-301-22860-9	贠禄等	54.00	2015.1	2	ppt/pdf /答案
18	建筑构造与设计	978-7-301-23506-5	陈玉萍	38.00	2014.1	1	ppt/pdf /答案
19	房屋建筑构造	978-7-301-23588-1	李元玲等	45.00	2014.1	2	ppt/pdf
20	建筑构造与施工图识读	978-7-301-24470-8	南学平	52.00	2014.8	1	ppt/pdf
21	建筑工程制图与识图(第2版)	978-7-301-24408-1	白丽红	29.00	2014.7	1	ppt/pdf
22	建筑制图习题集(第2版)	978-7-301-24571-2	白丽红	25.00	2014.8	1	pdf
23	建筑制图(第2版)	978-7-301-21146-5	高丽荣	32.00	2015.4	5	ppt/pdf
24	建筑制图习题集(第2版)	978-7-301-21288-2	高丽荣	28.00	2014.12	5	pdf
25	建筑工程制图(第2版)(附习题册)	978-7-301-21120-5	肖明和	48.00	2012.8	3	ppt/pdf
26	建筑制图与识图	978-7-301-18806-2	曹雪梅	36.00	2014.9	1	ppt/pdf
27	建筑制图与识图习题册	978-7-301-18652-7	曹雪梅等	30.00	2012.4	4	pdf
28	建筑制图与识图	978-7-301-20070-4	李元玲	28.00	2012.8	5	ppt/pdf
29	建筑制图与识图习题集	978-7-301-20425-2	李元玲	24.00	2012.3	4	ppt/pdf
30	新编建筑工程制图	978-7-301-21140-3	方筱松	30.00	2014.8	2	ppt/ pdf
31	新编建筑工程制图习题集	978-7-301-16834-9	方筱松	22.00	2014.1	2	pdf
建筑施工类							
1	建筑工程测量	978-7-301-16727-4	赵景利	30.00	2010.2	12	ppt/pdf /答案
2	建筑工程测量(第2版)	978-7-301-22002-3	张敬伟	37.00	2015.4	6	ppt/pdf /答案
3	建筑工程测量实验与实训指导(第2版)	978-7-301-23166-1	张敬伟	27.00	2013.9	2	pdf/答案
4	建筑工程测量	978-7-301-19992-3	潘益民	38.00	2012.2	2	ppt/ pdf
5	建筑工程测量	978-7-301-13578-5	王金玲等	26.00	2011.8	3	pdf
6	建筑工程测量实训（第2版）	978-7-301-24833-1	杨凤华	34.00	2015.1	1	pdf/答案
7	建筑工程测量(含实验指导手册)	978-7-301-19364-8	石　东等	43.00	2012.6	3	ppt/pdf/答案
8	建筑工程测量	978-7-301-22485-4	景　铎等	34.00	2013.6	1	ppt/pdf
9	建筑施工技术	978-7-301-21209-7	陈雄辉	39.00	2013.2	4	ppt/pdf
10	建筑施工技术	978-7-301-12336-2	朱永祥等	38.00	2012.4	7	ppt/pdf
11	建筑施工技术	978-7-301-16726-7	叶　雯等	44.00	2013.5	6	ppt/pdf /素材
12	建筑施工技术	978-7-301-19499-7	董伟等	42.00	2011.9	2	ppt/pdf
13	建筑施工技术	978-7-301-19997-8	苏小梅	38.00	2013.5	3	ppt/pdf
14	建筑工程施工技术(第2版)	978-7-301-21093-2	钟汉华等	48.00	2013.8	5	ppt/pdf
15	数字测图技术	978-7-301-22656-8	赵　红	36.00	2013.6	1	ppt/pdf
16	数字测图技术实训指导	978-7-301-22679-7	赵　红	27.00	2013.6	1	ppt/pdf
17	基础工程施工	978-7-301-20917-2	董伟等	35.00	2012.7	2	ppt/pdf
18	建筑施工技术实训(第2版)	978-7-301-24368-8	周晓龙	30.00	2014.12	2	pdf
19	建筑力学(第2版)	978-7-301-21695-8	石立安	46.00	2014.12	5	ppt/pdf

序号	书名	书号	编著者	定价	出版时间	印次	配套情况
20	★土木工程实用力学(第 2 版)	978-7-301-24681-8	马景善	47.00	2015.6	1	pdf/ppt/答案
21	土木工程力学	978-7-301-16864-6	吴明军	38.00	2011.11	2	ppt/pdf
22	PKPM 软件的应用(第 2 版)	978-7-301-22625-4	王　娜等	34.00	2013.6	2	Pdf
23	建筑结构(第 2 版)(上册)	978-7-301-21106-9	徐锡权	41.00	2013.4	2	ppt/pdf/答案
24	建筑结构(第 2 版)(下册)	978-7-301-22584-4	徐锡权	42.00	2013.6	2	ppt/pdf/答案
25	建筑结构	978-7-301-19171-2	唐春平等	41.00	2012.6	4	ppt/pdf
26	建筑结构基础	978-7-301-21125-0	王中发	36.00	2012.8	2	ppt/pdf
27	建筑结构原理及应用	978-7-301-18732-6	史美东	45.00	2012.8	1	ppt/pdf
28	建筑力学与结构(第 2 版)	978-7-301-22148-8	吴承霞等	49.00	2014.12	5	ppt/pdf/答案
29	建筑力学与结构(少学时版)	978-7-301-21730-6	吴承霞	34.00	2013.2	4	ppt/pdf/答案
30	建筑力学与结构	978-7-301-20988-2	陈水广	32.00	2012.8	1	pdf/ppt
31	建筑力学与结构	978-7-301-23348-1	杨丽君等	44.00	2014.1	1	ppt/pdf
32	建筑结构与施工图	978-7-301-22188-4	朱希文等	35.00	2013.3	2	ppt/pdf
33	生态建筑材料	978-7-301-19588-2	陈剑峰等	38.00	2013.7	2	ppt/pdf
34	建筑材料(第 2 版)	978-7-301-24633-7	林祖宏	35.00	2014.8	1	ppt/pdf
35	建筑材料与检测	978-7-301-16728-1	梅　杨等	26.00	2012.11	9	ppt/pdf/答案
36	建筑材料检测试验指导	978-7-301-16729-8	王美芬等	18.00	2014.12	7	pdf
37	建筑材料与检测	978-7-301-19261-0	王　辉	35.00	2012.6	5	ppt/pdf
38	建筑材料与检测试验指导	978-7-301-20045-2	王　辉	20.00	2013.1	3	ppt/pdf
39	建筑材料选择与应用	978-7-301-21948-5	申淑荣等	39.00	2013.3	2	ppt/pdf
40	建筑材料检测实训	978-7-301-22317-8	申淑荣等	24.00	2013.4	1	pdf
41	建筑材料	978-7-301-24208-7	任晓菲	40.00	2014.7	1	ppt/pdf /答案
42	建设工程监理概论(第 2 版)	978-7-301-20854-0	徐锡权等	43.00	2014.12	5	ppt/pdf /答案
43	★建设工程监理(第 2 版)	978-7-301-24490-6	斯　庆	35.00	2014.9	1	ppt/pdf /答案
44	建设工程监理概论	978-7-301-15518-9	曾庆军等	24.00	2012.12	5	ppt/pdf
45	工程建设监理案例分析教程	978-7-301-18984-9	刘志麟等	38.00	2013.2	2	ppt/pdf
46	地基与基础(第 2 版)	978-7-301-23304-7	肖明和等	42.00	2014.12	2	ppt/pdf/答案
47	地基与基础	978-7-301-16130-2	孙平平等	26.00	2013.2	3	ppt/pdf
48	地基与基础实训	978-7-301-23174-6	肖明和等	25.00	2013.10	1	ppt/pdf
49	土力学与地基基础	978-7-301-23675-8	叶火炎等	35.00	2014.1	1	ppt/pdf
50	土力学与基础工程	978-7-301-23590-4	宁培淋等	32.00	2014.1	1	ppt/pdf
51	建筑工程质量事故分析(第 2 版)	978-7-301-22467-0	郑文新	32.00	2014.12	3	ppt/pdf
52	建筑工程施工组织设计	978-7-301-18512-4	李源清	26.00	2014.12	7	ppt/pdf
53	建筑工程施工组织实训	978-7-301-18961-0	李源清	40.00	2014.12	4	ppt/pdf
54	建筑施工组织与进度控制	978-7-301-21223-3	张廷瑞	36.00	2012.9	3	ppt/pdf
55	建筑施工组织项目式教程	978-7-301-19901-5	杨红玉	44.00	2012.1	2	ppt/pdf/答案
56	钢筋混凝土工程施工与组织	978-7-301-19587-1	高　雁	32.00	2012.5	2	ppt/pdf
57	钢筋混凝土工程施工与组织实训指导(学生工作页)	978-7-301-21208-0	高　雁	20.00	2012.9	1	ppt
58	建筑材料检测试验指导	978-7-301-24782-2	陈东佐等	20.00	2014.9	1	ppt
59	★建筑节能工程与施工	978-7-301-24274-2	吴明军等	35.00	2014.11	1	ppt/pdf
60	建筑施工工艺	978-7-301-24687-0	李源清等	49.50	2015.1	1	pdf/ppt/答案
61	建筑材料与检测(第 2 版)	978-7-301-25347-2	梅　杨等	33.00	2015.2	1	pdf/ppt/答案
62	土力学与地基基础	978-7-301-25525-4	陈东佐	45.00	2015.2	1	ppt/ pdf/答案
	工程管理类						
1	建筑工程经济(第 2 版)	978-7-301-22736-7	张宁宁等	30.00	2014.12	6	ppt/pdf/答案
2	★建筑工程经济(第 2 版)	978-7-301-24492-0	胡六星等	41.00	2014.9	2	ppt/pdf/答案
3	建筑工程经济	978-7-301-24346-6	刘晓丽等	38.00	2014.7	1	ppt/pdf/答案
4	施工企业会计(第 2 版)	978-7-301-24434-0	辛艳红等	36.00	2014.7	1	ppt/pdf/答案
5	建筑工程项目管理	978-7-301-12335-5	范红岩等	30.00	2012. 4	9	ppt/pdf
6	建设工程项目管理(第 2 版)	978-7-301-24683-2	王　辉	36.00	2014.9	1	ppt/pdf/答案
7	建设工程项目管理	978-7-301-19335-8	冯松山等	38.00	2013.11	3	pdf/ppt
8	★建设工程招投标与合同管理(第 3 版)	978-7-301-24483-8	宋春岩	40.00	2014.12	2	ppt/pdf/答案/试题/教案
9	建筑工程招投标与合同管理	978-7-301-16802-8	程超胜	30.00	2012.9	2	pdf/ppt

序号	书名	书号	编著者	定价	出版时间	印次	配套情况
10	工程招投标与合同管理实务(第 2 版)	978-7-301-25769-2	杨甲奇等	48.00	2015.7	1	ppt/pdf/答案
11	工程招投标与合同管理实务	978-7-301-19290-0	郑文新等	43.00	2012.4	2	ppt/pdf
12	建设工程招投标与合同管理实务	978-7-301-20404-7	杨云会等	42.00	2012.4	2	ppt/pdf/答案/习题库
13	工程招投标与合同管理	978-7-301-17455-5	文新平	37.00	2012.9	1	ppt/pdf
14	工程项目招投标与合同管理(第 2 版)	978-7-301-24554-5	李洪军等	42.00	2014.12	2	ppt/pdf/答案
15	工程项目招投标与合同管理(第 2 版)	978-7-301-22462-5	周艳冬	35.00	2014.12	3	ppt/pdf
16	建筑工程商务标编制实训	978-7-301-20804-5	钟振宇	35.00	2012.7	1	ppt
17	建筑工程安全管理	978-7-301-19455-3	宋　健等	36.00	2013.5	4	ppt/pdf
18	建筑工程质量与安全管理	978-7-301-16070-1	周连起	35.00	2014.12	8	ppt/pdf/答案
19	施工项目质量与安全管理	978-7-301-21275-2	钟汉华	45.00	2012.10	2	ppt/pdf/答案
20	工程造价控制(第 2 版)	978-7-301-24594-1	斯　庆	32.00	2014.8	1	ppt/pdf/答案
21	工程造价管理	978-7-301-20655-3	徐锡权等	33.00	2013.8	3	ppt/pdf
22	工程造价控制与管理	978-7-301-19366-2	胡新萍等	30.00	2014.12	4	ppt/pdf
23	建筑工程造价管理	978-7-301-20360-6	柴　琦等	27.00	2014.12	4	ppt/pdf
24	建筑工程造价管理	978-7-301-15517-2	李茂英等	24.00	2012.1	4	pdf
25	工程造价案例分析	978-7-301-22985-9	甄　凤	30.00	2013.8	2	pdf/ppt
26	建设工程造价控制与管理	978-7-301-24273-5	胡芳珍等	38.00	2014.6	1	ppt/pdf/答案
27	建筑工程造价	978-7-301-21892-1	孙咏梅	40.00	2013.2	1	ppt/pdf
28	★建筑工程计量与计价(第 3 版)	978-7-301-25344-1	肖明和等	65.00	2015.7	1	pdf/ppt
29	★建筑工程计量与计价实训(第 3 版)	978-7-301-25345-8	肖明和等	29.00	2015.7	1	pdf
30	建筑工程计量与计价综合实训	978-7-301-23568-3	龚小兰	28.00	2014.1	2	pdf
31	建筑工程估价	978-7-301-22802-9	张　英	43.00	2013.8	1	ppt/pdf
32	建筑工程计量与计价——透过案例学造价(第 2 版)	978-7-301-23852-3	张　强	59.00	2014.12	3	ppt/pdf
33	安装工程计量与计价(第 3 版)	978-7-301-24539-2	冯　钢等	54.00	2014.8	3	pdf/ppt
34	安装工程计量与计价综合实训	978-7-301-23294-1	成春燕	49.00	2014.12	3	pdf/素材
35	安装工程计量与计价实训	978-7-301-19336-5	景巧玲等	36.00	2013.5	4	pdf/素材
36	建筑水电安装工程计量与计价	978-7-301-21198-4	陈连姝	36.00	2013.8	3	ppt/pdf
37	建筑与装饰工程工程量清单(第 2 版)	978-7-301-25753-1	翟丽旻等	36.00	2015.5	1	ppt
38	建筑工程清单编制	978-7-301-19387-7	叶晓容	24.00	2011.8	2	ppt/pdf
39	建设项目评估	978-7-301-20068-1	高志云等	32.00	2013.6	2	ppt/pdf
40	钢筋工程清单编制	978-7-301-20114-5	贾莲英	36.00	2012.2	2	ppt/pdf
41	混凝土工程清单编制	978-7-301-20384-2	顾　娟	28.00	2012.5	1	ppt/pdf
42	建筑装饰工程预算(第 2 版)	978-7-301-25801-9	范菊雨	44.00	2015.7	1	pdf/ppt
43	建设工程安全监理	978-7-301-20802-1	沈万岳	28.00	2012.7	1	pdf/ppt
44	建筑工程安全技术与管理实务	978-7-301-21187-8	沈万岳	48.00	2012.9	2	pdf/ppt
45	建筑工程资料管理	978-7-301-17456-2	孙　刚等	36.00	2014.12	5	pdf/ppt
46	建筑施工组织与管理(第 2 版)	978-7-301-22149-5	翟丽旻等	43.00	2014.12	3	ppt/pdf/答案
47	建设工程合同管理	978-7-301-22612-4	刘庭江	46.00	2013.6	1	ppt/pdf/答案
48	★工程造价概论	978-7-301-24696-2	周艳冬	31.00	2015.1	1	ppt/pdf/答案
49	建筑安装工程计量与计价实训(第 2 版)	978-7-301-25683-1	景巧玲等	36.00	2015.7	1	pdf
	建筑设计类						
1	中外建筑史(第 2 版)	978-7-301-23779-3	袁新华等	38.00	2014.2	2	ppt/pdf
2	建筑室内空间历程	978-7-301-19338-9	张伟孝	53.00	2011.8	1	pdf
3	建筑装饰 CAD 项目教程	978-7-301-20950-9	郭　慧	35.00	2013.1	2	ppt/素材
4	室内设计基础	978-7-301-15613-1	李书青	32.00	2013.5	3	ppt/pdf
5	建筑装饰构造	978-7-301-15687-2	赵志文等	27.00	2012.11	6	ppt/pdf/答案
6	建筑装饰材料(第 2 版)	978-7-301-22356-7	焦　涛等	34.00	2013.5	2	ppt/pdf
7	★建筑装饰施工技术(第 2 版)	978-7-301-24482-1	王　军	37.00	2014.7	2	ppt/pdf
8	设计构成	978-7-301-15504-2	戴碧锋	30.00	2012.10	2	ppt/pdf
9	基础色彩	978-7-301-16072-5	张　军	42.00	2011.9	2	pdf
10	设计色彩	978-7-301-21211-0	龙黎黎	46.00	2012.9	1	ppt
11	设计素描	978-7-301-22391-8	司马金桃	29.00	2013.4	2	ppt
12	建筑素描表现与创意	978-7-301-15541-7	于修国	25.00	2012.11	3	Pdf
13	3ds Max 效果图制作	978-7-301-22870-8	刘　晗等	45.00	2013.7	1	ppt

序号	书名	书号	编著者	定价	出版时间	印次	配套情况
14	3ds max 室内设计表现方法	978-7-301-17762-4	徐海军	32.00	2010.9	1	pdf
15	Photoshop 效果图后期制作	978-7-301-16073-2	脱忠伟等	52.00	2011.1	2	素材/pdf
16	建筑表现技法	978-7-301-19216-0	张　峰	32.00	2013.1	2	ppt/pdf
17	建筑速写	978-7-301-20441-2	张　峰	30.00	2012.4	1	pdf
18	建筑装饰设计	978-7-301-20022-3	杨丽君	36.00	2012.2	1	ppt/素材
19	装饰施工读图与识图	978-7-301-19991-6	杨丽君	33.00	2012.5	1	ppt
20	建筑装饰工程计量与计价	978-7-301-20055-1	李茂英	42.00	2013.7	3	ppt/pdf
21	3ds Max & V-Ray 建筑设计表现案例教程	978-7-301-25093-8	郑恩峰	40.00	2014.12	1	ppt/pdf
规划园林类							
1	城市规划原理与设计	978-7-301-21505-0	谭婧婧等	35.00	2013.1	2	ppt/pdf
2	居住区景观设计	978-7-301-20587-7	张群成	47.00	2012.5	1	ppt
3	居住区规划设计	978-7-301-21031-4	张　燕	48.00	2012.8	2	ppt
4	园林植物识别与应用	978-7-301-17485-2	潘利等	34.00	2012.9	1	ppt
5	园林工程施工组织管理	978-7-301-22364-2	潘利等	35.00	2013.4	1	ppt/pdf
6	园林景观计算机辅助设计	978-7-301-24500-2	于化强等	48.00	2014.8	1	ppt/pdf
7	建筑・园林・装饰设计初步	978-7-301-24575-0	王金贵	38.00	2014.10	1	ppt/pdf
房地产类							
1	房地产开发与经营(第 2 版)	978-7-301-23084-8	张建中等	33.00	2014.8	2	ppt/pdf/答案
2	房地产估价(第 2 版)	978-7-301-22945-3	张　勇等	35.00	2014.12	2	ppt/pdf/答案
3	房地产估价理论与实务	978-7-301-19327-3	褚菁晶	35.00	2011.8	2	ppt/pdf/答案
4	物业管理理论与实务	978-7-301-19354-9	裴艳慧	52.00	2011.9	2	ppt/pdf
5	房地产测绘	978-7-301-22747-3	唐春平	29.00	2013.7	1	ppt/pdf
6	房地产营销与策划	978-7-301-18731-9	应佐萍	42.00	2012.8	2	ppt/pdf
7	房地产投资分析与实务	978-7-301-24832-4	高志云	35.00	2014.9	1	ppt/pdf
市政与路桥类							
1	市政工程计量与计价(第 2 版)	978-7-301-20564-8	郭良娟等	42.00	2015.1	6	pdf/ppt
2	市政工程计价	978-7-301-22117-4	彭以舟等	39.00	2015.2	1	ppt/pdf
3	市政桥梁工程	978-7-301-16688-8	刘　江等	42.00	2012.10	2	ppt/pdf/素材
4	市政工程材料	978-7-301-22452-6	郑晓国	37.00	2013.5	1	ppt/pdf
5	道桥工程材料	978-7-301-21170-0	刘水林等	43.00	2012.9	1	ppt/pdf
6	路基路面工程	978-7-301-19299-3	偶昌宝等	34.00	2011.8	1	ppt/pdf/素材
7	道路工程技术	978-7-301-19363-1	刘　雨等	33.00	2011.12	1	ppt/pdf
8	城市道路设计与施工	978-7-301-21947-8	吴颖峰	39.00	2013.1	1	ppt/pdf
9	建筑给排水工程技术	978-7-301-25224-6	刘　芳等	46.00	2014.12	1	ppt/pdf
10	建筑给水排水工程	978-7-301-20047-6	叶巧云	38.00	2012.2	1	ppt/pdf
11	市政工程测量(含技能训练手册)	978-7-301-20474-0	刘宗波等	41.00	2012.5	1	ppt/pdf
12	公路工程任务承揽与合同管理	978-7-301-21133-5	邱　兰等	30.00	2012.9	1	ppt/pdf/答案
13	★工程地质与土力学(第 2 版)	978-7-301-24479-1	杨仲元	41.00	2014.7	1	ppt/pdf
14	数字测图技术应用教程	978-7-301-20334-7	刘宗波	36.00	2012.8	1	ppt
15	水泵与水泵站技术	978-7-301-22510-3	刘振华	40.00	2013.5	1	ppt/pdf
16	道路工程测量(含技能训练手册)	978-7-301-21967-6	田树涛等	45.00	2013.2	1	ppt/pdf
17	桥梁施工与维护	978-7-301-23834-9	梁　斌	50.00	2014.2	1	ppt/pdf
18	铁路轨道施工与维护	978-7-301-23524-9	梁　斌	36.00	2014.1	1	ppt/pdf
19	铁路轨道构造	978-7-301-23153-1	梁　斌	32.00	2013.10	1	ppt/pdf
建筑设备类							
1	建筑设备基础知识与识图(第 2 版)	978-7-301-24586-6	靳慧征等	47.00	2014.12	2	ppt/pdf/答案
2	建筑设备识图与施工工艺	978-7-301-19377-8	周业梅	38.00	2011.8	4	ppt/pdf
3	建筑施工机械	978-7-301-19365-5	吴志强	30.00	2014.12	5	pdf/ppt
4	智能建筑环境设备自动化	978-7-301-21090-1	余志强	40.00	2012.8	1	pdf/ppt
5	流体力学及泵与风机	978-7-301-25279-6	王　宁等	35.00	2015.1	1	pdf/ppt/答案

如您需要更多教学资源如电子课件、电子样章、习题答案等，请登录北京大学出版社第六事业部官网 www.pup6.cn 搜索下载。

如您需要浏览更多专业教材，请扫下面的二维码，关注北京大学出版社第六事业部官方微信（微信号：pup6book），随时查询专业教材、浏览教材目录、内容简介等信息，并可在线申请纸质样书用于教学。

感谢您使用我们的教材，欢迎您随时与我们联系，我们将及时做好全方位的服务。联系方式：010-62750667，yangxinglu@126.com，pup_6@163.com，lihu80@163.com，欢迎来电来信。客户服务 QQ 号：1292552107，欢迎随时咨询。